Abriß der Geologie

Band 1: Allgemeine Geologie

Brinkmanns

Abriß der Geologie

Erster Band

Allgemeine Geologie

14. Auflage, neu bearbeitet von Werner Zeil

238 Abbildungen, 12 Farbbilder, 35 Tabellen

Ferdinand Enke Verlag Stuttgart 1990

Prof. Dr. Werner Zeil
Institut für Geologie und Paläontologie der TU
Hardenbergstraße 47
D-1000 Berlin 12

CIP-Titelaufnahme der Deutschen Bibliothek

Brinkmann, Roland:
[Abriss der Geologie]
Brinkmanns Abriss der Geologie. – Stuttgart : Enke.
Bd. 1. Allgemeine Geologie. – 14. Aufl. / neu bearb. von Werner
Zeil. – 1990
ISBN 3-432-80594-2
NE: Zeil, Werner [Bearb.]

8. Auflage 1956
9. Auflage 1961
10. Auflage 1967
11. Auflage 1975
12. Auflage 1980
13. Auflage 1984

Satz und Druck: Druckhaus Götz KG, D-7140 Ludwigsburg 5 4 3 2 1
Schrift 10/11 Punkt Times, Linotype System 5 (202)

Umschlagbild: Faltung und Sedimentgefüge, Ordovizium. Atlantikküste, Girvan, Schottland.
Zeichnung von Dunker / Kleeberg nach Foto von Zeil

Vorwort zur vierzehnten Auflage

Für die 14. Auflage habe ich den Text an vielen Stellen verändert oder verbessert und neue Abbildungen eingefügt. Das Kapitel „Geodynamik“ habe ich neu geschrieben.

Ein „Abriß“ ist ein kurzgefaßtes Lehrbuch für Studenten. Die Geologie hat sich in den letzten Jahrzehnten zu einem weiten Feld von Spezialdisziplinen entwickelt. Neue Methoden in der Meeresgeologie, der Geochemie, der Geophysik oder der Weltraumforschung haben zu einer qualitativen und quantitativen Vermehrung der empirischen Basis der Geowissenschaften geführt. Die Ergebnisse daraus lassen sich in einer knappen Übersicht auch nicht annähernd darstellen.

Um dem Leser die Möglichkeit zu geben, tiefer in den Stoff einzudringen und modernen Entwicklungen nachzuspüren, habe ich die ergänzenden Publikationen am Ende der einzelnen Kapitel erneuert und vermehrt. Bei der Auswahl hat Frau *Evelyn Kubig* von der Bibliothek der TU Berlin mit Tatkraft und Interesse geholfen.

Meine Kollegen *Heinrich Bahlburg, Christoph Breitkreuz* und *Siegfried Pichowiak* haben mich mit konstruktiver Kritik und Vorschlägen unterstützt. Bei der Herstellung des Manuskripts und der Abbildungen halfen Frau *Barbara Dunker,* Herr *Bernd Kleeberg* und Frau *Karin Zeschke* vom Institut für Geologie der TU Berlin. Das Sachregister haben Frau *Regina Herrmann* und Herr *Heinrich Bahlburg* bearbeitet.

Allen diesen Mitarbeitern danke ich herzlich!

Gauting/Berlin, im März 1990 *Werner Zeil*

Inhalt

Einleitung

Allgemeine Geologie

Erste Abteilung: Exogene Dynamik

Verwitterung und Wasserkreislauf auf dem Festland

Die Klimazonen

Das Meer: Gestalt, Frachtung und Sedimentation

Die Meeresregionen

Diagenese und Einteilung der Sedimentgesteine

Zweite Abteilung: Endogene Dynamik

Tektonik

Magmatismus

Metamorphose und Anatexis

Aufbau und Bewegungsbild des Erdballs

Einleitung

1. Kapitel: Geschichte und Begriff der Geologie

Geschichte der Geologie. Geologie zu treiben, hat der Mensch begonnen, seit er lernte, Stein und Erz als Werkstoffe zu nutzen, und seit er anfing, den Boden im Feldbau zu bearbeiten. Lange Zeit erstrebte er dabei freilich nur die unmittelbare Deckung seiner Lebensbedürfnisse. Das klassische Altertum erhob sich erstmals zu wissenschaftlicher Betrachtung und gelangte zu der Einsicht, daß der Boden und das Felsgerüst der Erde nicht unveränderlich seien. So erkannte der Geschichtsschreiber *Herodot,* der offenen Sinnes die Mittelmeerländer bereiste, daß der Nil sein Delta allmählich durch Aufschlikkung in eine alte Meeresbucht vorbaut.

Aber diese Keime erdgeschichtlicher Betrachtung trugen erst nach langer Zeit Frucht. Durch anderthalb Jahrtausende beherrschte der Bericht des Alten Testaments über die Entstehung der Erde und des Lebens das Feld, nur zögernd wurde er im 17. und 18. Jahrhundert aufgegeben. Es waren einige gelehrte Ärzte, die Deutschen *G. Agricola* (1494 bis 1555) und *G. Chr. Füchsel* (1722–1773), der Däne *N. Steno* (1638–1687), die den Blick auf die Induktion zurücklenkten und aus den Erfahrungen des Bergbaus Schlüsse auf das Innere der Erde zogen. Man erkannte damals die Grundregeln der Lagerung und Altersfolge der Gesteine, welche die Erdrinde aufbauen. Man begann die Bedeutung der Versteinerungen, die bislang für Zufallsspiele der Natur oder Überbleibsel der Sintflut gegolten hatten, als Zeugen vorzeitlichen Lebens zu ahnen.

Völlige Unabhängigkeit von dem biblischen Schöpfungsbericht gewann aber erst der Schotte *J. Hutton* (Abb. 1). Ausgehend von dem kalvinischen Gedanken der Prädestination glaubte er, daß Gott die Welt wohl in unerreichbar ferner Vorzeit geschaffen, seither aber seine Herrschaft an die Naturgesetze abgetreten habe. Diese Gesetze durch Beobachtung zu erfassen, schien *Hutton* der Inhalt der Geologie. Das gegenwärtige Geschehen wurde ihm damit zum Schlüssel für die erdgeschichtliche Vergangenheit. Die fast unmerkliche Langsamkeit, mit der sich die heutigen Wandlungen des Erdbildes vollziehen, öffnete ihm den Blick für die unermeßliche Dauer der geologischen Zeiträume. Er erkannte, daß nicht nur an- und abschwellende Wasserfluten die Oberfläche der Erde und ihre Gesteine geschaffen haben; die wesentlichen Gestaltungskräfte gehen vielmehr vom Erdinnern aus. Die aus der Tiefe ausstrahlende Hitze härtet die ursprünglich lockeren Absätze zu festem Gestein, faltet die Gesteine zu Gebirgen zusammen und verschweißt die Gebirge zu Festländern. Der bedeutsame Anteil glutflüssiger, aus dem Erdinnern aufsteigender Schmelzmassen am Aufbau der Erde wurde hervorgehoben und damit die Entstehung einer wichtigen Gesteinsgruppe im heutigen Sinne gedeutet. Der Begriff der Erdgeschichte erschöpfte sich für *Hutton* nicht in einer Beschreibung der Gesteine und ihrer Einschlüsse an Versteinerungen. Er erkannte das architektonische Gefüge der Erdkruste als eigenes Problem und zeigte den Weg auf, es aus dem Entwicklungsgang der Erde zu verstehen.

In ganz anderem geistigen Boden wurzelten die Anschauungen *A. G. Werners* (Abb. 2), der an der Freiberger Bergakademie den ersten Lehrstuhl für Geologie innehatte. In ihm lebte die Überzeugung, daß die Erschaffung der Welt sich in der Erdgeschichte darstelle. Seine Theorie von der Entstehung der Erde war somit eine naturwissenschaftlich ausgestaltete Schöpfungsgeschichte. Am Anfang stand ein heißer Urozean; aus ihm kristallisierten, mit dem Granit beginnend, in bestimmter Folge die Gesteine aus. Mit der Abkühlung sank der Meeresspiegel

Abb. 1 James Hutton 1726–1797

Abb. 2 Abraham Gottlob Werner 1749–1817

Abb. 3 Leopold von Buch 1774–1852

und gab zuerst die granitischen Gipfel der Berge, zum Schluß die Täler mit ihren jungen Schwemmassen frei. Den inneren Kräften der Erde legte *Werner* wenig Bedeutung bei. Das offenbart sich in seiner Erklärung der Vulkane, die er als oberflächliche, durch brennende Kohlenlager gespeiste Erscheinungen abtat. Damit war die durch *Hutton* gegebene Deutung der aus dem Schmelzfluß erstarrten Gesteine wieder in Frage gestellt und das Stichwort für den von 1800–1820 dauernden Streit der „Neptunisten“ gegeben, die gegen die „Plutonisten“ die Abscheidung aller Gesteine aus wäßriger Lösung verteidigten. Es bleibt aber *Werners* Verdienst, daß er der *Geologie,* wie der Schweizer Naturforscher *H. B. de Saussure* die junge Wissenschaft benannte, ein noch heute gültiges System der Minerale, Gesteine und Lagerungsformen geschaffen hat.

In England hatte inzwischen um die Jahrhundertwende *W. Smith* (1761–1839) erkannt, daß die versteinerten Organismenreste im Boden überall in der gleichen regelmäßigen Reihenfolge auftreten. Damit waren die Fossilien von der Stufe bloßer Kuriositäten zum Range „historischer Denkmünzen der Schöpfung“ erhoben. Vor allem aber nahm *Ch. Lyell* (1797–1875) im Anschluß an die Forschungen des Deutschen *K. v. Hoff* die Gedanken *Huttons* wieder auf. Sein berühmtes Lehrbuch (1830), das die Geologie als die Wissenschaft von den allmählichen Veränderungen der anorganischen und organischen Welt definiert, galt dem Nachweis, daß die in der Vorzeit wirkenden geologischen Kräfte den heutigen gleichartig waren. Damit wurde *Lyell* zum Begründer des *Aktualismus,* der die Beobachtung der gegenwärtigen geologischen Vorgänge als einzige Erfahrungsquelle für die Deutung der Vergangenheit gelten läßt.

Mit *Lyell* ist das „Heroische Zeitalter“ der Geologie (1790–1830) abgeschlossen, in welchem die neue Wissenschaft ihre Selbständigkeit gewann. Daß es gerade damals geschah, läßt sich wohl nur aus der geistigen Gesamtlage jener Zeit begreifen, aus der kritischen Einstellung des Rationalismus gegenüber der Theologie, aus dem Wandel des Naturgefühls, wie er sich etwa in der veränderten Wertung der Gebirge als Landschaft kundtat, und aus den sozialen Umwälzungen, die dem bürgerlich-werktätigen Beruf des Feldgeologen erhöhtes Ansehen verliehen.

Der Grundlegung folgte nunmehr der Ausbau. Die Geologie trat in die Epoche der Einzelforschung ein, welche die wissenschaftliche Arbeitsweise des 19. Jahrhunderts kennzeichnet, und die durch die Schaffung eigener Lehrstühle an den Hochschulen, die Errichtung geologischer Landesanstalten und die Gründung geologischer Gesellschaften stark gefördert wurde. Es begann das Zeitalter der regionalen geologischen Forschung und Kartenaufnahme, der Beschreibung und taxionomischen Ordnung der vorzeitlichen Faunen und Floren und der zunehmend verfeinerten zeitlichen Gliederung der Erdgeschichte. Schon *A. von Humboldt* hatte durch seine Reisen in Amerika (1799 bis 1804) die Geologie mächtig angeregt. In noch höherem Maße gilt das von *L. von Buch* (Abb. 3), der als rüstiger Wanderer Deutschland, ja fast ganz Europa „mente et malleo", schauend, prüfend und vergleichend durchmaß und einer Generation von Geologen zum Lehrmeister wurde. Auf dem Felde der Paläontologie, der Erforschung vorzeitlichen Lebens, griffen englische, französische und deutsche Forscher die Gedankengänge von *W. Smith* auf, unter ihnen *G. Cuvier* (1769–1832), der durch vergleichend-anatomische Betrachtung die vorzeitlichen Reste auszudeuten lehrte. Anfangs glaubte man, überwältigt durch die Formenfülle fossilen Lebens, den zeitlichen Wechsel der Faunen und Floren nur durch wiederholte Katastrophen und Neuschöpfungen erklären zu können. Dann folgte eine Periode, in der man unter Verzicht auf theoretische Ausdeutung an die Beschreibung und Gliederung der Funde ging, bis um die Mitte des vorigen Jahrhunderts die Deszendenztheorie *Ch. Darwins* der Paläontologie als der Wissenschaft von den fossilen Zeugen der organischen Entwicklung einen neuen Sinn verlieh.

Umfang und Methode der Geologie. Die Geologie ist die Wissenschaft von der Geschichte der Erde und von der Geschichte des Lebens auf der Erde. Ihr Forschungsfeld ist der äußere, der unmittelbaren Beobachtung zugängliche Teil der Erdkruste. Der Geologe untersucht den Aufbau der irdischen Gesteinshülle und verfolgt die Vorgänge, die sich in ihr und auf der Erdoberfläche vollziehen. Diese Beobachtungen wertet er für die Erkenntnis des Werdeganges der Erde und der Entwicklung der Lebewesen aus. Die Geologie ist also eine historisch gerichtete Naturwissenschaft. Dadurch unterscheidet sie sich von ihren Nachbarfächern Mineralogie, Petrographie, Geophysik, Geochemie, Zoologie, Botanik. Sie behandeln zwar teilweise den gleichen Stoff und Raum wie die Geologie, suchen daraus aber nicht geschichtlich geordnete, sondern allgemeine, zeitlos gültige Aussagen zu gewinnen.

Augenzeugenberichte über das Naturgeschehen reichen bestenfalls ein paar Jahrtausende zurück. Im wesentlichen sind wir auf die Gesteine und die in ihnen eingeschlossenen Versteinerungen als einzige Zeugnisse aus der geologischen Vorzeit der Erde angewiesen. Aus ihnen Erdgeschichte abzulesen, ist der eigentliche Inhalt der Geologie. Den Schlüssel zur Entzifferung der steinernen Urkunden liefert uns der *Aktualismus*. Diese für alle geologische Forschung grundlegende Theorie geht von der steten Gültigkeit der physikalischen, chemischen und biologischen Gesetze aus und behauptet, daß sich die geologischen Vorgänge früherer Erdperioden in ähnlicher Weise wie heute abgespielt haben. Die aktualistische Betrachtungsweise hat sich bei der Deutung von geologischen Geschehnissen, die sich im Laufe der Zeiten vielfältig wiederholt haben, etwa bei der Bildung von Sedimentgesteinen oder der Tätigkeit der Vulkane, voll bewährt. Anders steht es mit seltenen oder gar einmaligen Ereignissen. So führt man gewisse Hohlformen der Erdoberfläche auf den Aufschlag großer Meteoriten zurück. Jede tiefergehende geologische Forschung muß deshalb die Gültigkeit und die Grenzen des aktualistischen Prinzips von neuem abstecken.

Dem geologischen Beobachter sind die Gegenstände in der Natur im allgemeinen nur unvollkommen zugänglich. In Steinbrüchen und an Berghängen tritt ihm das Felsgerüst nur flächenhaft, nicht in räumlicher Tiefe vor Augen. Die Gebirge, die er untersucht, sind zu einem Teil bereits durch die Abtragung zerstört, zum anderen durch Schutt verhüllt. Häufig liegen die Gesteine umgewandelt und nicht mehr in ihrer ursprünglichen

Beschaffenheit vor. Fast immer sind die Objekte zu umfangreich, als daß man sie zur näheren Betrachtung ins Labor schaffen könnte. Die Aufsammlung von Handstücken, die graphische Darstellung von Meßreihen, der Entwurf geologischer Karten und Profile müssen dazu dienen, sie zu vereinfachen und überschaubar zu machen. Der in den übrigen Naturwissenschaften so wichtige Versuch ist in der Geologie angesichts der zeitlichen und räumlichen Ausmaße, die erforderlich wären, nur beschränkt anwendbar. Der Geologe steht meist vor den Ergebnissen seit langem abgeschlossener Vorgänge und soll daraus Ablauf und Ursachen erschließen. Diese Aufgabe ist aber bei den vielfältigen Wegen, die in der Natur zum gleichen Ende führen, kaum je eindeutig lösbar. Die geologische Forschung gelangt daher selten zu sicheren Aussagen, in der Regel kann sie nur wahrscheinliche Ergebnisse bieten, oft muß sie die Wahl zwischen mehreren Möglichkeiten offenlassen.

Ergänzende Schriften

Adams, F. D. (1954): The Birth and Development of the Geological Sciences. – 506 S., New York.

Albritton, C. C. (Hrsg.) (1964): The Fabric of Geology. – 372 S., Reading–Palo Alto–London.

Albritton, C. C. (1989): Catastrophic Episodes in Earth History. – 200 S., London.

Allison, I. S., Black, F. R., Dennison, J. M., Fahnestock, R. K. & White, S. M. (1974): Geology: The Science of a Changing Earth. – 6. Aufl., 498 S., New York.

Bolt, B. A., Horn, W. L., MacDonald, G. A. & Scott, R. F. (1975): Geological Hazards. – 328 S., Berlin–Heidelberg–New York.

Davis, J. C. (1986): Statistics and Data Analysis in Geology. – 2. Aufl., 646 S., New York.

Dercourt, J. & Paquet, J. (1985): Geology. Principles and Methods. – 384 S., London.

Engelhardt, W. v. & Zimmermann, J. (1982): Theorie der Geowissenschaft. – 382 S., Paderborn–München.

Global 2000. Bericht an den Präsidenten. – Deutsche Übersetzung, 1508 + 209 S., Frankfurt/Main 1981.

Hallam, A. (1983): Great Geological Controversies. – 182 S., Oxford.

Kitts, D. B. (1977): The Structure of Geology. – 180 S., Dallas.

Schneider, G. (1980): Naturkatastrophen. 364 S., Stuttgart.

Stanley, St. M. (1989): Earth and Life through Time. – 2. Aufl., 689 S., New York.

Watson, J. (1983): Geology and Man. – 158 S., London.

Wood, R. M. (1986): The Dark Side of the Earth. The Battle for the Earth Sciences: 1800–1980. – 256 S., London.

Wörterbücher

Bates, R. L. & Jackson, J. A. (Hrsg.) (1987): Glossary of Geology. – 3.Aufl., 788 S., Alexandria, VA.

Haubold, H. & Daber, R. (Hrsg.) (1989): Fachlexikon abc. Fossilien, Minerale und geologische Begriffe. – 438 S., Frankfurt/Main.

Murawski, H. (1983): Geologisches Wörterbuch. – 8. Aufl., 281 S., Stuttgart.

Rassam, G. N., Gravensteijn, J. & Potenza, R. (Hrsg.) (1988): Multilingual Thesaurus of Geosciences. – 516 S., New York.

Visser, W. A. (Hrsg.) (1980): Geological Nomenclature. – 540 S., The Hague–Boston–London.

Watznauer, A. (Hrsg.) (1982): Wörterbuch Geowissenschaften. Deutsch-englisch. – 2. Aufl., 372 S., Thun–Frankfurt/Main.

Watznauer, A. (Hrsg.) (1982): Wörterbuch Geowissenschaften. Englisch-deutsch. – 2. Aufl., 400 S., Thun–Frankfurt/Main.

Wichtige Lehrbücher und Zeitschriften

Deutschland

Bender, F. (Hrsg.) (1981–1986): Angewandte Geowissenschaften. – Bd. I–IV, 2508 S., Stuttgart.

Cloos, H. (1963): Einführung in die Geologie. – 503 S., Neudruck Berlin.

Die Entwicklungsgeschichte der Erde. Nachschlagewerk Geologie. Mit einem ABC der Geologie. – 5. überarb. Aufl., 703 S., Hanau/Main 1981.

Hölder, H. (1989): Kurze Geschichte der Geologie und Paläontologie. Ein Lesebuch. – 244 S., Berlin.

Schwarzbach, M. (1988): Das Klima der Vorzeit. – 4. Aufl., 388 S., Stuttgart.

Schwarzbach, M. (1976): Europäische Stätten geologischer Forschung. – 191 S., Stuttgart.

Geologisches Jahrbuch, Hannover. Seit 1972.
6 Reihen:
A Allgemeine und regionale Geologie BR Deutschland und Nachbargebiete, Tektonik Stratigraphie, Paläontologie
B Regionale Geologie Ausland
C Hydrogeologie, Ingenieurgeologie
D Mineralogie, Petrographie, Geochemie, Lagerstättenkunde
E Geophysik
F Bodenkunde

Neues Jahrbuch für Mineralogie, Geologie und Paläontologie. Seit 1807.
a Zentralblatt (früher Referate)
b Monatshefte (früher Zentralblatt)
c Abhandlungen (früher Beilagebände)

Nachrichten. Deutsche Geologische Gesellschaft. Seit 1970.

Geologische Rundschau. Seit 1910.

Zeitschrift der Deutschen Geologischen Gesellschaft. Seit 1849.

Zeitschrift für Geologische Wissenschaften (DDR). Seit 1973.

England

Holmes, A. (1978): Principles of Physical Geology. – 3. Aufl., 730 S.

Journal of the Geological Society of London. Seit 1971.

Geological Magazine. Seit 1874.

Frankreich

Gignoux, M. (1950): Géologie Stratigraphique. – 735 S., Paris.

Termier, H. G. (1952–57): Traité de Géologie. – 3 Bde., 2315 S., Paris.

Bulletin de la Société Géologique de France. Seit 1830.

Schweiz

Schweizerische Geologische Kommission (Hrsg.) (1980): Geology of Switzerland. A. Trümpy, R.: An Outline of the Geology of Switzerland. B. Geological Excursions. – 334 S., Basel.

Eclogae geologicae Helvetiae. Seit 1888.

Österreich

Jahrbuch der Geologischen Bundesanstalt Wien. Seit 1850.

Mitteilungen der Österreichischen Geologischen Gesellschaft. Seit 1908.

Nordeuropa

Geologiska Föreningens Förhandlingar. Seit 1874.

Norsk Geologisk Tidskrift. Seit 1905.

Niederlande

Geologie en Mijnbouw. Seit 1939.

Osteuropa

Geotektonika. Seit 1965. Moskau.

Nordamerika

Compton, R. R. (1985): Geology in the Field. – 398 S., New York.

Gass, I. G., Smith, P. J. & Wilson, R. C. L. (Hrsg.) (1971): Understanding the Earth. – 354 S., Sussex.

Gilluly, J., Waters, A. C. & Woodford, A. O. (1975): Principles of Geology. – 527 S., San Francisco.

Jacobs, J. A., Russel, R. D. & Wilson, J. T. (1974): Physics and Geology. – 2. Aufl., 622 S., New York.

Press, F. & Siever, R. (1986): Earth. – 4. Aufl., 656 S., San Francisco.

Smith, D. G. (Hrsg.) (1981): The Cambridge Encyclopedia of earth sciences. – 496 S., Cambridge.

Geological Society of America Bulletin. Seit 1889.

Journal of Geology. Seit 1893.

Bulletin of the American Association of Petroleum Geologists. Seit 1917.

Geology. Seit 1973.

Regionale Geologie

Eisbacher, G. H. (1988): Nordamerika. – Geologie der Erde, Bd. 2, 176 S., Stuttgart.

Frazier, W. & Schwimmer, D. R. (1987): Regional Stratigraphy of North America. – 719 S., New York.

Henningsen, D. (1986): Einführung in die Geologie der Bundesrepublik Deutschland. – 3. Aufl., 132 S., Stuttgart.

Khain, V. E. (1985): Geology of the USSR. 1. Old cratons and Paleozoic fold belts. – 272 S., Berlin–Stuttgart.

Nalivkin, D. V. (1973): Geology of the U. S. S. R. – 855 S., Edinburgh.

Schönenberg, R. & Neugebauer, J. (1987): Einführung in die Geologie Europas. – 5. Aufl., 294 S., Freiburg.

Yang, Z., Cheng, Y. & Wang, H. (1986): The Geology of China. – 303 S., Oxford.

Zeil, W. (1986): Südamerika. – Geologie der Erde, Bd. 1, 160 S., Stuttgart.

Beiträge zur Regionalen Geologie der Erde. Seit 1961. 19 Bde. Berlin–Stuttgart.

Allgemeine Geologie

Die *Allgemeine* oder *Dynamische Geologie* ist die Lehre vom Stoffbestand und Bauplan der Erde, von den Vorgängen, die sich auf ihr und in ihr vollziehen, sowie von den physikalischen, chemischen und biologischen Gesetzmäßigkeiten, die den Erscheinungen zugrunde liegen.

Zwei Energie- und Stoffströme treffen sich in der Erdkruste und wirken auf sie ein. Der eine Strom kommt von außen her; ein Großteil der äußeren Formung, der Skulptur der Erdoberfläche, ist sein Werk. Wir nennen diesen Bereich der Allgemeinen Geologie die Lehre von der *exogenen* oder *äußeren Dynamik.* Ein zweiter Strom dringt aus dem Innern der Erde hervor. Er gestaltet im wesentlichen den inneren Aufbau, die Struktur der Erdkruste, und wird in der Lehre von der *endogenen* oder *inneren Dynamik* behandelt. Trotz der Möglichkeit einer derartigen begrifflichen Trennung darf man nicht übersehen, daß exogene und endogene Vorgänge in der Außenhaut der Erde ständig miteinander wechselwirken, derart, daß die eine Gruppe von Prozessen nicht ohne die andere zu verstehen ist.

Das Forschungs- und Arbeitsfeld von Geologen ist der Teil der festen Erdkruste, welcher der unmittelbaren Beobachtung zugänglich ist. Die Untersuchung der Gesteine und ihres Fossilinhalts auf den Kontinenten und den Meeresböden führte zur Rekonstruktion des Werdeganges der Erdkruste in den letzten 4,5 Milliarden Jahren. Die Veränderungen in der Konfiguration der Kontinente und der Ozeane, die Entstehung und Abtragung von Gebirgen, die Konzentration und Bildung von metallischen und nichtmetallischen Rohstoffen in der Kruste während der Erdgeschichte erfordern eine Kombination geologischer, physikalisch-chemischer, mathematischer und biologischer Forschungsmethoden. Der *Parameter Zeit* spielt bei allen geologischen Fragestellungen eine bedeutende Rolle.

Die allgemeine Geologie untersucht den Kreislauf der Stoffe und die Entstehung von Gesteinen an und unter der Erdoberfläche sowie in den marinen Räumen. Abtragung, Transport und Ablagerung durch Wasser, Wind und Eis prägten in langen Zeiträumen die Morphologie der Kontinente. Die bei diesen Vorgängen neugebildeten Sedimentgesteine und ihr organischer oder anorganischer Inhalt (Erdöl, Erdgas, Kohle, Salz) beschäftigen viele Geologen.

Dieser *exogene Kreislauf* wurde jedoch während der Erdgeschichte immer wieder von endogenen Vorgängen unterbrochen und modifiziert. Einzelne Teile der Erdkruste wurden verformt, eingeengt, übereinander gestapelt und zu Gebirgen mit bedeutendem Relief herausgehoben. Andere Abschnitte der Erdkruste wurden gedehnt und auseinandergerissen (Rheintal-Graben, ostafrikanische Grabenzone). Die einzelnen Stadien dieser *endogenen Dynamik* bei Biege- und Bruchvorgängen zu entwirren, ist Aufgabe der Tektonik. Die Prozesse bei Gebirgsbildungen beziehen aber auch die oberen 60 bis 100 km der Erdkruste (Lithosphäre) mit ein. In den großen Bruchzonen drangen Silikatschmelzen aus dem oberen Erdmantel empor und bildeten vulkanische Gesteine (Basalt). Andere Silikatschmelzen wurden innerhalb der obersten 30 km der Kruste mobilisiert, erstarrten unter Bedeckung und wurden zu Tiefengesteinen (Granit). Ihr Dach wurde bei Vertikalbewegungen größerer Krustenschollen herausgehoben und durch Abtragung (exogene Dynamik) freigelegt (Farbbild 1).

Die bisher skizzierten Prozesse führten zu einem komplizierten Muster von geologischen Aufschlüssen an der Erdoberfläche, die in *geologischen Karten* (Maßstäbe meist zwischen 1:1 000 000 und 1:10 000) dargestellt werden. Sie sind die Grundlage für alle weiteren wissenschaftlichen und angewandten Arbeiten in der Geologie. Luft- und Satellitenbilder werden in den letzten zwei Jahrzehnten zunehmend ausgewertet und in die geologischen Karten integriert.

Die *Meeresgeologie* untersucht mit Hilfe moderner Forschungsschiffe die Struktur der Meeresböden und die marinen Sedimente. Submarine Gebirge von mehr als 70 000 km Länge modellieren die Ozeanböden. Untersuchungen von Gesteinsproben ergaben, daß an diesen submarinen Rücken eine Ausweitung der ozeanischen Kruste erfolgt, die heute zwischen einem und zehn Zentimetern pro Jahr anzusetzen ist und für die letzten vier Millionen Jahre gut belegt werden kann. Diese Messungen und A. Wegeners Theorie über das Wandern der Kontinente (1912) waren der Ausgangspunkt für die moderne Plattentektonik („New Global Tectonics").

Damit sind neue Dimensionen in der Geologie erreicht. An die Stelle fixistischer ist eine mobilistische Theorie getreten: die *Geodynamik*. Nach diesem Modell bewegen sich die Kontinente als mehr oder weniger starre Platten auf plastischen Teilen des oberen Erdmantels, gesteuert von langsamen Konvektionsströmen. Hier sind viele Parameter noch unbekannt. Eine weltweite Zusammenarbeit von Geowissenschaftlern hat eingesetzt und wird zu einer Verbesserung der Modelle der Plattentektonik beitragen.

Erste Abteilung: **Exogene Dynamik**

Verwitterung und Wasserkreislauf auf dem Festland

2. Kapitel: Die Verwitterung

Die Erdkruste besteht zwar vorwiegend aus festem Gestein, doch tritt es nur hier und da zutage. Meist ist der Fels durch einen Mantel von Lockermassen verhüllt, der, wie der stufenweise Übergang lehrt, durch allmähliche Zermürbung des Ausgangsgesteins entstanden ist (Abb. 4). Wir bezeichnen diese Deckschichten über dem Anstehenden als *Boden* und fassen unter dem Begriff *Verwitterung* alle Vorgänge zusammen, die an der Bildung des Bodens beteiligt sind. Wie bereits das Wort „Verwitterung" ausdrückt, ist es ganz wesentlich das Wetter mit seinem Wechsel von Regen und Sonnenschein, Hitze und Frost, das die Umwandlung des harten Gesteins in die lose Bodenkrume verursacht. Mehrere ineinandergreifende Vorgänge sind dabei zu unterscheiden. Das Ausgangsgestein wird auf mechanischem Wege durch Risse und Spalten in kleinere Brocken und schließlich in Schutt zerteilt, es unterliegt dem *Gesteinszerfall,* der *physikalischen Verwitterung.* Die Kornzerkleinerung vergrößert die Gesteinsoberfläche und erleichtert damit den Angriff chemischer Agentien, die zur *Gesteinszersetzung,* zur *chemischen Verwitterung,* führen. Schließlich können sich auch Organismen an der Zerlegung der Gesteine beteiligen. Ihre Wirkungen, die man wohl als *organische* oder *biologische Verwitterung* zusammenfaßt, sind im folgenden in ihren physikalisch-biologischen und chemisch-biologischen Anteil getrennt.

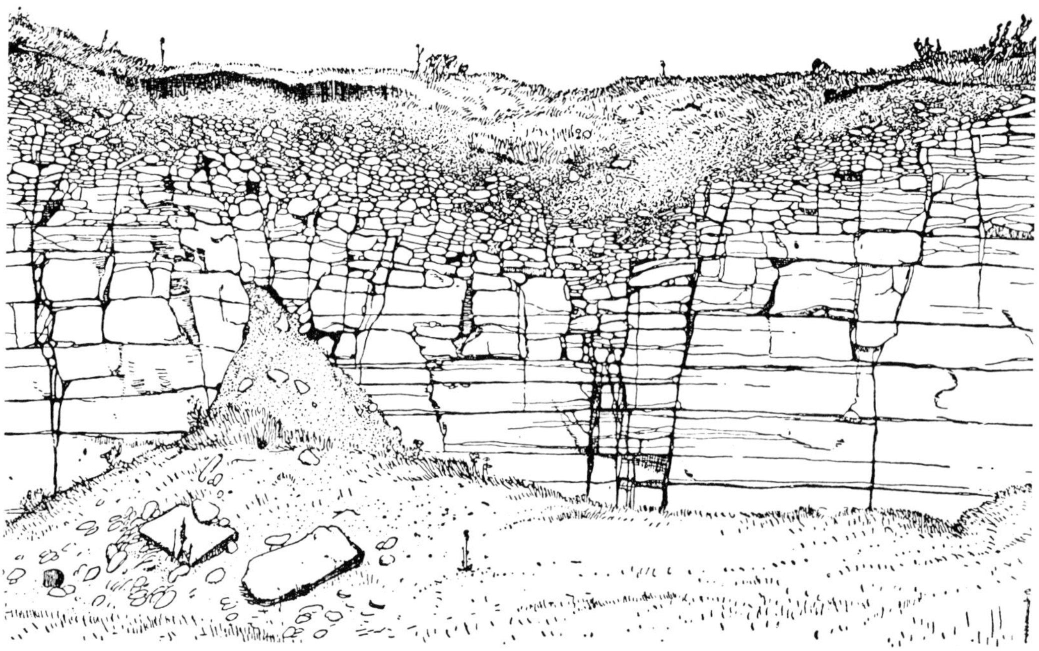

Abb. 4 Entstehung des Bodens durch Verwitterung des im Untergrund anstehenden Gesteins

Physikalische Verwitterung

Die **Temperaturverwitterung** beruht darauf, daß alle Stoffe ihr Volumen mit der Temperatur ändern. Die besonnte Erdoberfläche erwärmt sich 1½–2½fach stärker als die umgebende Luft. Mit zeitlicher Verspätung und abnehmendem Ausschlag dringen die Temperaturschwankungen in die Erde ein, wobei sie durch eine Vegetations- oder Schneedecke stark gedämpft werden. Die tägliche Periode reicht ¼–½ m, die jährliche bis 20 m tief. Die Volumenschwankungen führen zu Druck- bzw. Zugspannungen zwischen den Körnern und den Spaltflächen der Minerale, die bei steter Wiederholung den Fels allmählich auflockern. Dieser Vorgang wird dadurch noch gefördert, daß die Gesteine im allgemeinen aus Mineralkörnern verschiedener Wärmeausdehnung zusammengesetzt sind. Die Ausdehnungskoeffizienten einiger Minerale und Gesteine sind in Millionstel (Tab. 1).

Tabelle 1

	Linear	Räumlich
Quarz parallel zur Hauptachse des Kristalls	+ 8	+ 35
Quarz senkrecht zur Hauptachse des Kristalls	+ 14	
Sandstein		+ 5 bis + 20
Kalkstein		+ 10 bis + 25
Granit		+ 6 bis + 20

Frostverwitterung. Wasser dehnt sich beim Übergang vom flüssigen in den festen Zustand bei Null Grad Celsius um 9% seines Volumens aus. In Hohlräumen des Gesteins eingeschlossen, vermag es bei der Umwandlung in Eis eine erhebliche Sprengkraft zu entwickeln, die bei –22 °C einen Höchstwert von 210 N/mm² erreicht. Allseitiger Druck erniedrigt den Gefrierpunkt, und zwar um 0,007 °C je 0,1 N/mm². Auch die in den Gesteinskapillaren wirksamen Grenzflächenkräfte setzen den Gefrierpunkt herab; feinkörniger Ton erstarrt z. B. erst bei –3° bis –5 °C. Aus diesen Bedingungen ergibt sich, daß die Frostsprengung nur in durchfeuchtetem Gestein wirkt und in diesem um so kräftiger, je größer das Porenvolumen ist und je vollständiger alle Poren mit Wasser gefüllt sind (vgl. Tab. 2). Flächen schwächeren Zusammenhalts, wie die Schichtfugen der Sedimentgesteine und die Klüfte der Magmatite, fördern den Zerfall, während homogener und dichter Fels gegen Frostsprengung widerstandsfähiger ist. Ebenso wie bei der Temperaturverwitterung wird auch bei der Frostverwitterung die Wirkung nicht gleich beim ersten Angriff sichtbar. Erst häufiges Gefrieren und Wiederauftauen lockert allmählich das Gefüge, erweitert die Spalten und führt schließlich zum Zerfall des Gesteins in ein Haufwerk scharfkantiger Trümmer (Abb. 5).

Der Frost dringt durchschnittlich im mittleren Deutschland ½ m, im arktischen Nordsibirien 6–7 m ein. Die Zahl der Tage mit Bodenfrost nimmt nach der Tiefe ab; in Deutschland sind es nahe der Oberfläche 80, in 50 cm Tiefe 20 Tage jährlich.

Salzverwitterung. In trockenem Klima werden die löslichen Stoffe nicht vom Sickerwasser fortgewaschen, sondern verbleiben im Boden. Bei Austrocknung werden die Lösungen kapillar in die Außenrinde des Gesteins gesaugt. Dort verdunstet das Wasser, während die Salze sich in den Haarspalten abscheiden und dabei einen Kristallisationsdruck gegen die Wandungen der Hohlräume ausüben. Bei erneuter Befeuchtung wandeln sich manche Salze unter Volumenvermehrung in Hydrate um. Auf die eine oder andere Weise kann es im Gestein zu Spannungen von mehreren Zehnern N/mm² kommen. Häufiger Wechsel von Austrocknung und Durchfeuchtung lockert das Gefüge in der salzdurchtränkten Rinde, und die Gesteinsoberfläche grust durch Absprengen von Körnern und Schalen ab.

Abb. 5 Schuttbildung im Karwendelgebirge durch physikalische Verwitterung. Festes Gestein: im Liegenden gebankter alpiner Muschelkalk, im Hangenden ungeschichteter Wettersteinkalk

Tabelle 2 (nach *A. Blümcke*)

Gesteine	Wassererfülltes Porenvolumen %	Erste sichtbare Risse nach ... maligem Gefrieren	Schuttbildung auf 1 m^2 Fläche bei einmaligem Gefrieren g
Sandstein	25	3 ×	2,7
Sandstein	5	43 ×	0,3
Kalkstein	30	1 ×	0,9
Marmor	0,2	> 100 ×	0,05

Physikalisch-biologische Verwitterung. Zu den anorganischen Sprengkräften tritt im vegetationsbedeckten Gelände der Wachstumsdruck der Pflanzenwurzeln, die sich in Gesteinsspalten zwängen. Die Wurzelsprengung beruht auf dem Turgordruck der Zellen, der 1 N/mm^2 und mehr beträgt.

Erwähnt sei an dieser Stelle die Tätigkeit der im Boden wühlenden Tiere. Wenn sie das Gestein auch nicht eigentlich zerkleinern, lockern sie es doch auf, arbeiten es durch und bahnen damit den übrigen Verwitterungsfaktoren die Wege. So läuft in unseren Breiten jährlich eine Bodenschicht von etwa ¼ cm, in den feuchten Tropen sogar eine von 2 cm Dicke durch den Darm der Regenwürmer.

Chemische Verwitterung

Als chemische Verwitterung bezeichnet man die Umsetzungen zwischen dem Gestein und der *Bodenlösung,* d. h. dem im Boden umlaufenden Wasser samt den darin enthaltenen Stoffen. Schon Regen und Schnee sind trotz der natürlichen Destillation, die sie durchgemacht haben, keineswegs ganz rein. Die Gase der Luft sind darin gelöst, und zwar die chemisch aktiven, Sauerstoff und Kohlendioxid, in erhöhtem Anteil. Dazu kommen einige mg/l Natriumchlorid und Stickstoffverbindungen. Beim Einsickern in das Erdreich nimmt das Wasser weitere anorganische und organische Stoffe auf, so daß die Bodenlösung etwa 0,1–0,5 g/l Abdampfrückstand führt. Bei der chemischen Verwitterung werden die Gesteinsgemengteile sowohl vom Wasser selbst, wie von den darin gelösten Stoffen angegriffen; beide Reaktionen gehen bei der natürlichen Gesteinszersetzung Hand in Hand.

Der Verlauf und das Ergebnis der Umsetzungen hängen hauptsächlich vom Klima, vom Ausgangsgestein, vom Relief, von der Pflanzendecke und der verflossenen Zeit ab. In Gebieten, in denen der Boden während des größten Teils des Jahres gefroren ist, findet ebensowenig wie in Regionen äußerster Trockenheit eine merkliche Gesteinszersetzung statt. Die besten Bedingungen bieten die Feuchtklimate der Erde, besonders die warmfeuchten, wo entsprechend der allgemeinen Zunahme der chemischen Reaktionsgeschwindigkeit mit der Temperatur auch die Verwitterungsvorgänge rascher und gründlicher verlaufen. Die Tiefenreichweite der chemischen Verwitterung ist im Gegensatz

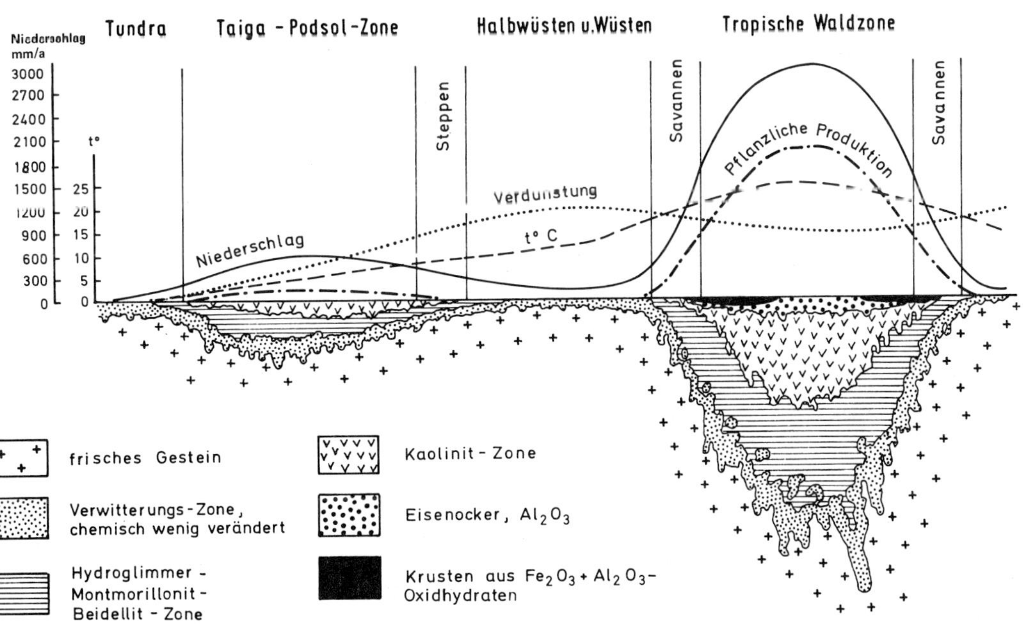

Abb. 6 Faktoren der Verwitterung und Bodenbildung in einem Profil vom Pol zum Äquator. Beachte die tiefgründige Verwitterung im warm-feuchten Bereich (vereinfacht nach *N. M. Strachow* 1962)

zur physikalischen, die bestenfalls einige Meter in die Erde eindringt, beträchtlich. Im bergigen Gelände greift die Zersetzung oft viele hundert Meter tief (Abb. 6).

Nur einige Minerale, wie der Quarz (SiO_2), vermögen der chemischen Verwitterung lange zu widerstehen. Weitaus die Mehrzahl zerfällt mit der Zeit in Trümmer von molekularer Größe, die z.T. in Lösung bleiben, z.T. neue unlösliche Verbindungen eingehen. Die löslichen Stoffe werden je nach Klima und Wasserhaushalt ± stark ausgewaschen und fortgeführt. Der unlösliche Rückstand bleibt als *Boden* an Ort und Stelle.

Da bei den an der Erdoberfläche herrschenden Temperaturen die Ordnungsgeschwindigkeit der Moleküle gering ist, vermögen die neuen Verbindungen nur selten größere Kristallgitterkomplexe aufzubauen. Sie bleiben daher zumeist im Zustand kolloidaler Zerteilung, d. h. sie bilden kristalline, seltener amorphe Teilchen mit etwa 10^{-3} bis 10^{-6} mm Durchmesser. Der Boden ist also ein „disperses System“, dessen Eigenschaften sich, wie später gezeigt wird, aus den Gesetzen der Kolloidchemie erklären lassen.

Lösungsverwitterung. Die einfache Lösung bzw. die Aufnahme von Kristallwasser hat nur für die Gruppe der Salzgesteine Bedeutung:

Steinsalz	$NaCl$	Löslichkeit 263 g/l	bei + 10° C
Gips	$CaSO_4 \cdot 2\,H_2O$	Löslichkeit 1,9 g/l	
Anhydrit	$CaSO_4$	unmittelbar sehr langsam löslich, wandelt sich aber bei Zutritt von Wasser in Gips um, wobei sich sein Volumen um 62% aufbläht	

Steinsalz und Anhydrit sind daher nur in Trockengebieten an der Oberfläche beständig. In feuchteren Gegenden greifen Lösung und Hydratisierung tief hinab. Auf den Zechstein-Diapiren Nordwestdeutschlands trennt eine ziemlich ebene Ablaugungsfläche, der *Salzspiegel*, in einer Tiefe von 100–250 m das intakte Salz von den bei der Auslaugung verstürzten Trümmer- und Rückstandsmassen des *Gipshuts* (Abb. 138).

Kohlensäureverwitterung. Regenwasser enthält, wie oben erwähnt, Kohlendioxid gelöst. Das gilt in erhöhtem Maße für das Sickerwasser, denn der CO_2-Gehalt der Bodenluft kann infolge der Mikrobentätigkeit auf das 100fache des Wertes in der Atmosphäre steigen. Die Hauptmenge des CO_2 bleibt als Gas gelöst. Nur ein geringer Teil verbindet sich mit Wasser zu Kohlensäure H_2CO_3, die teilweise in Ionen aufspaltet:

$$H_2O + CO_2 \rightleftarrows H_2CO_3 \rightleftarrows H^+ + HCO_3^- \rightleftarrows 2\,H^{++} + CO_3^-$$

Während reines Wasser nur geringe Mengen von Kalzit $CaCO_3$ zu lösen vermag, bildet sich bei Gegenwart von CO_2

$$CaCO_3 + H^+ + HCO_3^- \rightleftarrows Ca^{++} + 2\,HCO_3^-$$

Calciumbikarbonat, das eine sehr viel größere, mit dem CO_2-Druck steigende Löslichkeit besitzt (Abb. 58). Damit erklärt sich, daß CO_2-haltiges Wasser kalkige Gesteine kräftig anätzt und fortlöst.

Dolomit $(CaMg)CO_3$ ist wie Kalzit als Bikarbonat löslich, nur erheblich schwerer. Dolomitgestein leistet daher der chemischen Verwitterung mehr Widerstand als Kalkstein. Aus einem dolomitischen Kalk, der aus einem Korngemenge von Kalzit und Dolomit besteht, wird der Kalk herausgelöst, und es hinterbleibt ein mehliger Rückstand von Dolomitkriställchen.

Die **Rauchgasverwitterung** ist gewissermaßen eine künstlich gesteigerte Form der Säureverwitterung. Sie wird durch die beträchtlichen Mengen von CO_2 und SO_2 verursacht, die bei der Verbrennung von Kohle und Erdöl in den Großstädten und Industriezentren frei werden. Hier führt die Luft und damit auch der Niederschlag ständig viel CO_2 und SO_2 bzw. H_2SO_4. Mit dem Regen dringen die Säuren in die Mauern der Gebäude, greifen sie an und bilden Salze, die alsdann nach Art der Salzverwitterung den Stein weiter zermürben und zum Zerfall bringen.

Oxidationsverwitterung. Minerale, die Ferroeisen gebunden enthalten, sind in Gesteinen verbreitet und meist dunkel gefärbt. Unter der Einwirkung des im Wasser gelösten Luftsauerstoffs oxydiert das zweiwertige Eisen zu dreiwertigem. Es geht dabei in Goethit (α-FeOOH + aq) über, der je nach seinem Zerteilungsgrad und seinem Gehalt an adsorbiertem Wasser gelbliche bis bräunliche und rötliche Tönung aufweist. Mit der Oxidation ist also ein bezeichnender Farbumschlag verbunden, der uns oft als Merkmal der beginnenden chemischen Verwitterung dienen kann. Auch Metallsulfide, wie sie auf Erzlagerstätten verbreitet sind, verfallen leicht der Oxidation. Dabei werden die Verbindungen der edleren Metalle fortgeführt, nur der schwerlösliche Goethit bleibt als *„Eiserner Hut“* an der Erdoberfläche zurück und ist als Hinweis auf in der Tiefe lagernde Bodenschätze nützlich.

Hydrolytische Verwitterung. Im Gegensatz zu den Karbonat- und Salzgesteinen, die sich aus dem gelösten Zustand unverändert wieder ausscheiden, sind die in der Gesteinswelt weitverbreiteten Silikate, die Salze der Kieselsäuren, nur unter vollständiger Zersetzung in Lösung zu bringen. Dabei setzt die Reaktion zwischen dem Kristallgitter des Silikatminerals und der Bodenlösung gewisse Bestandteile frei, während sich der Rest zu neuen Verbindungen umbaut, die unter den Druck-Temperatur-Bedingungen an der Erdoberfläche beständig sind. Alkali- und Erdalkalisalze, auch SiO_2 werden fortgeführt; als Verwitterungsrückstand hinterbleibt *Ton.* Er besteht überwiegend aus *Tonmineralen,* Aluminiumhydrosilikaten und -hydraten (S. 66), die Kristallblättchen von kolloidaler Größe bilden, teilweise auch aus amorphen Gelen, die beim Altern gleichfalls kristallin werden.

$$\underset{\text{Kalifeldspat}}{4\,K\,Al\,Si_3O_8} + 4\,H_2O \rightarrow \underset{\text{Kaolinit}}{Al_4(OH)_8Si_4O_{10}} + 2\,K_2O + \underset{\text{Quarz}}{8\,Si\,O_2}$$

Dem Ton ist ein *Austausch-* oder *Sorptionsvermögen* eigen, d. h. die Fähigkeit, gewisse Stoffe aus der Bodenlösung unter Quellung vorübergehend aufzunehmen.

Chemisch-biologische Verwitterung. Auch die den Boden bewohnenden Organismen beteiligen sich an der Gesteinszersetzung. Die ersten Besiedler kahler Felswände sind Bakterien und niedere Pilze. Ihnen folgen Algen, Flechten und Moose und bereiten durch die Ansammlung von Lockererde den Weg für höhere Pflanzen. Sie alle scheiden H^+-Ionen ab, welche die Mineralteilchen im Boden angreifen und zerlegen. Ihre abgestorbenen Gewebe werden durch die Schar der im Boden hausenden Kleinlebewesen in dunkelfarbigen *Humus,* hauptsächlich ein Gemenge hochmolekularer zyklischer Huminsäuren, umgewandelt und schließlich in ihre Elementarbestandteile aufgespalten. In welchem Maße dem Erdreich mineralische Bestandteile durch die Pflanzen entzogen werden, lehren die Aschenmengen, die in Wiesen und Wäldern 10–50 g/m²/J. erreichen.

Praktische Anwendungen der Verwitterungslehre haben in mehrfacher Richtung Bedeutung erlangt.

Die *land-* und *forstwirtschaftliche Bodenkunde* betrachtet die *Verwitterungszone* im Hinblick auf ihre Eignung als *Kulturboden,* d. h. als Standort unserer Nutzpflanzen, und strebt, den Ertrag durch Bearbeitung und Düngung zu erhöhen. Nach neueren Anschauungen hängt die Fruchtbarkeit des Bodens zur Hauptsache vom Zustand des kolloidalen Anteils, des Tons und Humus, ab. Die Kenntnis der Verwitterungsvorgänge ist damit eine der Voraussetzungen, um die Wald- und Ackerböden im Zustand der höchsten Leistungsfähigkeit, der *Bodengare,* zu erhalten.

Bodenmechanik. Will man große Bauwerke, wie Hochhäuser, Brücken, Straßen, Kanäle oder Dämme errichten, so muß man das Verhalten der oberflächlichen Lockerbildungen bei Gründungen und Aufschüttungen beherrschen. Andernfalls können späterhin durch Nachgeben der Erdmassen, durch Setzungen oder Rutschungen, schwere Schäden entstehen. Grundbau und Bodenmechanik untersuchen die Tragfähigkeit und Standfestigkeit des Bodens, um Belastungen und Böschungen in den zulässigen Grenzen zu halten. Auch hier sind, wie sich gezeigt hat, die Bodenkolloide von maßgebendem Einfluß.

Die *technische Gesteinskunde* bewertet die Gesteine nach ihrer Verwendbarkeit für Bauzwecke. Festigkeit und Wetterbeständigkeit sind hier entscheidend und werden durch eine *technologische Werkstoffprüfung* ermittelt, bei der man die Gesteine einer mechanischen Beanspruchung und künstlichen Verwitterung unterwirft. Die Frostgefährdung, die Widerstandskraft gegen Rauchgasschäden, die Druckfestigkeit und Abnutzbarkeit werden untersucht. Sie bieten wichtige Anhaltspunkte für die Eignung des Gesteins als Baustein, Straßenschotter, Betonzuschlag usw.

Ergänzende Schriften

Attewell, P. B. & Farmer, I. W. (1976): Principles of Engineering Geology. – 1045 S., London.

Aust, H. & Becker-Platen, J. D. (1985): Angewandte Geowissenschaften in Raumplanung und Umweltschutz. – 136 S., Stuttgart.

Fecker, E. & Reik, G. (1987): Baugeologie. – 418 S., Stuttgart.

Henningsen, D. (1982): Einführung in die Geologie für Bauingenieure. – Hochschultext, 87 S., Berlin–Heidelberg–New York.

Klengel, K. J. & Wagenbreth, O. (1987): Ingenieurgeologie für Bauingenieure. – 2. Aufl., 247 S., Berlin.

Prinz, H. (1982): Abriß der Ingenieurgeologie. – 432 S., Stuttgart.

Quervain, F. de (1967): Technische Gesteinskunde. – 2. Aufl., 261 S., Basel.

Rahn, P. H. (1986): Engineering Geology. – 589 S., New York.

Roberts, A. (1977): Geotechnology. – 347 S., Oxford.

Utgard, R. O., McKenzie, G. D. & Foley, D. (Hrsg.) (1978): Geology in the Urban Environment. – 355 S., Minneapolis/Minn.

Engineering Geology – an International Journal. – Amsterdam. Seit 1965. The Quarterly Journal of Engineering Geology. – Belfast. Seit 1967.

3. Kapitel: Das Wasser auf dem Festland

Sonnenstrahlung und Luftkreislauf. Die Sonne liefert den Hauptanteil der Energie, die den exogenen Kreislauf von außen her in Gang hält. Das dem sichtbaren Spektralbereich angehörende Sonnenlicht durchläuft die Atmosphäre ohne wesentliche Schwächung, erst vom Erdboden wird es aufgefangen und in Wärme umgesetzt. Dank der „Glashauswirkung“ der Lufthülle, die wohl die Lichtstrahlen eintreten läßt, den langwelligeren Wärmestrahlen dagegen durch Absorption den Wiederaustritt verwehrt, werden der Boden und die bodennahe Luft stark erwärmt, vor allem in der äquatorialen Zone mit ihrem hohen Sonnenstande. Die erhitzte Luft steigt auf und strömt mit dem Druckgefälle polwärts ab. Kalte polare Luft wird statt ihrer angesaugt. Unter dem Einfluß der Erdumdrehung entwickeln sich an Stelle eines einfachen Umlaufs auf jeder Halbkugel zwei gekoppelte Wirbelringe, die den Wärmeüberschuß der heißen Zone in die höheren Breiten tragen. (Abb. 7).

Der **Kreislauf des Wassers** wird vom Luftkreislauf gesteuert. Ständig reißt die erwärmte Luft Wasserdampf mit empor, der sich beim Überschreiten der Sättigungsgrenze kondensiert und als Niederschlag wieder auf die Erde herabfällt. Da die Wasserflächen eine höhere Verdunstung als das Erdreich aufweisen, die Niederschläge sich hingegen annähernd gleichmäßig auf Meer und Land verteilen, so fällt auf die Kontinente mehr Wasser in Gestalt von Regen und Schnee, als in dampfförmigem Zustand von ihnen aufsteigt. Jahr für Jahr müssen daher rund 27 000 km^3 Wasser in den Ozean fließen, um den Kreislauf

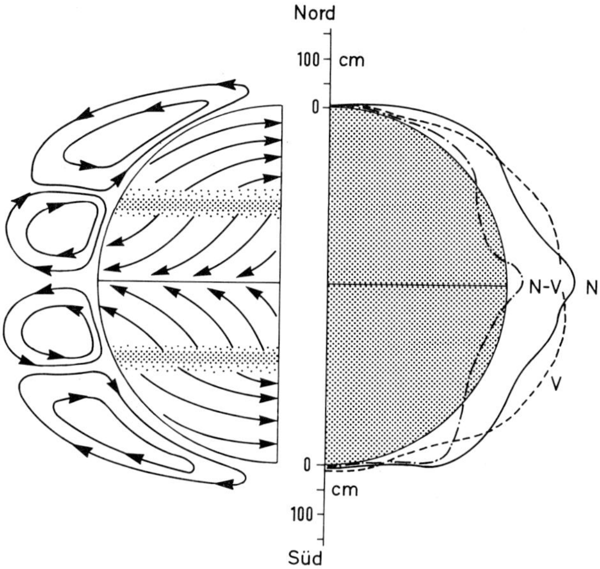

Abb. 7 Luftkreislauf und Niederschlagsverteilung
Links: Schema der Windsysteme unter dem Einfluß der Erddrehung. Niederschlagsarme Gürtel punktiert.
Rechts: Verteilung von Niederschlag N, Verdunstung V und Niederschlagsüberschuß bzw. -defizit N–V auf die Breitenzonen der Erde

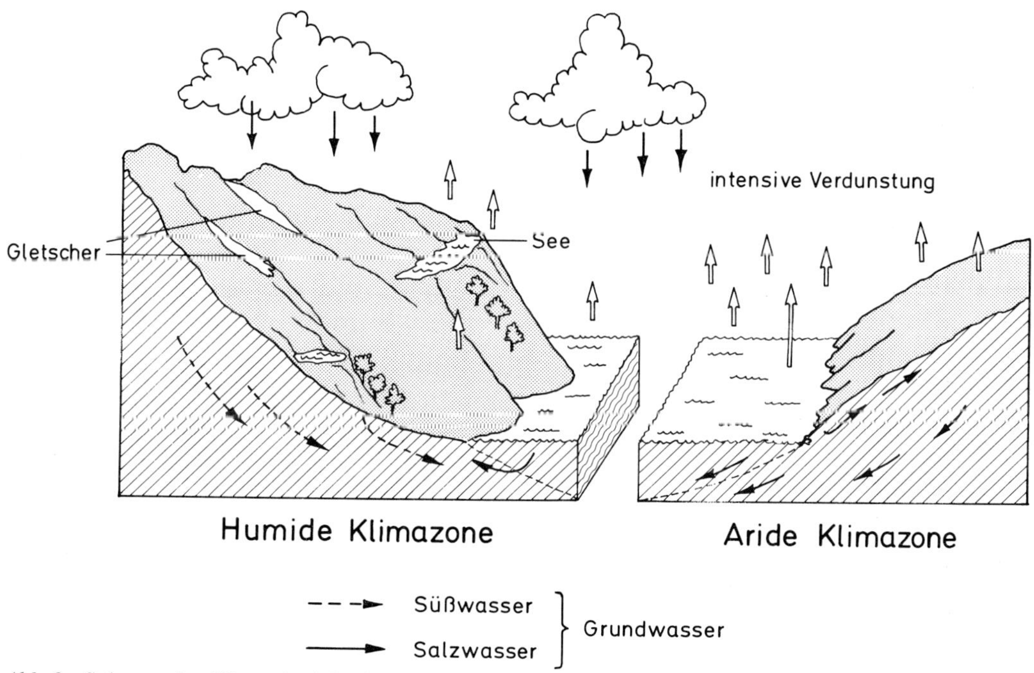

Abb. 8 Schema des Wasserkreislaufes in verschiedenen Klimazonen

zu schließen (Abb. 9). Diese Wassermenge steht für die geologische Arbeitsleistung auf dem Festlande zur Verfügung (Abb. 8).

Niederschlag, Abfluß und Verdunstung. Auf seinem Laufe von den Höhen des Festlandes herab zum Meere folgt das Niederschlagswasser zweierlei Bahnen. Ein Teil sammelt sich als *Oberflächenwasser* in Bächen und Flüssen, ein anderer sickert in den Erdboden ein und tritt als *Grundwasser* einen längeren unterirdischen Lauf an.

Das Verhältnis von Niederschlag zu Verdunstung und das von oberirdischem zu unterirdischem Abfluß ist von Klima, Gesteinsaufbau, Geländegestaltung und Pflanzenkleid abhängig. Klüftige Gesteine können allen Regen verschlucken, während in den ständig gefrorenen Boden der Polargebiete überhaupt kein Sickerwasser eindringt. Im Gebirge rinnen die Niederschläge meist oberirdisch ab, im Flachland überwiegen Versickerung und Verdunstung. Durchschnittlich mag für das deutsche Mittelgebirge und Flachland gelten:

Niederschlag 800 mm/J.

Verdunstung 400 mm/J. — Abfluß 300 mm/J. — Versickerung 100 mm/J.

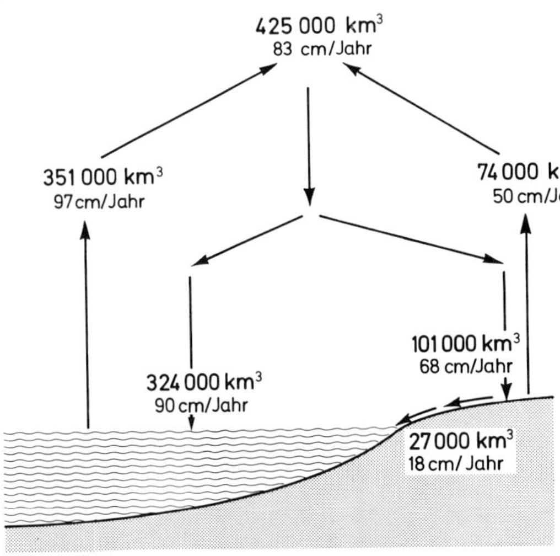

Abb. 9 Der Jahreskreislauf des Wassers auf der Erde (nach *G. Dietrich* & *W. Kalle*)

Wie die Zahlen aus zwei vergleichbaren Bachgebieten der Mittelschweiz zeigen, hat die Vegetation im Endergebnis keinen Einfluß auf die Gesamtverdunstung, wohl aber auf die Versickerung, indem der verzögerte Abfluß im Walde dem Boden mehr Zeit läßt, das Wasser aufzusaugen (Tab. 3).

Tabelle 3 (nach *A. Engler*)

	Wald	Weide	
Verdunstung des Erdbodens	5	25	in % des Niederschlags
Verdunstung der Niederschläge auf Blättern und Zweigen	15	10	
Wasserverbrauch der Vegetation	20	5	
Gesamtverdunstung	40	40	
Oberflächlich abrinnendes Wasser	20	40	
Einsickerndes Wasser	40	20	
Gesamtabfluß	60	60	

Ergänzende Schriften

R. Keller (1961): Gewässer und Wasserhaushalt des Festlandes. 520 S. Berlin.

Das Grundwasser

Entstehung und Speicherung des Grundwassers. Wenn Niederschlagswasser in den Boden eindringt, so bleibt ein Teil als *Haftwasser* zwischen den Bodenteilchen hängen. Der Überschuß bewegt sich als *Sickerwasser* weiter abwärts und füllt die Poren, je tiefer, desto vollständiger. Unterhalb einer gewissen Fläche sind alle Hohlräume des Gesteins mit Wasser erfüllt. Dies ist der *Grundwasserspiegel,* der das *Grundwasser* gegen oben begrenzt. Der Grundwasserspiegel liegt in Deutschland einige m bis einige Zehner m, in Trockengebieten oft mehrere hundert m unter Flur.

Die Grundwassermenge im Erdboden ist von dem Fassungsvermögen der Hohlräume abhängig, der Poren und Klüfte, die alle Gesteine in einem vielfältig verästelten Netz durchziehen. Nach deren Raumanteil und Weite kann man zwei Gruppen von Gesteinen unterscheiden:

1. *Grundwasserleiter*, die in zahlreichen und weiten Poren oder in gut entwickelten Klufthohlräumen große Wassermengen aufzunehmen und dank der geringen Reibung auch rasch fortzuleiten vermögen. Porenreich sind lockere Kiese und Sande, ferner Sandsteine, deren Kornzwischenräume nur teilweise durch Bindemittel ausgefüllt sind. Kluftreich sind viele Kalke und Erstarrungsgesteine.

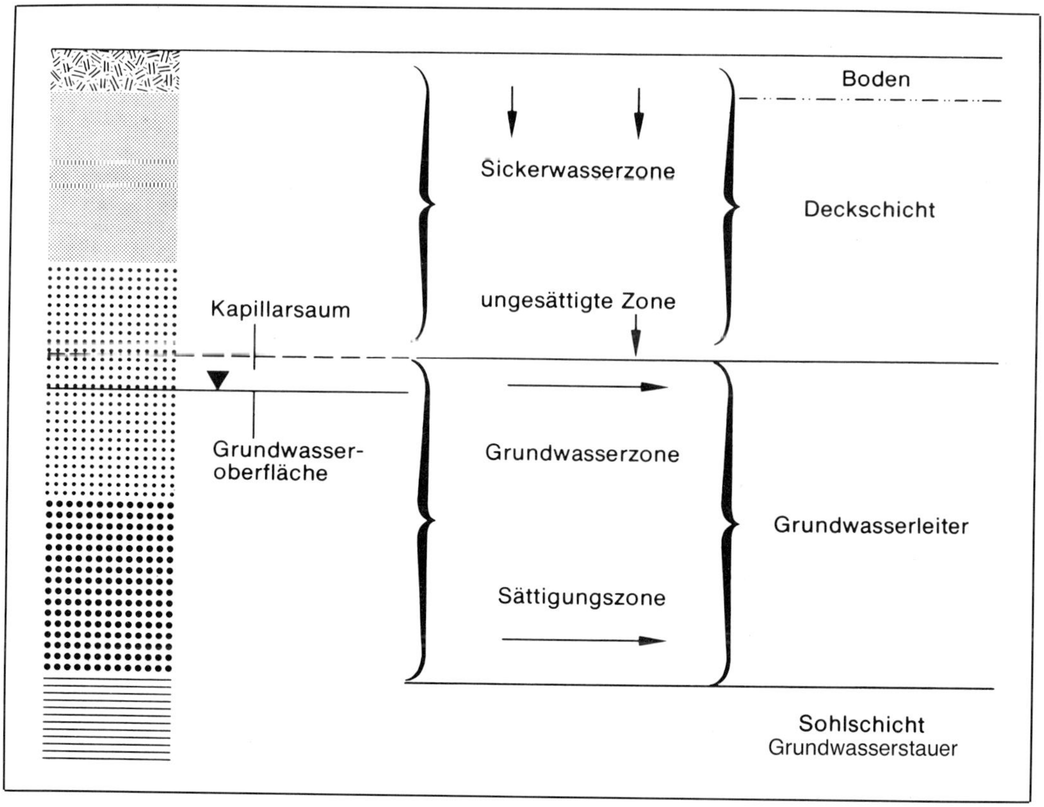

Abb. 10 Hydrogeologische Gliederung des Untergrundes (nach *Mattheß* 1979)

Tabelle 4

	Porenvolumen	Kluftvolumen
Sand und Kies	25 -40%	-
Poröser Sandstein	10 -20%	-
Fester Sandstein und Kalk	1 - 5%	0,5-2%
Granit	0,5- 1%	

2. *Grundwasserstauer,* die kaum geklüftet sind und spärliche oder enge Poren besitzen. Hierher gehören feinkörnige Sande (mit < 0,1 mm Korndurchmesser) und vor allem die tonigen Gesteine, deren geringe Durchlässigkeit auf der außerordentlichen Feinheit ihrer Haarspalten beruht (Abb. 10).

In einem einheitlichen Speichergesteinskörper sammelt sich ein geschlossener Grundwasservorrat mit zusammenhängendem Spiegel. Ist der Untergrund aus einer Wechselfolge durchlässiger und undurchlässiger Schichtplatten aufgebaut, dann bilden sich mehrere *Grundwasserstockwerke*, die jeweils einer stauenden Sohlschicht aufruhen und von deren Ausdehnung abhängig sind (Abb. 11 und 12). Die obersten Stockwerke besitzen zumeist einen gegen die Erdoberfläche *freien Grundwasserspiegel.* In den tieferen aber kann sich unter undurchlässigen Deckschichten *gespanntes Grundwasser* sammeln, das von höhergelegenen Einsickerungsflächen stammt. Es steigt im Bohrloch empor und fließt als *artesisches Wasser* über Flur aus.

Grundwasserhaushalt. Die Ansammlung von Grundwasser im Boden hält sich bei beständigem Klima und ohne künstliche Eingriffe in einem Gleichgewichtszustand. Er kommt einesteils dadurch zustande, daß sich die Speisung des Grundwassers im wesentlichen auf die kühlere, verdunstungsarme Jahreszeit beschränkt, während in der wärmeren der Vorrat durch die Oberflächenverdunstung und den Bedarf der Pflanzen beansprucht wird. Der Grundwasserspiegel führt daher jährliche Schwankungen aus. Der Unterschied zwischen dem Höchststand im Januar bis April und dem Tiefststand im Spätherbst beträgt etwa ½–1 m, u. U. auch erheblich mehr (Abb. 13).

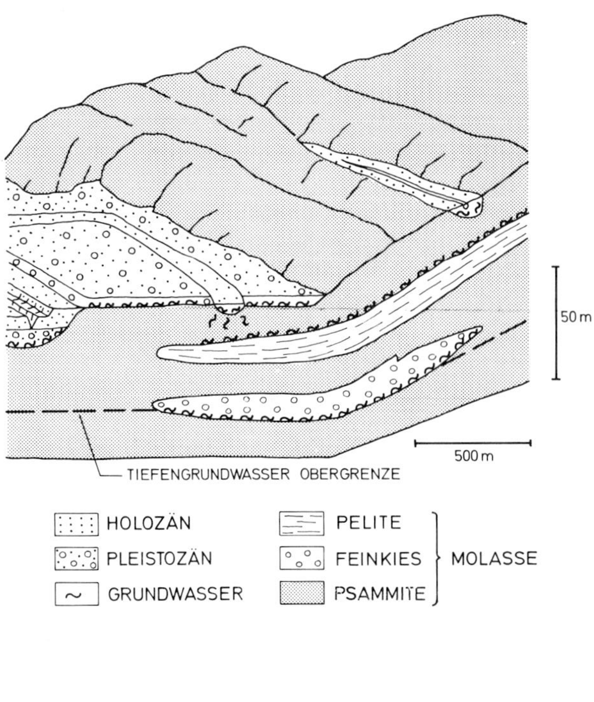

Abb. 11 Grundwasserverhältnisse in der Ungefalteten Molasse und ihrer Bedeckung NW von Augsburg (nach *D. Wittmann)*

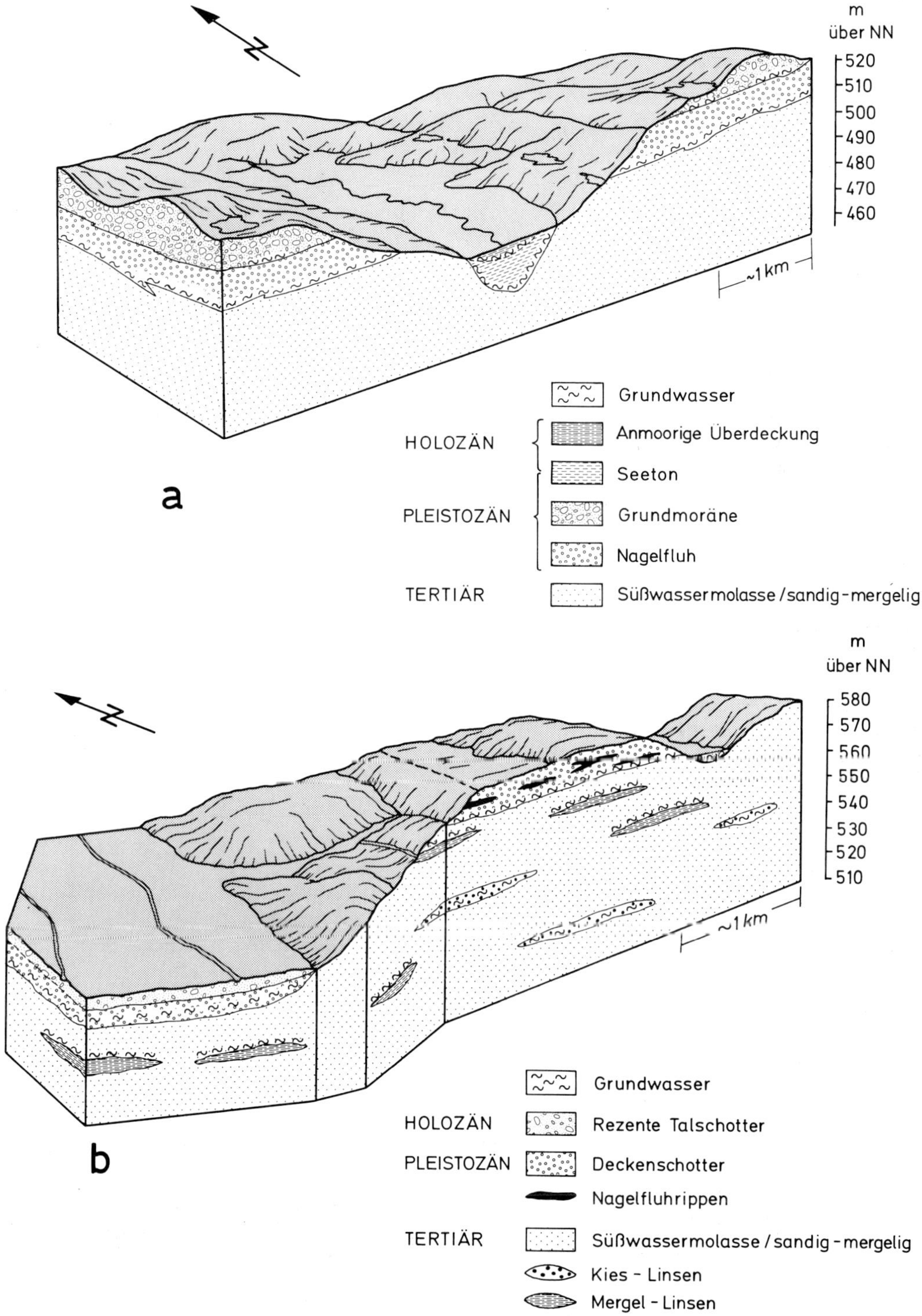

Abb. 12 Grundwasserstockwerke im Molassebecken (Bayern)
a) Raum Mühldorf/Ebersberg
b) Raum Mindelheim

Zum anderen befindet sich das unterirdische Wasser in der Regel in Bewegung, wobei es den gleichen Gesetzen wie das oberirdische gehorcht. Als *Grundwasserstrom* fließt es, sofern ihm im Untergrund keine stauenden Hindernisse im Wege stehen, in breiter Front von den Einsickerungsflächen zu tiefer gelegenen Gebieten. Der Grundwasserspiegel ist daher nicht eben, sondern folgt der Geländegestalt in abgeschwächtem Maße. Nur verlangsamt die Reibung in den Gesteinskapillaren die Fließgeschwindigkeit und erfordert höhere Druckunterschiede, um die Bewegung in Gang zu halten. Der Grundwasserspiegel ist daher stärker geneigt als offene Wasserflächen und hat nicht selten Gefälle von einigen m/km. Die Grundwasserströmung mißt im Schotter etwa 10 m/Tag, in Sanden 1 m/Tag, im Sandstein einige cm/Tag, kann aber in klüftigem Gestein, wie Kalken, auf > 100 m/Std. wachsen. Nach der Tiefe verringert sich die Geschwindigkeit, da die Gesteine ärmer an Hohlräumen werden. Das *fließende Grundwasser* geht allmählich in das *Tiefenstandwasser* über.

Oberirdische und unterirdische Gewässer stehen in enger Verbindung. Der Spiegel offener Wasserflächen stellt i. allg. die Fortsetzung des Grundwasserspiegels dar, abgesehen von den selteneren Fällen, wo undurchlässige Schlammabsätze das Bett abgedichtet haben. Die Flüsse sind, sofern sie schottererfüllte Täler benutzen, von einem Grundwasserstrom begleitet, der mit zwar geringerer Geschwindigkeit, dafür aber weit größerem Querschnitt Wassermengen talab führt, die den oberflächlichen durchaus vergleichbar sind. Bei Hochwasser wird Flußwasser ins Grundwasser gedrückt, in Dürrezeiten strömt den Wasserläufen Grundwasser zu, was für ihren Haushalt wichtig ist (S. 25).

Quellen. Wo sich Erdoberfläche und Grundwasserspiegel schneiden, tritt der Grundwasserstrom als *Quelle* aus dem Boden hervor. Je nach den geologischen Bedingungen unterscheidet man:

1. *Auslaufquellen*, bei denen sich das Wasser vom Sickergebiet bis zur Quelle im wesentlichen bergab bewegt, wie es bei *Schichtquellen* (Abb. 14), *Überlaufquellen* und *Stauquellen* der Fall ist.

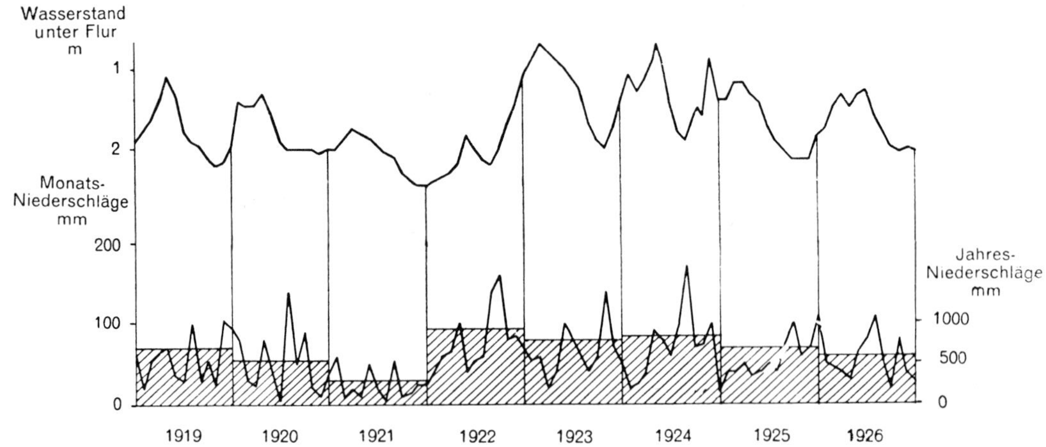

Abb. 13 Grundwasser- und Niederschlagsschwankungen in der hessischen Rheinebene bei Darmstadt (nach *A. Steuer*). Der Grundwasserstand (obere Kurve) ist mehr von der Jahresmenge (Schraffur) als von der Monatsmenge der Niederschläge (untere Kurve) abhängig. Man beachte das trockene Jahr 1921.

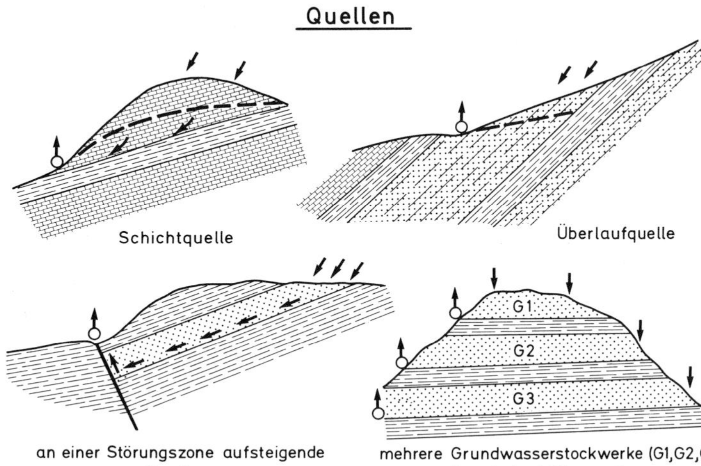

Abb. 14 Verschiedene Möglichkeiten der Entstehung von Quellen

2. *Steigquellen*, bei denen das Grundwasser vom Nährgebiet erst absinkt und dann wieder aufsteigt, um aus dem Quelltopf entsprechend dem Prinzip der kommunizierenden Röhren im Überdruck hervorzusprudeln. Diese Quellform ist gleich dem gespannten Grundwasser (Abb. 14) an einen Wasserleiter geknüpft, der von undurchlässigen Schichten unter- und überlagert ist. Eine Steigquelle ist gewissermaßen ein natürlicher artesischer Brunnen.

Grundwasserbeschaffenheit. Die Niederschläge sickern, bevor sie ins Grundwasser gelangen, als Bodenlösung (S. 11) durch die Verwitterungszone. Alles Grund- und Quellwasser enthält daher mineralische Stoffe in einigen Zehntel g/l gelöst. Analysen aus dem südlichen Odenwald zeigen, wie das Quellwasser gerade diejenigen Elemente aufgenommen hat, die dem Verwitterungsboden gegenüber dem frischen Gestein fehlen (Tab. 5).

Je nach dem Gestein, durch das sich das Wasser bewegt, wechseln Art und Menge der gelösten Stoffe. Im Kalk- oder Gipsgebirge belädt sich das Grundwasser mit Ca-Salzen, deren Menge die *Härte* des Wassers bestimmt (Abb. 15). Am Austritt einer Quelle scheidet sich alsdann das aufgenommene $Ca(HCO_3)_2$ als zellig-poröser *Kalksinter*

Tabelle 5 (nach *M. Dittrich*)

	Frischer Granit %	Verwitterungsboden auf Granit %	Aus 1 kg Granit herausgelöst (−) bzw. zugeführt (+)[1] g	Gelöste Bestandteile im Quellwasser mg/l
SiO_2	63,6	63,2	− 78	19,8
Al_2O_3	14,7	16,6	0	} 0,7
Fe_2O_3	1,8	4,4	} − 10	
FeO	3,1	0,4		
CaO	3,8	0,9	− 30	49,1
MgO	2,8	1,5	− 15	13,9
K_2O	4,1	7,7	+ 27	1,4
Na_2O	4,3	1,7	− 28	6,1
H_2O	0,9	3,2	+ 19	-
CO_2	-	0,3	+ 3	-

[1]) Unter der Annahme, daß die Menge des Al_2O_3 konstant geblieben ist

$CaCO_3$ ab, da die Druckentlastung, die Erwärmung und der Bedarf der Pflanzen den CO_2-Gehalt des Wassers vermindern. Eisen kann bei Sauerstoffabwesenheit gleichfalls als Bikarbonat in Lösung gehen und sich durch Oxydation unter Mitwirkung einzelliger Eisenorganismen als *Eisenocker* α-FeOOH absetzen.

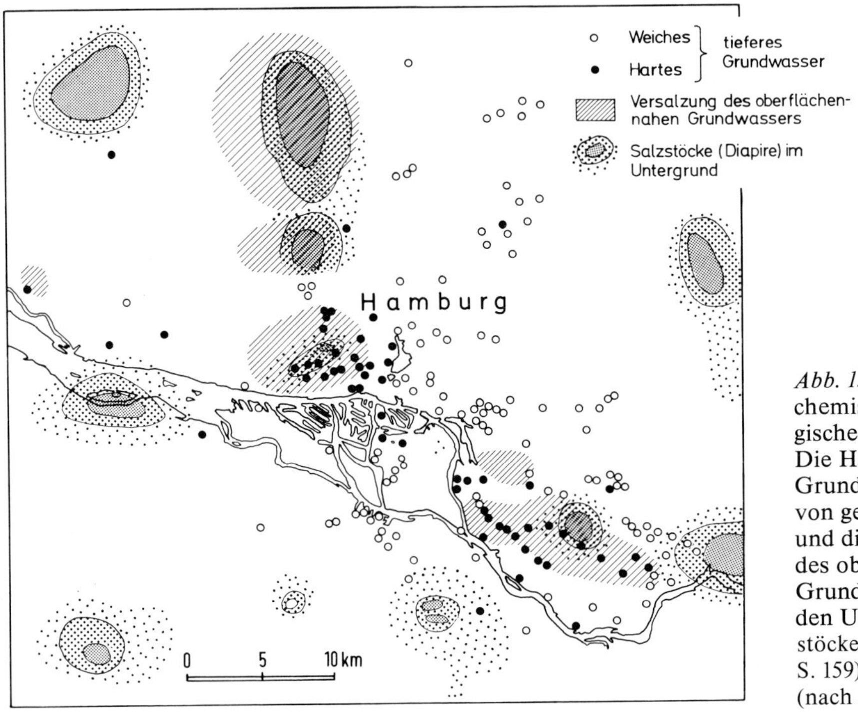

Abb. 15 Grundwasserchemismus und geologischer Bau. Hamburg. Die Härte des tieferen Grundwassers infolge von gelöstem $CaSO_4$ und die Versalzung des oberflächennahen Grundwassers ist an den Umkreis von Salzstöcken (Abb. 139, S. 159) gebunden (nach *A. Meng*)

Die Temperatur des Grundwassers macht die jahreszeitlichen Schwankungen in abgeschwächtem Maße mit und weicht im Durchschnitt vom Jahresmittel des Nährgebiets wenig ab. Die aus größerer Tiefe kommenden Steigquellen nehmen dagegen beim Durchströmen der vom Erdinnern her erwärmten Gesteinsmassen (S. 185) eine erhöhte gleichmäßige Temperatur an und erhalten zugleich eine gesteigerte Lösungsfähigkeit. Sie werden damit zu *Thermalquellen* (> 20° C) und *Mineralquellen* (> 1 g/l Feststoffe). Früher glaubte man, daß in ihnen aus dem Erdinnern entbundenes, *juveniles* Wasser erstmals an die Oberfläche tritt. Heute kann man jedoch mit Sicherheit sagen, daß auch sie so gut wie ausschließlich *vadoses*, dem äußeren Kreislauf angehörendes Wasser schütten.

Nutzung des Grundwassers. Der Bedarf des Menschen an *Trink-* und *Brauchwasser* wird überwiegend aus dem Grundwasser gedeckt, da die Oberflächenwässer, vor allem in dichtbevölkerten Gebieten, der Verunreinigung ausgesetzt sind. Vor dem Bau einer Grundwasserversorgungsanlage sind Reinheit und Ergiebigkeit zu prüfen. Bei ungenügender Filterung enthält das Grundwasser gesundheitsschädliche Bakterien, doch kann man damit rechnen, daß es nach dem Durchsickern einiger m feinkörnigen Erdreichs nahezu keimfrei ist. Von Bedeutung ist auch die Menge und Beschaffenheit der gelösten Stoffe, insbesondere die Härte. Die Ergiebigkeit eines Grundwasservorkommens hängt von den geologischen und klimatischen Bedingungen ab. Untersuchungen über die Größe des Einzugsgebietes, die Niederschlags- und Versickerungsverhältnisse, den Lauf der

Grundwasserströmung und die Gestalt des Grundwasserbeckens liefern Anhaltspunkte für die Vorräte und die zulässigen Entnahmemengen.

Die meisten Großstädte decken ihren Wasserbedarf – man rechnet mit 500 l je Einwohner und Tag einschließlich des industriellen Verbrauchs – aus Brunnen. Vor allem die Sand- und Schotterfüllung der Täler (bei Berlin und Leipzig z. B. der pleistozänen Urstromtäler) enthält große Vorräte. Quellwasser reicht für Großversorgungsanlagen nur selten mengenmäßig aus; eine Ausnahme bildet Wien, das seinen Bedarf aus einer Reihe großer Quellen der nordöstlichen Kalkalpen deckt. Die Förderung von Grundwasser kommt in Deutschland gegenwärtig 45 mm Jahresniederschlag gleich und nähert sich damit der Neubildungsrate (S. 16). Man ist deshalb (z. B. bei Frankfurt a. M.) bereits zur künstlichen Grundwassererzeugung durch Versickerung von Flußwasser übergegangen oder erbaut (wie im Umkreis des Ruhrgebiets) Trinkwassertalsperren.

Tabelle 6 Wasserbedarf verschiedener Verbrauchergruppen in der Bundesrepublik Deutschland (nach *Mattheß* in Umschau 5, 1979)

	1969		2000 (geschätzt)	
	Mrd. m^3	Anteil %	Mrd. m^3	Anteil %
Industrie	10,7	39,8	16,1	22,0
Elektrizitätswerke	12,5	46,1	52,0	71,3
private Haushalte	2,6	9,7	3,9	5,3
Gewerbe	0,2	0,7	0,2	0,3
Öffentliche Einrichtungen (Schulen, Schwimmbäder u. a.)	0,3	1,1	0,3	0,4
Landwirtschaft	0,7	2,6	0,5	0,7
	27,0	100	73,0	100

Tabelle 7 Wasserförderung öffentlicher Wasserwerke der Bundesrepublik Deutschland im Jahre 1975 (nach BGW-Wasserstatistik 1977)

	Menge 10^6 m^3	%
Grund- und Quellwasser	2 847	71,5
Uferfiltrat	279	7,0
angereichertes Grundwasser	451	11,3
Flußwasser	30	0,8
Seewasser	127	3,2
Talsperrenwasser	245	6,2
	3 979	100,0

Die Gewinnung durch Uferfiltrate und künstliche Grundwasseranreicherung nimmt zu. Nach Tab. 7 spielte sie im Jahre 1975 bereits mit über 18% des geförderten Wassers eine große Rolle. Bei der Gewinnung durch Uferfiltrat wird der Grundwasserspiegel im Uferbereich von Flüssen und Seen abgesenkt und so ein hydraulisches Gefälle erzeugt, das zum Überlauf von oberirdischem Wasser in das Grundwasser führt. Bei der künstlichen Grundwasseranreicherung wird das Wasser aus oberirdischen Gewässern gefördert, einer Voraufbereitung unterworfen und dann in Teichen, Gräben oder Leitungen zur Versickerung gebracht. Dieses Wasser muß dann vor der Nutzung noch aufbereitet werden. Unterirdische Speicher können dabei als Wasservorratsräume dienen.

Ergänzende Schriften

Eriksson, E. (1985): Principles and Applications of Hydrochemistry. – 192 S., London.

Hölting, B. (1989): Hydrogeologie. Einführung in die Allgemeine und Angewandte Hydrogeologie. – 3. Aufl., 396 S., Stuttgart.

Keller, R. (Hrsg.) (1978–79): Hydrologischer Atlas der Bundesrepublik Deutschland (im Auftrag der Deutschen Forschungsgemeinschaft). Kartenband (1978) 68 Karten. Textband (1979). – 360 S., Boppard.

Langguth, H. & Voigt, R. (1980): Hydrogeologische Methoden. 486 S., Berlin.

Lerman, A. (1978): Lakes: Chemistry, Geology, Physics. – 363 S., Berlin–Heidelberg–New York.

Marsily, G. de (1986): Quantitative Hydrogeology. – 464 S., London.

Matthess, G. (1973): Die Beschaffenheit des Grundwassers. – Lehrbuch der Hydrogeologie, Bd. 2, 324 S., Berlin–Stuttgart.

Matthess, G. & Ubell, K. (1983): Allgemeine Hydrogeologie – Grundwasserhaushalt. – Lehrbuch der Hydrogeologie, Bd. 1, 438 S., Berlin–Stuttgart.

Moser, H. & Rauert, W. (1980): Isotopenmethoden in der Hydrologie. – Lehrbuch der Hydrogeologie, Bd. 8, 400 S., Berlin–Stuttgart.

Richter, W. & Lillich, W. (1975): Abriß der Hydrogeologie. – 281 S., Stuttgart.

Das Oberflächenwasser

Der Teil der Niederschläge, der weder der Verdunstung noch der Versickerung anheimfällt, sammelt sich auf der Erdoberfläche zu Wasserläufen. Die geologische Arbeit des Wassers beginnt in dem Augenblick, in dem der Regen auf die Erde fällt. Mit der Menge wächst die Leistung des strömenden Wassers. Seichte Furchen werden zu tiefen Tälern; die mitgeführte Fracht nimmt zu und gelangt, sofern die Kraft des Flusses nicht schon vorher erlahmt, schließlich ins Meer.

Geologische Tätigkeit des rinnenden Wassers. Bei Regen oder Schneeschmelze sammeln sich die Wassertropfen in schmalen Fäden, und es entwickelt sich ein flußartig verzweigtes System von Spülrinnen. Bodenteilchen und Gesteinsbrocken werden mitgenommen und den Bächen zugeführt; lösliche Gesteine, wie Kalk oder Gips, durch Lösungsfurchen ziseliert. Der Betrag dieser flächenhaften Abspülung oder *Denudation* hängt von der

Abb. 16 Ausspülung durch Regenwasser. Die Säule in der Mitte wird durch ein großes Geschiebe geschützt. Pleistozäne Moräne bei La Paz, Bolivien

Niederschlagsverteilung und dem Gefälle, von der Verwitterbarkeit der Gesteine und vom Pflanzenkleid ab. Bewaldete Hänge werden langsamer als begraste oder gar nackte angegriffen. So wird in dem auf S. 16 genannten Beispiel aus der Mittelschweiz das wiesenbedeckte Gebiet dreimal so rasch wie das bewaldete denudiert.

Feste und wetterbeständige Gesteine werden langsamer als leicht zerstörbare erniedrigt und treten als *Härtlinge* über ihre Umgebung heraus. In einer Wechselfolge von Schichtplatten ungleicher Verwitterbarkeit werden die weicheren Lagen ausgeräumt, während die härteren Gesteinspakete infolge Unterspülung zur Wandbildung neigen. Bei horizontaler Schichtlage gliedern sich daher die Hänge in *Schichtstufen*, bei denen, entsprechend der Widerstandsfähigkeit der Gesteine, flachere Böschungen und steilere Bastionen miteinander wechseln. Bei geneigter Lagerung (Abb. 105) entstehen *Schichtkämme*. Die harten Bänke bilden das Rückgrat langgestreckter paralleler Bergrücken, während die weicheren im Untergrunde der begleitenden Senken oder Verflachungen anstehen. Die Betrachtung einer Landschaft vermag damit dem geübten Auge schon mancherlei über die Eigenschaften und die Lagerung der Gesteine zu sagen.

Geologische Tätigkeit der Wasserläufe. Die fließenden Gewässer streben unter natürlichen Bedingungen einen ausgeglichenen Energiehaushalt an, d. h. sie gestalten Bett und Lauf derart, daß das aus dem Gefälle herrührende Arbeitsvermögen durch die Strömungswiderstände gerade aufgezehrt wird. Dies Gleichgewicht erreicht der Fluß bei Energieüberschuß einesteils durch vermindertes Gefälle, wie es etwa eine Laufverlängerung durch Schlingenbildung (Abb. 17) nach sich zieht, andernteils durch vermehrte Reibung, die er durch Aufnahme von Feststoffen, Verringerung der Wassertiefe und lebhaftere Wirbelbildung zu erzeugen vermag. Der Endzustand ist das *Ausgleichsgefälle*, dessen vom Oberlauf zum Unterlauf stetig abnehmende Neigung eben ausreicht, um die im Quellgebiet überwiegend groben, gegen die Mündung zu immer feiner werdenden Schuttmassen ohne Stockung mit den gegebenen Wassermengen abzuführen.

Abb. 17 Mäander. Rio Chico, Patagonien. Schräg-Luftbild

Die **Wasserbewegung** in Bächen und Flüssen ist dadurch gekennzeichnet, daß die Stromfäden nicht schlicht nebeneinanderliegen, sondern wirbelig verflochten sind. Das wesentliche Merkmal dieses *turbulenten Abflußvorganges* besteht darin, daß die Wasserteilchen auch senkrecht zur Hauptströmung Bewegungen ausführen. Ein Wasserlauf ist daher nicht nur in seiner Fließrichtung, sondern auch quer dazu geologisch wirksam. Die pulsierend verlaufenden Querströmungen summen sich, wie Abb. 18 zeigt, zu langgestreckten Wirbelschläuchen auf. In Krümmungen drängen die schneller fließenden Wasserteilchen infolge der größeren Zentrifugalbeschleunigung gegen das konkave Ufer und strudeln am Fuß des *Prallhangs* einen *Kolk* aus, während sich auf dem gegenüberliegenden *Gleithang* eine *Sandbank* anhäuft. Dadurch verstärkt sich die Flußkrümmung. Zugleich wandert sie flußabwärts, denn wegen der Trägheit der Wassermassen nähert sich der Stromstrich erst unterhalb der Mitte des Krümmungsbogens dem Steilufer. Während die Wirbel mit dem Strom wandern, stellen die *Wasserwalzen* ortsfeste, an Hindernisse gebundene Strudel dar. Sie können durch Auskolkung die Bettgestaltung erheblich beeinflussen.

Erosion. Im Oberlauf der Flüsse ist die Schleppkraft regelmäßig größer als die zugeführte Schuttmenge. Was an Gesteinstrümmern durch die Verwitterung gelockert ist und durch Abspülung oder Rutschung in den Bereich des fließenden Wassers gelangt, wird fortgeräumt. Auf ihrem Wege talab feilen die Felsbrocken die Sohle aus oder dienen den Wasserwalzen als Mahlsteine bei der Erzeugung von *Strudelkesseln.* Abschliff und Auskolkung können das Bett selbst in hartem Gestein um > 1 mm/Jahr eintiefen. Auf diese Weise entsteht das im Querschnitt V-förmig gestaltete *Tal* (Kerbtal) als eindrucksvolles Zeugnis des fluvialen Abtrags, der *Erosion.*

In ihren Einzelzügen hängt die Talgestaltung von der Beschaffenheit des Felsgrundes ab. Widerstandsfähiges Gestein verengt das Tal zur Schlucht. Im Längsprofil bildet sich ein Gefällsbruch aus, den der Fluß in einer Stromschnelle oder mit einem Wasserfall überwindet. Da solche Laufstrecken dank der höheren Wassergeschwindigkeit besonders kräftig erodiert werden, wandern sie unter Hinterlassung schwächerer Sohlenneigungen flußaufwärts.

Geröllfrachtung. Das strömende Wasser übt einen Schub auf sein Bett aus, der sich bei beweglicher Sohle in Frachtleistung umsetzt. Größere Steine werden über ihre Nachbarn

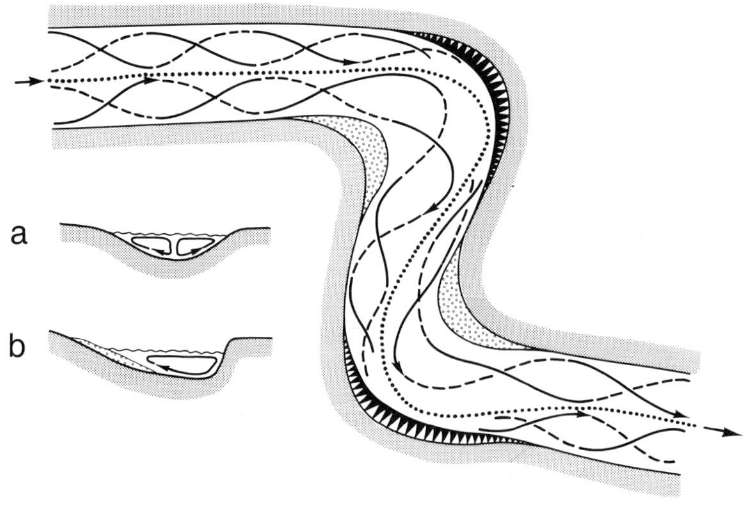

Abb. 18 Bewegung des Wassers in Flußläufen im Grundriß und Schnitt
a) Auf gerader Strecke
b) In einer Flußkrümmung

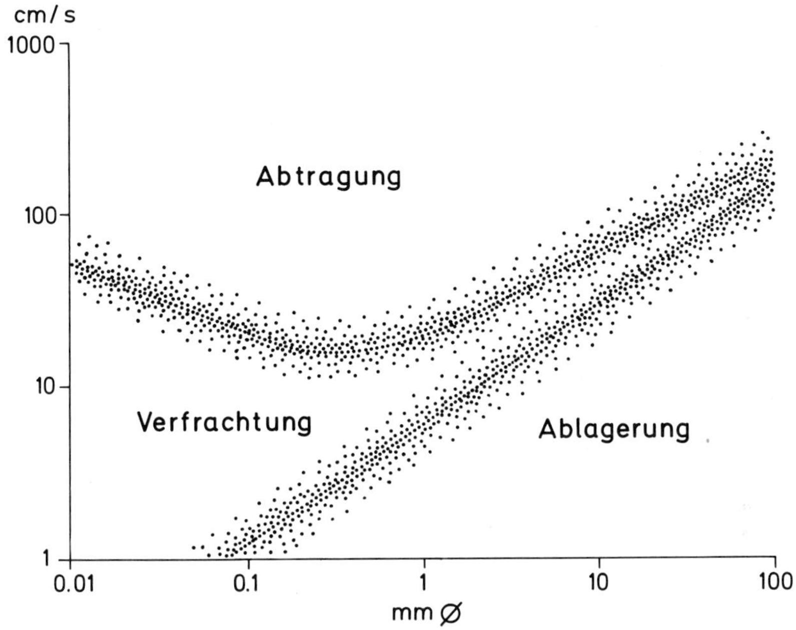

Abb. 19 Das Frachtvermögen des fließenden Wassers in Abhängigkeit von der Korngröße und Strömungsgeschwindigkeit. Die Teilchen im Felde „Ablagerung" sind stets in Ruhe, die im Felde „Abtragung" stets in Bewegung. Im Felde „Verfrachtung" bleiben ruhende Teilchen in Ruhe, bewegte in Bewegung. Um ein ruhendes Korn in Bewegung zu bringen, ist also eine höhere Geschwindigkeit notwendig als diejenige, bei der es sich abgesetzt hatte. Infolge der Kohäsion steigt dieser Unterschied gegen feinere Korngrößen (nach *F. Hjulström*)

hinweggeschoben oder gekantet, kleinere rollen oder hüpfen. Die untere Grenze der erforderlichen Stromgeschwindigkeit ergibt sich aus Abb. 19 (obere Kurve).

In der Bewegung verlieren die Gesteinsbrocken durch Absplittern rasch ihre Kanten und Ecken und werden zu kugeligen oder ellipsoidischen *Flußgeröllen.* Die Zurundung ist

bei Sandsteinen und Kalken	nach 1– 5 km Weg
bei Quarziten und Graniten	nach 10–20 km Weg

so gut wie vollendet. Die endgültige Gestalt hängt vom Gestein und seinem Gefüge, aber ebenso wesentlich vom Klima und Wasserhaushalt im Einzugsgebiet ab. Geröllmessungen bieten hier quantitative Anhaltspunkte. Die weitere Verkleinerung der Gerölle vollzieht sich vorzugsweise durch Abrieb der Oberfläche und geht mit fallendem Gewicht immer langsamer vonstatten. Es werden

Sandstein- und Kalkgerölle	nach 10– 50 km Weg
Quarzit- und Granitgerölle	nach 100–300 km Weg

auf das halbe Volumen verkleinert. In der Mur nimmt nach ihrem Austritt aus den Alpen der mittlere Durchmesser der größten Gerölle in folgender Weise ab:

nach	0	40	66	96	123	160 km Weg
auf	26,2	16,4	12,2	9,6	8,0	4,6 cm

Mit der Verkleinerung der Gerölle ist eine Auslese des Härtesten verbunden, daher reichern sich Flußkiese und -sande immer mehr an Quarz an. Flußablagerungen, die schwere oder besonders widerstandsfähige Minerale von wirtschaftlichem Wert (z. B. Gold, Zinnstein, Diamant) enthalten, nennt man *Seifen.*

Schwebfrachtung. Während sich das Geröll in den sohlennahen Teilen des Flusses fortbewegt, werden die feinsten Korngrößenanteile - der *Schweb* oder die *Flußtrübe* - durch die Auftriebskräfte der Turbulenz im ganzen Wasser verteilt und schwebend fortgetragen. Das Verhältnis von Geröll zu Schweb kann in den Flüssen sehr wechseln. Die schnellfließenden Wasserläufe der Gebirge führen relativ viel Schotter, in den trägen Strömen des Flachlandes überwiegt der Schweb. Das Verhältnis von Geröll zu Schweb ist z. B.

im Inn bei Kufstein	360	und 780 mg/l, also 1 : 2
im Mississippi-Unterlauf	40	und 340 mg/l, also 1 : 9
in der Wolga bei Astrachan	0,1	und 50 mg/l, also 1 : 500

Die Gesamtleistung der Flüsse im Transport von Feststoffen wird weniger von den Perioden normalen Wasserstandes als vielmehr durch die *Hochwässer* bestimmt, die den Geröll- und Schwebgehalt gewaltig erhöhen. Nach heftigen Regen können *Muren* mit über 50% Schutt- und Schlamminhalt zu Tale gehen. Manchmal kommen die Schotter überhaupt nur bei höherem Wasserstande in Bewegung, in der Mur z. B. nur während weniger Monate:

Geröllfracht April bis Juli	130 000 m^3
Schwebfracht ganzjährig	200 000 m^3

Lösungsfrachtung. Im Gegensatz zum Geröll und Schweb, die oberflächlich in den Fluß gespült werden, gelangen die chemisch gelösten Bestandteile überwiegend mit dem Quellwasser hinein, das beim Durchsickern durch den Boden mineralische Stoffe aufgenommen hat. Da bei niedrigem Wasserstand der Quellwasseranteil am größten ist, verhalten sich

Abb. 20 Schräg- und Kreuzschichtung in quartären See-Sedimenten, Chapelco, Argentinien

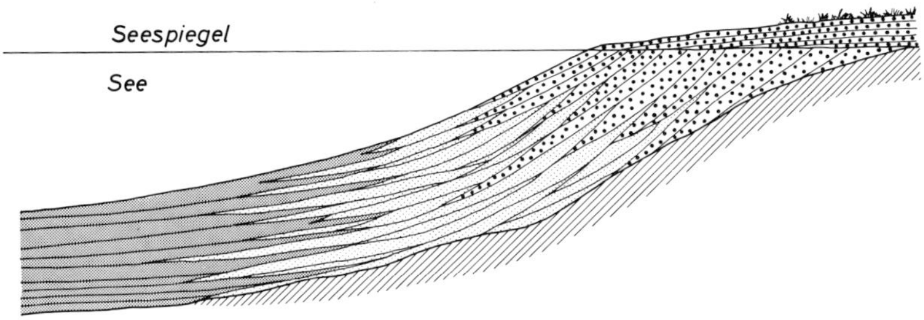

Abb. 21 Schnitt durch einen Deltakegel. Die Korngröße der Ablagerungen wird mit wachsender Entfernung von der Flußmündung kleiner. Geneigte Vorschüttungsschichten unter Wasser, flache Deckschichten über Wasser

mechanische und chemische Fracht im jahreszeitlichen Wechsel gegensätzlich, wie es die am Neckar gewonnenen Zahlen zeigen:

	Schweb	Gelöst
bei Hochwasser im Frühjahr	380	260 mg/l
bei Niedrigwasser im Herbst	20	690 mg/l

Akkumulation. Bei einer Verringerung des Gefälles läßt die Schleppkraft des Flusses nach. An Stelle der Erosion macht sich die Neigung zur *Akkumulation*, zum Absatz von *Flußablagerungen* oder *fluvialen Sedimenten*, geltend. Die Geröllfracht sammelt sich in den unteren Laufstrecken zu *Strombänken*, die als Körper von zuweilen ½ Million m^3 Inhalt und mehreren 100 m Länge geschlossen zu Tal gehen. Am luvseitigen Fuß der Bank wird das Geröll freigespült und rollt über die in einem natürlichen Böschungswinkel bis zu 28° abfallende Leeseite herunter. Auf diese Art erhält die Bank ein geneigtes Schüttungsgefüge, das man als *Schrägschichtung* bezeichnet (Abb. 20). Vermag der Fluß die Strombänke nicht in Bewegung zu halten, so breiten sich die Kiese und Sande als geschlossene Decke, als *Schotterterrasse*, auf der Talsohle aus. Die feinkörnigen Sinkstoffe füllen als *Flußschlick* verlassene Stromarme und setzen sich bei Hochwasser als *Auelehm* über breiten Flächen des Talbodens ab.

Mündet der Fluß schließlich in ein größeres Wasserbecken, so lagert sich die ganze mechanische Fracht infolge der verminderten Strömung in Form eines flachen, von wiederholt geteilten Flußarmen durchzogenen Schuttkegels, eines *Deltas*, ab (Abb. 21). Gemäß ihrer Zwitterstellung sind die Deltabildungen sehr mannigfaltiger Art. Zwischen die Geröllbänke, Sande und Schlicke des Flusses schalten sich Sumpf- und Moorablagerungen der Altwässer, bei marinen Deltas überdies noch die Absätze des Meeres und brackischer oder übersalzener Strandseen (S. 83).

Ergänzende Schriften

Chorley, R. J. (Hrsg.) (1973): Introduction to Fluvial Processes. – 218 S., Bungay, Suffolk.

Dury, G. H. (Hrsg.) (1970): Rivers and River Terraces. – 283 S., New York.

Leopold, L. B., Wolman, M. G. & Miler, J. P. (1964): Fluvial Processes in Geomorphology. – 522 S., San Francisco.

Miall, A. D. (1984): Deltas. – In: R. G. Walker (Hrsg.): Facies Models. – 2. Aufl., Geoscience Canada, Reprint Series, 1, 105–119, Ottawa.

Schaffernak, F. (1950): Grundriß der Flußmorphologie und des Flußbaus. – 115 S., Wien.

Walker, R. G. & Cant, D. J. (1984): Sandy Fluvial Systems. – In: R. G. Walker (Hrsg.): Facies Models. – 2. Aufl., Geoscience Canada, Reprint Series, 1, 71–91, Ottawa.

Die Klimazonen

Das geologische Geschehen auf dem Festlande ist ausschlaggebend vom Klima bestimmt. Temperatur und Luftbewegung, Niederschlag und Verdunstung in ihrem täglichen und jährlichen Gange beeinflussen die Verwitterung und den Wasserhaushalt, steuern die Abtragung und Verfrachtung. Eine Gliederung der geologischen Vorgänge nach Klimazonen ist daher in bevorzugtem Maße geeignet, die Erscheinungen in großen zusammenhängenden Landschaften unter einen einheitlichen Blickpunkt zu bringen. Eine solche Betrachtungsweise erweist sich als besonders fruchtbar, wenn es dem eigentlichen Ziele der Geologie entsprechend gilt, den umgekehrten Weg zu gehen und Klima und Umwelt früherer Erdperioden aus allen uns überlieferten Merkmalen anschaulich wiederherzustellen.

Entsprechend der bedeutsamen Rolle des Wasserkreislaufs gründet man die Einteilung der irdischen Klimate am besten auf das Verhältnis zwischen Niederschlag N zu Verdunstung V und Abfluß A. Die Verdunstung nimmt von den heißen zu den kühleren Breiten hin ziemlich regelmäßig ab. Die Niederschlagskurve dagegen ist zwischen 20° und 40° Breite stark eingedellt, da in absteigenden und dabei erwärmten Luftmassen die Sättigung an Wasserdampf sinkt (Abb. 7). Als zweites Einteilungsprinzip tritt die Temperatur hinzu, die darüber entscheidet, ob die Niederschläge in fester oder flüssiger Form fallen:

$N > V$ $A = N - V > O$	N als Schnee	Nivales Klima
	N als Regen	Humides Klima
$N \leqq V$ $A = O$		Arides Klima

Danach werden folgende Klimazonen unterschieden (Abb. 22):

1. *Die nivale Klimazone.* Der Niederschlag besteht ganz oder vorwiegend aus Schnee. Soweit er nicht wegtaut, fließt der Überschuß als Gletschereis ab. Das nivale Klimareich umfaßt die Polkappen etwa bis zu den Polarkreisen sowie die Hochgebirgsregionen der Erde.

2. *Die humide Klimazone* erhält mehr Niederschlag, als die Verdunstung aufzehren kann, und bietet daher der Pflanzenwelt die günstigsten Wachstumsbedingungen. Ein Teil des Wassers fließt oberflächlich in ständig strömenden Flüssen ab, ein anderer versickert im Boden. Die humide Klimazone zerfällt entsprechend der zonaren Niederschlagsverteilung (Abb. 6, 7) in drei getrennte Gürtel, den tropischen und zwei gemäßigte.

3. *Die aride Klimazone.* Die Niederschläge sind gering und so ungleichmäßig verteilt, daß sie zur ständigen Wasserführung der Flüsse nicht ausreichen. Im *semiariden* Bereich fallen sie in ausgesprochen jahreszeitlichem Wechsel, im *vollariden* nur in episodischen Güssen. Das aride Klimareich gliedert sich in zwei beiderseits der Äquatorialzone gelegene Gürtel.

4. Kapitel: Nivale Klimazone

Dort, wo der Boden ständig von Schnee bedeckt ist, stellen die *Gletscher* den wichtigsten geologischen Faktor dar. In den nichtvereisten, den *periglazialen* Gebieten des nivalen Klimareichs ist der Erdboden tief durchgefroren. Nur während einer kurzen Auftauperiode finden auch Wind und Wasser Gelegenheit zum Angriff.

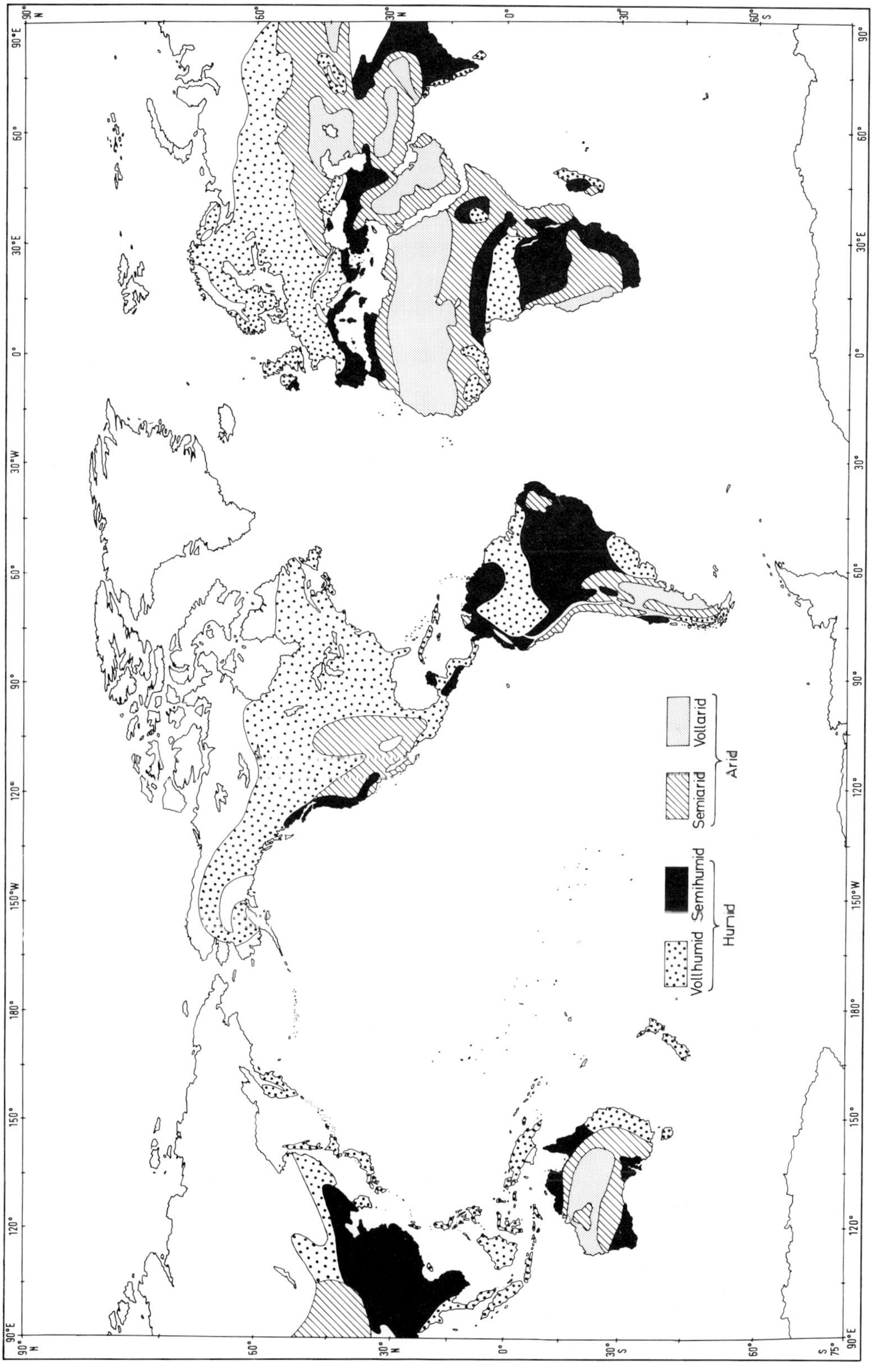

Abb. 22 Karte der wichtigsten Klimazonen der Erde. Weiße Flächen = Nivale Zone

Geologische Tätigkeit des Eises und der Gletscher

Verbreitung und Entstehung. Schnee fällt auf weite Flächen des Festlandes; aber nur im Hochgebirge und in den Polargebieten, den Regionen des ewigen Schnees, schmilzt er im Jahreslauf nicht wieder fort und sammelt sich an. Man nennt die Linie, oberhalb der auch im Sommer der Schnee nicht völlig schwindet, die *Schneegrenze* oder *Firnlinie.*

Die Höhenlage der Schneegrenze hängt vom Niederschlag wie von der Temperatur ab. Sie erreicht daher ihren höchsten Stand nicht am Äquator (5000 m), sondern in den Trockengürteln um ± 30° Breite und in den meerfernsten Teilen der Kontinente (6500 m). Mit wachsender Breite senkt sie sich. In den Alpen liegt sie in 3100–2600 m, in Skandinavien in rund 1000 m Höhe, in Polnähe geht sie bis auf den Meeresspiegel herunter. Änderungen des Klimas verschieben die Lage der Schneegrenze. Erhöhte Niederschläge, noch wirksamer niedrigere Sommertemperaturen haben eine Senkung (Depression) der Grenze im Gefolge. Die große Ausbreitung der Gletscher in der jüngsten geologischen Vergangenheit, der pleistozänen Eiszeit, während welcher die vereisten Gebiete 32% gegenüber heute 10% der Festlandsfläche umfaßten, dürfte derart zustande gekommen sein[1].

Der aufgehäufte Schnee unterliegt einer zeitlich fortschreitenden Umwandlung, der *Verfirnung.* Unter dem Druck der Auflast gehen die winzigen, sperrig gelagerten hexagonalen Kristallskelette des Schnees durch innere Sublimation, Aufschmelzen, Einsickern von Wasser und Wiedergefrieren in rundliche, zunehmend gröbere und dichter gepackte Kristallkörner über. Der flockige Neuschnee wandelt sich unter Setzung in locker-körnigen Firn, schließlich in festes *Gletschereis* um, bewahrt aber durch alle Stufen seine jahreszeitliche Schichtung.

Tabelle 8

	Dichte	Luftgehalt ca. %	Korngröße der Kristalle
Frischer Schnee	0,05–0,1	90	0,1 mm
Firn	0,5–0,6	40	1 mm
Weißes Gletschereis	0,8	10	mehrere cm
Blaues Gletschereis	0,9	2	mehrere cm

Tabelle 9 Die Verteilung des Eises der Erde in Quadratkilometern

Autor	*Flint* 1957	*Corbel* 1962	*Shumskiy* et al. 1964	Prozent
Antarktis	12 653 000	13 000 000	13 914 000	86
Arktis	2 080 388	2 077 800	2 082 000	13
Gebirgsgletscher	238 750	182 200	219 000	1
Summe	14 972 138	15 260 000	16 215 000	100

Gletscherbewegung. Erreichen die übereinandergestapelten Firnschichten auf geneigter Unterlage eine gewisse Dicke, so geraten sie infolge ihrer Schwere in Bewegung und fließen in Form eines *Gletschers* talab. Die Art der Bewegung stimmt im wesentlichen mit derjenigen der Gewässer überein. Wie der Fluß, paßt sich auch der Gletscher seinem Bett an. Wie dort, nimmt die Stromgeschwindigkeit stetig von der Sohle zur Oberfläche

---

[1] Abriß Band II, Historische Geologie, 12./13. Auflage 1986

sowie vom Rande zur Mitte zu - nur mit dem Unterschiede, daß sie etwa hunderttausendfach kleiner als die der Wasserläufe bleibt.

Dazu treten, abweichend vom fließenden Wasser, unstetige Bewegungen an Zug- und Scherfugen (Abb. 23). *Querspalten* reißen durch Zerrung des Gletschers, vor allem über Gefällsknicken, auf. *Längsspalten* durchsetzen die sich ausbreitende Zunge infolge der Querdehnung. Unter 45° stromauf gerichtete *Randspalten* öffnen sich infolge der Reibung zwischen Eis und Fels. Parallel zur Sohle entstehen *Scherrisse*, auf denen sich der höhere Teil des Gletschers über den tieferen vorschiebt. Mit Vorliebe folgen die Scherrisse der Firnschichtung. Die Schichten werden dabei zum *Blaublatt*gefüge ausgewalzt, einem lagenweisen Wechsel von weißem lufthaltigen und blauem luftfreien Gletschereis, der vor allem in der abschmelzenden Zunge gut sichtbar ist (Abb. 24).

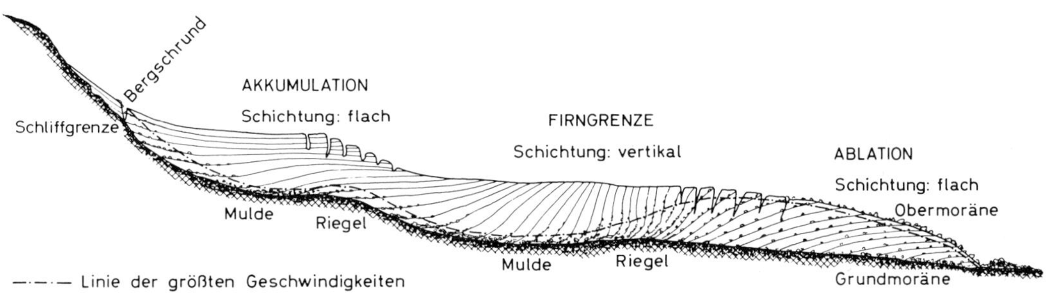

Abb. 23 Längsschnitt durch einen Talgletscher mit Schichtflächen und Hauptbewegungszone (nach *R. Streiff-Becker* 1938)

Die *Plastizitätstheorie (J. D. Forbes, S. Finsterwalder, M. Lagally)* erklärt diese einander scheinbar widersprechenden Beobachtungen dadurch, daß sie das Gletschereis als plastischen Körper betrachtet. Bei tiefen Temperaturen und nahe der Oberfläche des Gletschers reagiert es spröde, unter höherer allseitiger Belastung verhält es sich bildsam, vor allem nahe dem Schmelzpunkt. Die Verformbarkeit des Eises beruht auf Gleitungen innerhalb der Eiskristalle und auf Verschiebungen an den Korngrenzen. Die Beweglichkeit des Gletschers wird außerdem, sofern er nicht allzu stark durchkältet ist, durch die *Regelation (E. v. Drygalski)* gefördert. Da der Schmelzpunkt des Eises um 0,007° C je 1 kg/cm² Über-

Abb. 24 Muldenförmig verbogenes Blaublattgefüge. Lischanna-Gletscher, Unterengadin

druck sinkt, so verflüssigt sich das Eis an Stellen stärkerer Belastung, um im Druckschatten wieder zu gefrieren.

Gletschertypen. Jeder Gletscher besteht aus dem *Nährgebiet* oberhalb der Schneegrenze, in dem die *Akkumulation* von Schnee, und dem *Zehrgebiet* unterhalb in dem die *Ablation* durch Schmelzen und Verdunsten überwiegt (Abb. 23). Orographische und klimatische Faktoren schaffen in diesem Rahmen eine Reihe von Gletscherformen.

Die *Gebirgsgletscher* fügen sich dem gegebenen Relief ein. Beim *Talgletscher* geht aus der von Felsgraten umschlossenen Firnmulde eine stromförmige Zunge hervor. Dieser Typus ist in allen Hochgebirgen der Erde verbreitet. Der größte bekannte Vertreter ist der Hubbard-Gletscher in Alaska mit 120 km Länge. Bei stärkerer Anhäufung von Schnee verschmelzen die Einzelgletscher miteinander. Entweder vereinigen sie sich im Gebirge über Pässe und niedere Kämme hinweg zu einem *Eisstromnetz.* Oder sie verfließen vor dem Gebirgsfuß als *Vorlandgletscher* zu einem zusammenhängenden Eiskuchen. Da sich die Gebirgsgletscher im allgemeinen etwa auf Schmelztemperatur befinden, überwiegt in ihrer Bewegung der plastische Anteil. Meist beträgt die Geschwindigkeit einige dm/Tag.

Das *Inlandeis* überdeckt demgegenüber als schildförmiger Körper, einem zähflüssigen Tropfen vergleichbar, ganze Festländer. Abgesehen von den randlichen Teilen bewegt es sich einheitlich und nahezu unabhängig vom Untergrund. Das grönländische Inlandeis erreicht eine Dicke von > 3 km. Es ruht in einer flachen Felsschüssel (Abb. 25), deren

Abb. 25 Karte des grönländischen Inlandeises und Profil durch den südlichen Teil von Grönland. Maßstab 1 : 30 Mill. Profil 50fach überhöht. Die ins Meer vorstoßenden Gletscherzungen sind durch Pfeile gekennzeichnet. Sommerliches Abtaugebiet punktiert, Fels schwarz

Abb. 26 Rundhöcker aus Granit, vom pleistozänen Inlandeis geschliffen. Kamenz, Sachsen

Boden - offenbar durch die Eislast eingebeult - bis unter den Meeresspiegel reicht. Im Gegensatz zu den Gebirgsgletschern ist das polare Inlandeis tief durchgefroren und kommt wohl erst an der Sohle der Schmelztemperatur nahe. Das plastische Fließen beschränkt sich daher auf die untersten Lagen, über welche die spröde Oberschicht in starren Schollen hinweggleitet. So dürfte es sich erklären, daß die durchschnittlich 10-30 cm/Tag messende Fließgeschwindigkeit des Inlandeises in den schmalen Auslässen der grönländischen Fjorde auf 5-20 m/Tag anwächst.

Bei der **Abtragung** laufen zwei Vorgänge nebeneinander her. Wie erwähnt, sind alle Gletscher an ihrer Sohle der Schmelztemperatur nahe. Jeder zusätzliche Druck, z. B. die Stauung an einem Hindernis des Bettes, führt daher eine teilweise Verflüssigung herbei. Das abgepreßte Schmelzwasser erweitert beim Wiedergefrieren Gesteinsspalten oder verschweißt das Gletschereis mit der felsigen Sohle. Dadurch wird der Gletscher instand gesetzt, große Blöcke aus ihrem Verbande herauszureißen. Im Gegensatz zum Fluß schafft sich also der Gletscher kein ausgeglichenes Bett. Er räumt vielmehr, vor allem in klüftigem Gestein, durch *Übertiefung* geschlossene Becken aus.

Andererseits arbeitet das gleitende Eis daran, Unebenheiten des Untergrundes mittels eingebetteter Gesteinsbrocken schleifend auszugleichen. *Gletscherschrammen* (Abb. 28) und gerundete Felsbuckel, *Rundhöcker* (Abb. 26), sind für glazial überformte Gebirgslandschaften bezeichnend. Infolge seiner größeren Zähigkeit arbeitet der Gletscher stärker in die Breite als die Gewässer. Talanfänge im Hochgebirge werden zu halbkreisförmigen Nischen, den *Karen*, V-förmige Kerbtäler zu *Trogtälern* mit angenähert U-förmigem Querschnitt erweitert. Der Gletscherabtrag, die *Exaration*, ist somit von der Erosion des fließenden Wassers deutlich unterschieden.

Frachtung. Der vom Gletscher erzeugte Schutt wird als *Grundmoräne* im Gletscherfuß mitgenommen. Im Inlandeis ist dies die einzige Art der Moranenführung (Abb. 27). Gebirgsgletscher erhalten durch die Wandverwitterung und durch Lawinen auch von oben her Zufuhr von Schutt, der sich in *Obermoränen* (Seiten-, Mittelmoränen) sammelt. Im Gegensatz zum fließenden Wasser verfrachtet der Gletscher Gesteinstrümmer jeder Korngröße ohne Sonderung. Neben größeren Brocken, die durch die Rundung der

Abb. 27 Grundmoräne mit Geschieben. Nordfinnland

Abb. 28 Gletscherschrammen auf Andesit. Papallacta, Ecuador

Kanten und durch Kritzer als *Geschiebe* (im Gegensatz zu den Geröllen) kenntlich sind, besteht die Moräne aus feinerem Splitt und allerfeinstem Gesteinsmehl.

Eis- und Schmelzwasserablagerungen. Beim Schmelzen des Gletschers sinkt die mitgeführte Moräne als ungeschichteter, von Geschieben durchspickter *Geschiebemergel* in sich zusammen. Dies *glazigene* Sediment wird durch die gleichzeitig freiwerdenden Schmelzwässer teilweise aufbereitet und dabei nach Korngrößen in die *fluvioglazialen* Sedimente: *Blockpackung, Kies, Sand* und *Ton* zerlegt (Abb. 29).

Ein Teil der mitgeschleppten Moräne bleibt bereits unter dem Randsaum des Eises liegen und tritt nach dem Abtauen als wellige *Grundmoränenlandschaft* ans Licht. Hier sind die Hügel aus dem zerflossenen Schuttinhalt von Gletscherspalten hervorgegangen. Zuweilen hat das Eis auch die Moräne zu den rundhockerähnlichen Stromlinienkörpern

Tabelle 10 Korngrößenverteilung im pleistozänen Geschiebemergel Norddeutschlands

Blöcke	Größe in mm						
	20–2	2–1	1–0,5	0,5–0,1	0,1–0,05	0,05–0,01	< 0,01
1%	3%	2%	4%	37%	12%	15%	25%
		55% Sand					

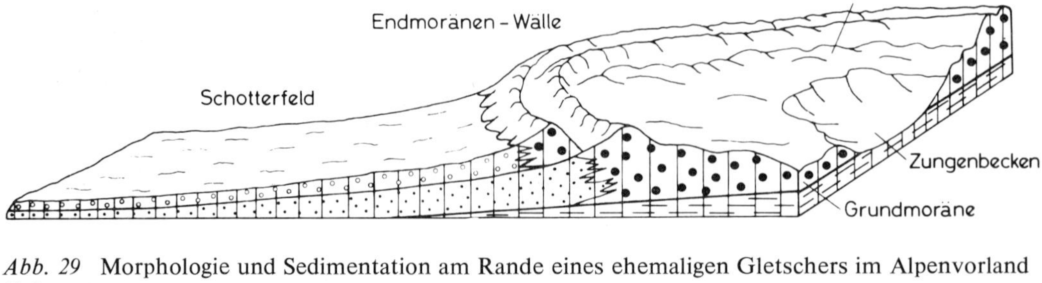

Abb. 29 Morphologie und Sedimentation am Rande eines ehemaligen Gletschers im Alpenvorland (Schema).

der *Drumlins* geformt. Von Seen erfüllte Senken sind vielfach durch Tieftauen verschütteter *Toteis*massen entstanden. Am Grunde des Gletschers sammeln sich die Schmelzwässer in subglazialen *Tunneltälern*, die sich, den Längsspalten folgend, in die Sohle einfurchen. Zerfällt der schwindende Gletscher in bewegungslose *Toteistafeln*, dann füllen sich die Hohlräume teilweise mit Sand- und Kiesbänken. Nach dem Abschmelzen hinterbleiben dementsprechend langgestreckte Rinnen oder die scharfen Rücken der *Oser* als Zeugnisse des ehemaligen Eiskluftnetzes.

Herrscht längere Zeit Gleichgewicht zwischen Nachschub und Abschmelzen, dann baut sich vor dem Rande des Gletschers eine *Endmoräne* auf (Abb. 29). Ihre Hügelwellen bestehen bei der *Aufschüttungsendmoräne* aus dem ausgeschmolzenen Schuttinhalt des Eises, bei der *Stauchendmoräne* aus älteren Ablagerungen, die der Gletscher vor seiner Stirn zusammengeschoben hat.

Vor der Endmoräne breiten die aus den Gletschertoren austretenden Schmelzwässer ihre Sand- und Kiesmassen in sanft gegen außen abgedachten Schuttfächern, den *Sandr* (Abb. 30), aus. Die feine Gletschertrübe wird weitergeführt und kommt in ruhigen Becken zum Absatz, wobei entsprechend dem jahreszeitlich wechselnden Wasserzufluß oft ausgezeichnet geschichtete *Bändertone* entstehen.

Geologische Vorgänge im periglazialen Gebiet

Verwitterung. In den nicht von Gletschereis bedeckten, den *periglazialen* Gebieten der nivalen Klimazone, friert der Boden im Winter tief und langdauernd durch. Während des kurzen Sommers wechseln Gefrieren und Tauen häufig, doch können sich bei stärkerer Sonnenstrahlung die Gesteine oberflächlich auch rasch auf 30–60° C erwärmen.

Physikalische Verwitterungserscheinungen nehmen dementsprechend die wichtigste Stelle ein. Die *Frostverwitterung* zersprengt das durchfeuchtete Gestein. Noch bedeutsamer ist wohl die *Temperaturverwitterung*, da der Wechsel zwischen winterlicher Durchkältung und sommerlicher Erwärmung tiefer greift als die kurzperiodischen Schwankungen um den Gefrierpunkt. Je nach seinem Gefüge zerfällt das Gestein in Quader, scharf-

Abb. 30 Skeidará-Sandur, im Hintergrund das Vatnajökull-Inlandeis. Südküste von Island (Foto *S. Thorarinsson*)

kantige Scherben oder Grus. Die Berghänge umkleiden sich mit Schutthalden. Wie rasch die Verwitterung vor sich geht, zeigt sich z. B. darin, daß auf Spitzbergen bereits alle Spuren der pleistozänen Vereisung, Rundhöcker und Gletscherschrammen verschwunden sind, während sie sich in Skandinavien wohl erhalten haben. Gegenüber dem starken Gesteinszerfall tritt die chemische Verwitterung, insbesondere die hydrolytische Zersetzung der Silikate, sehr zurück.

Gefrornis und Bodenfließen. Wo die mittlere Jahrestemperatur unter etwa – 6° C bleibt, friert die Erde bis in große Tiefen, in Alaska und Sibirien 20–100 m, ausnahmsweise über 500 m, völlig durch, nur die obersten Meter tauen im Sommer auf. Es herrscht *Gefrornis* oder *Permafrost.* Da der *Dauerfrostboden* undurchlässig ist, kann das Oberflächenwasser nicht in die Tiefe sickern und durchtränkt den *Auftauboden* so stark, daß der Schuttbrei ins Fließen kommt. Beim Wiedergefrieren scheidet sich das Wasser, sofern die Bodenkrume einen bestimmten Feinheitsgrad erreicht, in Linsen und Bändern von reinem Eis ab, die sich durch kapillares Nachsaugen von unten her verdicken. Auf diese Weise bläht sich der Boden beim Gefrieren um 20–40% auf und drückt den Schutt schon bei Hangneigungen abwärts, auf denen er sonst nicht ins Gleiten käme. Die Bewegung des Schuttes, sei es in durchnäßtem Zustande, sei es durch Frostschub, wird *Erdfließen* oder *Solifluktion* genannt. Sie stellt den wichtigsten Abtrags- und Transportfaktor im periglazialen Gebiet dar.

Bei der Schuttbewegung können mannigfaltige, oft recht regelmäßige Bodenformen entstehen, die man als *Frostmusterböden* bezeichnet. Wirbelige Verknetungen führen zu *kryoturbaten Gefügen* (Abb. 31). Sondern sich die Bodenteilchen in Feinerdebeete und Steinringe, so spricht man von *Steinnetzboden* (Abb.32), der sich auf geneigten Flächen zu *Streifenboden* auslängt. Ähnliche polygonale Netze vermag scharfer Frost hervorzubringen. Im Erdreich reißen *Frostspalten* auf, die sich durch einsickerndes und gefrierendes Wasser zu *Eiskeilspalten* (Abb. 33) erweitern können.

Abb. 31 Kryoturbates Gefüge durch Frostschub. Pleistozäne Pelite, Enger Grund, Karwendelgebirge

Tätigkeit des Windes. Bei der lückenhaften oder fehlenden Pflanzendecke vermag der Wind kräftige geologische Wirkungen auszuüben. Vor allem die von den großen Inlandeismassen herabwehenden heftigen trockenen Fallwinde führen Gesteinsstaub mit sich, sei es Gletschertrübe aus den weiten, in ständiger Umlagerung befindlichen Sandrflächen, sei es Feinerde aus dem Solifluktionsschutt. Wird der Staub in größerer Entfernung vom Eisrand durch einen Steppenpflanzenteppich aufgefangen, dann bildet sich eine infolge der Durchwurzelung locker-poröse und ungeschichtete Ablagerung, der *Löß*.

Abb. 32 Polarer Steinnetzboden. Steinringe mit Feinerde im Kern. Königsbucht, Spitzbergen (nach *F. Mattick*)

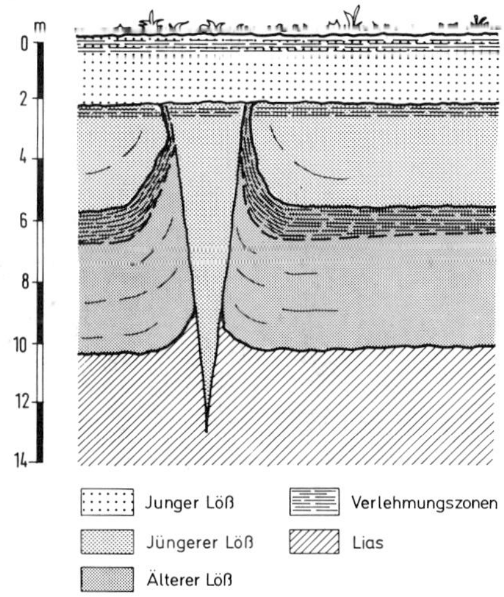

Abb. 33 Eiskeilspalte im Älteren Löß der Riß-Eiszeit und Jüngeren Löß 1 der frühen Würm-Eiszeit. Durch Gefrieren des Wassers unter Stauchung erweitert, später gefüllt und von Jüngerem Löß 2 der späten Würm-Eiszeit überdeckt. Göttingen (nach *G. Selzer*)

In Mitteleuropa besitzt der Löß durchschnittlich einen Kalkgehalt von 10–20%, ferner eine Tonfraktion von 10–25%, eine Schlufffraktion zwischen 70 und 80% und eine Sandfraktion zwischen 10 und 15%. Bezeichnend ist ein Anteil von ungefähr 60% der Korngröße von 10–60 µ/um Lößablagerungen entstehen heute z. b. in Südgrönland. In ausgedehntem Maße wurden sie in den Randgebieten des pleistozänen Eises angeweht, wo sie in Mitteldeutschland 1–3 m, im südlichen Rußland bis 15 m und in China > 100 m mächtige Decken bilden.

Die **Landformung** vollzieht sich im periglazialen Gürtel großenteils unter den Wirkungen des Frostes. Kompakte Gesteine, wie Granit und Quarzit, bilden Rücken oder Gesimse; klüftige und schichtige Gesteine, vor allem Schiefer, zerfallen rasch. Mächtige Mäntel von Frostschutt, die ständig durch *Steinschlag*, gelegentlich auch durch *Bergstürze* Zuwachs erhalten, umhüllen daher die Bergflanken. Vor ihrem Fuße breiten sie sich, noch bei 2° Gefälle, als *Fließerdedecken* aus. Aus ihnen spült das Wasser die feineren Teile fort, zeitweise hebt auch der Wind den Staub ab, so daß *Blockströme* zurückbleiben. Der Wasserschwall der Schneeschmelze furcht gestreckte Täler mit flacher Sohle aus, denen die Solifluktion von den Talflanken mehr Schutt zuführt, als sie zu bewältigen vermögen.

Alle diese Landschaftszüge, die Schuttüberkleidung und die Frostmusterböden, finden sich auch in Mitteleuropa wieder. Sie haben sich hier gleich dem Löß als Zeugnisse eines ehedem nivalen Klimas erhalten und sind als *Vorzeitformen* aus dem pleistozänen Eiszeitalter zu deuten.

Ergänzende Schriften

Ehlers, J. (Hrsg.) (1983): Glacial Deposits in North-West Europe. – 470 S., Rotterdam.

Eyles, N. & Miall, A. D. (1984): Glacial Facies. – In: R. G. Walker (Hrsg.): Facies Models. – 2. Aufl., Geoscience Canada, Reprint Series 1, 15–39, Ottawa.

Flint, R. F. (1971): Glacial and Pleistocene Geology. – 892 S., New York.

Hantke, R. (1978): Eiszeitalter 1. – 468 S., Thun (Ott).

Hantke, R. (1980): Eiszeitalter 2. – 703 S., Thun (Ott).

Hantke, R. (1983): Eiszeitalter 3. – 730 S., Thun (Ott).

Klebelsberg, R. v. (1948–49): Handbuch der Gletscherkunde und Glazialgeologie. – 2 Bde., 1024 S., Wien.

Lliboutry, L. (1964): Traité de Glaciologie. – 2 Bde., 1043 S., Paris.

Nilsson, T. (1982): Pleistocene. Geology and Life in the Quaternary Ice Age. – 651 S., Stuttgart.

Sibrava, V., Bowen, D. Q. & Richmond, G. M. (Hrsg.) (1986): Quaternary Glaciations in the Northern Hemisphere. – Final Report of the International Geological Correlation Program. Project 24. Quaternary Science Reviews, Vol. 5, 511 S., Oxford.

Wilhelm, F. (1975): Schnee- und Gletscherkunde. – 434 S., Berlin–New York.

Woldstedt, B. (1954–65): Das Eiszeitalter. – 2. Aufl., 3 Bde., 1140 S., Bd. 1, 3. Aufl., Stuttgart.

Zeitschrift für Gletscherkunde und Glazialgeologie. – Innsbruck. Seit 1949.

Eiszeitalter und Gegenwart. – Öhringen. Seit 1951.

Journal of Glaciology. – London. Seit 1947.

5. Kapitel: Humide Klimazone

Verwitterung und Bodenbildung. Die humide Klimazone erstreckt sich von den gemäßigten bis in die tropischen Breiten, umfaßt also einen weiten Raum mittlerer bis höherer Temperaturen, die sich von den Extremen der nivalen wie der ariden Gebiete in gleicher Weise fernhalten. Die physikalische Verwitterung ist daher geringer und wird zudem durch das Pflanzenkleid stark gedämpft.

Dennoch sind weite Bereiche der gemäßigten Breiten während der pleistozänen Eiszeiten stärker physikalisch verwittert, so daß z. B. in Mittelgebirgslagen Deutschlands viele Böden nicht aus festem Gestein, sondern aus 1 bis 3 m mächtigen Fließerden entstanden sind. Im humiden Bereich gelangt aber die chemische Verwitterung, vor allem die hydrolytische und die chemisch-biologische, begünstigt durch ständige Durchfeuchtung und organische Verbindungen des Bodens, zu stärkster Wirksamkeit.

Frisches Gestein tritt daher in der humiden Zone nur selten zutage. In der Regel ist es durch eine Verwitterungsdecke verhüllt, die in den Tropen über 50 m dick werden kann und häufig von den reichlichen Niederschlägen ausgelaugt wurde. Labile Minerale (Sulfate, Karbonate) werden rasch gelöst und ausgewaschen. Aber auch die Silikate gehen durch hydrolitische Spaltung (S. 13) in Lösung. Die Alkali- und Erdalkali-Ionen werden dabei überwiegend ausgewaschen, während sich Al, Fe und Si zu neuen Mineralen (Tonminerale, Eisenoxide) vereinen, was als Verlehmung bezeichnet wird und in den gemäßigten Breiten zur *Braunerde* (mit Goethit), in den feuchten Tropen zu *roten Böden* (mit Hämatit) führt. Die braunen und roten Verwitterungsfarben sind oft nur im Unterboden (= B-Horizont) zu beobachten, während sie im Oberboden (= A-Horizont) durch schwarz gefärbte Huminstoffe überdeckt sind. Diese werden von Bodenorganismen beim Streuabbau gebildet.

Bei nährstoffarmem Gestein und kühlfeuchtem Klima, mithin schlechten Lebensbedingungen der Bodenorganismen, treten wasserlösliche Humussäuren auf, durch die gelöstes Fe und Al in Komplexbindung aus dem Ober- in den Unterboden verlagert werden. Dabei entsteht als Boden ein *Podsol* (russ. Ascheboden) mit häufig hartem Ortstein als Eisenanreicherungshorizont (Abb. 34a). In tonhaltigen Böden findet hingegen häufig eine Umlagerung von intakten Tonmineralen mit Eisenoxidhäutchen aus dem Oberboden in den Unterboden statt und führt zur *Parabraunerde* (bzw. Luvisol, Abb. 34b). Der verlagerte Ton kann zum Wasserstau führen (= Pseudogley), was bei landwirtschaftlicher Nutzung eine Entwässerung erforderlich macht. Ausgewaschene Verwitterungsprodukte gelangen ins Grundwasser und werden in benachbarten Senkenböden, den *Gleyen* (russ. Schlammboden), teilweise wieder ausgefällt, was deren Verwitterung stark verzögert. In Landschaften mit Podsolen entstehen dabei Raseneisengleye (Abb. 34a), in Mergel-Landschaften Kalkgleye (Abb. 34b).

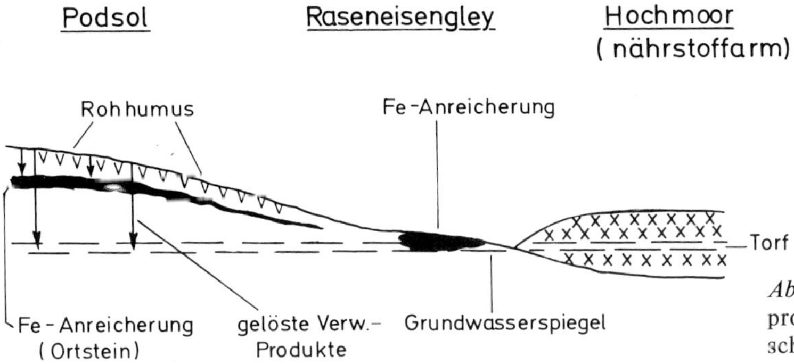

Abb. 34 a Idealisiertes Bodenprofil einer nordwestdeutschen Dünenlandschaft

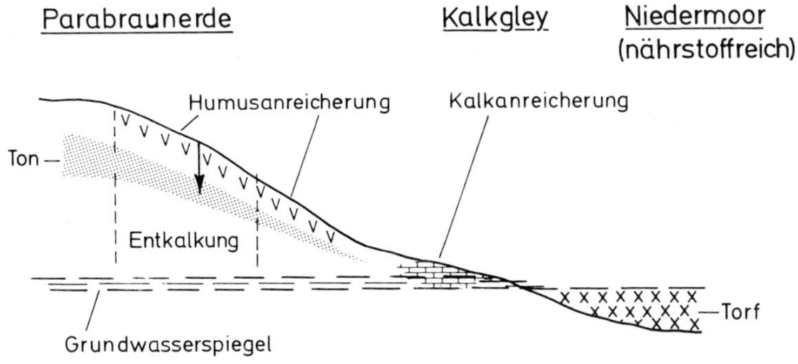

Abb. 34 b Idealisiertes Bodenprofil einer norddeutschen Jungmoränenlandschaft

Bei schwächerer Durchfeuchtung sind auch Stoffumlagerungen weniger intensiv. In Steppenklimaten bildet sich dann kein verlehmter Unterboden (B-Horizont) mehr aus, sondern intensive Tätigkeit wühlender Bodentiere schafft Böden mit mächtigen humosen A-Horizonten (0,5–1 m), die *Schwarzerden* (russ. Chernozem). Auf Grund klimatischer Unterschiede folgen daher in Europa von den winterfeuchtkalten Gebieten des Nordens nach Südosten mit abnehmender Durchfeuchtung (und gleichzeitig zunehmender Kontinentalität) Gürtel mit vorrangig Podsolen, Braunerden nebst Parabraunerden, Schwarzerden und schließlich Wüstenböden (Abb. 35), wobei Gestein, Relief sowie Vegetation bzw. Nutzungsart das Kartenbild im einzelnen bestimmen.

Die Böden der Subtropen und Tropen sind in der Regel humusärmer und stärker verwittert, weil höhere Temperaturen Zersetzung organischer und Verwitterung mineralischer Substanzen begünstigen. Besonders Kieselsäure wird unter diesen Bedingungen neben den Alkali- und Erdalkaliionen ausgewaschen, Fe und Al hingegen im Oberboden der Ferralsole angereichert (Tab. 11). Dabei entstehen neben Eisenoxiden Si-arme Tonminerale (Kaolinit) und/oder Al-Oxide (Böhmit, Hydrargillit) (Abb. 37). Je höher die Niederschlagsintensität, desto mehr werden Oxide angereichert (Abb. 36 und 38). Diese verhärten nach Erosion des humosen A-Horizontes (als Folge menschlicher Waldzerstörung). Die meist intensive Verwitterung tropischer Böden hängt aber auch damit zusammen, daß hier alte, stabile Landoberflächen auf-

Tabelle 11 Chemische Zusammensetzung von Basalt und daraus entstandener Oberböden verschiedener Klimate der humiden Zone

	Ausgangsgestein (Mittel)	Braunerde (England) Gemäßigt-vollhumides Klima	Roterde (Israel) Subtropisch-semihumides Klima	Ferralsol (Kamerun) Tropisch-vollhumides Klima	Laterit (Vorderindien) Tropisch-semihumides Klima
SiO_2	49	47,0	41,2	33,6	0,7
Al_2O_3	15	18,5	13,4	26,5	50,5
Fe_2O_3	4	14,6	11,3	13,8	23,4
FeO	8	–	3,1	2,9	–
MgO	6	5,2	1,2	0,3	–
CaO	9	1,5	2,1	0,2	–
Na_2O	4	0,3	1,7	0,1	–
K_2O	2	2,5	1,0	0,3	–
H_2O	2	7,2	13,3	17,5	25,0
Rest	–	2,5	3,8	4,6	0,4
	100	99,3	100,1	99,8	100,0

treten, in denen eine Bodenbildung über Jahrmillionen ungestört ablaufen konnte, während sie in den gemäßigten Breiten während der Kaltzeiten unterbrochen wurde. Demzufolge sind in Mitteleuropa Ferralsole nur vereinzelt fossilisiert erhalten.

Böden können auch bergwirtschaftliche Bedeutung erlangen, wenn sich in ihnen nutzbare Stoffe angereichert haben. Das gilt z. B. für Raseneisenstein, der in Norddeutschland zeitweilig verhüttet wurde. Kalktuff der Kalkgleye und *Laterit* (lat. later = Ziegel) der Ferralsole stellen begehrte Baustoffe dar, weil sie porös sind und – bergfrisch weich – an der Luft rasch hart werden. Mächtige *Verwitterungs-* oder *Rückstandslagerstätten* des Tertiär werden in Mitteldeutschland als Kaolin (Porzellanerde) abgebaut. Noch wertvoller sind Böden mit einem hohen Gehalt an Hydrargillit – Al $(OH)_3$, Diaspor – AlOOH, und Boehmit – AlOOH, die als *Bauxit* den kieselsäurearmen Ausgangsstoff für die Aluminiumherstellung bilden. Auch Eisen- und Mangan-Erzlagerstätten können in ähnlicher Weise entstehen. (Farbbild 3).

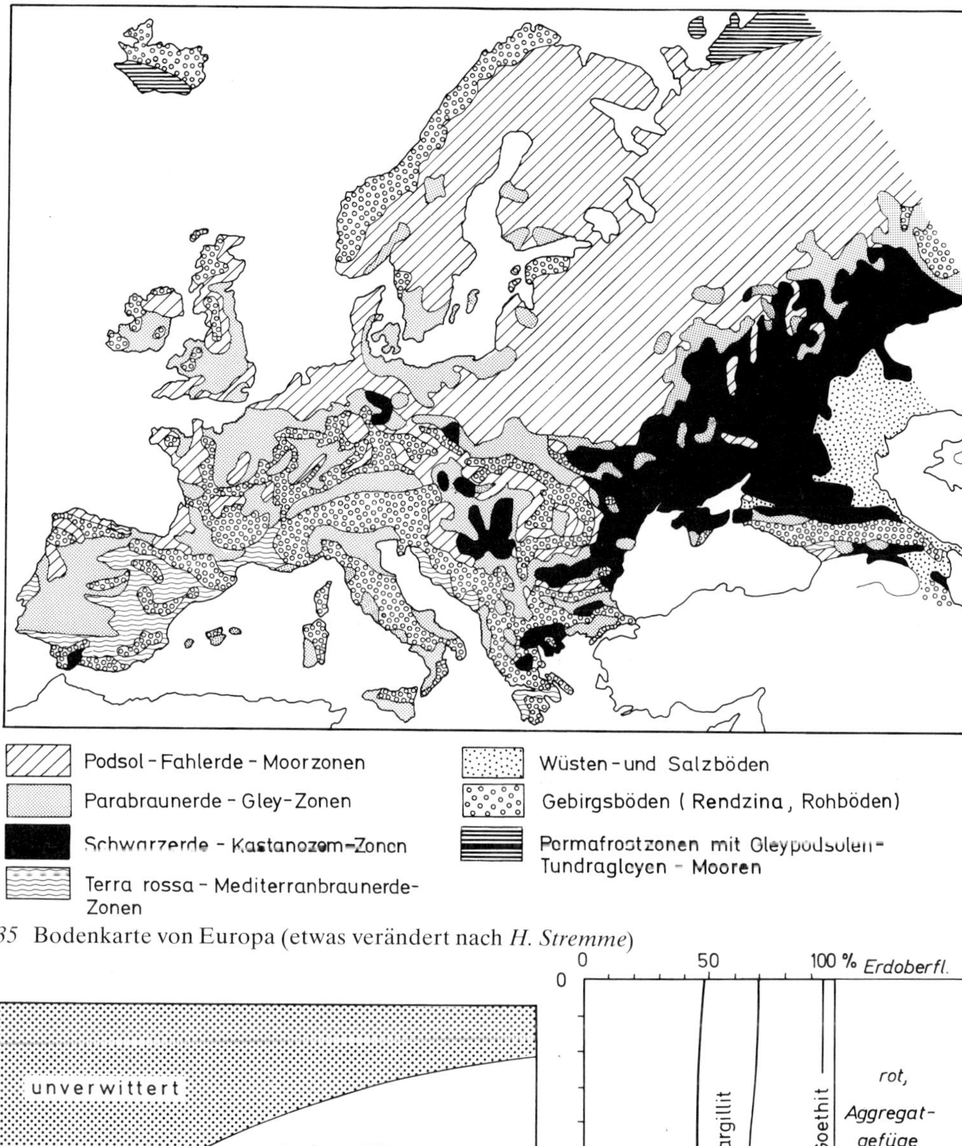

Abb. 35 Bodenkarte von Europa (etwas verändert nach *H. Stremme*)

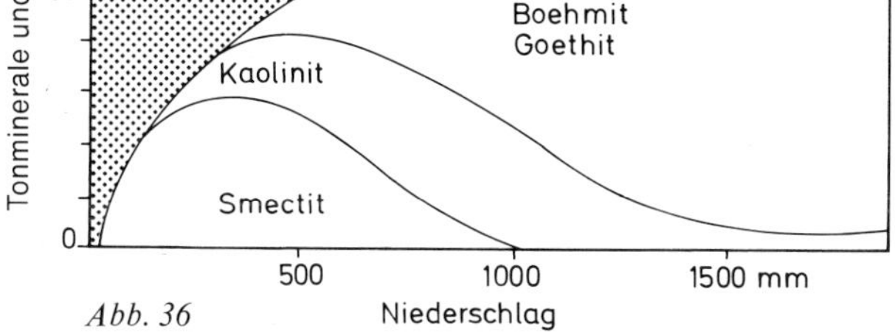

Abb. 36

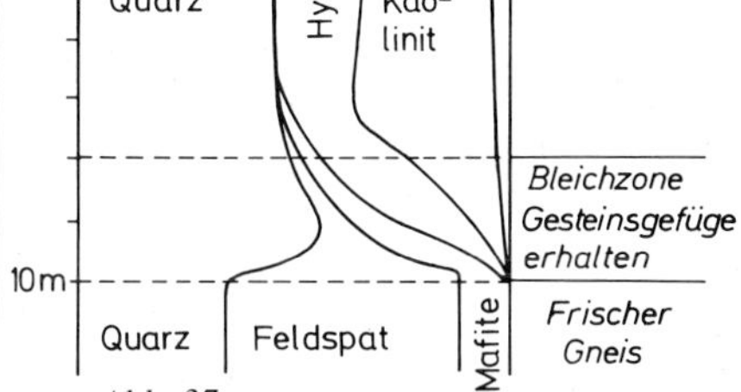

Abb. 37

Abb. 36 Abhängigkeit der Verwitterung des Basalt vom Klima. Hawaii (nach *G. D. Sherman*). Die Zersetzung und Entkieselung steigt mit der Regenmenge

Abb. 37 Tropisches Verwitterungsprofil: Ferralsol aus Gneis, Guayana (nach *F. Lelong*). Jahresmittel 27°C, Regenhöhe 3500 mm/Jahr

Abtragung und Landformung. Die großen, durch die Verdunstung nicht aufgezehrten Niederschläge schaffen in der humiden Zone ein weitverzweigtes, zum Meer abgedachtes Entwässerungsnetz. Erosion ist der wichtigste Abtragungs- und Gestaltungsfaktor, das V-förmig eingefurchte *Kerbtal* die Leitform der durch ständige Wasserführung ausgezeichneten Täler des humiden Bereichs. Die fluviale Verfrachtung ist die vorherrschende Art des Transports. Dabei wird dem fließenden Wasser die Arbeit einesteils durch die tiefgehende Zermürbung der Gesteine erleichtert, andernteils durch den dichten Pflanzenbewuchs erschwert.

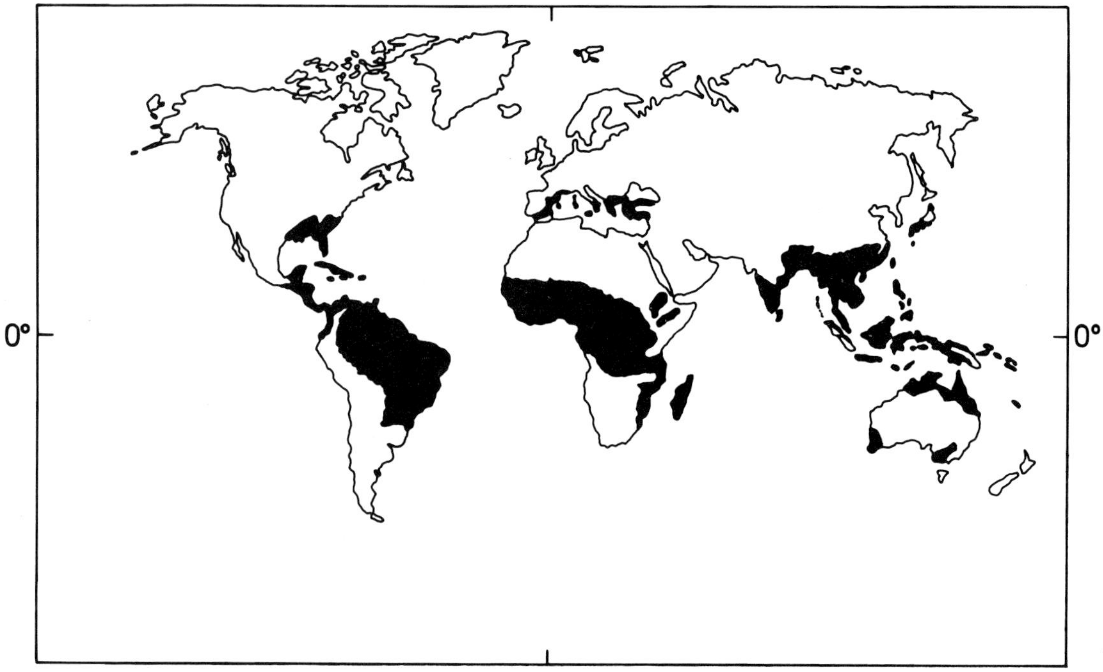

Abb. 38 Rezente Verbreitung von Roterde und Laterit auf der Erde

Die Abtragung setzt bereits unterhalb der Vegetationsnarbe ein. Die Quell- und Sickerwässer entziehen der Verwitterungszone lösliche Stoffe. Tonige Böden rutschen in durchweichtem Zustande als *Gekriech* langsam, etwa einige cm–dm/Jahr, bergab, ein Vorgang, der vor allem in den regenfeuchten Tropen von Bedeutung ist. Die Schichtköpfe des Anstehenden werden dabei geschleppt (*Hakenschlagen*, Abb. 39). Zu lebhafterer Schuttverfrachtung kommt es, wenn der Pflanzenteppich verletzt wird. Stark durchnäßte Lockermassen zerreißen ihn und gehen plötzlich als *Erdschlipf* ab.

Auf löslichen Gesteinen, in erster Linie auf Kalk, aber auch auf Dolomit und Gips, entwickelt sich durch das Zusammenwirken oberirdischer und unterirdischer Entwässerung und Lösung der *Karst*. Dabei macht es wenig Unterschied, ob der Fels nackt zutage liegt oder ob er durch einen Mantel von Rückstandslehm verhüllt ist. Auf den Hängen ätzt das abrinnende Wasser parallele, mehrere m tiefe, durch scharfe Grate getrennte Furchen, die *Karren*, aus. Ebene Flächen sind mit den Lösungstrichtern der *Dolinen* (etwa 10–200 m Dm. und 10–20 m tief) übersät (Abb. 40), die sich unter allmählichem *(Schwunddoline)* oder ruckweisem *(Erdfall, Pinge)* Nachsinken bilden. Das einsickernde Wasser öffnet im Gesteinsgrund schmale Fugen zu klaffenden Spalten und Röhren, die in ihrer Form oft noch die Abhängigkeit von der Klüftung oder Schichtung des Gesteins verraten. Mit dem Tiefergreifen der Verkarstung leeren sich die höheren Stockwerke der Lösungshohlräume. Es bleiben *Höhlen* zurück, in denen sich vielgestaltige *Tropfstein*gebilde aus dem an Calciumbikarbonat gesättigten Sickerwasser bei langsamer Verdunstung abscheiden. Zugleich verknüpfen sich die anfangs voneinander unabhängigen Karstgerinne zu einem zusammenhängenden Netz, und ein Grundwasserspiegel, der allerdings im Jahreslaufe um mehrere Zehner m schwanken kann, bildet sich aus. Karstgebiete vermögen alte Landschaftsformen und Ablagerungen durch lange Zeiten zu bewahren, denn die Abtragung vollzieht sich ja großenteils unterirdisch und läßt die Erdoberfläche fast unversehrt. Auf den Höhen der Schwäbischen Alb haben sich Reste des miozänen Entwässerungsnetzes in Gestalt von Trockentälern erhalten. In den Hochregionen der nördlichen Kalkalpen treffen wir, in Spalten eingespült, noch die Gerölle jungtertiärer Flüsse an.

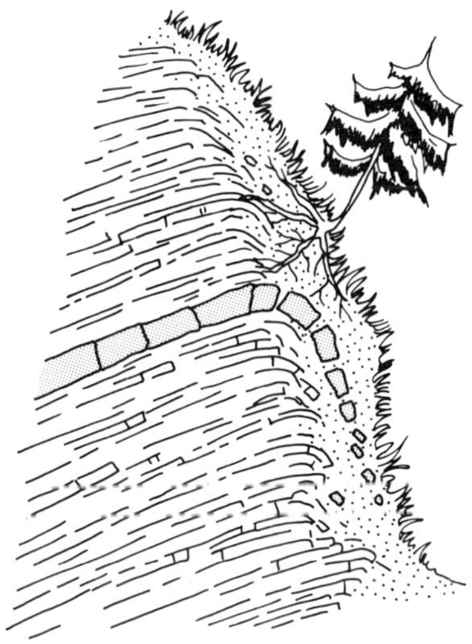

Abb. 39 Hakenschlagen durch Abwärtsgleiten des Schuttes (nach *J. Walther*)

Abb. 40 Dolinen, durch unterirdische Lösung von Gips entstanden. Osterode, Südharz (Phot. *G. Richter-Bernburg*)

Ablagerungen in Seen. Überall, wo im humiden Klimaraum Gefälle herrscht, überwiegt auf die Dauer die Abtragung. Ablagerungen entstehen nur in den Senken des Festlandes, in denen der Grundwasserspiegel heraustritt und ein stehendes Gewässer bildet, oder wo er so nahe an die Oberfläche reicht, daß es zur Versumpfung kommt.

Seen sind, geologisch betrachtet, kurzlebige Gebilde. Dienen sie den hindurchströmenden Flüssen als Klärbecken, so werden sie durch Geröll- und Schweb-Absätze bald aufgefüllt, der Bodensee z. B. nach frühestens 16000 Jahren. Fehlen stärkere Zuflüsse, so tritt der *minerogene* Anteil im Sediment zurück, und vorwiegend *biogene*, aus den Erzeugnissen der Seebewohner aufgebaute Ablagerungen höhen den Seeboden jährlich um 0,1–1 mm auf.

Der seichte Ufergürtel der Seen ist bis zu etwa 10 m Wassertiefe herab reich belebt. Die tieferen Teile der Becken sind dagegen wegen der geringen Durchlüftung und Durchlichtung meist nur dünn besiedelt. Im Gange der allmählichen Auffüllung und Verflachung schreitet der Absatz in den stehenden Gewässern i. allg. von mehr minerogenen zu mehr biogenen Bildungen entsprechend der zonaren Anordnung der Lebensgemeinschaften fort (Abb. 41). Wichtige subhydrische Böden in den gemäßigten Breiten mit einer spezifischen Bodendynamik – Wechsel der Redoxpotentiale, O_2-Gehalte, chemischer Zusammensetzung des Porenwassers – zwischen Zirkulations- und Stagnationsphasen der Gewässer sind:

Sapropel (Vollfaulschlamm), unter Sauerstoffabschluß umgesetzte organische Reste,
Gyttja (Halbfaulschlamm), unter teilweisem Sauerstoffzutritt umgesetzte organische Reste,
Seekreide (Wiesenkalk), feinpulvriger Kalk, von den Pflanzen aus dem Seewasser durch Kohlensäureentzug ausgefällt, meist durchsetzt mit Molluskenschalen,
Kieselgur (Diatomeenerde), aus Kieselalgenschälchen aufgebaut,
Dy (Torfschlamm), aus ausgeflocktem Humus bestehend,
See-Erz, unter Beteiligung von Eisenbakterien ausgeschiedene Goethitknollen.

Die Ablagerungen tropischer Seen sind erst wenig bekannt. Durch die höhere Temperatur wird die Zersetzung der organischen Stoffe und die Ausfällung von Kalk gefördert. Die durch Humuskolloide gefärbten „Schwarzwässer" der Regenwaldgebiete können Kieselsäure, Eisen- und Manganhydrate mitführen und abscheiden.

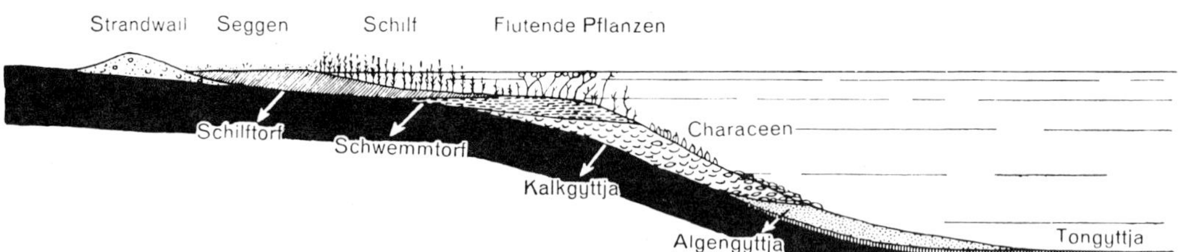

Abb. 41 Vegetations- und Sedimentzonen in einem Süßwassersee der gemäßigten Breiten

Der Wasserkörper eines Sees reagiert empfindlich auf alle Umweltveränderungen. Gesteins- und Landschaftsaufbau, Klima- und Florengeschichte, Winde und Wasserstände spiegeln sich in seinen Ablagerungen wider (Abb. 42). Ähnliche Sedimente, wie sie sich heute in den verschiedenen Regionen Südschwedens nebeneinander bilden, setzten sich in den Gewässern des norddeutschen Flachlandes während der letzten 10000 Jahre nacheinander ab. In dem ersten kühlen und pflanzenarmen Abschnitt der Nacheiszeit wurde fast ausschließlich tonige Trübe in die Seen gespült. Später begünstigte die zunehmende Erwärmung und die dichtere Vegetation die Lösung des Kalks und seine Wiederabscheidung als Seekreide, bis mit der steigenden Auslaugung des Bodens der Calciumbikarbonatgehalt der Zuflüsse sank und biogene Gyttjasedimente in den Vordergrund traten.

Die Moore gliedern sich in zwei Gruppen. Die *topogenen Moore* beziehen ihren Feuchtigkeitsbedarf aus dem nährstoffreichen Grundwasser. Meist entwickeln sie sich als *Verlandungsmoore* in Senken, die von offenen Gewässern eingenommen werden. Ist der Boden eines Sees bis etwa 2–3 m unter den Wasserspiegel aufgehöht, so rückt der *Verlandungsbestand* rasch see-einwärts (Abb. 41). Zuerst dringen die flutenden Wasserpflanzen, dann der Schilfgürtel vor, bis mit der Ausbreitung der Seggengräser das Gebiet landfest wird

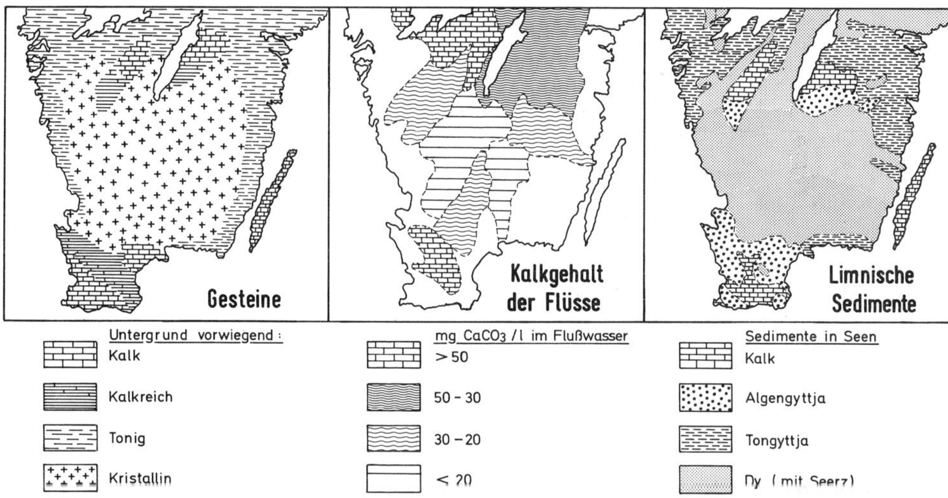

Abb. 42 Beziehungen der südschwedischen Flüsse und Seen zum Untergrund (nach *G. Lundquist* und *J. V. Erikson*). Maßstab 1 : 9 Mill.

und sich schließlich mit Erlen, Birken und Kiefern bestockt. Der See ist zum *Niedermoor* geworden. Die limnische Sedimentation ist durch den Aufwuchs höherer Pflanzen abgelöst, deren Reste durch den hohen Grundwasserstand der Zerstörung durch den Luftsauerstoff entzogen werden und sich zu *Torf* umbilden.

Mit der Zeit wächst die Mooroberfläche über den ursprünglichen Grundwasserspiegel hinaus. Damit vollzieht sich der Übergang zum *ombrogenen Moor*, dessen Pflanzen sich nur aus den Niederschlägen ernähren. Der Wald wird durch das Wachstum der Torfmoose *(Sphagnum)* erstickt, die sich mit dem mineralsalzarmen, humussauren Regenwasser begnügen. Da sie in der Mitte des Moores besser gedeihen als am Rande, wölbt sich die Oberfläche zu einem *Hochmoor* auf.

Nicht alle Moore gehen aus offenen Wasserflächen hervor. In feuchten Klimaten können sich Nieder- und Hochmoore als *Versumpfungsmoore* auch über vernäßten Landflächen ausbreiten.

In den Subtropen und Tropen ist zwar das Pflanzenwachstum gesteigert, aber ebenso die Zersetzungsgeschwindigkeit der organischen Substanz. Die Bedingungen für die Aufstapelung von Torf sind also im ganzen ungünstiger als in den kühleren Breiten; nur Gebiete mit hoher Befeuchtung (> 1500 mm/Jahr) kommen in Betracht. In Süd-Florida bilden die „Everglades" ein etwa 15 000 km^2 großes, von Riedgräsern bestandenes

Flachmoor, in das kleinere und größere verlandende Seen eingestreut sind. Die Grastorf- und Seeablagerungen, die mehrere Meter Mächtigkeit erreichen, liegen unmittelbar jungen Kalksedimenten des Meeres auf. Tropische Sumpfwaldmoore kennt man vor allem aus Indonesien. Hier gedeihen immergrüne Laubwälder auf einer zuweilen > 10 m mächtigen Unterlage von halbflüssigem, braunen Moorbrei, der überwiegend aus Gewebsfetzen höherer Pflanzen besteht.

Die uns als *Kohlenflöze* (S. 105, 106) erhaltenen Moore älterer geologischer Zeiten wuchsen, wie es scheint, meist in feuchtwarmem Klima. Für die tertiären Braunkohlenmoore, deren Florenbestandteile z.T. noch heute in den Tropen und Subtropen leben, ist dies sicher, für die Moore der Steinkohlenzeit recht wahrscheinlich.

Ergänzende Schriften

Bögli, A. (1978): Karsthydrographie und physische Speläologie. – 292 S., Heidelberg.

Ford, E. & Williams, P. (1989): Karst Geomorphology and Hydrology. – 320 S., London.

Förstner, U. & Müller, G. (1974): Schwermetalle in Flüssen und Seen als Ausdruck der Umweltverschmutzung. – 225 S., Berlin–Heidelberg–New York.

Ganssen, R. & Gracanin, Z. (1972): Bodengeographie. – 2. Aufl., 300 S., Stuttgart.

James, N. P. & Choquette, Ph. W. (Hrsg.) (1988): Paleokarst. – 416 S., New York–Berlin–Heidelberg.

Jennings, J. N. (1973): Karst. – 252 S., London.

Mückenhausen, E. u. a. (1977): Entstehung, Eigenschaften und Systematik der Böden der Bundesrepublik Deutschland. – 2. Aufl., 300 S., Frankfurt.

Scheffer, F., Schachtschabel, P. u. a. (1989): Lehrbuch der Bodenkunde. – 12. Aufl., 540 S., Stuttgart.

Schroeder, D. (1978): Bodenkunde in Stichworten. – 3. Aufl., 154 S., Kiel.

Schwoerbel, J. (1974): Einführung in die Limnologie. – 2. Aufl., 177 S., Stuttgart.

Valeton, I. (1972): Bauxites. – Developm. Soil. Sci., I, 226 S., Amsterdam.

6. Kapitel: Aride Klimazone

Verwitterung. Im ariden Klimagebiet trägt der Boden, ähnlich wie in der nivalen Zone, nur ein lückenhaftes Pflanzenkleid. Wie dort ist der Wasserumlauf im Boden zwar nicht durch Frost, wohl aber durch Trockenheit stark eingeschränkt. Daher überwiegt in den *Wüsten* wie in den Polar- und Hochgebirgsregionen der Gesteinszerfall, ohne daß allerdings infolge der höheren Temperatur die Gesteinszersetzung derart in den Hintergrund träte wie unter kaltem Klima (Abb. 43, Farbbild 4).

Der schroffe Wechsel zwischen Sonnenbestrahlung und nächtlicher Abkühlung bringt außerordentliche Temperaturschwankungen der Luft und noch mehr des Gesteins mit sich (Abb. 45). Häufig wird von Wüstenreisenden berichtet, wie abends oder nach einem Regenguß die Steine mit lautem Knall durch *Kernsprünge* zerbersten (Abb. 44). Der Zerfall durch *Abschalung* (Exfoliation) und *Abgrusen* der Oberfläche vollzieht sich weniger auffallend, aber darum nicht langsamer. Das Gegenstück zur *Temperaturverwitterung* bildet die *Salzverwitterung* (S. 9), die gerade an schattigen und feuchten Stellen tätig ist. Die Oberfläche ägyptischer Denkmäler ist durch Salzsprengung in 3000 Jahren um etwa 1 cm abgebröckelt.

Angesichts der durch den Gesteinszerfall entstehenden großen Schuttmengen ist das Wirken der chemischen Verwitterung lange übersehen worden. Schon die Abschalung ist weniger durch Temperaturschwankungen als durch das Aufquellen von hydratisierten Silikaten verursacht. Es zeigt sich, daß in den ariden ebenso wie in den humiden Tropen Illitbildung, Kaolinisierung und Lateritisierung die herrschenden Arten der Gesteinszersetzung sind.

Ein wesentlicher Unterschied besteht aber darin, daß in der Wüste und Halbwüste nur ein Bruchteil der Verwitterungslösung dem Grundwasser zusickert. Die Hauptmenge

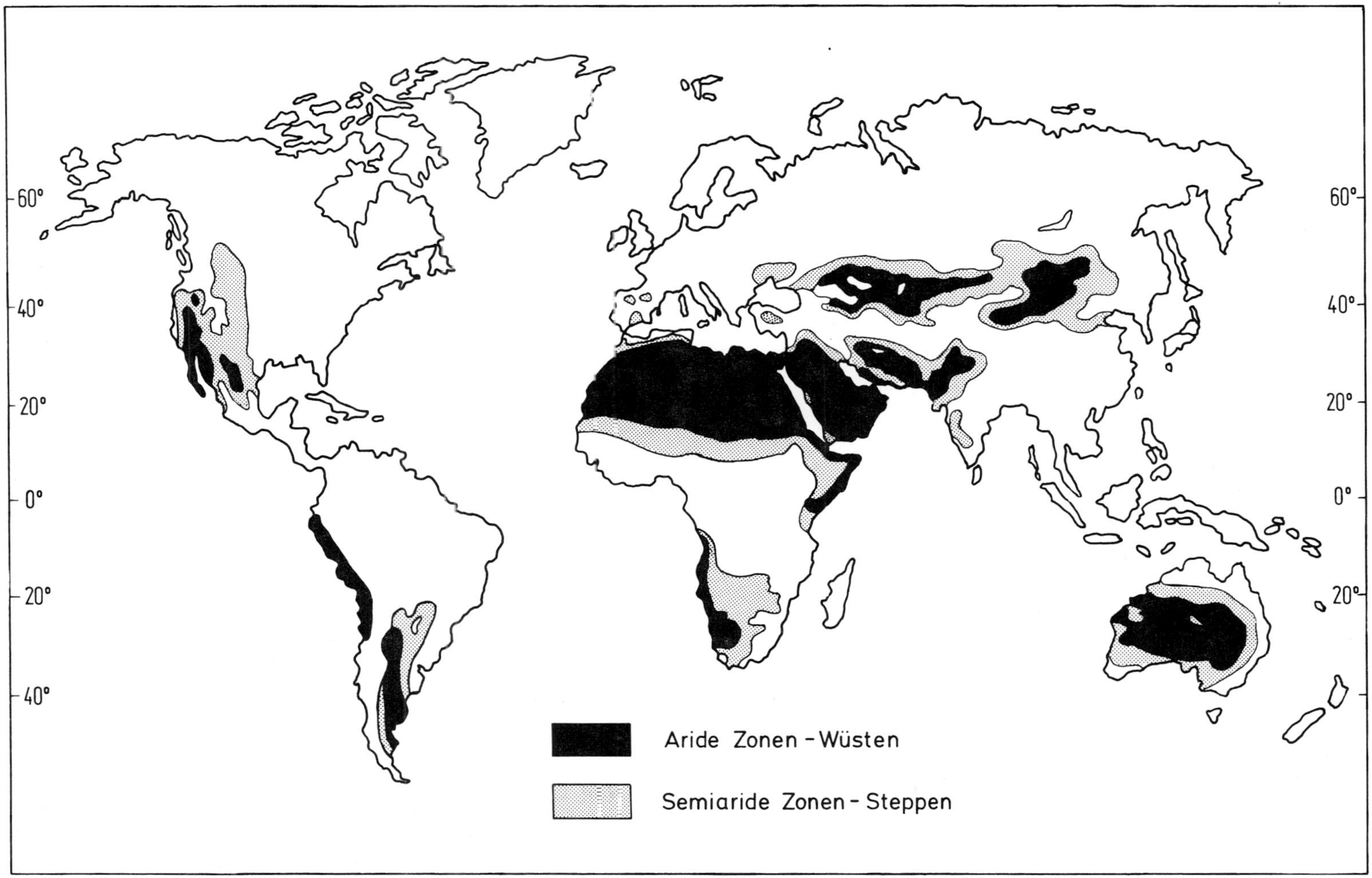

Abb. 43 Die heutige Verbre tung arider und semiarider Gebiete auf der Erde

wird kapillar an die Oberfläche hochgesaugt, um dort zu verdunsten. Die gelösten Stoffe fallen daher schon nach kurzer Wanderung wieder aus. Auf oder nahe der Erdoberfläche scheiden sich *Krusten* ab. Sie bestehen aus um so leichter löslichen Substanzen, je trockener das Klima ist. Einkieselungen füllen die Porenräume mit Kieselsäure. Kalkkrusten panzern

Abb. 44 Kernsprünge im Sandstein. Atacama-Wüste, Nordchile

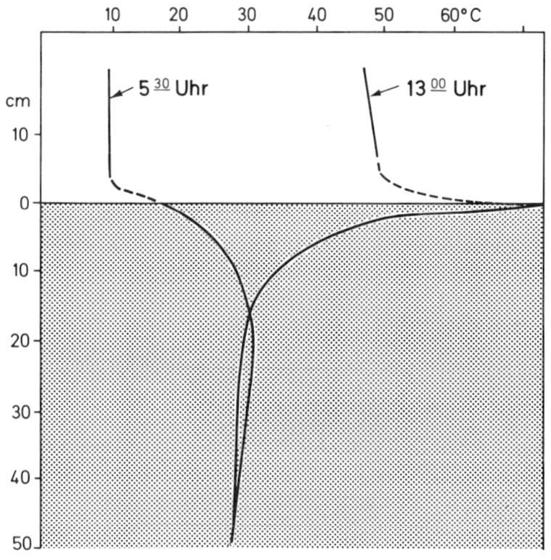

Abb. 45 Nächtliche und mittägliche Extremtemperaturen von Luft und Boden in der Wüste. Death Valley, Kalifornien (nach *J. A. Sinclair*)

weite Teile der semiariden Landschaft. *Manganoxid-* und *Goethitkrusten* überziehen in der Felswüste alles mit gleichförmigem Braun, entweder in dünner Haut als *„Wüstenlack“*, oder als dickere *Schutzrinde*, unter der das Gestein zu Pulver zermürbt sein kann. Wird das Innere ausgeblasen, so bleiben bizarr geformte Felsrinden übrig. Gips und Salze verkitten in einzelnen Kristallrosetten oder als zusammenhängende Kruste den Schutt und Staub.

Wirkung des fließenden Wassers. Die Jahresniederschläge der semiariden Zone liegen meist um 100–200 mm, die der vollariden unter 100 mm Regenhöhe. Ihr rechtes Gewicht gewinnen diese Zahlen erst, wenn man sie mit der möglichen Verdunstung vergleicht, die 2000–4000 mm pro Jahr erreicht. Je geringer die Niederschläge, desto unregelmäßiger ist ihre Verteilung und desto heftiger wird der einzelne Guß. Ein Regen brachte z. B. in der Namib 37 mm/Tag bei 20 mm Jahresmittel. Dafür werden die Trockenzeiten um so länger; in der chilenischen Kernwüste regnet es alle Jahrzehnte einmal.

Abb. 46 Durch Schichtflut verbogene Eisenbahnschienen (1955). Bei Copiapó, Provinz Atacama, Chile

Ein geregelter Wasserkreislauf kommt unter diesen Umständen nicht zustande. Meist bleibt das Regenwasser als *Grundfeuchtigkeit* in den oberen Bodenschichten hängen, um bald wieder zu verdunsten; nur bei Wolkenbrüchen sickert dem 50–100, ja über 300 m tief liegenden Grundwasser etwas Zufluß zu. Ob das zur Ernährung des Grundwassers ausreicht, ist zweifelhaft; teilweise stellen die Wasservorräte der Wüste *fossiles Grundwasser* aus einer feuchteren Vorzeit dar.

Korngrößenverteilung in einem Fanglomerat der chilenischen Wüste

> 3	3–1,5	1,5–0,5	0,5–0,01	< 0,01 mm
10	6	20	22	42%

Auch der oberflächliche Abfluß kommt nur episodisch, dann aber katastrophal in Gang und gewinnt insofern, trotz der geringen Gesamtniederschläge, erhebliche geologische Bedeutung. Fällt ein solcher „Ruckregen", dann strömen die Wassermassen in breiter Front als *Schichtflut* mit Sinkstoffen beladen hangabwärts (Abb. 46). Auf diese Weise arbeitet das flächenhaft abspülende Wasser der Trockengebiete schwach geneigte, von einer dünnen Schuttdecke überkleidete *Felsebenen* aus dem Anstehenden heraus, über denen die Bergmassive mit scharfem Knick, als *Inselberge,* aufsetzen. Diese werden als stehengebliebene Reste zwischen der allgemeinen Flächenabtragung gedeutet. Sie treten isoliert auf, oft mit auffallend rundem Umriß, in den feuchten Tropen mit scharfen Fußkanten. Häufig handelt es sich um harte Gesteine (z. B. Granit, Basalt). Sie sind auf eine Rumpfflächenbildung sehr langer Dauer zurückzuführen. Die mitgeführten Feststoffe werden bei dieser Art von Transport nur wenig gerundet und gesondert; beim Abtrocknen bleiben sie als undeutlich geschichtete, manchmal fast moränenartige *Fanglomerate* liegen. Unter allmählicher Zerkleinerung geht der Schwemmschutt in unreine Sande, schließlich in Silt und Ton über, die gleichfalls reich an unverwitterten Mineralkörnern sind.

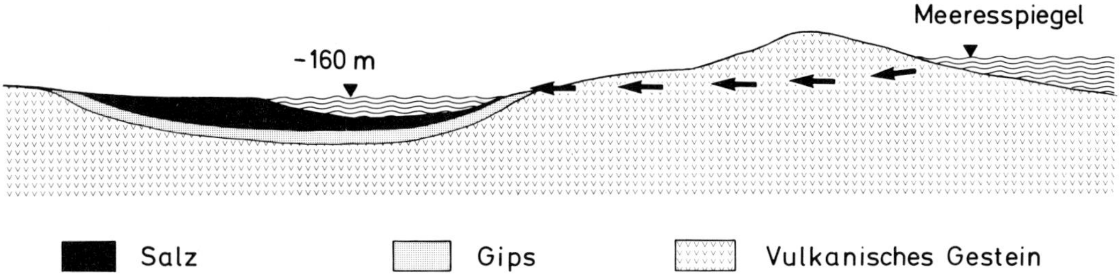

Abb. 47 Profil durch das Gebiet des Assalsees. Franz.-Somali. Maßstab 1 : 200 000, sechsfach überhöht (nach *M. Dégoutin*)
Der schwerer lösliche Gips scheidet sich näher, das leichter lösliche Steinsalz ferner der Einsickerungsstelle aus

Abb. 48 Salzsee (Salar) mit Trockenrissen. Salar de Empexa, Bolivien

Absätze in Seen. Die tiefstgelegenen inneren Teile der ariden Aufschüttungsbecken werden ständig oder zeitweilig von Flächen stehenden Wassers eingenommen. Es sind – anders als im humiden Reich – nicht Durchfluß-, sondern Endseen, Verdunstungspfannen, in denen sich der Wasserüberschuß, die feinsten Abschlämmassen und die gelösten Bestandteile eines größeren Einzugsgebietes sammeln. Die Seen der Trockengürtel sind daher wandelbare Gebilde. Form und Umriß ändern sich mit den Niederschlägen und der Sedimentzufuhr. Ja, die Schuttfächer der einmündenden Flüsse können die Wassermassen als Ganzes vor sich herschieben und den See zum Wandern zwingen, wie es vom Lop-nor, dem Endsee des Tarimbeckens, bekannt ist.

Dem gleichen starken Wechsel sind die Ablagerungen unterworfen. In den semiariden Becken Nordmexikos entstehen bei starken Güssen kurzlebige, ganz seichte Seen, die beim Austrocknen eine lebhaft rot oder grünlich gefärbte, von zahlreichen Trockenrissen durchsetzte, steinharte Tontenne zurücklassen. In den Takyren Turkestans setzen sich regelmäßige Jahresschichten von einigen cm Dicke ab: Salze während der Dürre, Tonschlamm während der Regenzeit. Neben Steinsalz NaCl sammeln sich in festländischen Becken vorwiegend Karbonate und Sulfate von Na und Ca (Abb. 48).

Einen besonderen Typus von Salzseen stellen die *Lagunen* in Küstenwüsten dar, denen durch Lücken in der trennenden Landbarre dauernd Salzwasser zufließt und das verdunstende ersetzt. Auf diese Weise können sich sehr mächtige und reine Salzabscheidungen anhäufen, die man als *ozeanische* oder *marin-marginale* den innerkontinentalen gegenüberstellt. Ein Beispiel im Kleinen bietet der Assalsee (Somaliküste), in den 3–4 m^3/s Seewasser durch Klüfte einsickern und verdampfen (Abb. 47, Tabelle 12).

In früheren Perioden, vor allem in der Perm- und Triaszeit, sind nach diesem *Barren-Prinzip* in Meeresteilen, die bis auf einen engen Durchlaß oder eine seichte Schwelle von der offenen See abgeschnürt waren, eine Reihe wirtschaftlich wichtiger

Tabelle 12

	Salz-Konzentration %	Na %	K %	Mg %	Ca %	Cl %	SO_4 %
Wasser des Assalsees	32,4	30	4	5	0,2	58	3
Meerwasser	3,5	31	1	4	1	55	3

Salzlagerstätten entstanden. Die bedeutendste ist die > 500 m mächtige Salzfolge, die sich während des Zechstein auf deutschem Boden abschied. Sie kann kaum anders als unter langdauerndem Zufluß vom Ozean her entstanden sein, wenn man bedenkt, daß ein 1000 m tiefes Meer eine Schicht von

2,4 m Mg-Sulfaten und -Chloriden			
0,4 m K-Sulfaten und -Chloriden	in der	zum Leichtlöslichen
12,4 m NaCl	Abscheidungs-	↑
0,5 m $CaSO_4$	folge	vom Schwerlöslichen
0,05 m $CaCO_3$		
Insgesamt: 15,75 m Salz		

hinterläßt, das Zechsteinsalz also den Inhalt einer > 30 km hohen Meerwassersäule darstellt.

Wirkung des Windes. Die pflanzenarmen Wüsten mit ihrer Decke von lockerem, trockenen Schutt sind das eigentliche Reich des Windes. Dies um so mehr, als der Wüstenwind oft bemerkenswert kräftig und richtungsbeständig weht. In der Namib ist die mittlere Windgeschwindigkeit 6½ m/sec gegen 5 m/sec an der Nordseeküste. Sandstürme mit > 10 m/sec, die an etwa 30 Tagen des Jahres blasen, kommen stets aus S oder SSE.

Wie das Wasser des Flusses, bewegt sich auch die Luft in turbulenter Strömung (S. 26) und ist in gleicher Weise imstande, Teilchen vom Boden aufzuwirbeln und fortzutragen:

Korngröße mm	Mittlere Windgeschwindigkeit m/s
1/10	1,5
1/2	7
1	15
10	25

Staub fliegt durch die Luft, feine Sandkörner hüpfen, gröbere rollen oder gleiten über den Boden. Das als *Deflation* bezeichnete Abheben und Verfrachten von Sand und Staub ist in einem Klima, in dem die physikalische Verwitterung große Mengen von körnigem Feinschutt bereitstellt, naturgemäß von besonderer Bedeutung. Allerdings sind der Deflation auch Grenzen gesetzt, wenn etwa Salz den Boden verkrustet, oder wenn sich größere Steine zu einem *Deflationsrückstand* zusammenschließen und die Oberfläche gegen den Angriff des Windes panzern (Abb. 49).

Auf festes Gestein wirkt die *Korrasion*, der schleifende Abtrag durch sandbeladenen Wind (Abb. 50). Felsklippen werden der vorherrschenden Windrichtung entsprechend in Stromlinienform mit deutlicher Luv- und Leeseite zugeschliffen. Lose Blöcke erhalten Schliff-Facetten und werden in *Windkanter* verwandelt (Abb. 49). In der Namib haben Korrasion und Deflation bis 100 m tiefe Furchen und Wannen ausgehoben (Abb. 50). Das vom Winde fortgetragene Material scheidet sich bei der Verfrachtung nach Korngrößen in Sand (i. allg. 0,1–0,5 mm Dm.) und Staub (meist < 0,1 mm Dm.). Auf offenen Flächen sammelt sich der Sand zu freien Gleichgewichtsformen und wandert als *Düne* weiter. Richtungsbeständige Winde erzeugen *Barchane*. Ähnlich den Strombänken der Flüsse (S. 29) treten sie gesellig auf und rücken mit etwa 30° geneigten Leeseiten um einige m/Monat vor.

Abb. 49 Wüstenboden. Deflationsrückstand mit Windkantern. Südwestafrika (Foto *H. Cloos)*

Unter jahreszeitlich wechselnden Winden entstehen *Längsdünen* oder *Seifs*. Sie sind gemäß der vorherrschenden Sandtrift gestreckt und sehr viel weniger beweglich. Die sich über mehrere Zehner km hinziehenden, bis 100 m hohen Sandwellen der Sahara sind in historischer Zeit kaum von ihrem Platz gewichen.

Welche Mengen äolischen Staubes in der Wüste umgelagert werden, dafür geben die gelegentlich ins humide Gebiet vorgetragenen Staubfälle eine Vorstellung. So wurden im März 1901 an 4 Mill. t Saharastaub über eine Fläche von > 1,5 Mill. km^2 Süd- und Mitteleuropas ausgebreitet. Die aus den innerasiatischen Wüsten ausgewehten Staubmassen hüllten China im Laufe der Zeit in eine bis 50 m starke Decke von *Löß*. Er gleicht dem der nivalen Gebiete (S. 39), ein Beispiel mehr für die schon oben betonte Konvergenz zwischen Trocken- und Kältewüste.

Abb. 50 Korrasionswirkung an Granit („Bienenwaben"). Namib, SW-Afrika (Foto *Uebel)*

Abb. 51 Wind-Rippelmarken. Cordillera de la Sal, Chile

Geologische Bedeutung der Trockengebiete. Da die Flüsse arider Regionen nicht oder nur ausnahmsweise bis zum Meere durchstoßen, stauen sich die Verwitterungsmassen in den geschlossenen kontinentalen Hohlformen. Dem humiden Reich des Abtrags und der Erosion stehen daher die Trockengebiete als der *Hauptbereich festländischer Sedimentation* gegenüber.

Auch in feuchteren Gebieten trifft man öfters auf einzelne, für die Wüste bezeichnende Erscheinungen. Freistehende Felsklippen zeigen z. B. auch bei uns häufig Krustenbildungen, wabenförmige Ausblasungen oder Windschliffe. Am Seestrand kann der Sand als *Wanderdüne* landeinwärts rücken. Es sind dies *edaphisch* bedingte *Fremdlingsformen*, die an örtliche Untergrundsverhältnisse, gewissermaßen an aride Inseln im humiden Reich, gebunden sind und keinen Schluß auf das wahre Klima der gesamten Landschaft zulassen.

Ergänzende Schriften

Braitsch, O. (1962): Entstehung und Stoffbestand der Salzlagerstätten. – 232 S., Berlin–Göttingen–Heidelberg.

Brookfield, M. E. (1984): Eolian Facies. – In: R. G. Walker (Hrsg.): Facies Models. – 2. Aufl., Geoscience Canada, Reprint Series, 1, 91–105, Ottawa.

Jenyon, M. K. (1986): Salt Tectonics. – 191 S., London.

Kaiser, E. (1926): Die Diamantenwüste Südwestafrikas. 2 Bde., 856 S., Berlin.

Lerche, I. & O'Brien, J. J. (Hrsg.) (1987): Dynamical Geology of Salt and related Structures. – 832 S., London.

Lotze, F. (1957): Steinsalz und Kalisalze. Geologie. – 2. Aufl., 465 S., Berlin.

Pewe, T. L. (Hrsg.) (1981): Desert Dust: origin, characteristics, and effects on man. – Geological Society of America. Special Paper, 186, 303 S., Boulder, Colorado.

Pye, K. (1987): Aeolian Dust and dust deposits. – 334 S., London.

Ynashin, A. L. & Zharkow, M. A. (Hrsg.) (1977): Problems of salt accumulation. – I: 305 S., II: 311 S., Novosibirsk (Nauka Press).

7. Kapitel: Abtragung

Abtragung und Verfrachtung vollziehen sich auf der Erde durch das Zusammenwirken von Verwitterung, Schwerkraft und Reibung. Überall auf dem Festlande zermürbt die Verwitterung den Fels und zerlegt ihn in kleinere Teile. Dadurch wird das Gestein in bewegliche Form übergeführt und dem Angriff der Schwerkraft zugänglich. Die Lockermassen streben, dem Gravitationsgefälle folgend, den tiefsten Punkten der Erdoberfläche zu und erreichen dieses Ziel um so vollkommener und rascher, je mehr die Reibung durch die Zwischenschaltung eines Gleitfilms, durch die Einbettung in ein strömendes Mittel oder durch die Überführung in den gelösten Zustand herabgesetzt wird.

Die Widerstandsfähigkeit der Gesteine gegen die Verwitterung und Abtragung schwankt je nach der Gesteinsbeschaffenheit und den angreifenden Kräften in weiten Grenzen. Der leichtlösliche Gips kommt in der humiden Zone kaum zutage; meist wird er schon unterirdisch fortgelaugt. Auf Spitzbergen dagegen, wo sein dichtes Gefüge der Frostsprengung trotzt, treten Gipsschichten als Gesimse an den Hängen heraus. Im semiariden New Mexico sind sogar Dünen aus Gipsstaub am Ufer der Trockenseen aufgeweht. Basaltfels, unter periglazialem Klima fast unzerstörbar, zersetzt sich in den Tropen rasch zu rotem Lehm. In der glazial überformten Landschaft Nordschwedens erheben sich Kalksteineinlagerungen als Bergrippen über die Grundgebirgsfläche, da der Gletscher den massigen Kalk weniger angreift als das an sich härtere, aber klüftige Erstarrungsgestein.

Welche Bedeutung die Reibung hat, macht uns die Betrachtung der Schuttböschungen anschaulich. Von den steilen Blockhalden der Hochregionen führt eine geschlossene Formenreihe über die Schwemmkegel der Gebirgsbäche bis zu den flach ausgebreiteten Deltaabsätzen des Tieflandes, die ihre stetig abnehmende Hangneigung der wachsenden Beteiligung des Wassers verdankt. Trotz der Gefällsverminderung steigt dabei gleichzeitig die Frachtleistung; ein Fluß führt ein Vielfaches der Abtragsmassen zu Tale als ein Schuttkegel von gleichem Querschnitt (Tab. 13) (Farbbild 2).

Umlagerung und Einebnung. Wenn auch Gletscher und Wind ausnahmsweise einmal Gesteinstrümmer entgegen dem Gefälle verfrachten, so ändert das nichts an der Regel, daß aller Verwitterungsschutt in den jeweils erreichbaren tiefsten Hohlformen der Erdoberfläche zur Ruhe kommt. Im humiden Reich ist es der Boden des Meeres, im ariden die Sohle abflußloser festländischer Becken. Ständig ist der Abtrag am Werke, die Gebirge teils durch die flächenhaft wirkende Denudation, teils durch die linear angreifende Erosion in eine sanftwellige Rumpffläche umzuwandeln und diese bis zum Meeresspiegel zu erniedrigen. Die Abtragung schreitet im Steilrelief rascher als im Flachland voran. Im ersten Falle überwiegt die mechanische, im zweiten die chemische Fracht. Groß ist der Einfluß des Klimas. Im Periglazial ist es die Solifluktion, in den wechselfeuchten Tropen die tiefgründige chemische Verwitterung, in den semiariden Gebieten sind es die Schichtfluten, die eine besonders rasche Einrumpfung herbeiführen (Tab. 14).

Tabelle 13

	Wasser	Eis	Wind
Bewegung	rasch laminar-turbulent	langsame, zähe Fließbewegung	stoßweise wehend, unregelmäßig, flächenhaft arbeitend
Transport	rollend, Größe je nach Wassergeschwindigkeit, Auslese nach Härte und Gestalt	schiebend, keine Auslese nach Härte und Korngröße	feiner Staub kann über riesige Entfernungen verfrachtet werden
Typische Sedimente	*Konglomerat*, runde Komponenten, stark sortiert, *Sandstein*, Schrägschichtung	*Moräne*, unsortiert, feine und grobe Korngrößen nebeneinander, locker, *geschrammte Geschiebe*, Fehlen der Schichtung	*Löß*, Verbreitung bedeutend, bestimmte Korngrößen (60–70 Gew.-% = 10–60 μm)
Formen in der Landschaft	Rinnen, Canyons, V-Täler, Schwemmlandschaft, Terrassen, Deltas	Rundhöcker, ältere Formen abgeschliffen und überprägt, U-Täler, Moränenhügel, Toteisdellen	Unzahl von Kleinformen in der Wüste durch Ausblasung und Ausschleifen, Dünen, Lößdecken

Tabelle 14 Abtragungsbeträge in mm/Jahr

	Westalpen-flüsse	Rhein	Schwedische Flüsse	Gesamt-erde
Geröllfracht	0,1	0,006	} 0,003	0,005
Schwebfracht	0,3	0,01		0,045
Lösungsfracht	0,1	0,022	0,009	0,01
Insgesamt	0,5	0,04	0,012	0,06

Als Durchschnittswerte mag man annehmen, daß Hochgebirge in 2000 Jahren, Mittelgebirge in 5000–20 000 Jahren und Tiefländer noch langsamer um je 1 m abgetragen werden. Die Festlandsoberfläche als Ganzes wird in rund 20 000 Jahren um 1 m erniedrigt. Etwa 10 km^3 an festen Stoffen werden jährlich ins Meer hinausgetragen, die sich auf:

8½ km^3 mechanische Fracht	2 km^3 Lösungsfracht
davon 10% Sand und Kies	davon 60% Ca-Mg-Karbonate
90% Silt und Ton	10% SiO_2
	2% Fe_2O_3
	28% Sulfate und Chloride von Na, K, Mg

verteilen. Sie sind der Beitrag der Kontinente zum Stoffhaushalt des Meeres, der im nächsten Abschnitt behandelt wird.

Ergänzende Schriften

Blüthgen, I. & Weischet, W. (1980): Allgemeine Klimageographie. – 831 S., Berlin.

Büdel, J. (1977): Klima-Geomorphologie. – 304 S., Stuttgart.

Garner, H. F. (1974): The Origin of Landscapes. A Synthesis of Geomorphology. – 734 S., New York–London–Toronto.

Gerrard, J. (1988): Rocks and Landforms. – 366 S., London.

Hempel, L. (1974): Einführung in die Physiogeographie. – 473 S., Wiesbaden.

Louis, H. & Fischer, K. (1979): Allgemeine Geomorphologie. – 4. Aufl., 814 S., Berlin–New York.

Mabutt, J. A. (1977): Desert Landforms. – 340 S., Canberra.

Machatschek, F. (1973): Geomorphologie. – 10. Aufl., bearbeitet von H. Graul und C. Rathjens, 256 S., Stuttgart.

Short, N. M. & Blair Jr., R. W. (Hrsg.) (1986): Geomorphology from Space. A global overview of regional landforms. – 717 S., Washington.

Thorn, C. E. (1988): An Introduction to Theoretical Geomorphology. – 272 S., London.

Twidale, C. R. (1976): Analysis of Landforms. – 572 S., New York.

Verstappen, H. Th. (1977): Remote Sensing in Geomorphology. – 214 S., Amsterdam–Oxford–New York.

Das Meer: Gestalt, Frachtung und Sedimentation

8. Kapitel: Gliederung und Wasserinhalt des Weltmeeres

Größen- und Tiefenverhältnisse. Das mannigfach zerteilte, aber in sich zusammenhängende Weltmeer nimmt 70,8% der Erdoberfläche ein. Der Boden der Ozeane weist eine großzügige natürliche Gliederung auf, dergestalt, daß zwei Tiefenstufen in ihm vorherrschen (Abb. 52). Die obere umfaßt die *Flachsee* bis 200 m herab. Sie umgibt die Festländer in schmälerem oder breiterem Gürtel, gewissermaßen als untergetauchter Randsaum der Kontinentaltafeln, der als *Schelf* bezeichnet wird. Von der Außenkante des Schelfs fällt der Meeresboden im *Kontinentalhang* relativ steil zur unteren Tiefenstufe, der *Tiefsee*, ab. Ein Blick auf die Flächenanteile zeigt, welch überwiegenden Raum heute die Tiefsee mit $^{4}/_{5}$ des Ozeanbodens und fast $^{3}/_{5}$ der Erdoberfläche einnimmt.

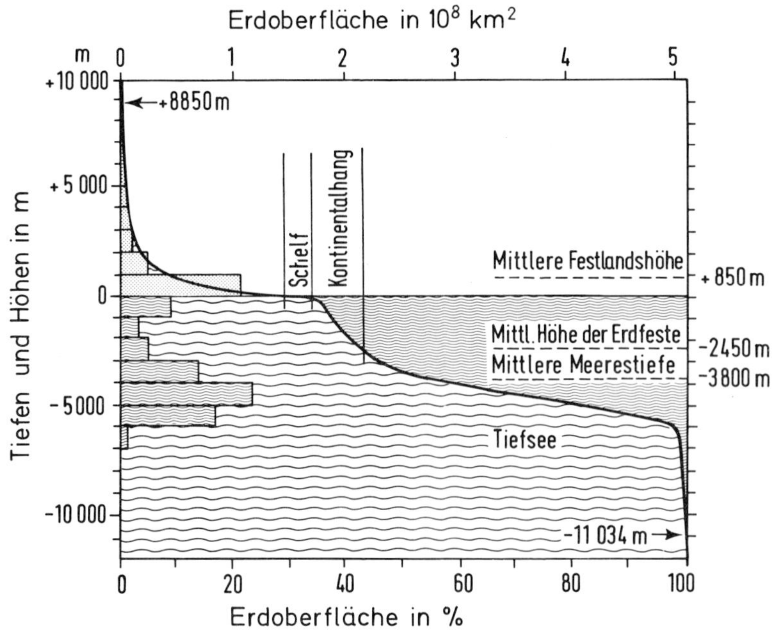

Abb. 52 Hypsographische Kurve der Erdoberfläche. Am linken Rand Häufigkeitsverteilung der Höhen und Tiefen in Stufen von je 1000 m (nach *H. U. Sverdrup*)

Das Meerwasser enthält 35‰ Salze gelöst, überwiegend NaCl. Der Salzgehalt ist wie der Anteil der Ionen:

Na^+	K^+	Mg^{++}	Ca^{++}	Cl^-	Br^-	SO_4^{--}	HCO_3^-
10,8	0,4	1,3	0,4	19,3	0,07	2,7	0,12

(dazu 4 mg/kg B) im offenen Ozean so gut wie konstant. Anders ist es in Nebenmeeren, die, wie leicht verständlich, im humiden oder nivalen Klimareich geringere, im ariden höhere Gehalte als normal führen. So hat die südliche Ostsee 15–10‰, das Rote Meer umgekehrt 40‰ Salz. Noch größer sind naturgemäß die Abweichungen in der Nähe der Küste, wo in Flußmündungen alle Werte bis Null durchlaufen werden und wo andererseits der Inhalt von Lagunen (S. 53) erheblich höher konzentriert sein kann.

Die *Gase* der Luft lösen sich im Meerwasser im gleichen Verhältnis wie im Süßwasser (S. 11); die lebenswichtigen Gase Sauerstoff und Kohlendioxid sind also gegenüber der Luft angereichert. Meist ist allerdings das Gleichgewicht durch den Stoffwechsel der Organismen gestört. Die obersten 30 m sind häufig durch die Assimilationstätigkeit des pflanzlichen Plankton an Sauerstoff übersättigt. In größeren Tiefen dagegen wird, sofern nicht Strömungen für eine durchgreifende Erneuerung des Wassers sorgen, der Sauerstoff durch das tierische Leben zu Kohlendioxid veratmet. Ein Vergleich zwischen der Nordsee mit ihrem flachen, stark durchbewegten Wasser und der Ostsee, in deren beckenförmige Senken nur selten ein frischer Strom gelangt, macht dies deutlich (Tabelle 15).

Tabelle 15 Gehalt des Meerwassers an O und CO_2 in v. H. des Gleichgewichtszustandes (nach *B. Schulz*)

m	Nordsee (Mittel)		Ostsee (Gotlandmulde)	
	O	CO_2	O	CO_2
0	101	113	110	71
50	93	127	93	160
100	89	147	43	640
200	Boden		30	810
			Boden	

Das Verschwinden der letzten Spuren von Sauerstoff schafft geeignete Lebensbedingungen für das Gedeihen *anaerober Bakterien*, die unter Luftabschluß ihren Energiebedarf entweder aus der Zersetzung von Eiweiß oder der Reduktion von Sulfaten decken. Dabei erzeugen sie Schwefelwasserstoff, der das Wasser für alle übrigen Organismen vergiftet.

Da das Wasser eine weit größere Wärmekapazität als die Gesteine besitzt und die Strahlung ins Meer tiefer als in den Festlandsboden eindringt, ist das Klima der Ozeane ausgeglichener als auf den Kontinenten. Die Oberflächentemperatur der Polarmeere steigt nur wenige Grad über den bei − 2° C liegenden Gefrierpunkt des Salzwassers. In den Tropen herrscht mit geringen jahreszeitlichen Schwankungen etwa 20–27° C Wasserwärme. Die ins Meer fallende Strahlung teilt sich in den gemäßigten und tropischen Breiten einer gut durchmischten, 300–800 m starken warmen Deckschicht, der *ozeanischen Troposphäre*, mit. In der darunter lagernden ozeanischen *Stratosphäre* herrschen über alle Klimagürtel hinweg einförmige Wassertemperaturen zwischen -1° und +4° C.

Geologische Vorgänge im Meer. Das Weltmeer, das die tiefstgelegenen Flächen der Erdkruste überdeckt, ist der große Sedimentationsraum, dem alle Verwitterungsmassen des Festlandes zustreben. Die Hauptmenge führen die Flüsse herbei (S. 57); einen geringen Zuschuß verschafft sich die See, indem sie die Küsten (S. 79) und den Meeresboden (S. 81) angreift. Dazu treten vulkanische Auswurfsmassen und vom Festlande verwehter Staub. Der derart bereitgestellte Stoff wird weithin verfrachtet, so daß auch in den landfernsten Teilen des Ozeans Sediment zum Absatz kommt. Die gröberen und feineren Feststoffe sinken zu Boden. Die chemisch gelösten Substanzen fallen durch Übersättigung aus oder werden als Stoffwechselerzeugnisse der Organismen abgeschieden.

Neue Verfahren, wie die Echolotung, die Unterwasserphotographie, das Kartieren des Meeresbodens in Taucherausrüstung, die Untersuchung der Sedimentdecke und des Untergrundes mittels Sprengungen (S. 129), sowie die Gewinnung > 20m langer Lotungskerne aus der Tiefsee haben unser Wissen vom Geschehen im Meere sehr erweitert. Das Bohrschiff *Glomar Challenger* hat im Rahmen eines internationalen Tiefsee-Bohrprojektes zwischen 1969 und 1979 etwa 700 Bohrungen in den Untergrund aller Ozeane und Nebenmeere abgeteuft. 22 Bohrungen drangen dabei tiefer als 1000 m in den Meeresboden ein (Abb. 53). Die Auswertung der Bohrkerne ergab eine Fülle neuer Erkenntnisse. Sie reichen von der Bildung, dem Alter und der Veränderung der Ozeanböden bis zu der Evolution von Kleinlebewesen. Der Ablauf und die Geschwindigkeit der Diagenese (S. 102) toniger, kalkiger und kieseliger Sedimente erscheint in einem neuen Licht, der komplizierte Stoffaustausch zwischen dem Meerwasser und submarin ausströmenden Basaltlaven kann besser gedeutet werden. Massenbewegungen von den Kontinentalrändern zur Tiefsee, Erosionsvorgänge am Kontinentalfuß oder Einlagerungen von Wüstensand und -staub in die Tiefseesedimente lassen sich genauer belegen. Die Suche nach marinen Lagerstätten (Manganknollen, Salz, Erdöl, Erdgas) erhielt einen starken Auftrieb.

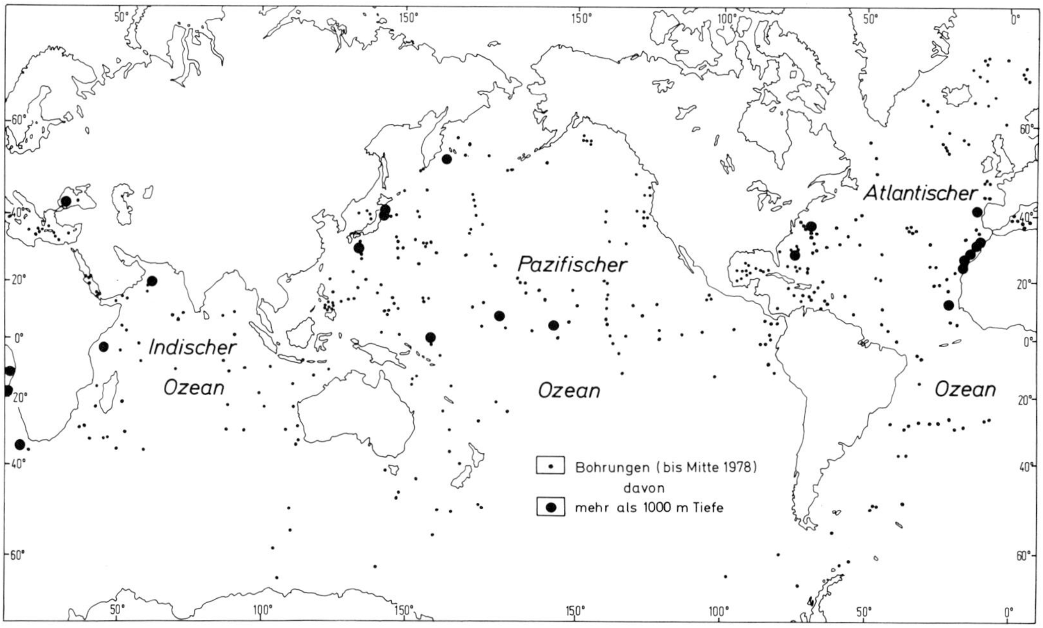

Abb. 53 Lage der Glomar Challenger-Bohrungen. 22 Bohrungen gehen tiefer als 1000 m in den Meeresboden. Die tiefste Bohrung erreichte 1740 m an der Vigo-Kuppe vor Portugal (nach *Beiersdorf* u. a. 1979)

Ein größeres Bohrschiff mit einem längeren Bohrgestänge und Eisverstärkung - die *Glomar Explorer* - soll ab 1984 für Tiefseebohrungen entlang der Antarktisküste eingesetzt werden.

Die Gliederung des Meeres in natürliche Regionen gründet sich in erster Linie auf die Meerestiefe und die Entfernung vom Festlande, während das Klima nur im flacheren Wasser von Bedeutung ist. In Anlehnung an die Tiefengliederung der Ozeane lassen sich unterscheiden:

1. *Die Küsten- oder Litoralregionen.* Das flache, wenige Meter tiefe Wasser in unmittelbarer Ufernähe unterliegt in stärkster Weise den Wirkungen der Brandung und der Gezeiten sowie den Schwankungen von Wärme und Licht.

2. *Die Flachseeregionen* stehen hinsichtlich der Sedimentzufuhr, des Klimas usw. noch in Abhängigkeit vom Festland. Man kann den seichteren, gut durchlichteten, besonders reich besiedelten *neritischen, sublitoralen* oder *Schelf*bereich (bis 200 m) von dem tiefer hinabreichenden lichtlosen *bathyalen* Bereich (200 bis einige 1000 m) unterscheiden.

3. *Die pelagischen Regionen* umfassen die landfernen Teile der großen Ozeane, deren Sedimente nur noch mittelbar vom Festlande abhängig sind. Es handelt sich im wesentlichen um die weiten Flächen des *abyssalen* Bereichs, der Tiefsee.

Ergänzende Schriften

Cuyvers, L. (1984): Ocean Uses and their regulation. – 179 S., New York.
Dietrich, G. (1975): Allgemeine Meereskunde. – 3. Aufl., 593 S., Stuttgart.
Drake, Ch. L., Imbrie, J., Knauss, J. A. & Turekian, K. K. (1978): Oceanography. A Textbook. – 447 S., Chicago.
Gierloff-Emden, H. G. (1980): Geographie des Meeres. Ozeane und Küsten. – Lehrbuch der allgemeinen Geographie, Bd. 5, 1310 S., Berlin–New York.
Ginsburg, R. N. (Hrsg.) (1975): Tidal Deposits. – 428 S., Berlin–Heidelberg–New York.
Heezen, B. C. & Hollister, C. D. (1971): The Face of the Deep. – 659 S., New York.
Hill, M. N. (Hrsg.) (1962–1981): The Sea. – Vol. 1–7, New York.
Kennett, J. P. (1982): Marine Geology. – 813 S., Englewood Cliffs, N. J.
Ross, D. A. (1980): Opportunities and Uses of the Ocean. – 320 S., Berlin.
Shepard, F. P. (1977): Geological Oceanography. Evolution of Coasts, Continental Margins, and the Deep-Sea-Floor. – 214 S., New York.
Shepard, F. P. (1973): Submarine Geology. – 3. Aufl., 517 S., New York.
Turekian, K. K. (1985): Die Ozeane. – 202 S., Stuttgart.
Walther, J. (1893): Bionomie des Meeres (Einleitung in die Geologie, I. Teil). – 196 S., Jena.

Deep Sea Research. Seit 1953. London.
Marine Geology. Seit 1964. Amsterdam.

9. Kapitel: Verfrachtung und Verteilung der Stoffe im Meer

Wellen und Brandung. Der Wind überträgt seine Energie durch Reibung auf das Wasser und erzeugt Wellen, die in der Nordsee mehr als 6 m, im offenen Ozean bei Orkan >20 m Höhe erreichen. Da die Wellen nur als Gestalt, nicht aber mit ihrem Wasserinhalt in der Windrichtung wandern, leistet der Seegang an sich keine Verfrachtung. Doch hat er dadurch geologische Bedeutung, daß er die Gesteinstrümmer immer erneut aufrührt, zerkleinert und so deren Transport erleichtert. Mit dem Übertritt in seichteres Wasser brechen die Wellenkämme infolge der Bodenreibung als *Brandung* über. Schwere See brandet bereits auf Tiefen von über hundert Meter. Vom Nordseeboden wirbeln Grundseen den

Sand bei Sturm aus 40 m Tiefe empor; handgroße Steine werden noch in 30 m Tiefe verschoben. Man darf danach annehmen, daß die Wogen den Boden der Schelfmeere überall aufzuwühlen vermögen. Eine merkliche Frachtleistung vollbringen die Wellen nur an der Küste. Hier führen die schräg auf den Strand auflaufenden Brecher im Verein mit dem rückflutenden Sog Sand und Geröll als *Strandversetzung* im Zickzack längs des Ufers, oft > 100 m weit am Tage.

Gezeiten. Unter dem Einfluß der Anziehung des Mondes, untergeordnet auch der Sonne, entstehen Schwingungen der irdischen Wasserhülle, die *Gezeiten* oder *Tiden.* Ein- oder zweimal täglich steigt der Meeresspiegel mit der *Flut* zum *Tidehochwasser* und sinkt im Laufe der *Ebbe* zum *Tideniedrigwasser.* Das gilt für die großen Ozeane und ihre Küsten. Nebenmeere, wie die Ostsee, haben keine nennenswerten Gezeiten. Auf offener See sind die Gezeiten gering, doch sind Stromgeschwindigkeiten von 10 cm/s bis zu Tiefen von 300 m hinab gemessen worden. Gegen die Küste zu wächst der Tidenhub durch den Stau am Festlande und erreicht in trichterförmigen Meeresbuchten erhebliche Werte. Er mißt z. B. in der Deutschen Bucht bei Helgoland 2,5 m, im Jadebusen 3,6 m, im Ärmelkanal örtlich mehr als 10 m. Flach geböschte Küsten laufen bei Niedrigwasser auf viele km Breite trocken, und die Gezeiten setzen gewaltige Wassermengen in schwingende Bewegung. In den 184 km^2 großen Jadebusen z. B. strömen bei jeder Flut 0,45 km^3 Wasser, d. h. durch den Querschnitt bei Wilhelmshaven fließen bis 28 000 m^3/s mit einer mittleren Geschwindigkeit von 1,3 m/s. Da sich die Wasserbewegung im Gezeitenbereich hauptsächlich auf einzelne Rinnen konzentriert, so treten dort noch erheblich stärkere Strömungen auf, die beträchtliche Mengen von Schlick und Sand zu verfrachten vermögen. An sich stellen die Gezeiten ebenso wie die Wellen eine Pendelbewegung des Wassers dar. Infolge gewisser Unsymmetrien im Stromverlauf bleibt jedoch ein *Reststrom* übrig, der geologisch zu wirken vermag. In der Straße von Dover erreicht der Flutstrom 15 cm über dem Boden 55 cm/s, der Ebbstrom 50 cm/s Geschwindigkeit. Das bedeutet, daß jede Tide $2^1/_4$ km^3 atlantisches Wasser mit etwa 1 t Sand und 2500 t Schlick in die Nordsee führt.

Meeresströmungen. In der Troposphäre (S. 59) wird das Meerwasser hauptsächlich durch den Windschub, in zweiter Linie durch Temperatur- und Salzgehaltsunterschiede in Bewegung gesetzt. Die verfrachteten Mengen sind groß. Das Golfstromsystem führt vor der nordamerikanischen Küste bei bis zu 3 m/s Oberflächengeschwindigkeit fast 100mal soviel Wasser wie alle Flüsse der Erde zusammengenommen. Stärkere Bewegungen treten auch an den Auslässen von Nebenmeeren auf (Ostsee, Persischer Golf). Hier pflegt ein salzärmerer Oberstrom einen gegenläufigen salzreicheren Unterstrom zu überlagern.

Die stratosphärischen Strömungen vollziehen sich unabhängig von denen der Oberflächenschichten und werden ausschließlich durch Dichteunterschiede in Gang gehalten. Im Subpolargürtel sinkt das kalte schwere Wasser in die Tiefe, mischt sich auf dem Wege zu niederen Breiten mit wärmeren Wassermassen und kehrt dann zum Pol zurück. Aus geographischen Gründen vollzieht sich dieser großzügige Austausch unsymmetrisch. Das aus den weiten Meeresräumen um die Antarktis stammende Wasser dringt in allen Ozeanen erheblich über den Äquator nach N vor, während das nahezu abgeriegelte Nordpolarbecken nur einen geringen Beitrag zum Tiefenumlauf liefert (Abb. 78).

Die Meeresströmungen vermögen, vor allem in der Flachsee, auf Untiefen und in Meerengen, den Meeresboden sedimentfrei zu halten, ihn auszufurchen und anzulösen. Auf dem Grunde der Nordsee und Ostsee (Abb. 70) liegen die Bildungen älterer Formationen vom Pleistozän bis zum Karbon hinab offen. Der 800–1000 m tief liegende, aus

Jungtertiärkalkstein bestehende Felsgrund östlich Florida ist durch den Golfstrom blankgefegt. Die stratosphärischen Stromgeschwindigkeiten sind zwar i. allg. geringer, doch nach neueren Messungen zuweilen unerwartet hoch ($\frac{1}{2}$–$1\frac{1}{2}$ m/s) und rasch veränderlich. Noch in 3000–5000 m Tiefe ist daher mit Sedimentumlagerungen zu rechnen.

In vorzeitlichen Meeresabsätzen ist die Wasserbewegung häufig nach Stärke und Richtung aufgezeichnet. Fossilien, Gerölle und Sandkörner sind gleichsinnig eingeregelt. Wandernde Rippeln bauen ein Schrägschichtungsgefüge auf. Die Schichtflächen sind durch Strömungsmarken gefurcht; driftende Teile erzeugen Schleifmarken, kleine Wasserwirbel strudeln Kolkmarken aus (Abb. 54). Längere Unterbrechungen der Sedimentation treten als *Emersionsflächen* oder *„hard grounds"*: scharfbetonte, korrodierte und mit sessilen Organismen besetzte Schichtflächen, im Profil hervor.

Die Meeresströmungen verfrachten auch größere Gegenstände. Der Golfstrom verdriftete Stämme und Früchte des tropischen Urwalds bis an die arktischen Küsten. Im Wurzelwerk von Bäumen verfangene Gesteinsbrocken können weite Reisen machen. Die Eisberge, die beim Kalben der bis ins Meer reichenden Gletscherzungen der Polarländer frei werden, enthalten Grundmoränenschutt (S. 35) eingebacken, den sie beim Schmelzen über den Meeresgrund verstreuen. Heute gelangen Eisberge im nördlichen Atlantischen Ozean bis Island, während der pleistozänen Eiszeit erreichten sie die Breite von Marokko.

Abb. 54 Strömungsmarken auf der Unterseite einer Sandsteinbank. Fließrichtung von links nach rechts. Kreide-Flysch, Bayerische Alpen

Untermeerische Gleitung. Der Meeresboden ist weithin recht einförmig gestaltet, doch treten sowohl in der Flachsee (Vulkankegel und Korallenriffe 10–60°, Kontinentalhang durchschnittlich 4°) wie in der Tiefsee (Mittelatlantische Schwelle, Hänge der Tiefseesenken 3–15°) auch steilere Böschungen auf. Die marinen Ablagerungen enthalten in frischem Zustand 50–80% Wasser, das nur langsam unter der Belastung durch die Hangendschichten abgegeben wird. Die obersten Lagen sind daher wenig scherfest und kommen auf geneigter Fläche, zuweilen schon bei 1° Gefälle, ins Rutschen.

Beobachtungen in den heutigen Meeren und noch mehr an den marinen Sedimentgesteinen früherer Perioden lehren, daß *submarine Gleitungen* eine wichtige Art der Verfrachtung im Meere darstellen. Je nach dem Grade des Zusammenhalts der Ablagerungen entstehen recht verschiedene Bilder. Lockeres, sandreiches Sediment verteilt sich im Wasser, fließt in Gestalt einer spezifisch schweren Wolke als *Trübestrom* (turbidity current) abwärts und breitet sich auf ebenem Grunde aus. Dabei hinterbleiben als Absatz *Turbidite* mit *gradierter Schichtung*, d. h. mit von der Sohle zum Hangenden abnehmender Korngröße. Tonige Absätze geraten als untermeerischer Schlammstrom, *Olisthostrom*, in Bewegung, wobei härtere Gesteinsbruchstücke jeglicher Größe mitgeführt werden können. Zähere Ablagerungen rutschen oder rollen wie ein Teppich hangab und knäueln sich unten in Falten zusammen (Abb. 55). Bereits verfestigte Sedimente zerbrechen beim Gleiten in ein Trümmerhaufwerk, eine *Primärbreccie*. Blöcke älteren Gesteins können sich einzeln in Bewegung setzen und ohne Zurundung von der Brandungszone ins tiefe Wasser gelangen. Vor allem im Flysch sind Gleithorizonte verbreitet (Abb. 55).

Abb. 55 Submarine, nichttektonische Gleitfaltung. Zementmergel-Serie, Kreide, Flysch, Bayerische Alpen (Breite 15 cm)

Wind. Wo in den Trockengürteln die Wüste bis ans Meer reicht, tragen ablandige Winde Sand und Staub über die Wasserfläche hinaus und liefern einen Beitrag zum Sediment, der z. B. im Mittelmeergebiet auf 4 mm Schichtdicke in 100 Jahren geschätzt wird. Noch stärker als nach Norden wird der Saharastaub nach Westen geweht, wo die Staubstürme im „Dunkelmeer“ bis über die Mitte des Altantischen Ozeans vordringen. Untersuchungen der Tiefseesedimente haben vom Winde verfrachtete Mineralsplitter in diesem Bereich regelmäßig nachgewiesen. Auch vulkanische Auswurfmassen können weit über das Meer verweht werden.

Ergänzende Schriften

Bouma, A. H. (1962): Sedimentology of some Flysch Deposits. – 168 S., Amsterdam–New York.

Dzulynski, St. & Walton, E. K. (1965): Sedimentary Features of Flysch and Greywackes. – Developm. Sedimentol. 7, 274 S., Amsterdam.

Walker, R. G. (1984): Turbidites and associated Coarse Clastic Deposits. – in: Walker, R. G.: Facies Models, 2. Aufl., Geoscience Canada, Reprint Series, 1, 171–189, Ottawa.

10. Kapitel: Klastische Bestandteile der marinen Sedimente

Der klastische Anteil der marinen Ablagerungen besteht aus den Trümmern älterer Gesteine, die nach ihrer Verfrachtung am Meeresgrunde zur Ruhe gekommen sind. Wir dürfen von ihnen Hinweise auf ihre Heimat, den zurückgelegten Weg, die Art des Transports und die Umstände bei ihrem Absatz erhoffen. Zahlreiche Merkmale der klastischen Sedimente lassen sich erdgeschichtlich auswerten: Mineralbestand, Kornform und Korngröße, Sortierungsgrad und Gefüge. Unter dem sedimentären Gefüge versteht man die statistische Ordnung, in die sich die Körner beim Absatz eingeregelt haben. Plattige Teilchen sinken flach auf den Boden, gestreckte lagern sich entsprechend der Richtung des Wasserstroms.

Gröbere Gesteinstrümmer von eckiger Gestalt sind selten. Sie finden sich nur dort, wo Schutt unter sehr geringer Abnutzung verfrachtet worden ist, also beim Abbruch von Steilküsten, durch submarine Rutschung oder bei vulkanischen Ausbrüchen. In der Regel sind die Gesteinsbrocken zu *Geröllen* gerundet. Der Bewuchs mit Austern oder anderen festsitzenden Meerestieren, die Anbohrung durch Muscheln, Schwämme usw. gibt Sicherheit, daß sie im Meere zur Einbettung gekommen sind. Geröllfunde sind immer erdgeschichtlich wichtig, denn sie berichten davon, welche Gesteine damals auf dem nahen Festlande anstanden. In die marinen Sedimente des nördlichen Harzvorlandes sind in die Schichten

der Unteren Kreide Gerölle des Jura (Lias und Dogger),
der Oberen Kreide Gerölle der Trias, des Paläozoikum (Karbon, Perm)
des Alttertiär Gerölle des Brockengranits

eingestreut, die zeigen, wie das Gebiet des heutigen Harzgebirges Schicht um Schicht bis auf den kristallinen Kern denudiert wurde.

Von den buntgewürfelten Geröllgesellschaften, die der Abtragung des Festlandes oder der Küste entstammen, sind die einförmigen *intraformationalen* zu unterscheiden, die durch die submarine Aufarbeitung von früher gebildetem Sediment entstehen. Völlige Erhärtung oder vorherige Austrocknung ist für die Geröllbildung nicht notwendig; in der Nordsee findet man Schlickgerölle noch in 40 m Wassertiefe.

Sand. Die nächstfeinere Korngrößengruppe mit rund 2–0,02 mm Dm., der Sand, stellt die Auslese der widerstandsfähigsten Körner dar, die bei der Zerkleinerung der Gesteine übrigbleiben. Er besteht daher in der Regel überwiegend aus *Quarz* als dem härtesten unter den verbreiteten Mineralen. Dem Sand sieht man die Herkunft nicht so leicht an wie den Geröllen, zumal man ihm selten auf erster Lagerstätte begegnet. Meist ist er schon mehrfach umgelagert. Neben dem Quarz selbst sind die übrigen Minerale zu beachten. Reichlicher *Feldspat*gehalt im Sediment deutet auf kristalline Muttergesteine, die einer physikalischen Verwitterung unter nivalem oder aridem Klima unterlagen; im Kalifornischen Golf setzen sich noch heute feldspatreiche marine Sande ab.

Die Gruppe der *Schwerminerale* umfaßt etwa 1 Dutzend Minerale mit einem spez. Gew. > 2,9, meist Neben- und Übergemengteile kristalliner Gesteine, deren Vorkommen oft wichtige Schlüsse gestattet (Abb. 56).

Der **Ton**, die feinste Korngrößengruppe der klastischen Sedimente, ist ein Gemenge verschiedener Minerale, und zwar in erheblichem Maße derjenigen, die auch die gröberen Anteile aufbauen, also Quarz, Feldspat, Glimmer usw. Erst bei Korngrößen < 5 μm treten die eigentlichen Tonminerale

Kaolinit $Al_4(OH)_8[Si_4O_{10}]$,
Halloysit $Al_4(OH)_8[Si_4O_{10}] \cdot 4\ H_2O$,
Montmorillonit $(Al, Mg)_2(OH)_2[(Al, Si)_4O_{10}] \cdot nH_2O$,
Illit $K(Al, Mg)_2(OH)_2[(Al, Si)_4O_{10}]$
Chlorit $(Al, Mg, Fe)_3(OH_2[(Al, Si)_4O_{10}] \cdot Mg_3(OH)_6$

in merklicher Menge auf, um in den allerfeinsten Anteilen vorzuherrschen (Abb. 57). Die Tonminerale rühren zur Hauptsache aus der festländischen Verwitterung her und spiegeln Ausgangsgestein und Klima des benachbarten Abtragsgebietes wider. Doch ist auch mit späteren Umbildungsvorgängen innerhalb des Sediments zu rechnen (S. 70, 103).

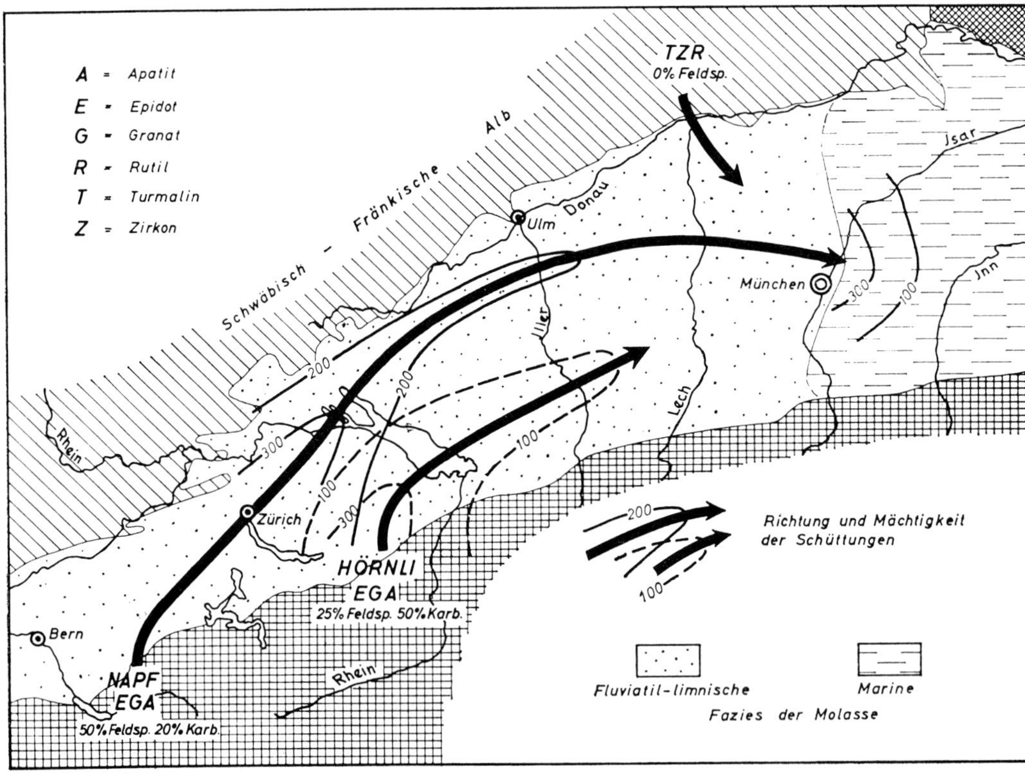

Abb. 56 Verteilung der Schwerminerale, der Feldspat- und Karbonatgesteinskörner in der oberaquitanen Süßwasser-Molasse des schweizerisch-bayerischen Alpenvorlandes.
Die Schüttung der Ur-Aar (Napf) entstammt vornehmlich, die des Ur-Rhein (Hörnli) teilweise dem Kristallin. Die Südschüttung von der Alb rührt aus einem sedimentären Liefergebiet her (nach *H. Füchtbauer*)

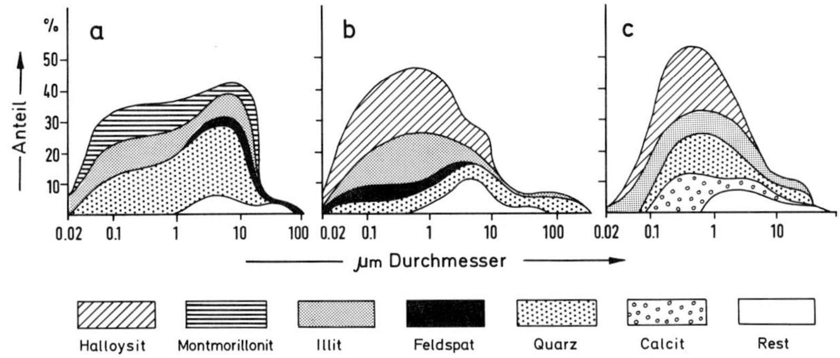

Abb. 57 Mineralogische Zusammensetzung mariner Tone (nach *C. W. Correns*)

a) Roter Tiefseeton, Atlantischer Ozean
b) Blauschlick, Atlantischer Ozean
c) Ton des Tertiär, Mecklenburg

Ergänzende Schriften

Boenigk, W. (1984): Schwermineralanalyse. – 158 S., Stuttgart.
Koester, E. (1964): Granulometrische und morphometrische Meßmethoden an Mineralkörnern, Steinen und sonstigen Stoffen. – 336 S., Stuttgart.
Millot, G. (1970): Geology of clays. – 429 S., Berlin–Heidelberg.
Milner, H. B. (1962): Sedimentary Petrography. – 2 Bde., 4. Aufl., 1358 S., London.
Pettijohn, F. J., Potter, P. E. & Siever, R. (1987): Sand and Sandstone. – 2. Aufl., 533 S., New York.
Potter, P. E., Maynard, J. B. & Pryor, W. A. (1980): Sedimentology of Shale. Study Guide and Reference Source. – 306 S., Berlin.
Tucker, M. E. (1985): Einführung in die Sedimentpetrologie. – 265 S., Stuttgart.

11. Kapitel: Chemische Bestandteile der marinen Sedimente

Gelöste Stoffe (S. 29, 57) gelangen mit den Flüssen ständig ins Meer, reichern sich darin an und scheiden sich bei Übersättigung aus.

Kalk. Das Wasser nimmt aus der Luft Kohlendioxyd auf. Dies hydratisiert zu H_2CO_3, der eigentlichen Kohlensäure, die ihrerseits dissoziiert und mit $CaCO_3$ in folgender Weise reagiert:

$$CaCO_3 + H^+ + HCO_3^- \leftrightarrows Ca^{++} + 2\,HCO_3^-.$$

Die Absorption des CO_2 führt also letzten Endes zur Bildung von Hydrogenbonat-Ionen, die erheblich mehr Kalk in Lösung zu halten vermögen als CO_3^{--}-Ionen, die in CO_2-freiem Wasser allein gegenwärtig sind.

Dieses Gleichgewichtssystem ist von mehreren Faktoren abhängig:

1. Der *CO_2-Gehalt* des Wassers kann durch biologische Vorgänge verschoben werden. Die auf die obersten 100 m beschränkte Assimilation der Pflanzen verzehrt CO_2. In den tieferen Schichten ist der Gehalt durch die Atmung der Meerestiere und die oxydierende Tätigkeit der Kleinlebewesen erhöht, besonders wenn die Erneuerung des Wassers langsam vor sich geht (S. 59).

2. Die *Temperatur* greift an mehreren Stellen, und zwar immer im selben Sinn, in das Gleichgewicht ein. Bei Erwärmung wird weniger CO_2 vom Wasser absorbiert, die Dissoziation nimmt ab, und außerdem sinkt die Löslichkeit des Hydrogenbonats entgegen dem Verhalten der meisten anderen Salze.

3. *Hydrostatischer Druck* steigert die Dissoziation der Kohlensäure und damit die Löslichkeit für Kalk.

Neuere Untersuchungen ergaben, daß das ozeanische Tiefenwasser und die subpolaren Meere etwa an Kalk gesättigt, die 200–400 m mächtigen Oberflächenschichten der gemäßigten und tropischen Zonen dagegen beträchtlich, öfters 2fach, übersättigt sind. Da jedoch übersättigte Ca-Hydrogenbonatlösungen recht beständig sind, so kommt es nur in küstennahen warmen Flachmeeren, wo die Konzentration besonders hoch und wo aufgewirbelte Schalsplitter u. dgl. genügend Kristallisationskeime liefern, zur Fällung von Kalk.

Die *Lysokline* ist das Tiefenniveau im Meer, an dem die Lösungsrate von $CaCO_3$ soweit ansteigt, daß sie wenig höher liegt als die kombinierte Rate von Sedimentation und Fällung. Die *Karbonatkompensationstiefe* („calcite compensation depth“, CCD) stellt das Tiefenniveau dar, an dem Karbonatsedimentation und -lösung im Gleichgewicht stehen. Unterhalb der CCD ist Karbonat nicht erhaltungsfähig (Abb. 58). An der Lysokline steigt die Lösungsrate von Karbonat deutlich an. Marine Tiefenwässer sind schon in wenigen hundert Metern Tiefe an allen Formen von $CaCO_3$ untersättigt. Allerdings beginnt erst in einigen tausend Metern Tiefe die Karbonatlösung. Diese Verzögerung wird möglicherweise von organischen Ummantelungen der Partikel verursacht. Sie bieten bis zu ihrer eigenen Zerstörung während des Absinkens durch die Wassersäule einen Lösungsschutz.

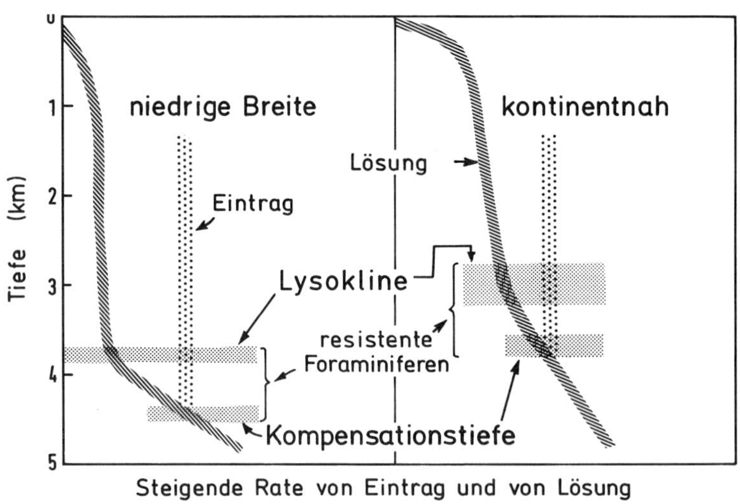

Abb. 58 Beziehung zwischen pelagischer Sedimentation von Karbonatpartikeln (Schalenfragmente von Foraminiferen und Coccolithen) und ihrer Lösung im südöstlichen Pazifik (nach *Berger*) 1971

Auf dem Bahama-Schelf (S. 92), an der Küste von Florida, im Persischen Golf und in anderen tropischen und subtropischen Gewässern scheiden sich gegenwärtig kalkige Sedimente ab. Allerdings ist es noch nicht geklärt, wie hoch sich der Anteil der *physikochemischen Kalkfällung* einerseits, der *biogenen* andererseits stellt. In ruhigem Meerwasser fällt der Kalk in Form winziger, einige µm langer Aragonitnadeln aus, die sich im Schlamm mit der Zeit in Kalzitkriställchen umsetzen. In bewegtem Wasser umgeben sich Sandkörner, Kotballen, Foraminiferenschalen usw. mit Hüllen von Aragonit, bis sie wegen zunehmender Schwere nicht mehr aufgewirbelt werden. Auf diese Weise entstehen konzentrisch-schalige Kügelchen von 0,2–2 mm Dm., die *Ooide*, die sich zu *Oolithsanden* anhäufen.

Dolomit, $CaMg(CO_3)_2$, fällt nicht wie Kalk aus normalem Meerwasser aus. Erst bei schärferer Eindampfung erreichen Calcium und Magnesium gemeinsam die Sättigungsgrenze. In manchen übersalzenen Lagunen der tropischen Küsten kommt es auf diese Weise anscheinend zu unmittelbarer Ausscheidung von Dolomit. Zur Hauptsache dürfte das Doppelkarbonat aber dadurch entstehen, daß im küstennahen Flachwasser oder in Strandseen die frischen Kalkabsätze durch eindampfendes Meerwasser metasomatisch umgewandelt werden. Im verfestigten Sediment kann die Dolomitisierung weiterschreiten, doch gehört das schon in den Bereich der Diagenese (S. 102).

Kieselsäure. Der Si-Gehalt des Meerwassers beträgt etwa 2 mg/l, mithin nur $\frac{1}{10}$ des Flußwassers. Die dem Meere zugeführten Mengen werden also sehr rasch aus der Lösung herausgenommen. Teils werden sie beim Absatz der kolloidalen Hydroxide von Fe, Al usw. mitgerissen, teils von Kieselorganismen, wie Radiolarien, Kieselschwämmen, Diatomeen zum Aufbau ihrer Skelette verbraucht. Vor allem Auftriebswasser begünstigt eine Massenentwicklung des Plankton. Nach dem Absterben lösen sich die zarten Gerüste großenteils wieder auf, so daß in die Ablagerungen letzten Endes ungeformte Kieselsäure eingeht. Ihre späteren Schicksale nach der Sedimentation gehören der Diagenese an (S. 102).

Eisenverbindungen. Im Meere sind etwa 10 µg/l Fe enthalten, davon $\frac{1}{10}$ echt gelöst, $\frac{9}{10}$ in Gestalt kolloidaler Teilchen von Ferrihydrat. Je nach der Beschaffenheit des Meerwassers bzw. des Porenwassers im frischen Sediment scheidet sich das Eisen in verschiedenen Verbindungsformen aus. Sie sind schon an der Färbung kenntlich, die sie dem Gestein verleihen. Unter abnehmender Sauerstoffsättigung entstehen:

Goethit α-FeOOH (gelblich-braun) oder Hämatit α-Fe_2O_3 (rot);
Fe^{II}/Fe^{III}-Oxidhydrate und Fe^{II}/Fe^{III}-Silikate (grünlich);
Magnetit Fe_3O_4 (schwarz);
Siderit $FeCO_3$ (braun);
Pyrit FeS_2, seltener Magnetkies FeS (schwarz).

Die Ausfällung erfolgt auf anorganischem Wege, doch wirken Mikroorganismen daran mit, seien es Eisenbakterien, die aus der Oxidation von Fe^{II} Energie gewinnen, seien es sulfatreduzierende Bakterien, die H_2S erzeugen (S. 88).

Goethit, Chamosit und Thuringit (s. u.) treten auch in Form von Ooiden auf, die wie die Kalkooide im bewegten Flachmeer entstanden sein dürften. Sie können ganze Gesteinsbänke, *Eisenoolithflöze*, aufbauen, die als wichtige Eisenerze in großem Maßstabe gewonnen werden (Farbbild 5). Derartige Metallkonzentrationen, die sich z. B. im lothringischen Minette-Erzbezirk auf etwa 3 Mia. t Eisen beziffern, müssen angesichts der Eisenarmut des normalen Meerwassers unter besonderen Bedingungen zustande gekommen sein. Vielleicht führten mit Humusstoffen beladene Schwarzwasserflüsse (S. 46) das Eisen kolloidal oder als Bikarbonat $Fe(HCO_3)_2$ gelöst in die See, wo es unweit der Küste durch die Salze bzw. den Sauerstoff des Meerwassers niedergeschlagen wurde. Vielleicht entstammt das Eisen aber auch den Bodenablagerungen des Meeres selbst, indem es in reduzierender Umgebung als Ferroverbindung herausgelöst und in oxidierender wieder ausgefällt wurde.

Der **Phosphat**gehalt des Meerwassers liegt mit etwa 60 µg/l P an der Sättigungsgrenze. Wird sie überschritten, so scheidet sich *Phosphorit* ab, ein Gemenge von Calcit und

Karbonatapatit $Ca_5(PO_4, CO_3OH)_3(F, OH)$. Die Fällung vollzieht sich wahrscheinlich auf zweierlei Wegen, einmal unmittelbar, zweitens durch metasomatische Phosphatisierung kalkiger Sedimente, also ähnlich dem Dolomit. Begünstigte Stätten sind Flachseeräume mit geringer klastischer Zufuhr nahe der Schelfaußenkante, wo unter dem Einfluß nährstoffreichen Auftriebswassers ein lebhafter biologischer Stoffumsatz vor sich geht. In solchen Gebieten hat man öfters Phosphoritkonkretionen und phosphatisierte „hard-ground"-Krusten angetroffen. Die marin-sedimentären Phosphatlagerstätten, z. B. in der Oberkreide von Nordafrika oder im Perm von Idaho, dürften wohl ähnlich entstanden sein.

Die **Tonminerale** sind zwar überwiegend klastischer Herkunft, können sich aber am Meeresboden umwandeln und sogar neu bilden. *Illit* ist in marinen Sedimenten verbreitet; manche Forscher nehmen an, daß seine Bildung durch den K-Gehalt des Meerwassers begünstigt wird. Ausschließlich mariner Entstehung ist der *Glaukonit.* Er tritt in Gestalt grüner Körner von < 1 mm Dm., als Füllung von Foraminiferenschalen oder als Tränkung von „hard ground"-Krusten auf und besteht aus einem Gemisch verschiedener K- und Fe-haltiger Tonminerale. Gegenwärtig bedecken glaukonitführende Absätze, die man nach ihrer Farbe als Grünsande und Grünschlicke bezeichnet, etwa 1% des Meeresbodens, vorzugsweise auf dem tieferen Schelf um 200 m. Glaukonit ist stets an Flächen mit verlangsamtem Absatz gebunden und bildet sich hier augenscheinlich durch Austauschreaktionen zwischen Sediment und Meerwasser, sog. *Halmyrolyse. Chamosit* und *Thuringit* sind wohl ähnlicher Entstehung wie der Glaukonit, aber nur fossil bekannt. Mineralogisch gehören sie der Chloritgruppe an. Sie füllen gleichfalls Hohlräume in organischen Hartteilen oder bilden das Bindemittel von Sandstein.

Spurenelemente. Mehr als die Hälfte aller Elemente ließ sich im Meerwasser, wenn auch nur in sehr niedriger Konzentration, nachweisen. Ba, Sr, F, J sind in geringen Mengen in den Hartteilen, B, Cu, Mn, V, Mo, Zn u. a. in den Geweben der marinen Organismen enthalten. Alle diese Spurenelemente gehen mit in die Ablagerungen ein, sofern sie von den Mineralen der Sedimente isomorph eingebaut oder adsorptiv gebunden werden. Ob das der Fall ist, hängt von den kristallchemischen Eigenschaften und der Korngröße der Minerale, der Reaktion (p_H) und dem Redoxpotential (E_h) der Lösung, der Zeit usw. ab. An der stark entwickelten Oberfläche der Tone werden diejenigen Ionen bevorzugt adsorbiert, deren elektrostatische Bindung zum Kristallgitter sich besonders eng gestaltet. K wird daher stärker als Na festgehalten. Das Verhältnis K : Na beträgt im Ton 2,4 : 1, im Meerwasser nur 0,03 : 1. Kolloidales Eisenhydroxid bindet vor allem Phosphationen; alle Eisenoolithe enthalten daher etwa 1% P. Illit nimmt Bor aus dem Meerwasser auf. Marine Sedimente lassen sich so durch ihren höheren B-Gehalt von limnischen unterscheiden.

Die **Isotope** vermitteln durch ihre Anteilsverhältnisse vielfach vertiefte Einblicke. In Kalken, Phosphaten usw. verschiebt sich der Quotient O^{18}/O^{16} mit der Bildungstemperatur. Aus massenspektrometrischen Messungen an den Hartteilen von Meeresorganismen lassen sich so *Paläotemperaturen* vorzeitlicher Meere ableiten. Die C- und S-Isotope bzw. S^{34}/S^{32} geben damit einen Anhalt, ob die betreffenden Karbonate, Sulfate, Sulfide usw. rein anorganisch entstanden oder unter Mitwirkung von Organismen gebildet sind (Abb. 224).

Ergänzende Schriften

Bathurst, R. G. C. (1975): Carbonate Sediments and their Diagnosis. – 2. Aufl., 658 S., Amsterdam.
Bowen, R. (1966): Paleotemperature Analysis. – Methods in Geochemistry and Geophysics, 2, 265 S., Amsterdam.
Flügel, E. (1978): Mikrofazielle Untersuchungsmethoden von Kalken. – 454 S., Berlin–Heidelberg–New York.
Riley, J. P. & Skirrow, G. (Hrsg.) (1975–1983): Chemical Oceanography. – 2. Aufl., Bde. 1–8, London–New York.
Valeton, I. (1958): Der Glaukonit und seine Begleitminerale. – Mitt. Geol. Staatsinst. Hamburg, 27, 88–131, Hamburg.
Wilson, J. L. (1975): Carbonate Facies in Geologic History. – 471 S., Berlin–Heidelberg.

12. Kapitel: Organogene Bestandteile der marinen Sedimente

Die Organismenreste in den marinen Ablagerungen liefern uns wertvolle Anhaltspunkte für die Entstehung des Sediments, denn weder chemische noch physikalische Vorgänge reagieren so empfindlich auf Umweltveränderungen wie die Lebewesen. Die taxonomische Stellung, die Gestalt und stoffliche Zusammensetzung, die Ökologie, die Einbettung und Erhaltung der Fossilien vermögen, wenn wir vergleichende Beobachtungen in den heutigen Meeren heranziehen, manches Licht auf die Bildungsumstände der Ablagerungen zu werfen.

Allgemeine Lebensbedingungen im Meer. Alle Organismengruppen sind einstmals aus dem Meere, der „Wiege des Lebens", hervorgegangen. Nicht wenige sind noch heute auf das Salzwasser beschränkt oder entfalten wenigstens hier ihre größte Artenfülle. Es sind z. B.

ausschließlich marin	*überwiegend marin*	*ausschließlich nichtmarin*
Radiolarien	Foraminiferen	Amphibien
Korallen	Poriferen	
Cephalopoden	Bryozoen	
Brachiopoden		
Echinodermen		

Innerhalb des großen zusammenhängenden marinen Lebensraumes verteilt sich die Organismenwelt auf einzelne Lebensbezirke. Eine Gruppe von Tieren und Pflanzen lebt ständig oder überwiegend als *Benthos* am Meeresgrunde, entweder *sessil*, festgeheftet, oder *vagil*, kriechend bzw. zeitweilig schwimmend. Eine zweite Gruppe bewohnt *pelagisch* den freien Wasserraum, sei es als *Plankton* passiv treibend oder als *Nekton* aktiv schwimmend. Jede Art ist nur innerhalb eines gewissen Spielraums der Lebensbedingungen bestandfähig. Weichen die Umweltfaktoren vom Optimum ab, so verlieren die Arten – die empfindlichen, stenöken, früher, die widerstandsfähigeren, euryöken, später – die Lebensmöglichkeit. Die Fauna und Flora verarmt und besteht schließlich nur noch aus einigen besonders angepaßten Formen, die dann allerdings u. U. das Gebiet in großer Individuenzahl besiedeln können.

Licht und mineralische Nährstoffe sind die beiden Hauptfaktoren, von denen das pflanzliche Leben und damit überhaupt alles Leben im Meere abhängt. Das Hauptentwicklungsgebiet des pflanzlichen und tierischen Planktons liegt in 0–40 m Tiefe. Hier werden P, N. Fe, $CaCO_3$, SiO_2 zum Aufbau des Protoplasmas und der Skelette verbraucht. Mit den niedersinkenden abgestorbenen Zelleibern werden diese Substanzen abwärtsgeführt, in der Tiefe beim Zerfall der Organismenreste ganz oder teilweise wieder freigesetzt und durch aufsteigende Strömungen von neuem in die Oberflächenschichten emporgetragen.

Nach ihrem Verhalten gegenüber Schwankungen des *Salzgehalts* unterscheidet man *stenohaline* Formen, wie Korallen und Cephalopoden, die schon Wasser mit weniger als 30‰ Salz meiden, von *euryhalinen*, wie manchen niederen Krebsen, die bei 1‰ ebensogut wie bei 70‰ Salzgehalt gedeihen. Ins brackische Wasser wandert daher nur ein Bruchteil der marinen Fauna ein, wie ein Vergleich zwischen Nordsee und Ostsee zeigt (Abb. 59). Zugleich nimmt die Fähigkeit zum Aufbau kalkiger Skelette ab. Die Muschelschalen bleiben kleiner und dünner. Die Foraminiferen und Bryozoen bilden im Brackwasser nur ein Chitingerüst aus. Aber auch steigender Salzgehalt führt zur Verkümmerung. Beobachtungen dieser Art lassen sich auf die fossilen Vorkommen übertragen. Wenn die Auster, die heute nur bis ins Kattegat geht, im älteren Holozän bis zur Kieler Bucht in die Ostsee vordrang, ist der Schluß auf einen ehemals höheren Salzgehalt gerechtfertigt. Bei Fossilien aus älteren Perioden ist nicht immer sicher zu sagen, ob sie die gleichen Anpassungsgrenzen wie ihre heute lebenden Verwandten aufwiesen.

Die *Wassertemperatur* hat mittelbar dadurch Bedeutung, daß die hohe Übersättigung an Kalk in den warmen Meeren es den Organismen besonders leicht macht, Kalkskelette aufzubauen. Die Entwicklung massiver Kalkschalen und großer Kalkbauten, etwa der Korallenriffe, ist mit aus diesem Grunde in den Meeren der tropischen Zone besonders

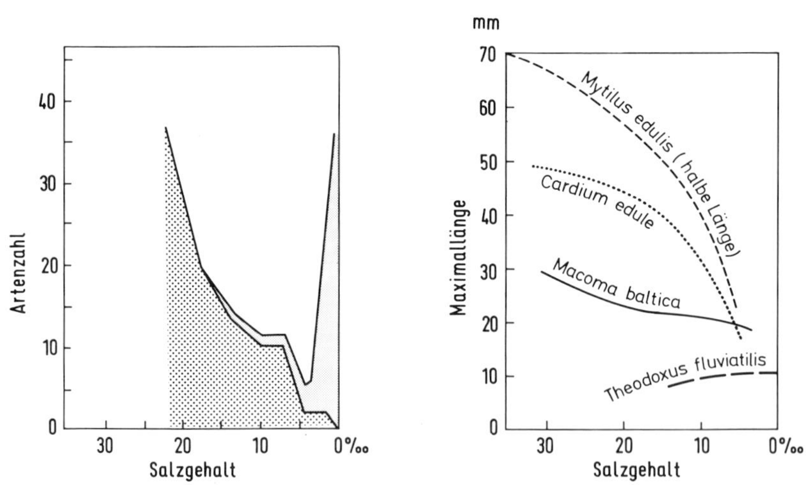

Abb. 59 Der Einfluß der Verbrackung auf die Lebewesen der Ostsee

Links: Die Besiedlung durch marine (weitpunktiert) und limnische (engpunktiert) Molluskenarten in Abhängigkeit vom Salzgehalt (nach *A. C. Johannsen*)

Rechts: Die Größenabnahme der Schalen mariner und limnischer Molluskenarten beim Leben im Brackwasser (nach *A. Remane*)

üppig. Im übrigen ist das Ausmaß der Wärmeschwankungen für die Lebewesen wichtiger als die absolute Höhe der Temperatur. Die Meere der tropischen Zone sind zwar weit artenreicher als das Polarmeer, dieses aber ist dichter und vielfach von großwüchsigeren Tieren besiedelt.

Die *Bodenbeschaffenheit* ist für das Benthos ausschlaggebend. Auf hartem Grund überwiegen sessile, auf beweglichem vagile Organismen. Wie groß die Unterschiede werden können, lehrt der Golf von Neapel, wo auf Fels 310, auf Schlamm 45 Arten wohnen, von denen nur 14 gemeinsam sind.

Die *Wassertiefe* ist hinsichtlich des hydrostatischen Drucks ohne Belang, mittelbar aber von großem Einfluß, da alle oben betrachteten Faktoren ± Funktionen der Wassertiefe darstellen. Bloße Tiefenangaben für eine Art besagen daher letzten Endes wenig. Wichtiger ist es zu wissen, welcher Umweltfaktor sie an einen bestimmten Lebensraum bindet. Die Wellhornschnecke *Buccinum*, die an der Nordsee nahe der Küste häufig ist, lebt in der Ostsee nur in größerer Tiefe, wo sie noch einigermaßen den ihr zusagenden Salzgehalt vorfindet.

Stofflicher Beitrag der Organismen zum Sediment. Der *mineralische Anteil* der Skelette und Schalen besteht überwiegend aus Aragonit und Mg-reichem Kalzit.

*Aragonit*skelette besitzen die

Hydrozoen	Cephalopoden
Scleractinia	Grünalgen,

doch verwandten die Ammoniten zu ihren Aptychen und die Belemniten für ihre Schalenspitzen (Rostren) Kalzit.

Aus Kalzit bestehen die Hartteile der

Foraminiferen	kalkschaligen Brachiopoden
Kalkschwämme	Echinodermen
Oktokorallen	Rotalgen.

Meist sind feine Fasern oder Körnchen von Kalzit durch eine organische Grundsubstanz verbunden. Bei den Stachelhäutern jedoch besteht jedes Skelettelement aus einem gesetzmäßig orientierten Einkristall. Fossile Echinodermenreste fallen daher durch ihre glatte Spaltung auf. Alle Hartteile aus Kalzit enthalten einen mit der Wassertemperatur auf 10–30% steigenden Anteil von $MgCO_3$, während Aragonitskelette etwa 1% $SrCO_3$ führen.

Die Schalen der Mollusken bestehen vielfach aus einer äußeren Kalzit- und einer inneren Aragonitschicht.

Hydroxylapatit, $Ca_5(PO_4)_3OH$, meist unter Beteiligung von Calciumkarbonat, ist in den Hartteilen von

Trilobiten	hornschaligen Brachiopoden
Crustaceen	Wirbeltieren

enthalten.

Kieselsäure als *Opal* besitzen die

Radiolarien
Kieselschwämme
Kieselalgen (z. B. Diatomeen)

Organische Verbindungen, hauptsächlich Eiweiße, Kohlehydrate und Fette, bauen die Zellgewebe auf. Aber auch an den Skeletten sind organische Stoffe beteiligt, sei es als Hauptbestandteil, wie das Polysaccharid Chitin bei den Graptolithen, Insekten usw., sei es als Kitt zwischen den Mineralkörnchen. Nach dem Tode werden die Verbindungen rasch zerlegt. Das Eiweiß zerfällt in ein Gemisch von Aminosäuren, die Kohlehydrate in einfache Zucker; das Lignin der pflanzlichen Zellwände geht in Huminsäuren über. Diese Stoffe werden bei Gegenwart von Sauerstoff von den Mikroben der Bodenablagerungen zu CO_2, H_2O und anderen Elementarverbindungen abgebaut.

Lebensspuren und Einbettungsvorgänge. Die Organismen sind nicht nur stofflich am Sediment beteiligt; sie beeinflussen auch dessen Gefüge. Mit diesen Erscheinungen befaßt sich die *Aktuopaläontologie.* Vielfältiger Art sind die *Lebensspuren*, welche die Tierwelt in den Ablagerungen hinterläßt. Beim Einwühlen in den Schlamm entstehen *Ruhespuren*, bei der Fortbewegung und Nahrungssuche *Fährten* und *Freßspuren* (Abb. 60, 66). Recht verbreitet sind Spuren in Gestalt von Mäanderstreifen; sie dienen der möglichst vollen Nutzung einer Weidefläche. Bleiben die Gänge einige Zeit besiedelt, dann werden sie durch Versteifen der Wände zu *Wohnbauten* ausgestaltet. Hauptsächlich sind es Würmer und Krebse, die derart vergraben leben. Die Sedimentfresser unter ihnen wechseln öfter ihren Platz (Abb. 65, 66). Die Planktonfischer dagegen sind seßhafter und erbauen Röhren, die sich mit dem Wachstum des Tieres vergrößern. Besonders gut erhaltungsfähige Wohnbauten stellen die *Bohrlöcher* dar, wie sie Muscheln, aber auch Schwämme, Würmer, Seeigel, Algen im Fels oder in toten Schalen anlegen. Da nur das Meer ausreichend planktische Nahrung für sessile Tiere zu liefern vermag, so spricht das Auftreten derartiger Bauformen für die marine Bildung des betreffenden Gesteins. Der Sand und Schlamm, der durch den Darm der sedimentfressenden Meerestiere wandert,

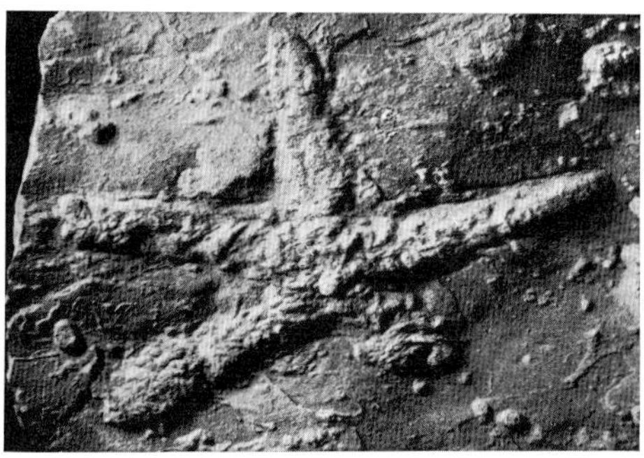

a)

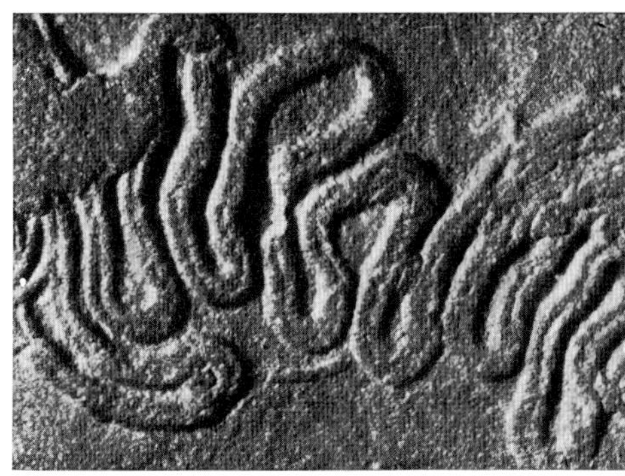

b)

Abb. 60 Fossile Lebensspuren

a) Ruhespur eines im Sediment eingewühlten Seesterns. Miozän-Molasse-Sandstein, Zürich, 1/3 nat. Größe

b) Mäanderförmige Weidespur einer Schnecke. Oberkarbon, Kärnten. 2/3 nat. Größe (nach *A. Seilacher*)

wird oft in Gestalt von Kotpillen oder -schnüren wieder ausgeschieden. Sie können, durch Schleim verkittet, recht formbeständig sein und den Ablagerungen ein *koprogenes Gefüge* verleihen.

Lebensraum, Todesort und Begräbnisplatz fallen selten zusammen. Es ist die Aufgabe der *Biostratonomie*, das Schicksal der organischen Gebilde vom Tode bis zur endgültigen Einbettung aus den Lagebeziehungen und dem Erhaltungszustand der versteinerten Reste zu erschließen. Wie verbreitet Verfrachtungen nach dem Absterben sind, sieht man z. B. daran, daß Muscheln in Lebensstellung, zweiklappig im Schlamm steckend, äußerst selten fossil überliefert sind. Fast stets findet man die Klappen einzeln mit der gewölbten Seite nach oben auf den Schichtflächen ausgebreitet. Die Schalen haben, vom Wasser verdriftet, eine *Einregelung* in die Lage des geringsten Strömungswiderstandes erfahren, wie wir es noch heute am Meeresstrande beobachten können (Abb. 66). Die organogenen Hartgebilde werden bei solchen Umlagerungen abgerieben, angeschliffen und zerbrochen, zartere Schalen ganz zerstört. Andererseits können Reste aus älteren Ablagerungen ausgespült und in jüngere Absätze umgebettet werden. Vor allem Mikrofossilien geraten leicht in solche irreführenden, auf zweiter Lagerstätte befindlichen *„Geisterfaunen"*. Die uns versteinert überlieferten *Grabgesellschaften* bieten aus all diesen Gründen nur ein einseitiges und verzerrtes Bild der ehemaligen Lebensgemeinschaft (S. 80, 81, 82).

Die **Einzeller** tragen nur in wenigen Gruppen erhaltungsfähige Gehäuse. Die Bakterien und ein Großteil des Planktons entgehen daher der Fossilisation und lassen sich nur mittelbar durch ihre Stoffwechselerzeugnisse nachweisen. Die stenohalinen *Foraminiferen* leben überwiegend benthisch-kriechend, einige auch sessil, in der Flachsee. Die kalkschaligen Gattungen herrschen bei weitem vor; nur in sehr kaltem und in brackischem Wasser steigt der Anteil der Sandschaler. In geringer Wassertiefe sind die Foraminiferengehäuse massiv, in größerer zartschalig gebaut; in der Nordsee z. B. überwiegen infolge der starken Wasserbewegung kugelige, verhältnismäßig dickschalige Formen. Eine besondere ökologische Gruppe bilden die Großforaminiferen, die Fusulinen des Oberkarbon und Perm, die Nummuliten des Alttertiär. Es waren wohl vorwiegend Bewohner der äquatorialen Flachsee. Planktisch lebt nur die Gruppe der Globigerinen. Ihre zarten, kugeligen Gehäuse liefern einen erheblichen Anteil der Tiefseesedimente (S. 97). Die *Radiolarien* (Abb. 61) sind zum Unterschied von den Foraminiferen, die auch ins Brackwasser gehen, streng stenohalin. Sie leben ausschließlich pelagisch; viele Arten sind über alle Meere verbreitet. Die kalkschaligen *Kokkolithophoriden* sind ebenfalls sämtlich, die *Diatomeen* (Kieselalgen) überwiegen pelagisch. Ihre zarten Panzer beteiligen sich zusammen mit denen der planktischen Foraminiferen am Aufbau der Tiefseeablagerungen, ohne allerdings darauf beschränkt zu sein. Wenn andere Sedimente fehlen, kann sich, wie z. B. in manchen Atoll-Lagunen, auch in flachem Wasser Kokkolithen-Globigerinen-Schlamm absetzen.

Die Tiefenbegrenzung der **Kalkalgen** ist vom Breitengrad und von der Reinheit des Wassers abhängig; in den klaren Tropengewässern reichen die Rotalgen bis ca. 250 m und die Grünalgen bis ca. 180 m. Die fädigen Geflechte der *Blaugrünalgen* fällen den Kalk in Gestalt von knolligen, blättrig aufgebauten *Stromatolith*-Krusten aus. Äußerlich ähnliche Wachstumsformen weist die Rotalgengruppe der *Corallinaceae* auf, die in den Korallenriffen der Tropen wie auch in den kälteren Gewässern nördlicher und südlicher Breite bis zum Eismeer zu den wichtigsten karbonatabscheidenden Organismen gehören. Als wärmebedürftig sind die aragonitabscheidenden *Grünalgen* zu bezeichnen; dazu gehören Halimeda, Penicillus und die schachtelhalmförmigen *Dasycladaceen*. Ihre durch die geologischen Zeiten stark wechselnde Häufigkeit (Abb. 62) dürfte durch Schwankungen der Meerwassertemperatur bedingt sein.

Bei den **Schwämmen** verhalten sich die taxonomischen Gruppen ökologisch recht verschieden. *Hornschwämme* und *Kalkschwämme* siedeln im Flachwasser. Etwas tiefer, zumeist zwischen 100 und 400 m, folgen die tetractinelliden und monactinelliden *Kieselschwämme*, noch tiefer, vorwiegend zwischen 500 und 1000 m, die hexactinelliden. Aber diese Standorte haben die Kieselschwämme erst in jüngerer Zeit, seit Beginn des Tertiär, bezogen. Noch im Jura waren es neritische Tiere. In der Schwäbischen Alb bauten sie flachbuckelförmige Riffe auf, die sich bis 50 m über den Grund erhoben und mit ihrem Gipfel, wie Brandungshohlkehlen zeigen, den Meeresspiegel erreichten. Wie die zarten

Gittergerüste der Radiolarien lösen sich auch die Kieselschwammnadeln nach dem Tode verhältnismäßig leicht auf, so daß im verfestigten Gestein ihre Spuren oft vergangen sind. Unter den **Coelenteraten** sind die *Hydrozoen* und die *Korallen* geologisch wichtig und hier wiederum die riffbildenden. Die ästigen Stöcke ahermatyper Korallen gehen bis 70° n. Br. und bis über 2500 m Wassertiefe, Einzelkorallen noch tiefer. Die großen, kompakten oder ästigen Kolonien der hermatypen Riffkorallen sind dagegen an einen viel enger begrenzten Lebensraum gebunden. Temperaturen zwischen 25° und 29° C mit

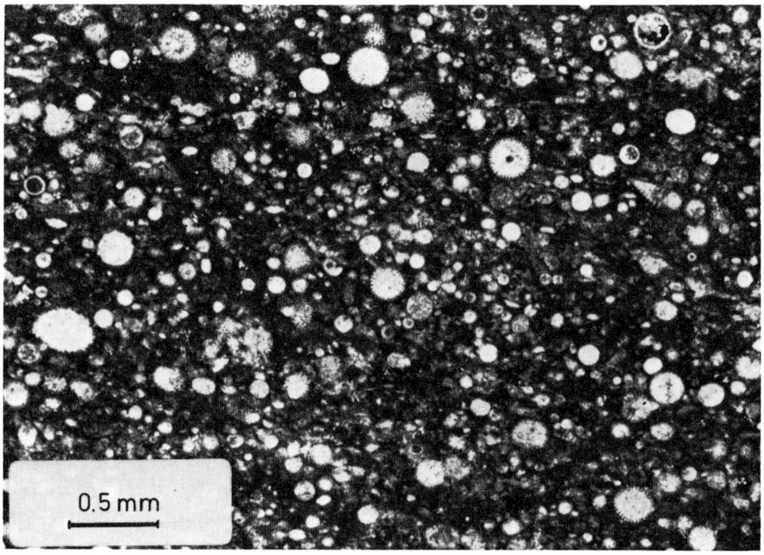

Abb. 61 Radiolarit des alpinen Malm (Dünnschliff). Rechenberg im Chiemgau (Foto *Diersche)*

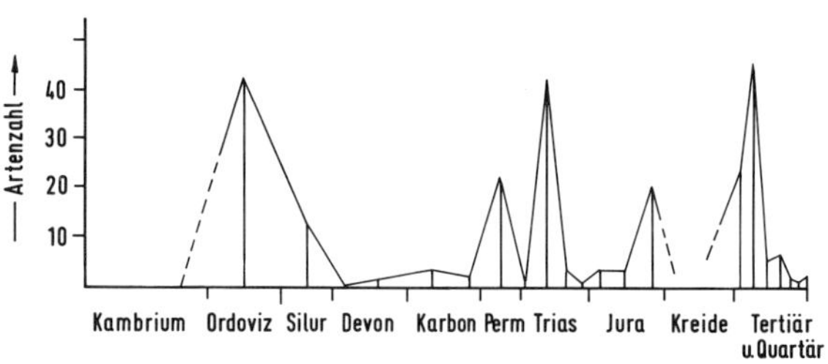

Abb. 62 Geologische Verbreitung der Dasycladaceen

< 7° C Jahresschwankung sind am günstigsten, solche von 17° und 35° C noch eben erträglich. Das Wasser muß klar und normal gesalzen sein. Flußmündungen werden daher gemieden, kleinere Inseln und submarine Schwellen bevorzugt. Da die Riffkorallen in Symbiose mit Grünalgen leben, sind sie lichtbedürftig und gedeihen in den obersten 20 m am besten, unterhalb 90 m nicht mehr. Sie sind also ausschließlich Bewohner der tropischen Flachmeere. Hier errichten sie, und zwar bevorzugt auf hartem Grunde, mit einer Zuwachsrate von ½–1 cm/Jahr ihre Bauten, die dank dem Streben der Kolonien zu besseren Licht- und Nahrungsverhältnissen als *Riffe* mit steiler Böschung zentrifugal gegen die offene See vorrücken. Innerhalb des Riffs wechseln die Wuchsformen und Arten mit den Standorten. In tieferem Wasser gedeihen vielästige Formen, in der Brandungszone massig-halbkugelige Polster.

Heute halten sich die Korallenriffe im wesentlichen zwischen 30° nördl. und südl. Breite. Innerhalb dieses Gürtels ist der Formenreichtum sehr unterschiedlich. Im karibischen

Raum leben nur 22 Arten, während im indopazifischen 100–200 Arten am Riffbau beteiligt sind. Im Paläozoikum und Mesozoikum herrschten grundsätzlich ähnliche Verhältnisse, nur war der Lebensraum der Riffkorallen erheblich ausgedehnter als heute Seitdem weicht die Nordgrenze der Riffe gegen den Äquator zurück. Sie lag in Europa in der Kreide auf $55\frac{1}{2}°$, im Oligozän auf $51\frac{1}{2}°$, im Miozän auf $49\frac{1}{2}°$ nördl. Breite.

Die **Brachiopoden** sind ziemlich streng stenohalin, nur die hornschalige *Lingula* geht ins Brackwasser und ist auch fossil oft für Absätze, die unter anomalem Salzgehalt entstanden, bezeichnend. Im Paläozoikum und Mesozoikum waren viele der Brachiopoden dickschalige, mit ihrem Stiel angeheftete oder auch mit der Schale festgewachsene Bewohner der Riffe bzw. des flachen Wassers. Andere lebten eingegraben im Schlick oder lagen auf dem Meeresboden. In der ordovizischen Kuckersstufe von Estland lehrt uns z. B. der Schalenbewuchs, wie weit die Tiere im Sediment steckten. Die flache *Rafinesquina* trägt auf der Oberschale Bryozoen und festsitzende Cystideen, bei dem kugeligen *Porambonites* ist nur der Stirnrand besetzt, die Schalen von *Lingula* sind stets völlig frei. Seit dem Mesozoikum sind die Brachiopoden im Rückgange und zugleich in tieferes Wasser abgewandert.

Die **Bryozoen** haben im Gegensatz zu den Brachiopoden ihre Wohnplätze seit dem Paläozoikum kaum verändert. Stets waren es stenohaline, sessile Koloniebildner in der Schelfsee. Hier breiten sie sich auf festerem, zum Anheften geeigneten Grunde rasenförmig aus und tragen mit ihren buschigen, leicht zerfallenden Stöcken beträchtlich zur Anhäufung kalkiger Absätze bei. Als Riffbildner traten die Bryozoen nur gelegentlich, im Silur, Perm und mit besonderem Formenreichtum in der Kreide hervor.

Die **Crustaceen** leben, wenn man von den sessilen Cirripediern absieht, überwiegend vagil-benthisch oder nektisch und können sich, wenn sie auch zumeist neritisch sind, an einen weiten Tiefe- und Salzgehaltsbereich gewöhnen. Selbst die Seepocken, die überwiegend in der Brandungszone vorkommen, gehen bis 1000 m herunter. Die Macruren haben, seit sie kräftig entwickelte Scheren erwarben, d. h. seit dem Jura, als Erzeuger von Kalksand durch das Zerknacken von Muscheln, Korallen usw. eine nicht unerhebliche geologische Bedeutung gewonnen; ein Hummer kann $\frac{1}{4}$ kg/Tag verarbeiten.

Die **Muscheln** stellen eine sehr anpassungsfähige euryhaline Tierklasse dar. Im Laufe der geologischen Zeiten haben sie unter Zurückdrängung der Brachiopoden fast alle Standorte des Meeres erobert. Viele Muscheln des Paläozoikum lebten, wie auch heute noch die Formen mit dünner und glatter Schale, eingegraben im Schlick. Erst vom Mesozoikum ab wurde das eigentliche Flachwasser von massiven, stark skulptierten Formen, festgewachsenen Arten (z. B. Austern) und Bohrmuscheln besiedelt. Im Oberen Jura ging eine Gruppe, die *Rudisten*, sogar zum Riffbau über. Ihre korallenähnlichen, bis zu 1 m langen, kegelförmigen schweren Schalen bildeten in den Meeren der Kreidezeit ausgedehnte Rasen.

Die **Schnecken** sind ähnlich weit verbreitet wie die Muscheln, aber doch enger als diese auf das Flachwasser und ganz besonders, mit 87% aller Gattungen, auf die tropische Flachsee beschränkt. Auf weichem Grunde vergrößern sie ihre Auflagefläche durch Dornen oder breite Basis. Schlammwühler haben kugelig-glatte, Riff- und Flachwassersiedler massive, durch Rippen und Spindelfalten versteifte Gehäuse. Es gibt Gattungen mit flachkegeliger, glatter Schale, die sich in der Brandungszone festsaugen, ja auch sessile Formen, wie *Vermetus,* der an der Floridaküste aus seinen verknäuelten Windungen kleine Riffe aufbaut. Die nackten oder zart beschalten Pteropoden und Heteropoden sind pelagische Tiere.

Cephalopoden. Die heute lebenden Formen sind gute Schwimmer und als stenohalin für rein marine Verhältnisse bezeichnend. Auch die fossilen dürften sich auf das Meer beschränkt haben; über ihre Lebensweise aber sind wir noch auf Vermutungen angewiesen. Bei den Ammonoideen und den aufgerollten Nautiloideen kann man an den rezenten *Nautilus* denken, der in der Südsee in 50–100 m tiefem Wasser auf Beute jagt. Bei den gestreckten Nautiloideen und den Belemnoideen liegt der Vergleich mit den teils nektischen, teils benthischen Tintenfischen nahe.

Echinodermen. Die *Holothurien*, von denen uns bestenfalls die losen Kalkkörper ihrer Außenhaut erhalten sind, leben mit Vorliebe auf sandigem Grund und auf Riffen. Hier sind sie als Sedimentfresser und durch Zermahlen der Korallenbruchstücke zu Kalksand geologisch bedeutsam; auf den Bermudas z. B. wandern jährlich 7 kg/m^2 durch ihren Verdauungskanal. Die *Krinoiden* haben annähernd den gleichen ökologischen Entwicklungsgang wie die Brachiopoden durchgemacht. Im Paläozoikum waren es stark bepanzerte Riffbewohner. Im Mesozoikum begann ihre Abwanderung in größere Tiefen, wobei fester, kalkiger Grund zum Anheften bevorzugt wurde. Seit dem Tertiär haben sie sich fast sämtlich ins tiefe Wasser zurückgezogen. Ihren Platz nahmen in gewisser Hinsicht die *Seeigel* ein, die zu Beginn des Mesozoikum ihren aus beweglichen Täfelchen bestehenden Panzer zu einem festen Gehäuse verlöteten. Vor allem die Cidariden stiegen in die Brandungszone hinauf und besiedelten die Riffe. Vom Jura an begannen sich die neuerscheinenden irregulären Seeigel auf dem Schlickgrund auszubreiten, wo sie bis heute als Sedimentfresser recht wichtig sind.

Fische. Die Raub- und Plattfische haben als Erzeuger von Muschel- und Korallensand einige Bedeutung. Eine Scholle z. B. verzehrt leicht 100 Muscheln am Tag. Hinweise auf die Wassertiefe liefern Funde von Verwandten unserer heutigen Tiefseefische mit Leuchtorganen, wie sie aus dem Flysch der Karpaten und dem miozänen Radiolarien-Diatomeentripel von Algier vorliegen.

Ergänzende Schriften

Boucot, A. J. (1981): Principles of Benthic Marine Paleoecology. – 480 S., New York.

Brasier, M. D. (1980): Microfossils. – 193 S., Hertfordshire.

Gall, J. C. (1984): Sedimentationsräume und Lebensbereiche der Erdgeschichte. Eine Einführung in die Paläoökologie. – 242 S., Berlin–Heidelberg.

Geyer, O. F. (1973, 1977): Grundzüge der Stratigraphie und Faszieskunde. – Bd. I, 279 S., Bd. II, 341 S., Stuttgart.

Gray, J. S. (1983): Ökologie mariner Sedimente. – 193 S., Berlin–Heidelberg.

Lehmann, U. (1985): Paläontologisches Wörterbuch. – 3. Aufl., 439 S., Stuttgart.

McCall, P. L. & Tevesz, M. J. S. (1982): Animal-Sediment Relations. The biogenic alteration of sediments. – 336 S., New York.

Müller, A. H. (1983): Lehrbuch der Paläozoologie. Bd. I, Allgemeine Paläontologie. – 4. Aufl., 446 S., Jena.

Schäfer, W. (1962): Aktuo-Paläontologie. – 666 S., Frankfurt.

Schäfer, W. (1972): Ecology and Paleoecology of Marine Environments. – 568 S., Edinburgh.

Walsh, J. J. (1988): On the nature of continental shelves. – 515 S., London.

Walther, J. (1893): Die Lebensweise der Meerestiere (Einleitung in die Geologie, II. Teil). – 332 S., Jena.

Ziegler, B. (1975): Einführung in die Paläobiologie, Teil 1, Allgemeine Paläontologie. – 2. Aufl., 248 S., Stuttgart.

Die Meeresregionen

13. Kapitel: Die Küste

An der Küste begegnen die auf dem Festlande wirkenden geologischen Vorgänge den Kräften des Meeres. Hier durchdringen sich die Lebensgemeinschaften des Süß- und Brackwassers mit der marinen Organismenwelt. In den Küstenregionen überwiegen Abtrag und Zerstörung. Aber wenn uns *Strandablagerungen* oder *litorale Sedimente* auch nicht allzu häufig überliefert sind, so bietet die Küste doch - vor allem dort, wo durch die Gezeiten täglich weite Flächen trocken fallen - eine unvergleichliche Gelegenheit, die geologische Tätigkeit des Meeres zu beobachten.

An der **Steilküste** muß die Brandungswoge ihre gesamte Energie plötzlich abgeben. Das Wasser preßt sich in die Felsspalten, lockert das bereits angewitterte Gestein und vermag, wie man von Hafenbauten weiß, Quader von > 1000 t Gewicht zu verschieben. Kleinere Gesteinstrümmer werden von den Brechern gegen die Steilwand geschleudert oder am Grunde hin und her gerollt und dabei rasch (eckige Granitstücke z. B. in höchstens einem Jahr) zu *Strandgeröllen* gerundet. Das abrinnende Brandungsspritzwasser hinterläßt, insbesondere auf Kalk, Lösungsfurchen, die *Küstenkarren.*

Dicht über dem Mittelwasserstand wird eine *Brandungshohlkehle* ausgefeilt, die zu Brandungshöhlen und -toren erweitert werden kann (Abb. 63). Wird der Überhang zu stark, so bricht das Steilufer nach, wobei Frost, Salzverwitterung und Durchfeuchtung kräftig mithelfen. Die Schutthalde wird von den Wogen fortgewaschen, und der Angriff beginnt von neuem. Auf diese Weise sägt die See eine *Brandungsplattform* in den Fest-

Abb. 63 Brandungstor im Pliozän der Pazifikküste bei Antofagasta, Chile

landssockel ein. Man nennt diese Art der flächenhaften Abtragung *marine Abrasion.* Die Geschwindigkeit des Küstenrückgangs hängt vom Seegang und vom Gestein ab. Sie vermindert sich, je breiter die Plattform wird, da sich die schwersten Wellen schon an der Außenkante brechen. Die mecklenburgischen Geschiebemergelkliffs weichen ¼ m, die Kreidesteilufer des Ärmelkanals um etwa ½ cm im Jahre zurück. Die gesamte, dem Meere durch Küstenzerstörung zufallende Sedimentmenge schätzt man auf $\frac{1}{10}$ km^3 pro Jahr.

Die Tier- und Pflanzenwelt der felsigen Steilküste ist in mannigfaltiger Weise an das Leben in bewegtem Wasser und auf hartem Grunde angepaßt: durch derben Bau, feste Panzer und Schalen, durch sessile Lebensweise auf der Felsoberfläche, in Spalten und selbstgeschaffenen Höhlungen, oder zumindest durch die Fähigkeit, sich zeitweilig festzuheften. Schon über der Hochwasserlinie beginnen die Seepocken (Krebsgattung *Balanus*), die Strandschnecke *(Littorina)* usw. die Gesteinsoberfläche zu besiedeln. Etwa mit dem Mittelwasserstand setzt das Reich der Tange und Kalkalgen *(Lithothamnion)* ein, auf denen eine Fauna kleiner Schnecken lebt. Die freie Felsoberfläche ist mit dickschaligen Muscheln und Schnecken, vor allem Austern *(Ostrea)* und Napfschnecken *(Patella)* besetzt oder von den Kalkröhren der Wurmgattung *Serpula* überzogen. Eine ganze Reihe von Tiergruppen bohren sich Höhlen und entgehen auf diese Weise der Brandung, beschleunigen aber durch die Zermürbung des Gesteins die Zerstörung der Küste.

Sedimente bilden sich vor Steilküsten selten, und dann sind es nur Trümmergesteine, Brandungsschutt oder -geröll, mit eingebetteten Schalenresten der Litoralfauna (Abb. 64).

Abb. 64 Epirogen gehobene Brandungsterrasse. Pliozäne Lockersedimente (hell) auf mesozoischen Vulkaniten (dunkel). Pazifikküste, Nordchile

Die **Flachküste** stellt im Gegensatz zu dem in ständigem Abbruch liegenden Steilufer eine Gleichgewichtsform dar, die sich die See in dem leicht beweglichen Sand und Geröll geschaffen hat. Die Normalform einer solchen Küste ist der *Strandwall* mit 5-10° geneigter seewärtiger und landseitiger Böschung, auf der die Brandungswellen ungehindert auslaufen können.

Am Flachstrand verfängt sich der durch den Wind ausgeblasene Sand in den Büscheln der Strandgräser und sammelt sich zu kuppigen *Urdünen.* Diese geben den Baustoff für die großen, der Küste parallelen Sandwälle ab, die als *Wanderdünen* etwa 5–10 m jährlich landeinwärts geweht werden. Meist bestehen die Dünen aus Quarzsand; an der atlantischen Küste Irlands sind stellenweise Foraminiferen, auf Island von Fischen und Vögeln zerkleinerte Molluskenschalen durch den Wind zusammengetragen.

Ständig werden Sand und Kiesel der vorherrschenden Windrichtung entsprechend längs des Strandes durch die *Strandversetzung* (S. 62) und den *Küstenstrom*, die dem Ufer folgende Driftströmung, verfrachtet. An Küstenvorsprünge angelehnt, baut sich der Strandwall als *Nehrung* in die See hinaus; in der gezeitenfreien Ostsee als zusammenhängender Nehrungsbogen, in der Nordsee als eine Kette von Nehrungsinseln, zwischen denen die Tidenströme Durchlässe offenhalten.

Bezeichnend sind unter den Kleinformen des Sandstrandes die durch horizontale Wirbelwalzen erzeugten *Rippeln* – allerdings kommen sie auch in beträchtlich tieferem Wasser vor. Die Pendelschwingungen der Wellen formen den Sand zu *Seegangs-* oder *Oszillationsrippeln* mit parallelen, scharfen und symmetrischen Kämmen von etwa 10 cm Abstand und 1–2 cm Höhe. Gleiten dagegen Wasser oder Wind in einsinniger Richtung über den Sand, dann entstehen die asymmetrischen, im Profil dünenähnlichen *Strömungsrippeln*. Mit zunehmender Stromgeschwindigkeit und Wassertiefe wachsen sie zu *Großrippeln* mit > 100 m Wellenlänge und einigen m Kammhöhe.

Der Flachstrand ist viel spärlicher besiedelt als die Felsenküste, da der leichtbewegliche Grund als Wohnplatz wenig lockt. Seegraswiesen, die von Schnecken beweidet werden, bedecken den Sand, in welchem einige Muscheln, Würmer und kleine Krebse vergraben leben. Die von den Wellen ausgeworfenen ganzen oder zerschlagenen Schalen werden zu *Strandsäumen* von *Schill* bzw. *Bruchschill* geordnet.

Das **Watt** entsteht überall da, wo eine flache Gezeitenküste vor der groben See geschützt liegt. An der Nordsee füllt das Watt den Raum zwischen Nehrungsinselkette (s. o.) und Festland. Mit jeder steigenden Tide strömt das Wasser durch die Lücken zwischen den Inseln ein, verteilt sich durch ein System flußartig verzweigter Rinnen, die *Priele*, über die weite Wattfläche und läßt bei Stau die mitgeführten Sinkstoffe, etwa 100–300 mg/l, ausfallen. Die neue Schlicklage haftet auf der nächstälteren (Abb. 19), sessile Tiere filtern die Trübe ab und verarbeiten sie zu Kotpillen, Diatomeenkolonien legen ein feines Netzwerk über die Oberfläche; nahe der Hochwasserlinie treten auch höhere Pflanzen als Schlickfänger

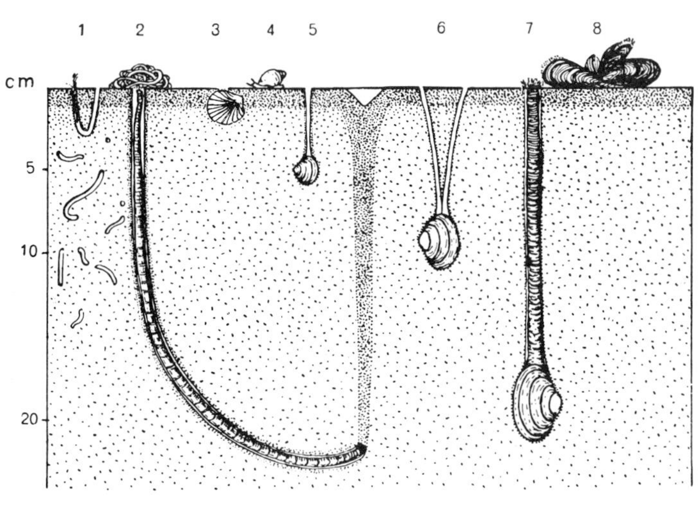

Abb. 65 Lebensstockwerke im Watt (nach *H. M. Thamdrup*)
1 oben *Corophium*, darunter Wurmbauten
2 *Arenicola*
3 *Cardium*
4 *Littorina*
5 *Tellina*
6 *Scrobicularia*
7 *Mya*
8 *Mytilus*

hinzu. So kommt es, daß der Ebbstrom das, was die Flut gebracht hat, nur teilweise wieder fortnimmt. Das Watt höht sich durch millimeterdünne Lagen von Silt und Feinsand auf, die als *Gezeitenschichtung* von den Bildungsumständen Zeugnis ablegen. Im einzelnen vollzieht sich die Sedimentation unter ständiger Umlagerung; ruhelos verschieben sich die Priele mit den Gezeitenströmen und pflügen auf diese Weise die Wattfläche durch.

Die Tierwelt des Watts muß sich diesen Bedingungen anpassen (Abb. 65). Es ist eine gegenüber der offenen See verarmte Fauna von etwa 25 Arten, hauptsächlich Borstenwürmern, Schnecken, Muscheln und Krebsen, die gegen Salzgehalts- und Temperaturschwankungen wie gegen zeitweises Trockenfallen wenig empfindlich sind. Die meisten von ihnen wohnen im Schlick und leben von dessen organischem Inhalt oder fangen aus dem Wasser triftende Nahrungsteilchen auf. Mancherlei Lebensspuren berichten von der Tätigkeit der Wattbewohner (Abb. 66). Die Schnecken ziehen einfache Furchen. Der Schlickkrebs *Corophium* erzeugt sternförmige Fährten, wenn er die Umgebung seiner Behausung abweidet; doch können Würmer, Muscheln und Fische ähnliche Gebilde hinterlassen. Bezeichnend ist auch der U-förmige Wohnbau von *Arenicola.*

Bei Sturm oder durch Verlagerung der Priele werden die Tiere freigespült. Ihre Hartteile sammeln sich teils als *Schillbänke* in den Prielbetten, teils werden sie, oft sauber nach Größe und Form gesondert, als *Lesedecken* über das Watt ausgebreitet (Abb. 66 rechts). Die leeren Gehäuse werden von bohrenden Algen zermürbt, von

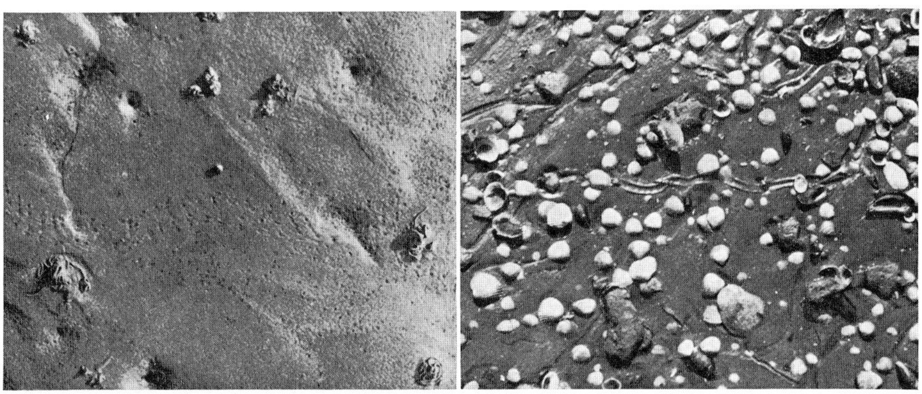

Abb. 66 Bilder der Wattoberfläche. Außenjade bei Wangeroog. Links: feinsandiges Watt mit Trichtern und Kothäufchen von *Arenicola* und Fährten der Strandkrabbe *Carcinus maenas.* Rechts: sandigschlickiges Watt mit *Cardium*schill, in der Einbettungslage gewölbt-oben, und Kriechfurchen von *Littorina littorea* (Senckenberg am Meer, Archiv-Nr. L 2933, 2934). Etwa $^1/_{10}$ nat. Größe

Krebsen und Vögeln zerkleinert, von den Wellen und dem Sand zerrieben, so daß nur ein winziger Bruchteil des organischen Lebens Aussicht hat, fossil erhalten zu bleiben.

In den Tropen ist das Watt vom „Gezeitenwald", der *Mangrove*, besiedelt, die als schwer durchdringlicher Gürtel das Ufer begleitet. Das Geflecht der Stelzen- und Luftwurzeln ist mit Seepocken besetzt oder von Austern dicht umkrustet. Zwischen den Wurzeln sammelt sich ein zäher, schwärzlicher, fauliger Schlick; in ihm bauen schlammfressende Würmer und Krabben ihre Wohngänge.

In **Delta** und **Lagune** verflechten sich die Einflüsse von Land und See besonders innig. Auf engem Raume durchdringen sich die Lebensgemeinschaften des Landes mit denen des süßen, brackischen, meerischen und übersalzenen Wassers. Doch die Besiedlungsdichte bleibt geringer als im Meere, denn nur wenige marin-euryhaline Formen, vorwiegend aus der Gruppe der Würmer, niederen Krebse, Mollusken und Fische vermögen sich den starken Temperatur- und Salzgehaltsschwankungen anzupassen.

Der Mississippi verfrachtet jährlich ⅓ km^3 Feststoffe, davon 10% Feinsand, 35% Silt, 55% Ton ins Meer. Ursprünglich besaß der Fluß ein von zahlreichen Armen durchzogenes Flachwasserdelta, vor dessen Front die Wellen und Strömungen den Schlick flächenhaft ausbreiten. Beim Vorschub in tieferes Wasser bildete sich vor rund 500 Jahren das gegenwärtige, wenig verzweigte „Vogelfußdelta" heraus (Abb. 67). Jeder Arm ist von einem sandigen Uferwall begleitet und schüttet vor seiner Mündung eine Sandbarre auf, während das Zwischengebiet von niederem Sumpfgelände eingenommen wird. Das Delta besteht so aus einem Gerüst von Sandrippen, die seitlich wie meerwärts in Schlickabsätze übergehen und sich um 80 m jährlich vorbauen. Die eigentlichen Deltasedimente sind fossilarm, erst auf dem Meeresgrunde vor dem Delta stellt sich eine reichere Fauna ein.

Rascher Absatz ist i. allg. auch für die Lagunen bezeichnend. In den texanischen Strandseen erreicht er z. B. fast 1 cm/J. Durchweg unterscheiden sich deren Sedimente von denen des Meeres durch das Fehlen von Echinodermenresten und von Glaukonit. Im übrigen ist die Mannigfaltigkeit groß. In humider Umgebung sind es Brackwasserlagunen.

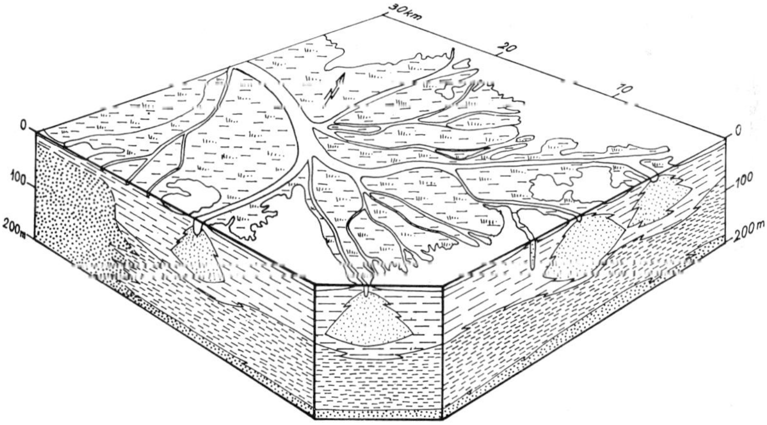

Abb. 67 Blockdiagramm des heutigen „Vogelfuß"-Deltas des Mississippi. Seine Sand- und Schlickablagerungen (weit-punktiert und -gestrichelt) bedecken die Sedimente eines älteren Deltas (enge Signatur) (nach *H. N. Fisk*)

Ihr Boden ist mit einem foraminiferen- und ostrakodenführenden feinsandigen Ton bedeckt, der seine Schichtung durch die wühlende Fauna verloren hat. Austern und Serpeln treten zu Riffen zusammen. Für den semiariden Bereich sind übersalzene Lagunen bezeichnend. Sie enthalten einen fossilarmen, aber gut geschichteten Schlick mit eingewehten Körnern von Sand und Gips.

Ergänzende Schriften

Burk, C. A. & Drake, C. L. (Hrsg.) (1974): The Geology of Continental Margins. – 1009 S., New York–Heidelberg–Berlin.

Carter, R. W. G. (1988): Coastal Environments. – 640 S., London.

Davies, J. L. (1980): Geographical Variation in Coastal Development. – 2. Aufl., 212 S., New York.

Davis, R. A. (Hrsg.) (1985): Coastal Sedimentary Environments. – 2. Aufl., 716 S., New York.

Dyer, K. R. (1986): Coastal and Estuarine Sediment Dynamics. – 342 S., Chichester.

King, C. A. M. (1972): Beaches and Coasts. – 570 S., London.

Remane, A. & Schlieper, C. (1958): Die Biologie des Brackwassers. – Die Binnengewässer, 22, 348 S., Stuttgart.

Stride, A. H. (Hrsg.) (1982): Offshore Tidal Sands. Processes and deposits. – 222 S., London.

14. Kapitel: Die Flachsee

Die Flachsee stellt den mannigfaltigsten Bereich des Meeres dar. Im Gegensatz zur Küste überwiegt hier die Sedimentation über die Abrasion. Zu den klastischen Ablagerungen, die in der Brandungszone vorherrschen, treten chemische Ausfällungen und die Reste der zahlreichen tierischen und pflanzlichen Siedler. Die Flachseeablagerungen sind geologisch besonders wichtig, weil mehr als 9/10 aller Meeressedimente früherer Zeiten, soweit heute auf dem Festlande zugänglich, in geringen Wassertiefen entstanden sind (S. 101). Im folgenden wird eine Reihe genauer bekannter und bezeichnender Flachseegebiete dargestellt.

Antarktisches Meer. Die vom antarktischen Festland abfließenden Eismassen driften in Form von Eisbergen in niedere Breiten. Der ausschmelzende Moränenschutt sinkt auf den Meeresboden und sammelt sich ohne weitere Sonderung zu einer Art von umgeschlämmten Geschiebemergel, einem *glazial-marinen* Sediment. Gekritzte und kantengerundete Geschiebe stecken in einem grauen oder bräunlichen, schichtungslosen Schlick, der aus Sand mit einem bemerkenswert hohen Gehalt an unverwitterten, eckigen Körnern von Silikaten sowie einem beträchtlichen Anteil an feinstem Gesteinsmehl besteht.

Korngrößenverteilung in den glazial-marinen Ablagerungen am Rand der Roßbarriere (600 m Tiefe, 78° s. Br)

> 1	1–0,05	0,05–0,005	0,005–0,001	< 0,001 mm
6	16	20	20	38%

Im Wasser und auf Eisbergen gedeiht eine üppige Diatomeenflora, und der Meeresboden ist von Foraminiferen, Bryozoen, Krebsen, Mollusken und Kalkschwämmen ziemlich dicht besiedelt. Aber das kalte, an O und CO_2 gesättigte Wasser zersetzt die organischen Stoffe und löst die kalkigen, ja sogar die kieseligen Hartteile auf. Im Sediment findet man daher außer einigen Diatomeenpanzern oder Fetzen von Muschel-Epidermis keine Organismenreste – ein Beispiel für die Bildung fossilarmer Ablagerungen in einem reichbelebten Raume.

Die **südliche Nordsee** wurde erst in geologisch junger Zeit, vor etwa 8000 Jahren, überflutet. Die Gestalt des Meeresgrundes ist noch überwiegend festländisch und erst in Umformung durch Wellen, Gezeiten und Strömungen begriffen, die bei den geringen Tiefen von < 50 m fast überall den Grund zu erreichen vermögen. Die rezente Sedimentdecke ist daher dünn und lückenhaft. Noch heute stehen ältere Gesteine, vor allem des Pleistozän, auf beträchtlichen Flächen unmittelbar am Meeresgrunde an (S. 62). Von großer Bedeutung für die Gestaltung des Nordseebeckens ist ein Strom, der vom Ärmelkanal her im Bogen längs der deutschen Küste läuft und einige kleinere Wirbel in Bewegung hält. Er hat gewaltige Sandmassen vom Nordseeboden zusammengekehrt und sie im Küstensaum zu einem 15–25 m mächtigen Sockel aufgeschüttet, dem die ost- und nordfriesischen Inseln samt dem dahinterliegenden Watt aufgesetzt sind. Nur in der Helgoländer Bucht mit den tiefen Talfurchen der Weser und Elbe ist die Bildung der Nehrungsinselkette (S. 81) noch nicht abgeschlossen.

Seewärts des Sandgürtels ist das bezeichnende Sediment der inneren Nordsee ein graublauer, ungeschichteter, ± sandiger Schlick. Trotz der großen Bindigkeit überwiegt der Quarz, auch in den feinen Korngrößengruppen, mit mehr als 90%. Tonminerale sind nur mit 2% darin enthalten. Der Anteil an organischen Stoffen bleibt in der Regel unter 1%. Der Kalkgehalt beträgt etwa 3% und rührt ausschließlich von Bruchschill her. Eine anorganische Kalkfällung findet nicht statt, wenn auch das Nordseewasser stets ein wenig, zu 110–140%, übersättigt ist. In der Verbreitung des Schlicks bilden sich anscheinend die Strömungen der Deutschen Bucht ab, die die leichtesten Teilchen in die toten Winkel fegen. Da der Schlick günstigere Lebensbedingungen für das Benthos bietet als der leicht bewegliche Sand, wird es verständlich, daß Kalk und organische Substanz gemeinsam in der feinsten Korngröße angereichert sind (Abb. 68).

Die benthische Fauna läßt sich in eine Reihe von Lebensgemeinschaften gliedern (Abb. 68e). Das Wattenmeer mit den flacheren Sand- und Schlickgründen bis etwa 10 m herab wird von der *Macoma baltica*-Gemeinschaft bewohnt, an der auch *Mytilus,*

Tabelle 16 Korngrößenverteilung in den Nordseesedimenten

	1–0,5	0,5–0,25	0,25–0,1	0,1–0,05	0,05–0,01	< 0,01 mm
Schlicksand	5	18	77	–	–	–
Schlick	–	–	5	50	29	15%

Tabelle 17 Zusammenhang zwischen dem Kohlendioxydgehalt des Bodenwassers und dem Kalkgehalt der Ostsee-Sedimente (nach *B. Schulz*)

	Freier CO_2-Gehalt in % des normalen	$CaCO_3$-Gehalt im Sediment %	Wassertiefe m
Kattegatt	110	9	20
Bornholmtief	460	1,2	97
Westlich Gotland	1330	0,2	97

Cardium u. a. beteiligt sind. Die 10–30 m tiefen, sandigen Bänke vor den Inseln sind zumeist nur sehr dürftig von der *Venus*-Gemeinschaft und ihrer Begleitfauna besiedelt. Auf den einförmigen, in > 30 m Tiefe liegenden Schlickflächen leben massenhaft Seeigel und kleine Ophiuren, die nur wenige Muscheln hochkommen lassen (Abb. 69).

Ein Vergleich der Lebensgemeinschaften mit den Grabgesellschaften (S. 75), dem organischen Inhalt der Bodenablagerungen, ist für den Geologen besonders lehrreich.

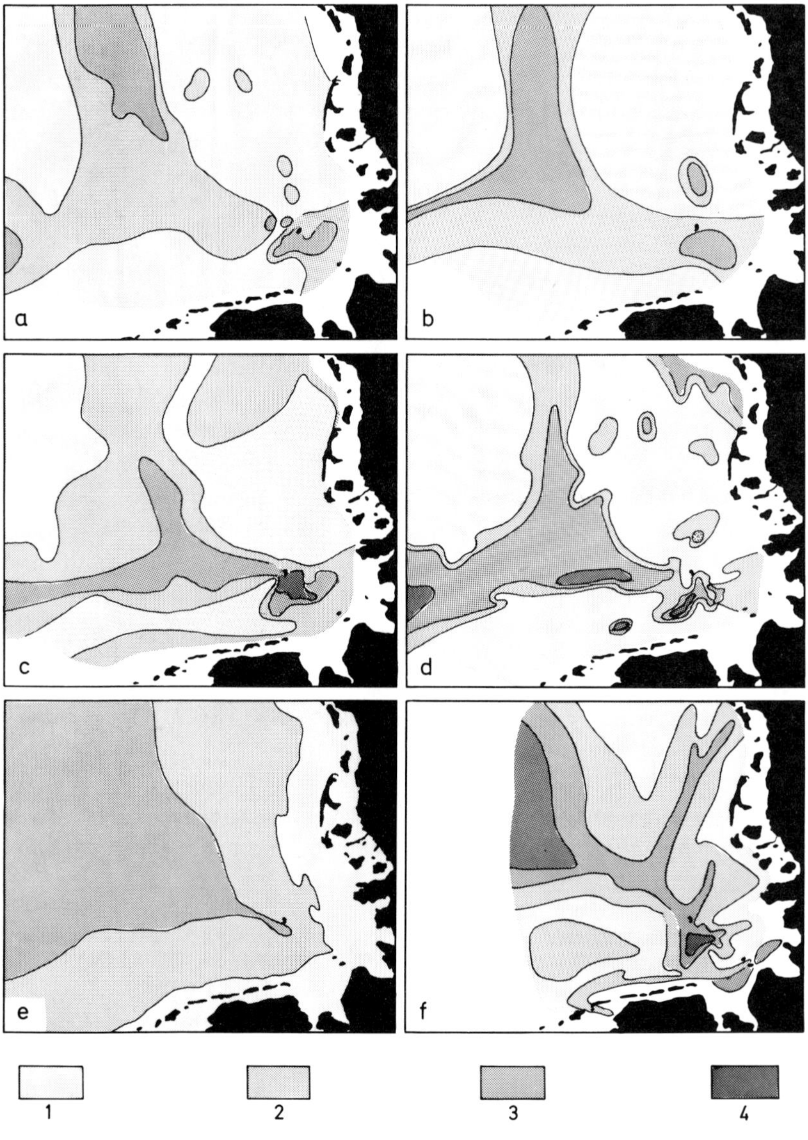

Abb. 68 Sechs Karten der Deutschen Bucht. Maßstab 1 : 5 Mill.

a) Verteilung des Korngrößenanteils < 0,1 mm im Sediment:
1 = < 10%, 2 = 10–70%, 3 = > 70%

b) Verteilung des Anteils an organischer Substanz im Sediment:
1 = < 0,5%, 2 = 0,5–1%, 3 = > 1%

c) Verteilung des Kalkgehalts im Sediment:
1 = < 1%, 2 = 1–5%, 3 = 5–10%, 4 = > 10% $CaCO_3$

d) Anteil der Foraminiferenschalen am Sediment:
1 = < 0,5%, 2 = 0,5–1%, 3 = 1–2%, 4 = > 2%

e) Die benthischen Lebensgemeinschaften:
1 = *Macoma* (Watt und Küste), 2 = *Venus* (Sandgrund), 3 = *Echinocardium* (Schlickgrund)

f) Verteilung des kalkschaligen Planktons im Oberflächenwasser:
1 = < 2, 2 = 2–4, 3 = 4–6, 4 = > 6 mg/l $CaCO_3$
(a–d nach *O. Pratje*, e nach *A. Hagmeier*, f nach *E. Goedecke*)

Es zeigt sich, daß von der ganzen Besiedlung nur ein paar Schalsplitter, Chitin- und Gewebsfetzen übrigbleiben. Die Reste mancher Tiergruppen fehlen fast ganz; lose Fischgräten fanden sich z. B. nur in 1% der Lotproben und Greifern. Statt dessen können Fossilien aus älteren Sedimenten ausgespült und in die rezenten Absätze umgebettet werden. So sind Foraminiferen der Kreideformation im heutigen Nordseeschlick verbreitet; auch tertiäre und pleistozäne Molluskenschalen kommen stellenweise vor.

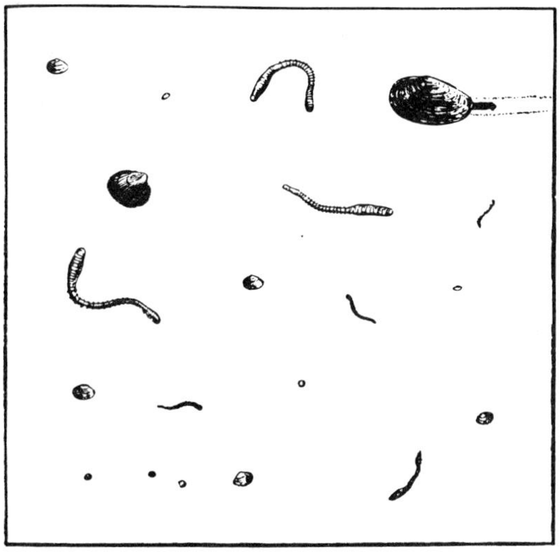

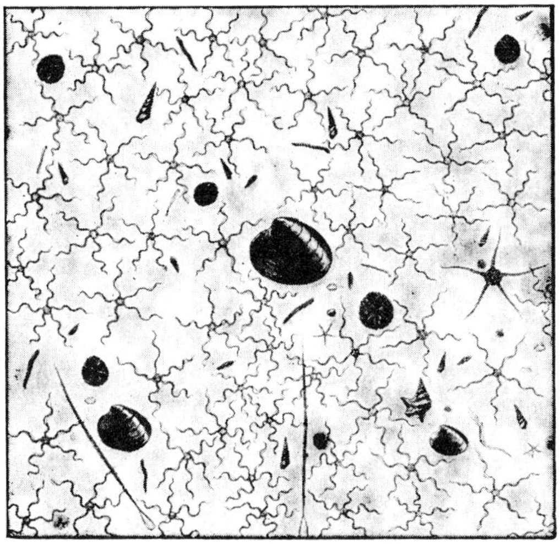

Abb. 69 Benthische Lebensgemeinschaften der Nordsee in natürlicher Besiedlungsdichte ($^1/_7$ nat. Größe) (nach *C. G. J. Petersen*)

Links: *Macoma*-Gemeinschaft. – Rechts. *Echinocardium*-Gemeinschaft

Die **Ostsee** ist im Gegensatz zur Nordsee ein landumschlossenes, gezeitenfreies Brackwassermeer; in der Bottensee sinkt der Salzgehalt fast auf Null. Wellen und Strömungen sind schwächer, halten aber doch erhebliche Flächen sedimentfrei (Abb. 70). Die engen Durchlässe zum Ozean erschweren den Wasseraustausch. Das Tiefenwasser wird daher nur selten erneuert, der Sauerstoff aufgezehrt, das Kohlendioxyd angereichert.

Die Ablagerungen sind deshalb feinkörniger und kalkärmer als in der Nordsee und enthalten 4–20% organische Substanz. Das bezeichnende Sediment ist der schwärzliche, bis 80% wasserhaltige *Mudd*; seine nacheiszeitliche Dicke erreicht in den Becken > 5 m. Die benthische Besiedlung ist spärlich und wird mit fallendem Salzgehalt immer dürftiger. Zugleich nehmen die Muschelschalen an Größe ab (S. 72). In weiten Teilen der Ostsee werden sie nach dem Tod des Tieres rasch aufgelöst und verschwinden bis auf die aus organischem Stoff bestehende Epidermis.

Das **Schwarze Meer** steht, ähnlich wie die Ostsee, nur durch eine schmale, flußartige Straße mit dem Mittelmeer in Verbindung. Wie durch die Dänischen Sunde fließt durch den Bosporus ständig der Überschuß an leichtem, durch die Süßwasserzuflüsse auf 18‰ Salzgehalt verdünnten Oberflächenwasser ab, während in entgegengesetzter Richtung schweres Mittelmeerwasser in etwa halb so großer Menge hineinströmt, dessen Salzgehalt im Schwarzen Meere infolge Mischung von 38 auf 22‰ sinkt. Auf diese Weise hat

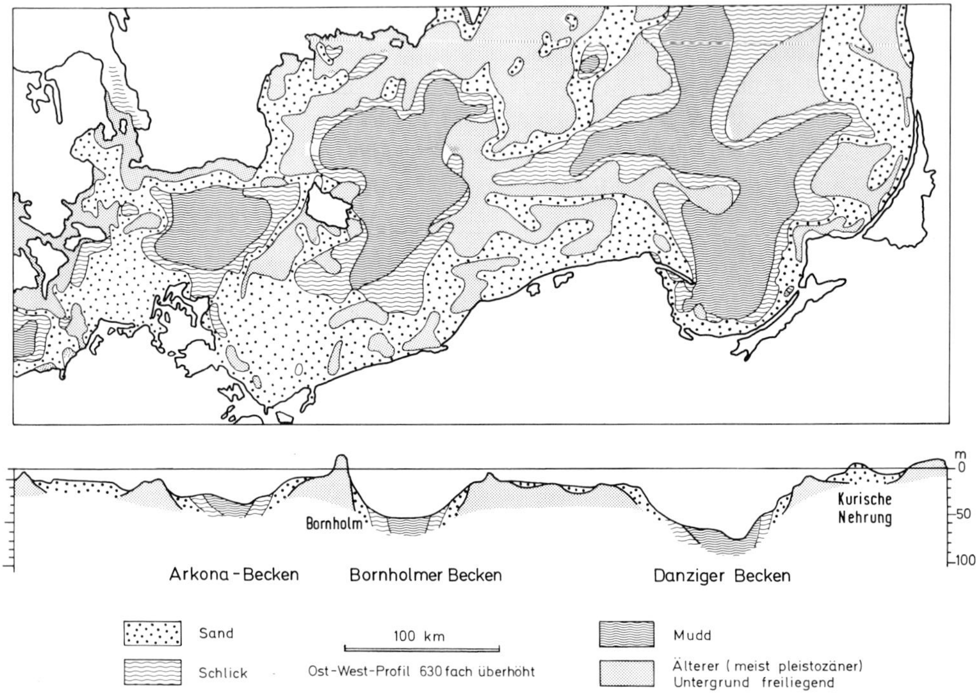

Abb. 70 Die Bodenbeschaffenheit der südlichen Ostsee (nach *O. Pratje*)

sich im Schwarzen Meer eine sehr stabile Schichtung der Wassermassen in zwei Stockwerke herausgebildet, zwischen denen so gut wie gar kein Austausch stattfindet (Abb. 71). Die etwa 200 m dicke Oberschicht ist von Wind und Strömungen ziemlich gleichmäßig durchgemischt, gut durchlüftet und reich belebt. Die Erneuerung der Unterschicht dagegen, die schon in den inneren Becken der Ostsee nur in mehrjährigen Schüben vor sich geht, stockt im Schwarzen Meere beinahe völlig; erst in rund 2500 Jahren wird der Wasserinhalt einmal ausgewechselt.

In der Tiefe mangelt daher der Sauerstoff und damit jedes höhere organische Leben, aber gerade dieser Umstand ermöglicht die Entfaltung anaerober Bakterien, die aus den Eiweißstoffen der niedersinkenden Organismenreste H_2S abspalten und gelöste Sulfate reduzieren.

In den Schelfgebieten des Schwarzen Meeres bilden sich normale sandige und schlickige Ablagerungen, die von anpassungsfähigen, euryhalinen Vertretern der mediterranen Fauna bewohnt sind (Abb. 72). Zwischen 150 und 200 m vollzieht sich der Übergang in die lebensfeindlichen Tiefenregionen, in denen sich durch Eisensulfide (FeS und FeS_2) grau- bis schwarzgefärbte Tonschlamme, Kalkschlamme und Faulschlamme (Sapropele) absetzen. Da am Meeresboden Verzehr und Oxidation fehlen, ist der Anteil an halbzersetzten organischen Stoffen hoch. Dazu kommt ein Gehalt an Kalk, der z. T. durch die sulfat- und nitratreduzierenden Bakterien (S. 68), z. T. anorganisch-chemisch ausgefällt worden ist.

Die im Sediment eingebetteten Organismenreste sind, soweit sie nicht, wie vereinzelte Pollen, vom Festland eingeweht wurden, ausschließlich pelagischer Herkunft: Foramini-

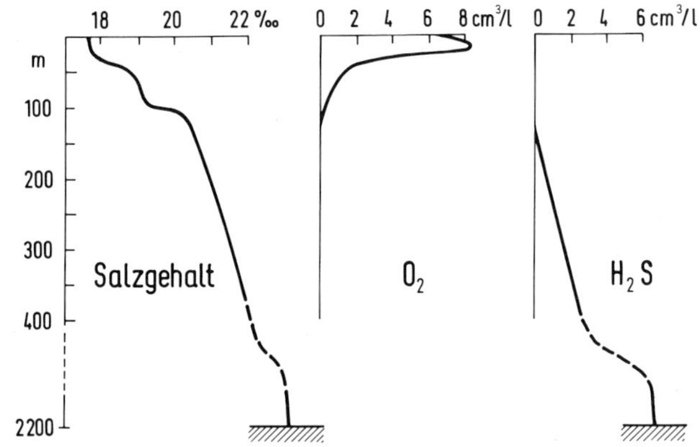

Abb. 71 Salz- und Gasgehalt im Schwarzen Meer

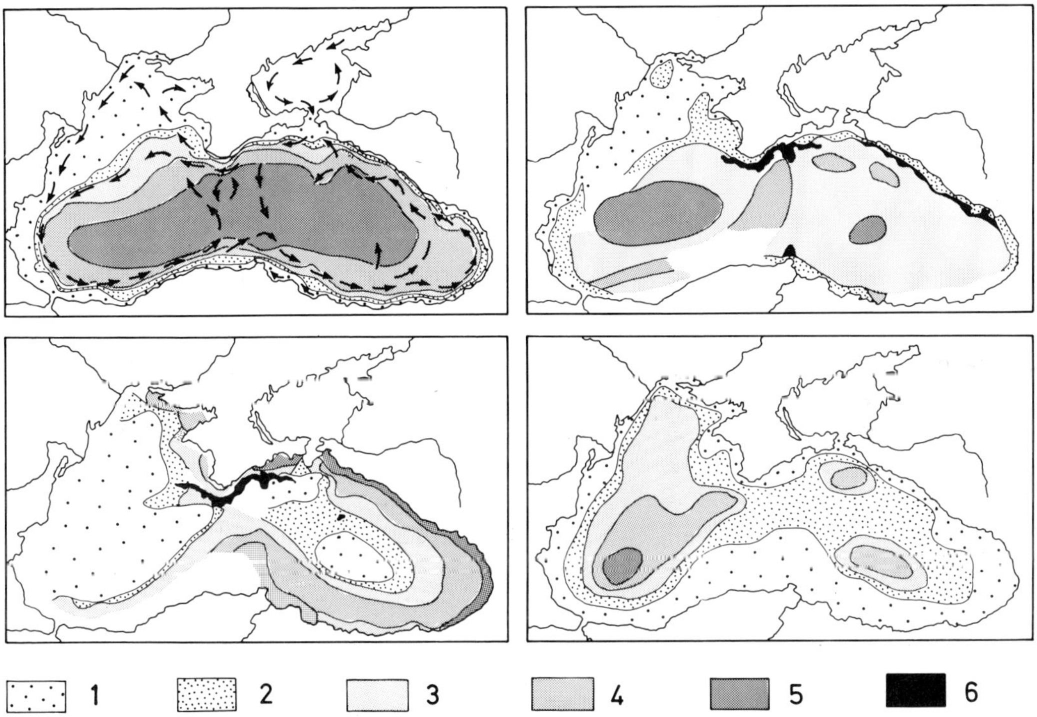

Abb. 72 Vier Karten des Schwarzen Meeres. Maßstab 1 : 23 Mill. (nach *A. D. Archangelskij* und *N. M. Strachow*)

Links oben: Tiefen und Strömungen
1 = 0–200, 2 = 200–500, 3 = 500–1000, 4 = 1000–2000, 5 = > 2000 m Meerestiefe

Rechts oben: Heutige Sedimente
1 = Sand und Schill, 2 = Muschelschlick, 3 = Tonschlamm, 4 = Übergang von Ton- zu Kalkschlamm, 5 = Kalkschlamm, 6 = sedimentfreie Fläche

Links unten: Menge der während der letzten 2500 Jahre abgesetzten terrigenen Sedimente
1 = 0–20, 2 = 20–50, 3 = 50–100, 4 = 100–200, 5 = > 200 g/cm² Sediment, 6 = sedimentfreie Fläche

Rechts unten: Kalkgehalt der heutigen Sedimente
1 = 0–20, 2 = 20–30, 3 = 30–40, 4 = 40–50, 5 = > 50% $CaCO_3$

feren, Embryonalschalen von Mollusken, aber auch vollständig erhaltene Fischskelette, die kein Aas- oder Detritusfresser aus ihrem Zusammenhang gebracht hat. Aus dem gleichen Grunde weisen die Tiefensedimente im Gegensatz zu den Schelfablagerungen eine ungestörte feine Schichtung auf; etwa 5 Jahreslagen kommen auf 1 mm.

H_2S-haltige Unterschichten treten nicht nur in landumschlossenen Becken, sondern gelegentlich auch im offenen Ozean auf. Vor allem an Küsten mit nährstoffreichem Auftriebswasser (S. 69) kann das üppig gedeihende Plankton den Sauerstoff ganz verbrauchen und die Bildung von H_2S herbeiführen.

Fossile Sedimente, die den heutigen Tiefenablagerungen des Schwarzen Meeres ähnlich sind, kennt man aus der geologischen Vorzeit häufiger. Allerdings darf man nicht jeden durch feinverteilten Schwefelkies dunkel gefärbten Ton hierzu zählen, denn H_2S-Entwicklung innerhalb der Bodenablagerungen ist nichts Ungewöhnliches und hindert das benthische Leben nicht. Von *euxinischen Sedimenten* darf man erst sprechen, wenn der H_2S-Spiegel aus den Bodenabsätzen ins Wasser aufsteigt und das höher organisierte Leben in der Tiefe erstickt. Unter derartigen Bedingungen entstanden viele der feinblättrig geschichteten Graptolithenschiefer des Ordovicium und Silur. Sie enthalten an Versteinerungen nur Graptolithen, kleine Schwämme, hornschalige Brachiopoden und einige wenige Crustaceen – eine pelagisch-pseudoplanktische Lebensgemeinschaft ähnlich derjenigen, die heute die treibenden Tange des Sargassomeeres bewohnt. Auch der Kupferschiefer im Perm Mitteldeutschlands gehört dazu, der aus:

10% organischer Substanz
25% Ca-Mg-Karbonaten
5% Sulfiden von Cu, Fe, Zn, Pb
60% Silt + Ton

besteht. Der Metallgehalt dürfte älteren Lagerstätten entstammen, die auf dem umgebenden Festlande der Verwitterung und Auslaugung unterlagen.

Manche der euxinischen Sedimente, wie der Kupferschiefer, sind wohl unter ähnlichen geographischen Bedingungen, wie sie heute im Schwarzen Meere herrschen, entstanden. Die große Verbreitung sapropelitischer Meeresablagerungen im älteren Paläozoikum zwingt jedoch zu der Annahme, daß damals in beträchtlichen Teilen des freien Meeres der Austausch des Tiefenwassers herabgesetzt war. Stellt man sich vor, die Temperaturdifferenzen zwischen Pol und Äquator würden geringer, oder die Polarmeere würden durch Schwellen von den Ozeanen der niederen Breiten abgetrennt, so müßte der große Kreislauf, der heute die Tiefsee mit sauerstoffreichem Wasser versorgt (S. 98, Abb. 78), stocken, und euxinische Bedingungen würden vielerorts Platz greifen.

Tabelle 18 Sedimente des Schwarzen Meeres
(nach *A. D. Archangelskij* und *N. M. Strachow*)

	Rezenter		Älterer (Altpontischer) Sapropel
	Tonschlamm	Kalkschlamm	
Organische Substanz	3	8	30
Kalk	14	59	18
Schwefeleisen	1	1	2
Ton	75	28	50

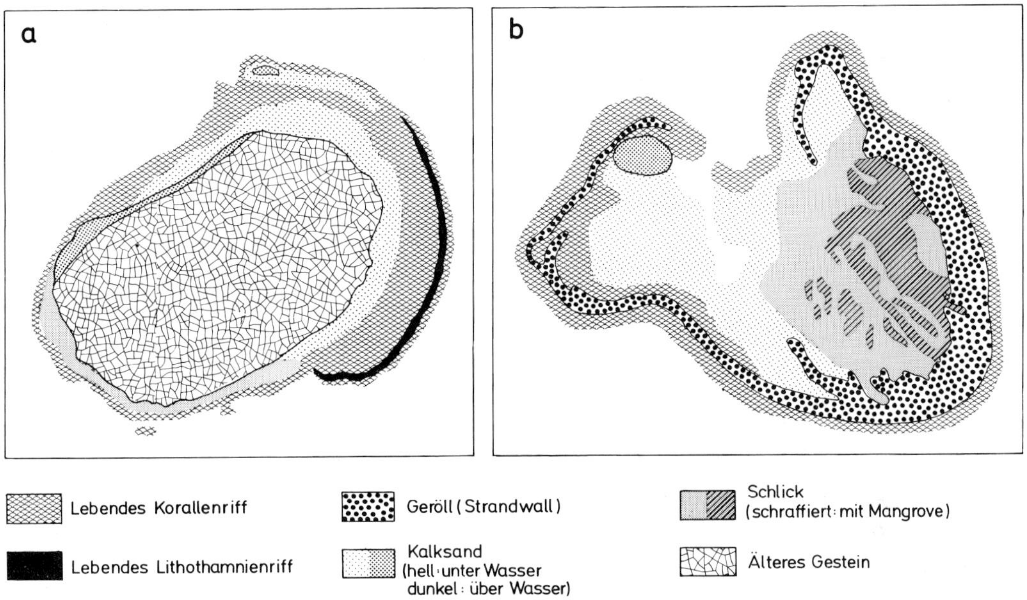

Abb. 73 Kärtchen der Sedimente zweier Koralleninseln an der Nordostküste Australiens
a) Maer-Insel. Maßstab 1 : 60 000; b) Low-Insel. Maßstab 1 : 30 000
Man beachte die Abhängigkeit der Riffgestaltung von der Hauptwindrichtung aus SE

Riffe werden vom Karbonatgerüst sessiler Tiere und Pflanzen aufgebaut. Diese Organismen errichten Bauten, die sich über den Meeresboden erheben. Bevorzugter Standort von Riffen sind tropische Flachmeere, die frei von terrigenem Materialeinfluß sind. Wir kennen jedoch auch Korallenbauten aus mehr als 1000 m Wassertiefe und massive Rotalgenrücken in kälteren nördlichen Breiten.

Riffe besitzen begrenzte Dimensionen, sie gruppieren sich meist zu Riffkomplexen, in denen Bereiche mit biogenem Gerüst und Riffschutt-Areale abwechseln. Entlang von Steilküsten können sich Riffe zu *Saumriffen* zusammenschließen; an den Rändern von Flachwasserplattformen bilden sich *Barriereriffe*. Im indopazifischen Raum sind die ringförmig angelegten *Atolle* bevorzugter Bautyp eines Riffkomplexes.

Die meisten Riffkomplexe orientieren sich nach den vorherrschenden Windrichtungen, so zeigen die windwärts gelegenen Bereiche besonders massives Organismengerüst (Abb. 73). Die Außenseite der Riffe (Vorriff) fällt meist steil zum umgebenden Meeresboden ab. Riffschutt sammelt sich am Fuße des Riffes zu einer untermeerischen Schutthalde, die sich mit dem Riff verzahnt (Übergußschichtung). Leewärts können im Schutze der Riffe Lagunen entstehen, die randlich mit Riffschutt beliefert werden und in Stillwasserzonen sehr feinkörnige Karbonatsedimente aufnehmen (Abb. 74, 75).

Im lebenden Riff unterscheiden wir die *Riffbildner* und die *Riffbewohner*. Die primären Riffbildner konstruieren das Riffgerüst – hierzu gehören heute vorwiegend die Korallen – die sekundären Riffbildner inkrustieren das Gerüst, daran beteiligen sich heute besonders die Rotalgen und Hydrozoen.

Unter den Riffbewohnern finden sich einmal Organismen, die mit zum Aufbau beitragen, und andere, die wiederum zerstörend wirken. Oktokorallen, Echinodermen, Foraminiferen und Grünalgen liefern Sedimentpartikel und tragen so zum Aufbau bei.

Abb. 74 Riff des Dachsteinkalkes (Obere Trias). Rechts im Bild massiger, zentraler Riffbereich, nach links gebankte Folge der Riff-Rückseite. Freieck, Berchtesgaden (Foto *Zankl)*

Alle bohrenden und raspelnden Organismen zerstören das Riffgerüst: Heute beobachten wir Bohrtätigkeit von Algen, Schwämmen (sehr bedeutend!), Würmern, Cirripediern und Mollusken; raspelnd wirken Seeigel, Krebse, Fische und Schildkröten. Alle diese Organismen liefern als Produkt ihrer zerstörenden Tätigkeit ebenfalls Sedimentpartikel, die wieder innerhalb und außerhalb des Riffgerüstes abgelagert werden.

Zu den destruktiven und konstruktiven biogenen Prozessen treten als anorganische Prozesse die mechanische Zerstörung von Riffgerüst durch Wellenschlag und die interne Sedimentation und *Karbonatzementation.* Das vielfältige Zusammenwirken all dieser dynamischen Prozesse führt schließlich zum Riffgestein, wie wir es fossil überliefert finden.

Riffkomplexe finden wir zu allen Zeiten der Erdgeschichte. Die ältesten Riffe werden durch die Aktivität von Blaugrünalgen im Präkambrium gebildet; hier bauten Stromatolithe das Riffgerüst. Im Paläozoikum sind die rugosen und tabulaten Korallen sowie die Stromatoporen die bevorzugten Riffbildner. In Perm und Trias gewinnen die Kalkschwämme vorübergehend größere Bedeutung. Ab Jura beherrschen die Neokorallen das Riffwachstum; nur in der Oberkreide werden sie von der Muschelgruppe der Rudisten kurzzeitig verdrängt.

Die **Bahama-Bänke** südlich der Florida-Straße stellen eine rings von großen Tiefen umgebene Schelfplatte von fast 100 000 km² Größe dar, die nur wenige m unter dem Meeresspiegel liegt. Das darüber hinwegströmende ozeanische Wasser erwärmt sich auf 26–30° C, dunstet auf 40–45‰ Salzgehalt ein und übersättigt sich stark an Calciumbikarbonat.

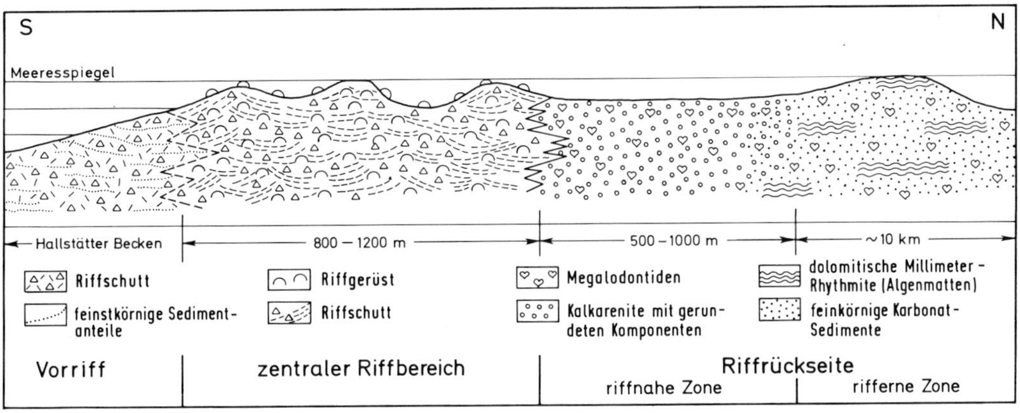

Abb. 75 Aufbau und Einteilung des Riffes am Hohen Göll, Obere Trias (Nördliche Kalkalpen) (nach *Zankl*)

Auf der ganzen Bank ist daher die Ausfällung von Kalk in verschiedenen Formen im Gange. In ruhigen Gewässern setzt sich ein heller reiner Kalkschlick ab, der aus Aragonitnädelchen besteht. Die Sedimentationsgeschwindigkeit beträgt etwa 40 cm pro 1000 J. In bewegtem Wasser bilden sich gröbere Kalksedimente: Ooidsande mit Beimengung von Korallen-Foraminiferen-Kalkalgen-Bruchschill werden durch die Gezeitenströme in Großrippelfeldern ausgebreitet. Am Strande bemächtigt sich der Wind der Sande und sammelt sie zu Dünen.

Vergleichbare Ablagerungen tropischer Flachwasserplattformen finden wir in allen älteren Formationen.

Ergänzende Schriften

Fagerstrom, J. A. (1987): The Evolution of Reef Communities. – 600 S., New York.

Magaard, L. & Rheinheimer, G. (Hrsg.) (1974): Meereskunde der Ostsee. – 269 S., Berlin–Heidelberg–New York.

Maxwell, W. G. H. (1968): Atlas of the Great Barrier Reef. – 258 S., Amsterdam–London–New York.

Newell, N. D. et al. (1953): The Permian Reef Complex of the Guadalupe Mountains Region, Texas and New Mexico. – 236 S., San Francisco.

Reineck, H.-E. (1963): Sedimentgefüge im Bereich der südlichen Nordsee. – Abh. Senckenberg. Naturf. Ges., 505, 136 S., Frankfurt.

Selley, R. C. (1985): Ancient Sedimentary Environments. – 3. Aufl., 336 S., London.

Sharma, G. D. (1979): The Alaskan Shelf. – 498 S., Berlin.

Stoddart, D. R. (1969): Ecology and Morphology of Recent Coral Reefs. – Biol. Rev., 44, 433–498, Cambridge.

Watkins, J. S., Montadert, L. & Dickerson, P. W. (Hrsg.) (1979): Geological and Geophysical Investigations of Continental Margins. – 472 S., Amer. Assoc. Petrol. Geol. Memoir, 29, Tulsa, Oklahoma.

Wiens, H. J. (1965): Atoll Environment and Ecology. – 532 S., New Haven–London.

15. Kapitel: Die Tiefsee

Der **Boden des Weltmeeres** gliedert sich in den *Schelf* und die *Tiefsee*, zwischen denen der *Kontinentalhang* in Gestalt einer mehrere tausend m hohen, durchschnittlich 4° geneigten Böschung vermittelt. Die Schelfaußenkante und die höheren Flanken des Kontinentalhangs sind vielerorts engständig von *submarinen Canyons* gekerbt. Es sind dies einige hundert m tiefe Schluchten, die oft in der Fortsetzung eines festländischen Tals liegen. Seewärts verflachen die Canyons und enden in einigen tausend m Tiefe mit einem deltaähnlichen Tiefseefächer. Die Annahme, daß die Canyons durch abwärts gleitende Schuttmassen ausgefurcht sind, hat manches für sich, doch werden auch andere Erklärungen vertreten.

Die *Tiefsee* umfaßt fast 80% der Weltmeere. Sie ist im ganzen einfacher und großräumiger gegliedert als die Oberfläche des flachen Landes. Nach den Ergebnissen der modernen Meeresgeologie kann man Tiefsee-Ebenen, ozeanische Rücken, Tiefsee-Berge und Tiefsee-Gesenke unterscheiden (Abb. 76).

Die zwischen 3500 und 4000 m liegenden *Tiefsee-Ebenen* sind vollkommen flach und im Atlantik und Pazifik weit verbreitet. Das ausgeglichene Relief wird heute als Folge der Aufschüttung durch Trübeströme gedeutet. Die *ozeanischen Rücken* nehmen rund ein Drittel des gesamten Weltmeeres ein. Sie bilden ein zusammenhängendes System von über 70 000 km Länge mit einer Breite von etwa 1500 km und einer Höhe über dem Tiefseeboden zwischen 2500 und 3000 m. Sie können ein alpines Relief haben und sind oft durch einen Zentralgraben gegliedert, eine 30–50 km breite Einsenkung von 1000–1800 m relativer Tiefe (S. 262). Die *Tiefsee-Berge* oder *Guyots* treten örtlich gesellig auf und werden auf vulkanische Tätigkeit zurückgeführt. Oft haben sie eine flache Plattform. Dies deutet auf ehemalige Seeberge hin, die bis hart an den Meeresspiegel oder darüber aufgeragt haben. Die *Tiefsee-Gesenke* (auch Tiefsee-Rinnen oder -Gräben) liegen an den Rändern der Ozeane, besonders denen des Pazifik (Abb. 77). Sie sind an ihrer Sohle rund 100 km breit und zwischen einigen 100 und über 1000 km lang. Die größten gemessenen Tiefen liegen zwischen 10 050 und 11 030 m (Marianen-Gesenke). Ihre Entstehung ist umstritten. Es sind junge Gebilde, die Erdbebenzonen parallel laufen und von vielen Geowissenschaftlern mit Hilfe der Plattentektonik (siehe S. 259) erklärt werden.

Die **Bestandteile der pelagischen Sedimente** haben dreierlei Herkunft. Erstens sind festländische (terrigene), durch den Wind oder die Meeresströmungen vertragene Abtragsmassen daran beteiligt – allerdings in Mengen und mit Korngrößen, die mit der Entfernung von der Küste immer geringer werden. Pelagische Ablagerungen enthalten höchstens 0,1 mm große Körner, es sei denn, submarine Gleitungen oder Trübeströme (S. 64) haben gröberen Stoff aus der Flachsee abwärts geführt. Mineralogisch besteht kein wesentlicher Unterschied gegenüber den Sedimenten des flachen Wassers. Quarz, Feldspat, Glimmer und Tonminerale sind auch hier die wichtigsten Bestandteile (Abb. 57). Einen zweiten Anteil liefert der Vulkanismus, sowohl der festländische (verwehte Aschen, verschwemmte Bimssteine) wie auch der untermeerische (S. 182). Die dritte, quantitativ oftmals überwiegende Komponente der pelagischen Sedimente sind die *Schalen planktischer Organismen*, der Globigerinen, Radiolarien, Pteropoden (einer pelagischen Schneckengruppe), Kokkolithophoriden (S. 75) und Diatomeen. Die Kieselschaler bevorzugen kühleres, die Kalkschaler wärmeres Wasser. Benthische Organismen spielen als Sedimentbildner kaum eine Rolle, denn die Besiedlung des Tiefseebodens beträgt nach Arten- und Individuenzahl nur etwa $^1/_{1000}$ der Flachsee.

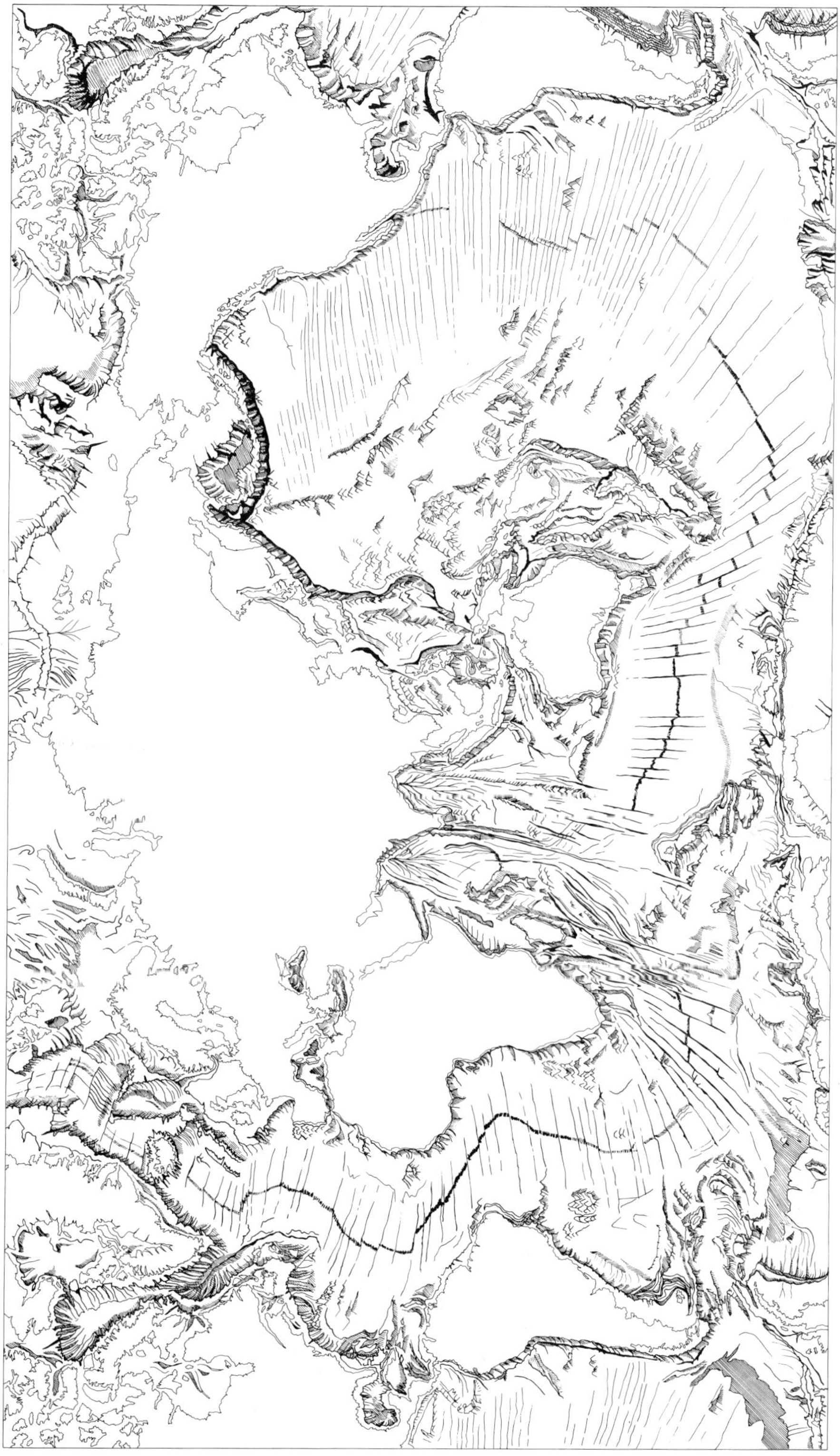

Abb. 76 Morphologie des Meeresbodens. Schema

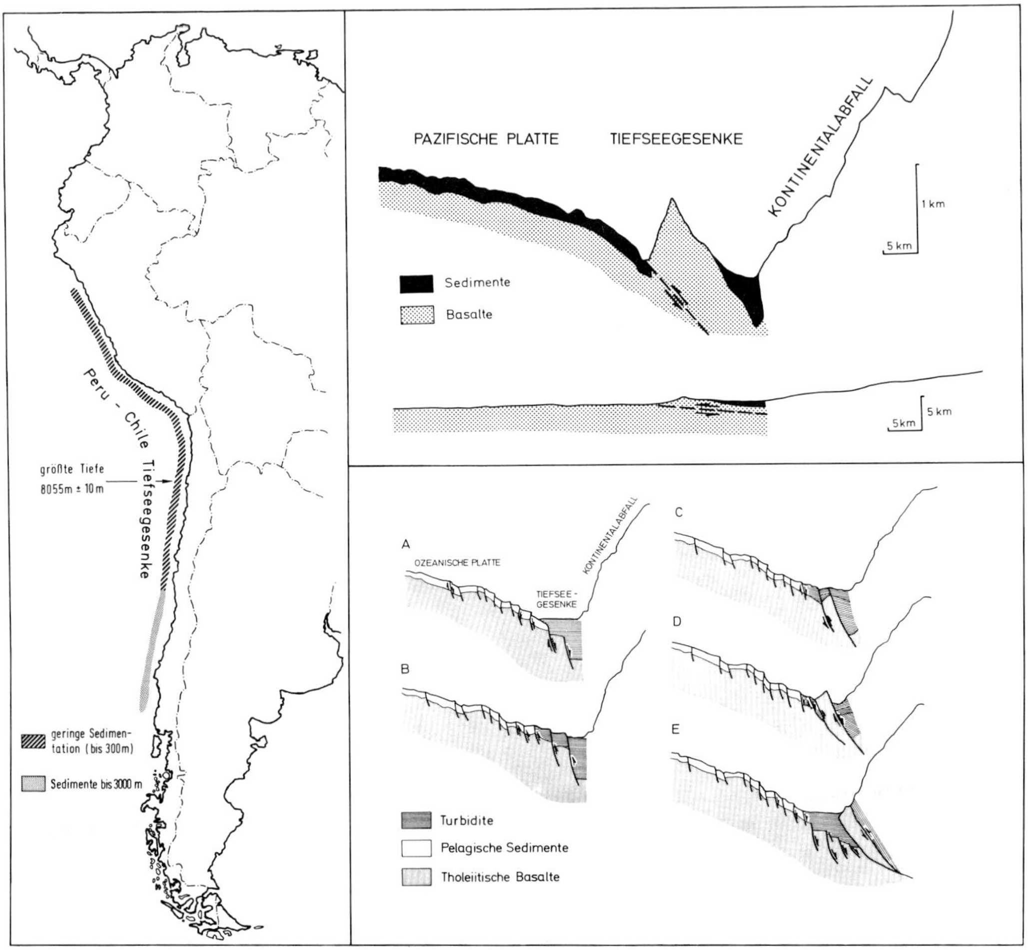

Abb. 77 Lage, Strukturen und Sedimente im Peru-Chile-Tiefseegesenke, A–E einzelne Profile nach seismischen Messungen

Chemische Ausscheidungen treten in den Tiefen des Weltmeeres zurück, abgesehen von Manganknollen (S. 99). Weit bedeutsamer sind *Lösungsvorgänge.* Die Gehäuse des kalkschaligen Planktons, teilweise auch die der Kieselalgen, werden nach dem Tode beim Niedersinken durch die Wassersäule der ozeanischen Stratosphäre aufgelöst. Abb. 78 zeigt, welcher Art die Zusammenhänge zwischen der Gestalt des Meeresgrundes, den Tiefenströmungen und dem Kalkgehalt der Tiefseesedimente sind. Aus dem antarktischen Meeresgürtel (S. 98) fließt ein kalter, CO_2-reicher und daher an Kalk untersättigter Bodenstrom nach N in den Atlantischen Ozean. Westlich der Mittelatlantischen Schwelle gelangt er weit über den Äquator hinaus auf die nördliche Halbkugel, östlich derselben wird er dagegen durch den Walfischrücken aufgehalten, so daß die nördlicher folgenden Becken nur einen indirekten Zufluß von W her durch die Romanche-Tiefe erhalten. In der westlichen Tiefenfurche des Atlantischen Ozeans wird daher der Kalk aus den Ablagerungen viel gründlicher herausgelöst als in dem fast stagnierenden Wasser vor der afrikanischen Küste.

Gliederung der pelagischen Sedimente. Mit zunehmender Küstenentfernung und Wassertiefe verringert sich unter den physikalisch und biologisch gleichförmigen Verhältnissen der offenen See die Vielfalt der Ablagerungen. In Tiefen unterhalb 1000 m bleiben nur noch wenige Sedimentarten übrig, die dafür allerdings über gewaltige Flächen verbreitet sind. Da der Kalkgehalt der Ablagerungen einerseits durch die Zufuhr vom Lande her, andererseits durch die Lösung in größerer Meerestiefe herabgedrückt wird, ergibt sich z. B. im Atlantischen Ozean folgende Verteilung:

Wassertiefe m	% $CaCO_3$
200- 900	25
-1800	35
-2700	45
-3600	47
-4500	40
-5400	25
-6300	10
-7200	4
-8100	1

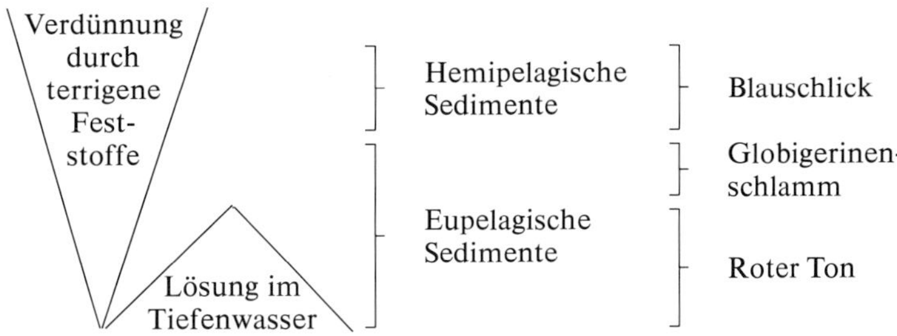

Damit ist zugleich die wesentliche Gliederung der pelagischen Ablagerungen gegeben.

Hemipelagische Sedimente. *Blauschlick.* Am Kontinentalhang von 1500–2500 m herab geht der Absatz der vom Lande her zugeführten Feststoffe noch verhältnismäßig rasch vor sich. Der organogene Kalkgehalt der Sedimente ist daher niedrig; viel davon stammt von Organismen. Wie bei vielen in der Flachsee abgelagerten Schlicken ist der Zerfall der organischen Substanz unvollständig; unter der obersten, bräunlich oxydierten Rinde ist der tiefere Teil der Lotprofile durch Pyrit blauschwarz gefärbt.

Eupelagische Sedimente. *Tiefseesande und Flysch.* Wo submarine Canyons den Kontinentalhang zerschneiden, sind die seewärts anschließenden Tiefseeflächen öfters mit fein- bis mittelkörnigen, wenig gesonderten Sanden bedeckt. Offenbar sind sie, wie Funde von Flachwasserforaminiferen und Kalkalgen erweisen, durch Abgleiten oder mit Trübeströmen (S. 64) vom Schelf geradewegs in die Tiefsee verfrachtet worden.

Ein fossiles Gegenstück zu den Tiefseesanden stellt in vieler Hinsicht der *Flysch* dar. Man versteht darunter mächtige, einförmige Folgen, die sich aus einem vielfältigen Wechsel von feldspatführenden Sandsteinen und Siltsteinen oder auch Kalkareniten und Mergeln aufbauen. Gleitgefüge, wie eingeschaltete Rutschmassen, Breccieneinstreuungen sowie Gradierung sind verbreitet. An der Unterseite der Bänke finden sich Strömungsmarken (S. 63) und Spurenfossilien (S. 74) abgegossen. Körperfossilien dagegen sind selten. Abgesehen von umgelagerten Flachwasserformen handelt es sich fast nur um pelagische Foraminiferen, die für beträchtliche Wassertiefen sprechen. Erdgeschichtlich ist der Flysch an schmale und tiefe, steil geböschte Randsenken im Umkreis werdender Gebirge gebunden (S. 172).

Der *Globigerinenschlamm* bedeckt die Tiefseeböden etwa zwischen 2000 und 5000 m, wobei allerdings die untere Grenze aus den oben dargelegten Gründen um mehr als 1000 m schwanken kann. In dem licht gefärbten, kalkreichen Sediment überwiegen die Schalen der *Globigerina*-Arten (Abb. 79). Der Anteil der Pteropoden und Kokkolithen

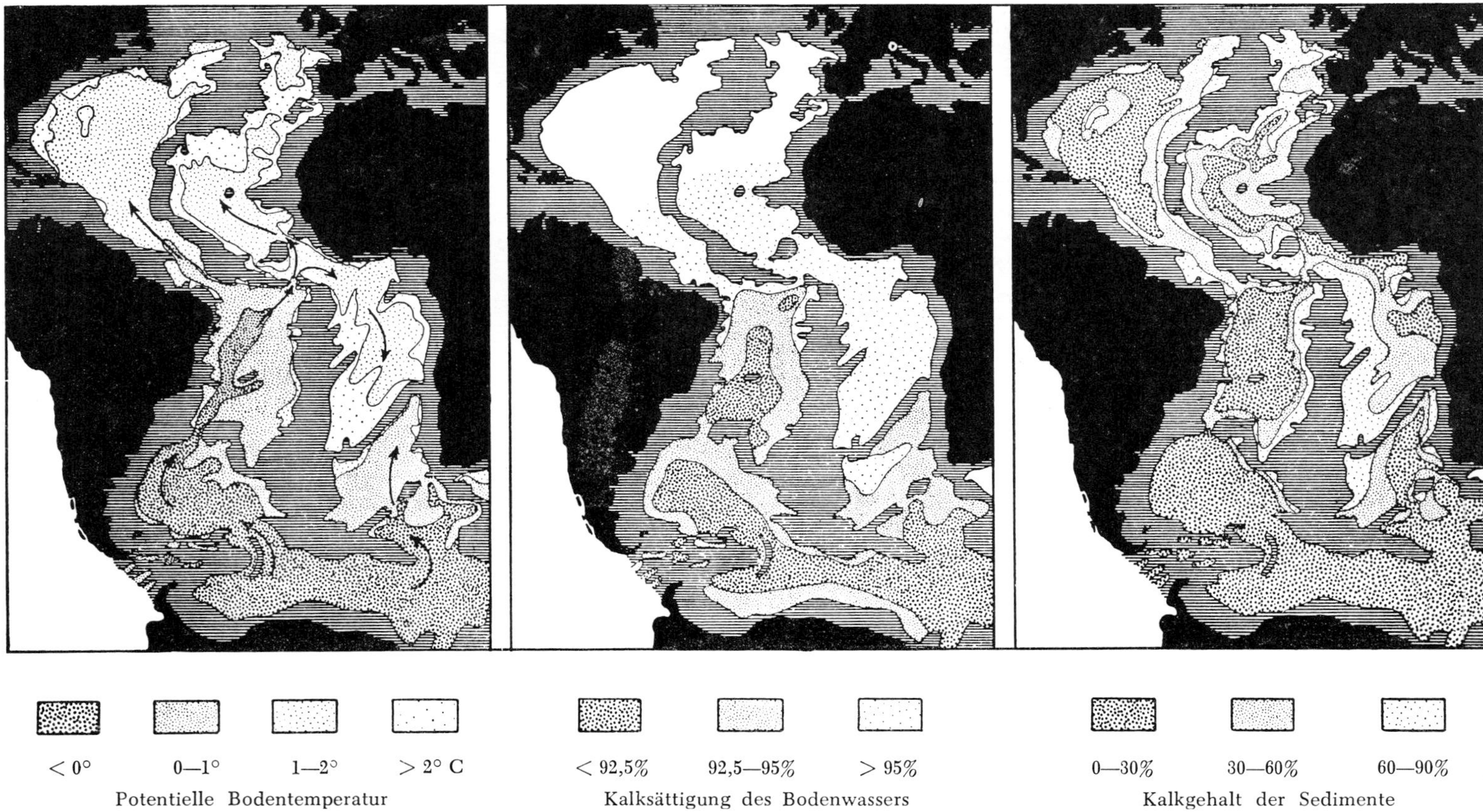

Abb. 78 Beziehungen zwischen dem Bodenstrom und dem Kalkgehalt der Tiefseesedimente im Atlantischen Ozean in Tiefen > 4000 m. Geringere Tiefen mit horizontaler Schraffur. Maßstab 1 : 200 Mill. (nach *O. Pratje*, *O. Wattenberg* u. *G. Wüst*)

beschränkt sich i. allg. auf wenige Prozent, kann aber im *Kokkolithenschlamm* und *Pteropodenschlamm* erheblich höher sein. Der unlösliche Rückstand besteht neben einigen Radiolarien- und Diatomeenschalen aus feinsten Mineralsplittern, in denen sich die Beschaffenheit des nächstgelegenen Festlandes noch bis zu einem gewissen Grade

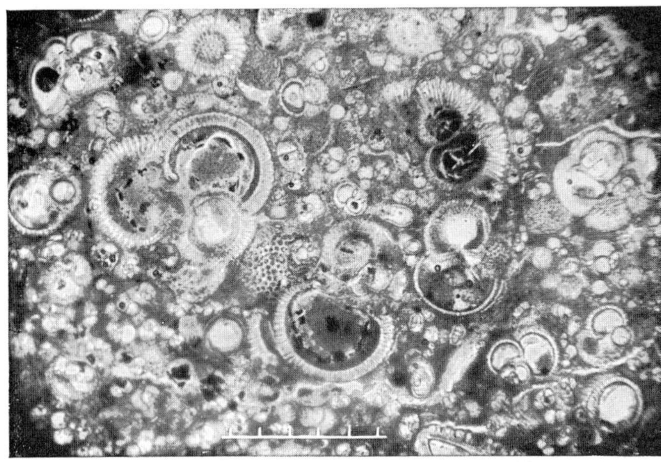

Abb. 79 Globigerinenschlamm aus 2760 m Tiefe. Atlantischer Ozean zwischen Kapverden und Nordbrasilien. – Teilstrichabstand 0,1 mm (aus *C. W. Correns)*

widerspiegelt. In den hohen Südbreiten enthält der Globigerinenschlamm glazial-marine Beimengungen, gelegentlich auch einmal größere Geschiebe; vor den Kapverden finden sich häufig rötlich überkrustete Körner von Saharastaub, die auf den Ozean hinausgeweht sind.

Roter Ton. Die ausgedehnten Flächen des Tiefseebodens unterhalb etwa 5000 m nimmt der Rote Ton ein, ein bräunlicher, sehr feiner und zäher Schlick, der seine Farbe der vollständigen Oxidation der Eisenverbindungen durch das sauerstoffreiche Tiefenwasser verdankt. Chemisch und mineralogisch ist der Rote Ton nichts anderes als der Lösungsrückstand des Globigerinenschlammes. Die dabei freigesetzten Mengen von Eisen und Mangan reichern sich am Meeresboden zu Manganknollen an.

Manganknollen sind Konkretionen aus Mangan-Eisen-Oxidhydraten mit stark unterschiedschiedlichen Mn/Fe-Verhältnissen und unterschiedlichen Gehalten an Ni, Cu, Co, Zn, U, Th. Die höchsten Gehalte an Ni und Cu (maximal über 3% Ni + Cu) treten in Manganknollen aus dem Zentralpazifik in Gebieten mit geringer Sedimentationsrate und hoher biologischer Aktivität auf. Die Knollen haben eine Größe zwischen 1 cm und mehr als 10 cm und liegen auf der Oberfläche des Meeresbodens. Sie sind meist konzentrisch-schalig aufgebaut und haben sich um Kerne aus vulkanischem Gestein oder Fossilresten gebildet. Im Bereich submariner Berge treten auch Mangankrusten auf. Da große Flächen besonders im nordöstlichen Teil des zentralen Pazifik von diesen Knollen bedeckt sind, könnte diesen Erzvorkommen in Zukunft eine erhebliche wirtschaftliche Bedeutung zukommen.

Eine an Kieselskeletten reiche Abart des Roten Tons ist der *Radiolarienschlamm*, der sich gleicherweise auf große Tiefen zwischen 4000 und 8000 m beschränkt. Er bedeckt im Indischen und Stillen Ozean wenig ausgedehnte Flächen.

Diatomeenschlamm. Kühleres Wasser bietet den Kieselalgen günstige Lebensbedingungen. In den Polarmeeren folgt daher äquatorwärts von der Zone der glazial-marinen Sedimente ein Gürtel von Diatomeenschlamm.

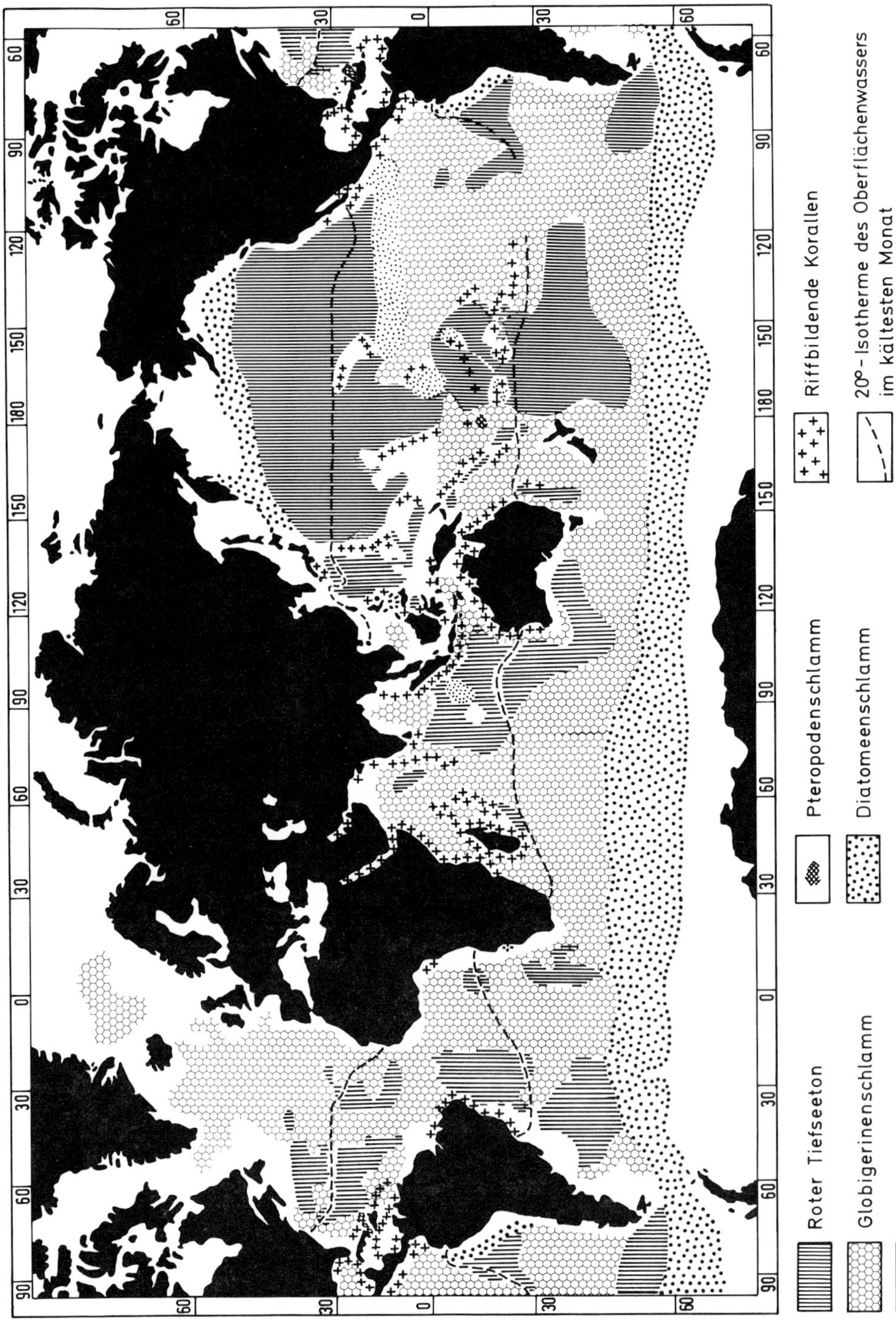

Abb. 80 Verbreitung der Sedimente auf den heutigen Ozeanböden (vereinfacht nach *Dietrich* 1965)

Erdgeschichtliche Bedeutung der pelagischen Sedimente. Dem Anteil der Tiefsee am heutigen Weltmeer entsprechend, nehmen die pelagischen Absätze erhebliche Flächen ein. Der Globigerinenschlamm bedeckt 25% der Erdoberfläche, also ein Gebiet fast so groß wie alle Festländer zusammengenommen, und ist damit das verbreitetste unter den gegenwärtig entstehenden Sedimenten.

Verbreitung der heutigen Meeressedimente (Abb. 80)		% der Weltmeerfläche
Flachsee-Ablagerungen		8
Hemipelagische Ablagerungen	Blauschlick	15
	Grünschlick und -sand	1
	Übrige hemipelagische Sedimente	2
Eupelagische Ablagerungen	Globigerinenschlamm	36
	Roter Ton	28
	Radiolarienschlamm	2
	Diatomeenschlamm	8

Die Sedimentationsgeschwindigkeit in der Tiefsee ist sehr gering und beträgt durchschnittlich in 1000 Jahren

10–100 cm Blauschlick,
1– 3 cm Globigerinenschlamm,
1 mm Roter Ton.

Tiefseelotkerne stellen also eine sehr gedrängte Aufzeichnung der erdgeschichtlichen Ereignisse dar. In günstigen Fällen umfassen sie das ganze Eiszeitalter und lassen an dem lagenweisen Wechsel von Globigerinen-Arten des kühlen und wärmeren Wassers die Schwankungen des irdischen Klimas ablesen. Die Absatzgeschwindigkeit ist allerdings von Ort zu Ort verschieden. Durch Trübeströme wird sie erhöht, auf untermeerischen Schwellen kann sie gänzlich stocken. An solchen Punkten liegen Ablagerungen des Tertiär, ja, der Kreide am Tiefseegrunde flächenhaft offen.

Während die pelagischen Ablagerungen gegenwärtig weit größere Räume als die Schelfsedimente einnehmen, sind die marinen Schichtgesteine der Vorzeit, soweit sie uns auf dem trockenen Lande zugänglich sind, zu > 90% in der Flachsee entstanden. Entweder liegen also die Tiefseeabsätze älterer Perioden am Grunde der heutigen Weltmeere, oder die Ozeane waren früher durchweg seicht. Nach seismischen Messungen (S. 127) baut sich der Boden der Tiefsee weithin aus folgenden Schichten auf:

0,5 km	Junge Lockerabsätze
1–1,5 km	Dichtere Gesteine, vermutlich erhärtete Sedimente mit zwischengeschalteten Laven
5–6 km	Sehr dichte Gesteine, wahrscheinlich Basalt
Darunter	Gestein des Erdmantels (S. 127, 241).

Gemäß den obengenannten Ziffern könnte sich die gesamte Sedimentsäule in etwa 10^9 Jahren abgesetzt haben. Das würde für die Beständigkeit oder *Permanenz* der ozeanischen Becken seit präkambrischen Zeiten sprechen. Wir kommen auf diese Frage unten (S. 259) zurück.

Ergänzende Schriften

Bouma, A. H., Normark, W. R. & Barnes, N. E. (Hrsg.) (1985): Submarine Fans and related Turbidite-Systems. – 351 S., New York–Berlin–Heidelberg.

Duxbury, A. C. (1971): The Earth and its Oceans. – 381 S., Reading, Massachusetts.

Emery, K. O. & Uchupi, E. (1984): The Geology of the Atlantic Ocean. – 1050 S., Berlin.

Emiliani, C. (Hrsg.) (1981): The oceanic Lithosphere. – The Sea, Vol. 7, 1738 S., New York.

Hekenian, R. (1982): Petrology of the Ocean Floor. – Elsevier Oceanography Series, 33, 393 S., Amsterdam.

Initial Reports of the Deep Sea Drilling Project. 1969–1987. 96 Bände. Scripps Institution of Oceanography, USA.

Kennett, J. P. (1982): Marine Geology. – 813 S., Englewood Cliffs, N. J.

Muraour, P. (Hrsg.) (1973): Structure et Géomorphologie Dynamique des Fonds Marins. – 235 S., Paris.

Pickering, K. T., Hiskott, R. N. & Hein, F. J. (1989): Deep-marine Environments. – 352 S., London.

Poulos, H. G. (1988): Marine Geotechnics. – 496 S., London.

Scrutton, R. A. & Talwani, M. (Hrsg.) (1982): The Ocean Floor. – 318 S., Chichester–New York.

Seibold, E. (1974): Der Meeresboden. Ergebnisse und Probleme der Meeresgeologie. – 183 S., Berlin–Heidelberg–New York.

Marine Geology. Seit 1964.

Diagenese und Einteilung der Sedimentgesteine

16. Kapitel: Diagenese

Unsere Darstellung galt bislang der Frage, wie die Sedimente entstehen und welche Kennzeichen uns bei den Ablagerungen früherer geologischer Perioden ermöglichen, Rückschlüsse auf die damaligen Umweltbedingungen zu ziehen. Eine Tatsache wurde dabei vorderhand als geläufig vorausgesetzt, daß nämlich die Sedimente älterer Zeiten i. allg. nicht mehr in ihrer ursprünglichen lockeren Beschaffenheit vorliegen, sondern daß sie verhärtet sind. Sand ist zu Sandstein, Torf zu Kohle geworden; organische Reste sind als Versteinerungen überliefert. Die Verfestigung ist einer der Vorgänge, die sich bei der *Diagenese* abspielen. Unter diesem Begriff verstehen wir alle Veränderungen, die ein Sediment vom Augenblick seiner Überdeckung durch weitere Absätze bis zu dem Zeitpunkt erleidet, an dem es der Verwitterung zugänglich wird. Vorausgesetzt ist dabei, daß Gefüge, Stoff- und Mineralbestand im wesentlichen unverändert bleiben. Tiefergreifende Umwandlungen überschreiten den Bereich der Diagenese und führen in das Feld der *Metamorphose* (S. 219).

Die **Agentien der Diagenese** sind, neben einem nicht zu reaktionsträgen Ausgangsprodukt, das Porenwasser und die darin gelösten Stoffe, die Temperatur, der Druck und – untergeordnet – die Zeit. Die mit fortschreitender Sedimentation wachsende Auflast verdichtet das Gestein. Das Wasser, das ursprünglich bis 80% des Volumens ausmachte, wird bei der *Setzung* oder *Kompaktion* großenteils ausgepreßt. Nur in den Poren und auf den Korngrenzflächen hinterbleibt ein Rest von *konnatem Wasser*. Zugleich wird das Sediment dem Betrag der geothermischen Tiefenstufe (S. 231) entsprechend erwärmt, was die Einstellung von Gleichgewichten beschleunigt. Die Teilchen streben dem Zustand geringster Oberflächenenergie zu. Amorphe Stoffe werden kristallin, kleine Kristalle vereinigen sich durch Sammelkristallisation zu größeren, Hohlräume werden gefüllt. Metastabile Minerale lagern sich in stabile um, wie etwa Aragonit in Kalzit. Die organischen Verbindungen unterliegen beträchtlichen chemischen Veränderungen. Strömungs- und Diffusionsvorgänge in der Porenflüssigkeit können Stoffverschiebungen und metasomatische Austauschvorgänge herbeiführen, bei denen es zur Sprossung neuer, *authigener Minerale* im Gestein kommt.

Temperatur, Druck und Zeit spielen bei der Diagenese der verschiedenen Sedimente eine unterschiedliche Rolle. Für die Mineral-Um- und -neubildung sind alle drei Agentien von großer Bedeutung. Bei der Umwandlung von Torf in Kohle wechselt der Einfluß von Druck und Temperatur: Die Entstehung von Weichbraunkohle aus Torf ist im wesentlichen die Folge einer Druckentwässerung. Dagegen hängt später, bei der Entstehung der Steinkohlen, der zu erreichende Grad der Umwandlung überwiegend von der herrschenden maximalen Gebirgstemperatur ab.

Druck und Temperatur müssen immer eine gewisse Zeit auf die Sedimente einwirken können, wenn eine Umwandlung erfolgen soll, insofern ist die Zeit ein wichtiger Faktor. In keinem Fall können aber fehlende Temperatur und fehlender Druck durch lange Zeiträume ausgeglichen werden, denn Zeit allein kann die Diagenese der Sedimente nicht vorantreiben. Minerale brauchen dabei mehr Zeit für ihr Wachstum oder ihre Neubildung als die pflanzliche Substanz für ihre Umsetzung. Deshalb verlaufen z. B. Illitsprossung und Inkohlung oft nicht gleichförmig.

Den Einfluß von Temperatur, Druck und Zeit sollen zwei Beispiele zeigen: In den geringmächtigen, flachlagernden Deckschichten auf der osteuropäischen Plattform haben kambrische Tone ihre Plastizität bewahrt und karbonische Torfe sind nur zu Mattbraunkohle geworden. In der zeitweise stark abgesenkten Vortiefe der Alpen sind gleichartige Sedimente tertiären Alters zu Tonstein und Glanzbraunkohle (Pechkohle) geworden. Diagenesegrad und geologisches Alter brauchen also keineswegs immer einander zu entsprechen.

Die diagenetischen Veränderungen verlaufen im allgemeinen irreversibel. Bei bekannter geothermischer Tiefenstufe kann man also am Grad der Umwandlung ablesen, wie tief ein Sediment versenkt war. Es läßt sich u. U. auch feststellen, wie stark es durch ein magmatisches Gestein erhitzt wurde.

Gröberklastische Sedimente. Bei Sand- und Geröllablagerungen beschränken sich die diagenetischen Veränderungen im wesentlichen auf die Ausfüllung des 20–40% fassenden Porenraumes. Ist Kalk, etwa in Form von Bruchschill, zugegen, so wird er gelöst und als Kitt zwischen den Sedimentteilchen wieder abgeschieden. Ebenso kann Kieselsäure, die der Auflösung des Quarzsandes oder der diagenetischen Zersetzung von Silikatkörnern entstammt, als Bindemittel auftreten. Besonders leicht verfallen aride Sedimente, die meist erhebliche Mengen an halbverwittertem Feldspat führen, der *Einkieselung.* Bei den *kieseligen Sandsteinen* füllt ein regelloses Haufwerk kleiner Quarzkristalle die Porenhohlräume teilweise oder ganz aus. Zuweilen dagegen dienen die Quarzkörner des Sandes als Kristallisationskeime und wachsen weiter. Anfangs erhalten sie glitzernde Kristallfazetten *(Kristallquarzsandstein),* schließlich entsteht ein splittrig brechender *Quarzit* mit einem Gefüge von engverzahnten Kristallen.

Tone sinken unter Abgabe von Wasser stark zusammen, wobei sich die Kristallblättchen der Tonminerale parallel einschlichten. Im weiteren Fortgang der Diagenese kommt es zu Umsetzungen und Neubildungen. Die Korngröße der Tonminerale wächst, durch Einbau von adsorbiertem K und Mg können Illit, Muskovit und Chlorit entstehen. So wandelt sich der Ton über den noch schneidbaren Tonstein in den harten Tonschiefer um. Der Ordnungsgrad neu gebildeter Illite (=Illit-Kristallinität) ist innerhalb der Diagenese ein guter Maßstab für deren Fortschritt.

Konkretionen. Im Porenwasser gelöste chemische Verbindungen geraten bei einem Konzentrationsgefälle ins Wandern und schlagen sich an Punkten geringster Löslichkeit nieder. Auf diese Weise entstehen - meist bald nach dem Absatz - örtliche Zusammenballungen von ursprünglich gleichmäßig verteilten Stoffen, die man als *Konkretionen* bezeichnet. Umschließt z. B. ein schwach kalkhaltiger Ton faulende Weichteilmassen, so fällt das sich entwickelnde Ammoniak den im Porenwasser gelösten Kalk in der Umgebung aus und erzeugt einen Untersättigungshof, der immer neues Calciumbikarbonat anzieht. Zum Schluß ist der Fossilrest in eine Kalkkonkretion eingeschlossen, die bei der inneren Austrocknung noch Schrumpfungssprünge bekommen kann *(Septarie).* Eisenkarbonat ballt sich in ähnlicher Weise zu *Toneisensteingeoden*, Kieselsäure, die durch diagenetische Lösung von Kieselskeletten (S. 69) frei wird, zu *Feuerstein* oder *Hornstein* zusammen (Farbbild 6).

Bei den **Karbonatsedimenten** folgt auf die Entwässerung das Umstehen von Aragonit in Kalzit. Hand in Hand damit beginnt die Verfestigung und Kornvergrößerung durch Sammelkristallisation, die von feinkörnigen, *dichten* zu gröberen, *spätigen* Kalksteinen führt.

Diagenetische Umlagerungen sind in Kalken verbreitet. In tonarmen Kalken führt die längs der Schichtfugen wandernde Porenlösung beiderseits Substanz fort. Die hangende Schicht sinkt nach und verzahnt sich in zackigen Nähten, *Suturen*, oder langen Zapfen, *Stylolithen*, mit der liegenden, bis die Lösungsrückstände die Fuge verkleben.

Die bereits im frischen Kalksediment beginnende Dolomitisierung (S. 69) schreitet im erhärtenden fort, sofern Mg, sei es aus dem Meerwasser, sei es aus Mg-reichen Hartteilen zur Verfügung steht. Bevorzugt werden Riffbildungen dolomitisiert, wobei das organische Feingefüge völlig ausgelöscht wird. Der Vorgang verläuft rasch; man kennt Riffdolomite schon aus dem Pleistozän.

Hartteile der Organismen. Bei der *Fossilisation*, der Diagenese der Organismenreste, verschwindet in der Regel zuerst die organische Substanz und damit die Färbung. Bei der Setzung sinken dünnschalige Hartteile gemeinsam mit dem Sediment zusammen. Man muß sich hüten, derartige, je nach ihrer Einbettungslage wechselnd gestaltete *Verdrükkungsformen* für echte Arten zu halten. Die stoffliche Umsetzung bei der Fossilisation beginnt mit der Umwandlung von Aragonit in Kalzit, dann folgt die Verfestigung und die Füllung von Hohlräumen. Beides ist mit einer Zerstörung des feineren organischen Gefüges verbunden.

In vielen Fällen ist damit das Endstadium der Fossilisation erreicht. Nicht selten aber finden noch Lösungs- und Austauschvorgänge statt, bei denen der ursprüngliche Stoff des Fossils entfernt bzw. durch zugeführte Verbindungen verdrängt wird. Kalkige Gehäuse werden aufgelöst, so daß nur der äußere *Abdruck* und der innere Ausguß, der *Steinkern*, übrigbleiben. Findet die Lösung statt, bevor das Sediment völlig erhärtet ist, so sinkt der Hohlraum zusammen, und die Skulptur des Abdrucks überprägt sich auf die des Steinkerns *(Prägekern, Skulptursteinkern).* Die Metasomatose der Fossilien steht in engem Zusammenhang mit dem Chemismus und der Diagenese des umschließenden Gesteins. Die *Verkieselung* (die Ersetzung der ursprünglichen Substanz durch SiO_2 als Quarz, seltener Chalzedon oder Opal) ist vor allem an Sandsteine und Kalke, die *Verkiesung* (Ersetzung durch Pyrit oder Markasit FeS_2) in der Hauptsache an tonige Gesteine gebunden.

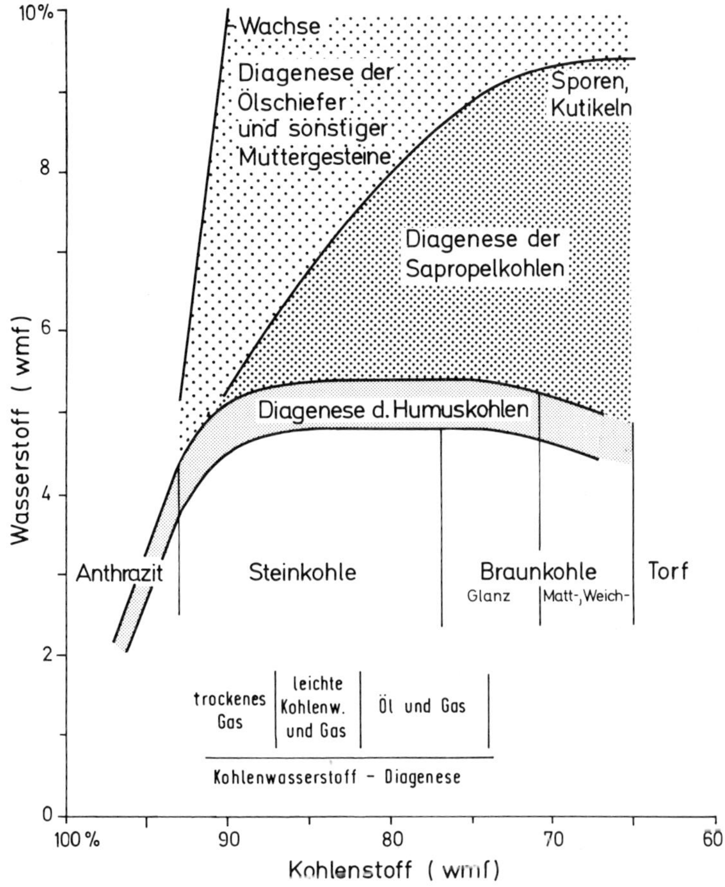

Abb. 81 Die Beziehungen zwischen Inkohlung und Kohlenwasserstoff-Diagenese auf Grund des Gehaltes an Kohlenstoff und Wasserstoff nach *Brooks* 1970 (aus *M. Teichmüller* 1974)
wmf = wasser- und mineralstofffrei

Kohle, Erdöl, Ölschiefer. Die organischen Stoffe, die zur endgültigen Einbettung gelangen, unterliegen nach dem Luftabschluß diagenetischen Umwandlungen, zuerst biochemischer, später rein chemischer Natur.

Pflanzenreste, insbesondere Holz, werden anfangs durch aerobe Bakterien, Actinomyceten und Pilze (bis ca. 0,5 m Tiefe), und, sobald Luftsauerstoff fehlt, durch anaerobe Bakterien in Torf umgewandelt. Die *Vertorfung* wird durch den mikrobiellen Abbau von Zellulose $(C_6H_{10}O_5)_n$ und verwandten Verbindungen eingeleitet. Dabei entstehen H_2O, CO_2 und CH_4, die entweichen; zurück bleiben Humusstoffe. Das chemisch stabilere Lignin wandelt sich nur zum Teil in Huminsäuren um, dadurch reichert es sich relativ im Torf an. Die Huminsäuren bilden mit Na, Ca, Mg, Fe und Al Salze (Humate). Diese biochemischen Umsetzungen finden spätestens in 10 m Tiefe ihre Ende und werden durch geochemische Prozesse ersetzt. – Die fortschreitende Torfdiagenese ist durch eine bis in das Weichbraunkohlenstadium hinein sich fortsetzende Entwässerung gekennzeichnet. (Tabelle 19)

Mit der Bildung von Braunkohle setzt die *Inkohlung* ein. Mit diesem Begriff bezeichnet man alle Vorgänge, die mit der Entstehung von Kohle aus Torf und ihrer weiteren Umwandlung bis zu Meta-Anthrazit verbunden sind. Neben der schon erwähnten Entwässerung wird nun das Lignin vollständig in Huminsäuren umgewandelt. Aus diesen Säuren entstehen durch den Verlust von COOH-, CO- und OH-Gruppen Humine. Wenn nur noch diese alkaliunlöslichen Humine in der Kohle enthalten sind, ist das Steinkohlen-Stadium erreicht. In

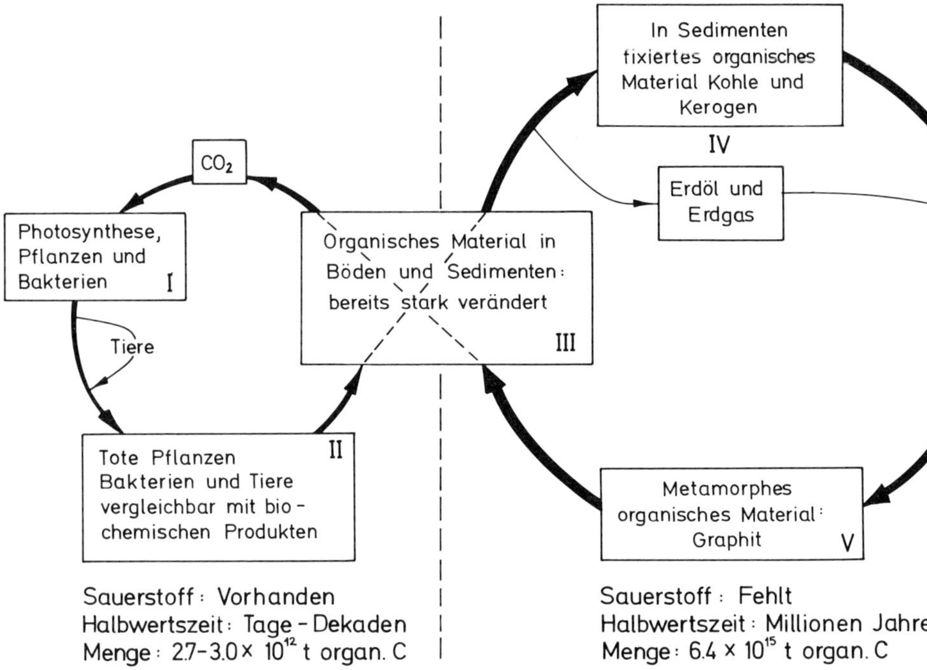

Abb. 82 Kreislauf des organischen Kohlenstoffs (nach *Welte* 1970)

den Steinkohlen zerstört die fortschreitende Inkohlung die langen kettenförmigen Verbindungen und reichert durch die Abspaltung von CO_2 und CH_4 den Kohlenstoff relativ an. Die C-Atome werden dadurch gezwungen, sich zu Ringen zusammenzuschließen. Diese Ringe kondensieren zu immer größeren Netzen, bis das Endglied der Inkohlungsreihe, der Graphit, erreicht ist. – Normalerweise nimmt nach der Hiltschen Regel die Umwandlung der Kohle mit der Deckgebirgsmächtigkeit, d. h. mit steigender Erdwärme, zu (Abb. 83).

Tabelle 19 Inkohlungsreihe (nach *Hesemann* 1979 und *Patteisky* & *Teichmüller* 1960)

	spez. Gewicht	Wasser % af[1])	Flücht. Bestandteile % waf[2])	C % waf[2])	Brennwert kcal/kg af[1])
Torf	1	90–60	> 65	48 - 65	1500–2000
Weichbraunkohle	1,2	60–35	65–52	65 - 70	1800–3500
Hart-braunkohle: Mattbraunk.	1,25	35–25	52–49	ca. 71	4000–5500
Hart-braunkohle: Glanzbraunk.		25–10	49–43	72 - 77	5500–7000
Flammkohle		10- 5	43–40	77 - 82	7000–7700
Gasflammkohle		5- 2	40–35	82 - 85	7700–8200
Gaskohle	1,3		35–28	85 - 87,5	8200–8700
Fettkohle		< 2	28–19	87,5- 89,5	8700
Eßkohle			19–14	89,5- 90,5	8700
Magerkohle	1,35		14–10	90,5- 91,5	8700–8600
Anthrazit	1,4–1,6	2	10- 2	91,5- 98	8600–8200
Graphit	2,2	-	< 2	98 -100	-

[1]) af = Werte bezogen auf aschefreie Substanz
[2]) waf = Prozente bezogen auf wasser- und aschefreie Substanz

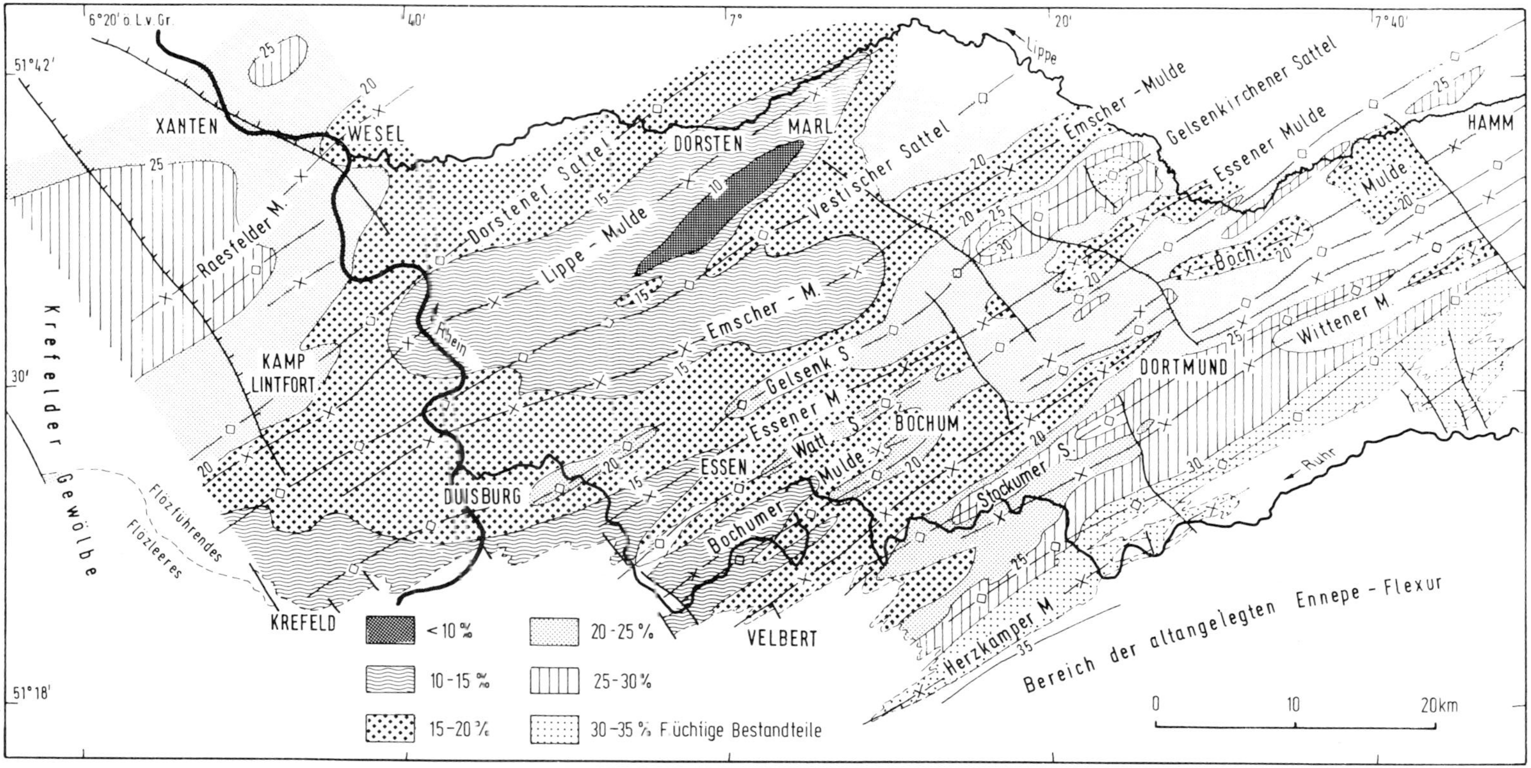

Abb. 83 Inkohlungskarte des Ruhrkohlenbeckens. Die Inkohlungsdaten (flüchtige Bestandteile, wasser-, aschefrei) von Vitrit-Konzentraten sind bezogen auf das Flöz Sonnenschein (oberes Westfal A) (nach M. und R. *Teichmüller* 1971)

Die für die Bildung von Steinkohlen nötige Temperatur liegt höchstens bei 150° C. (Graphit entsteht außerhalb des Diagenese-Bereiches bei maximal 300° C.) Abweichungen von der Hiltschen Regel lassen auf sekundäre Einflüsse schließen (Nachinkohlung, Erwärmung durch Magmen). Durch diese Gesetzmäßigkeiten sind Inkohlungsuntersuchungen nicht nur für die Bestimmung des Reifegrades von Flözkohlen geeignet, sie dienen auch als Diagenese-Parameter in Sedimenten für geotektonische Rekonstruktionen und die Erdöl-/Erdgas-Prospektion.

Inkohlung BRD	Inkohlung USA	Fl. Best. waf %o Vitrit	Temperatur °C	Kohlenwasserstoff-Genese (WASSOJEWITSCH et al.) 1970
Torf	Peat	68, 64		frühes diagenetisches Methan
Weich- (Braunkohle)	Lignite	60, 56		frühes diagenetisches Methan
Matt- (Braunkohle)	Lignite; Sub-Bit. C	52		frühes diagenetisches Methan
Glanz- (Braunkohle)	Sub-Bit. B, A; High Vol. Bituminous C	48, 44	~60	frühes diagenetisches Methan
Flamm- (Steinkohle)	High Vol. Bituminous C, B	40		Öl
Gasflamm- (Steinkohle)	High Vol. Bituminous A	36		Öl
Gas- (Steinkohle)	High Vol. Bituminous A; Medium Volatile Bituminous	32		Öl
Fett- (Steinkohle)	Medium Volatile Bituminous; Low Volatile Bituminous	28, 24	~115	Öl; Kondensate und nasse Gase
Ess- (Steinkohle)	Low Volatile Bituminous	20, 16		Kondensate und nasse Gase
Mager-	Semi-Anthracite	12	~135	spätes katagenetisches Methan
Anthrazit	Semi-Anthracite; Anthracite	8, 4	~150	spätes katagenetisches Methan

Tabelle 20 Beziehungen zwischen Kohlengenese und Erdöl/Erdgasbildung. Vereinfacht nach *M. Teichmüller*

Einzeller und sonstige tierische Reste organischer Natur werden in jungen von Wasser bedeckten Sedimenten durch aerobe und anaerobe Mikroorganismen in Aminosäuren und verschiedene Zucker umgewandelt. Die resistenteren Lipide und das von Landpflanzen stammende Lignin verändern sich zunächst noch nicht. Im weiteren Verlauf der Diagenese werden aber alle tierischen und pflanzlichen Stoffe unter Abgabe von NH_3, CO_2 und CH_4 zu *Bitumen* (= in organischen Lösungsmitteln lösliche Verbindungen) oder unlöslichem *Kerogen.* Durch thermische Spaltung entstehen oberhalb von 60° C Gebirgstemperatur aus dem Kerogen flüssige und gasförmige Verbindungen, das Erdöl und das Erdgas. Die Zusammensetzung des Erdöls hängt von der Art des Kerogens ab, aus dem es entstanden ist. Zum größten Teil besteht es aus kettenförmigen, verzweigten und zyklischen Alkanen sowie aus aromatischen Kohlenwasserstoffen. Häufigster Bestandteil des Erdgases ist CH_4, ein Zersetzungsprodukt der Humine. Bei weiter ansteigender Temperatur, oberhalb 100° C, wird das zuvor gebildete Öl in Kondensat und nasse Gase gespalten. Im letzten Stadium der Umwandlung, hier Katagenese genannt, entsteht nur noch CH_4 (Tab. 20).

Kohle und Erdöl bilden sich unter ähnlichen Bedingungen, ihre Diagenese verläuft in parallelen Reihen (Carbon-ratio-Theorie). Während jedoch das angehäufte Pflanzenmaterial - ebenso wie der Ölschiefer - an Ort und Stelle zu einem Flöz und damit zu einer Lagerstätte wird, entstehen Erdöl- und Erdgaslagerstätten erst nach *Migration* aus den Muttergesteinen und durch *Akkumulation* in Speichergesteinen (Abb. 124). Die Beziehungen zwischen Kohlengenese und Erdöl-/Erdgasbildung zeigen Abb. 81 und Tab. 20.

Zwischen der Kohle und dem Erdöl stehen die *Ölschiefer* als ein weiterer wichtiger Energieträger. Unter Ölschiefer versteht man ein Sedimentgestein, das Kohlenwasserstoffverbindungen enthält, die Kerogene genannt werden. Beim Erhitzen bis 500°C werden die Kerogene in Gas und ein rohölähnliches Produkt umgewandelt. Die heute auf der Erde geschätzten Vorräte werden auf 400 Billionen Tonnen Schieferöl beziffert. Wenn die Verarbeitungsprozesse voll ausgereift sind, könnten die Ölschiefer die Stellung einnehmen, die heute das Rohöl innehat.

Ergänzende Schriften

Beckmann, H. (1976): Geological Prospecting of Petroleum. – 183 S., Stuttgart.

Berg, R. R. (1986): Reservoir Sandstones. – 481 S., Englewood Cliffs, N. J.

Boigk, H. (1981): Erdöl und Erdölgas in der Bundesrepublik Deutschland. – 330 S., Stuttgart.

Chapman, R. E. (1983): Petroleum Geology. – 304 S., Amsterdam.

Engelhardt, W. v. (1960): Der Porenraum der Sedimente. – 207 S., Berlin–Göttingen–Heidelberg.

Göttlich, K. (Hrsg.) (1980): Moor- und Torfkunde. – 2. Aufl., 338 S., Stuttgart.

Hunt, J. M. (1979): Petroleum Geochemistry and Geology. – 617 S., San Francisco.

Larsen, G. & Chilingar, G. v. (Hrsg.) (1979–83): Diagenesis in Sediments and Sedimentary Rocks. – Developm. Sedimentol. 25 A: 579 S., 25 B: 572 S., Amsterdam.

Magara, K. (1986): Geological Models of Petroleum Entrapment. – 328 S., London.

Marshall, J. D. (Hrsg.) (1987): Diagenesis of Sedimentary Sequences. – 360 S., Oxford.

Stach's Textbook of Coal Petrology (1982). – 3. Aufl., 535 S., Stuttgart.

Tissot, B. P. & Welte, D. H. (1984): Petroleum Formation and Occurrence. – 2. Aufl., 699 S., Berlin–Heidelberg–New York.

17. Kapitel: Eigenschaften und Einteilung der Sedimentgesteine

Schichtung. Die Sedimentgesteine sind, wie ihr Name sagt, durch Absatz, d. h. durch Übereinanderstapelung dünner Schichtblätter entstanden. Da aber die Ablagerungsbedingungen im Laufe der Zeit wechseln, und eine Materialänderung eintritt, so weisen die einzelnen Lagen

Unterschiede auf, die man als *Schichtung* bezeichnet. Die Sedimentgesteine heißen deshalb auch *Schichtgesteine*. Die Schichtung führt oft dazu, daß das Gestein in Platten, *Bänke*, gegliedert ist, die durch Ablösungsflächen, *Bankfugen*, getrennt sind. Jedes Glied eines Schichtstoßes wird unten, am *Fuß*, durch eine *Sohlfläche* und oben am *Kopf* (Top) durch eine *Dachfläche* begrenzt, deren senkrechter Abstand die Dicke oder *Mächtigkeit* mißt. Gewöhnlich sind beide Flächen parallel. Wenn sie konvergieren, *keilt* die Schicht *aus*, um vielleicht weiterhin in der gleichen Höhe, „im gleichen Horizont", *wieder aufzusetzen*. Bei der *konkordanten* oder *Parallelschichtung* folgen die Schichten gleichförmig übereinander. Bei der *diskordanten Schichtung* ist die Sedimentation durch Erosionsintervalle unterbrochen, so daß die hangende Schicht einem ungleichartigen Untergrund auflagert und über verschiedene Schichten des Liegenden *übergreift*. Bei der *Schrägschichtung* (Abb. 20), einem Sonderfall der diskordanten Schichtung, besteht das Gestein aus übereinandergelagerten, linsenförmigen Schichtkörpern mit innerem Schräggefüge.

Von Hohlraumfüllungen wie dem Tropfstein (S. 45) abgesehen, bilden sich die Sedimente auf der Oberfläche der Erde. Die Folge ihrer Schichten von unten nach oben bietet uns zugleich die historische Folge vom Älteren zum Jüngeren. Aus der Schichtung lesen wir die Erdgeschichte ab. Mancherlei Umweltveränderungen können sich in der Schichtung abbilden. Der jährliche Wechsel von Niederschlag, Temperatur und Abtragung macht sich in der Bildung von *Jahresschichten* oder *Warven* geltend. Aus dem schlammbeladenen Wasser von Trübeströmen (S. 64) setzen sich die Teilchen ihrer Sinkgeschwindigkeit gemäß in *gradierter Schichtung* ab. Im Watt entsteht im Widerspiel von Ebbe und Flut die *Gezeitenschichtung*. Die turbulenten Geschwindigkeitsschwankungen von Wasser- oder Luftströmen hinterlassen in Meeres-, Fluß- und Dünensanden ihre Spuren in Gestalt eines schichtigen Korngrößenwechsels.

Die Einteilung der Sedimente ist auf zweierlei Weise möglich. Einmal kann man von der Gesteinsbeschaffenheit ausgehen und Korngröße, Chemismus, Bestandteile, Raumerfüllung, Schichtung, Verfestigungsgrad und Farbe zur Unterscheidung heranziehen. Man kann aber auch die großen Sedimentationsräume der Erde: Festland und Meer, Seen und Wüsten, Strand und Tiefsee, der Gliederung zugrunde legen. Beide Systeme, das beschreibende wie das genetische, sind für den Geologen notwendig, das erste zur vorläufigen Einordnung der im Felde gemachten Funde, das zweite zur erdgeschichtlichen Auswertung der Beobachtungen.

Der Begriff *Fazies* wird in zweierlei Bedeutung verwandt. Im umfassenden Sinne bezeichnet er die Gesamtheit der ursprünglichen Merkmale eines Gesteins. Im eingeschränkten verwendet man ihn, um die unterschiedliche Beschaffenheit gleichaltriger, aber in verschiedenen Räumen entstandener Sedimente zu kennzeichnen (z. B. sandige Fazies, limnische Fazies). Die Fazies der Schichtgesteine spiegelt die Umwelt ihrer Bildungszeit wider. Der Geologe überträgt seine Beobachtungen an gegenwärtig entstehenden Sedimenten gemäß der aktualistischen Methode (S. 3) auf die erdgeschichtliche Vergangenheit. Damit eröffnet sich ihm ein Weg, aus der faziellen Ausbildung der Gesteine und aus der Faziesverteilung Schlüsse auf die *Paläogeographie*, d. h. auf das Erdbild früherer Perioden, zu ziehen.

Sedimentäre Lagerstätten. Als Lagerstätten bezeichnet der Geologe und Bergmann Räume der Erdrinde, in denen technisch nutzbare Stoffe lagern, seien es nun Ziegelton, Kohlen oder Erze, d. h. Mineralgesellschaften, aus denen sich Metalle erschmelzen lassen. Grundsätzlich sind Lagerstätten und Gesteine gleicher Entstehung. Der Unterschied liegt nur darin, daß in den Lagerstätten dank besonderer, einseitiger Bildungsumstände gewisse für den Menschen wertvolle Stoffe stärker als in den Gesteinen angereichert sind. Sedimentäre Lagerstätten sind wirtschaftlich verwertbare Bodenschätze, die gleich den Sedimentgesteinen im Wege des Absatzes entstanden sind. Auf welche Weise sich Schichten mit nutzbaren Mineralen, die man als Flöze (z. B. Kohlenflöze) gegenüber den „tauben" Gesteinen bezeichnet, bilden können, ist bereits mehrfach erläutert (S. 28, 42, 48, 53, 69 f.); eine systematische Zusammenstellung folgt unten.

Beschreibendes System der Sedimentgesteine. *Lockergesteine* und *Festgesteine* sind, soweit gebräuchlich, unterschieden.

Tabelle 21 Sedimentgesteine

A. Klastische Sedimente (Trümmergesteine)

	Lockergesteine			*Veränderlich feste Gesteine*		*Feste Gesteine*	
		Korngrößenabgrenzung nach DIN 4022 in mm					
Siebkorn	Psephite	63 63 -20 20 - 6,3 6,3- 2	Steine Grob- Mittel- Fein- Kies	Limonitische tonige Bindemittel	Breccien Konglomerate	SiO_2- und $CaCO_3$-Bindemittel	Breccien Konglomerate
	Psammite	2 -0,63 0,63-0,2 0,2 -0,063	Grob- Mittel- Fein- Sand		Sandsteine		Sandsteine Quarzite Grauwacke
Schlämmkorn	Pelite	0,063-0,002 < 0,002	Grob- Mittel- Fein- Schluff (Silt) Ton		Schiefertone		Tonschiefer (druckverfestigt)

B. Chemische und biochemische Sedimente

	Anorganisch	*Organogen*
Eindampfungsgesteine (Evaporite)	Gips (Anhydrit), $CaSO_4 \cdot 2\ H_2O$ Steinsalz, NaCl Kalisalz, KCl	
Ausfällungsgesteine	Kalkstein, $CaCO_3$ Oolithkalk dichter Kalk Mergel (Ton und Kalk) Dolomit, $CaMg\ (CO_3)_2$ Eisen- und Mangansedimente Kieselige Sedimente Hornstein Kieselschiefer	Kalkstein, $CaCO_3$ Foraminiferenschlick Riffkalk Schillkalk (Schalentrümmer) Bone bed (Knochentrümmer) Spatkalk Kieselige Sedimente Kieselkalk (vorw. aus Schwammnadeln) Radiolarite (aus Radiolarien) Kieselgur (aus Diatomeen)
Kaustobiolithe		Torf-Kohle (vorw. aus Pflanzen) Ölschiefer (vorw. aus Plankton) Erdöl, Erdgas (vorw. aus Plankton)

Genetisches System der Sedimentgesteine und sedimentären Lagerstätten

Gesteine	*Lagerstätten*
A. Kontinentale Sedimente. Ablagerungen des festländischen Bereichs.	
I. *Terrestre Sedimente.* Auf den Landflächen des Festlands gebildet.	
1. Böden. Bildungen der Verwitterungszone.	Hutlagerstätten, Rückstandslagerstätten, z. B. Kaolin, Bauxit, Eisen-Mangan-Oxydhydrate.
2. Glazigene und fluvioglaziale Sedimente. Gletscher- und Schmelzwasserabsätze. Geschiebemergel (l) – Tillit (f). Sandrsand und -kies, Bänderton.	
3. Äolische Sedimente. Windabsätze. Dünensand, Löß.	
II. *Limnische Sedimente.* In den Gewässern des Festlands gebildet.	
1. Fluviale Sedimente. Flußabsätze.	
a) des humiden Klimareichs Schotter, Sand, Schlick.	Flußseifen, z. B. Gold, Edelsteine.
b) des ariden Klimareichs Fanglomerat, Arkose.	
2. Lakustre Sedimente. Seeabsätze.	
a) des humiden Klimareichs	
α) sedimentäre (durch Absatz entstandene), Gyttja, Dy, Seekreide.	Lakustre Bitumenlagerstätten. See-Erz-Lagerstätten.
β) sedentäre (durch Aufwuchs entstandene), Torf.	Kohlenlagerstätten.
b) des ariden Klimareichs Salztone und Salze.	Kontinentale und marin-marginale Salzlagerstätten.
B. Marine Sedimente. Ablagerungen des meerischen Bereiches.	
I. *Flachseesedimente.* Festlandsnah in geringen Tiefen gebildet.	
1. Litorale Sedimente. Strandabsätze, Delta- und Lagunenabsätze. Geröll, Sand.	Strandseifen.

Gesteine	*Lagerstätten*
2. Neritische Sedimente. Absätze der seichteren, durchlichteten Flachsee.	
a) In kühleren Meeresräumen Sand, Schlick, Mudd.	
b) In wärmeren Meeresräumen Kalksand, Kalkschlick, Oolithsand, Riffkalk.	Marin-sedimentäre Lagerstätten, z. B. Eisenoolith, Schwefelkies, Phosphat.
3. Bathyale Sedimente. Absätze der tieferen, lichtlosen Flachsee. Schlick, Sapropel, Glaukonitsand.	Kupferschiefer, marine Bitumenlagerstätten, Erdöl.
II. *Tiefseesedimente.* Pelagische Absätze. Festlandsfern in großer Tiefe gebildet.	
1. Hemipelagische Sedimente. Absätze am Kontinentalhang. Blauschlick, Grünschlick.	
3. Eupelagische Sedimente. Tiefseeabsätze. Tiefseesande, Flysch, Globigerinenschlamm, Pteropodenschlamm, Diatomeenschlamm, Radiolarienschlamm, Roter Ton.	Manganknollen

Ergänzende Schriften

Adams, A. E., Mackenzie, W. S. & Guilford, C. (1986): Atlas der Sedimentgesteine in Dünnschliffen. – 112 S., Stuttgart.

Allen, J. R. L. (1985): Principles of Physical Sedimentology. – 288 S., London.

Blatt, H. (1982): Sedimentary Petrology. – 564 S., Oxford.

Blatt, H., Middleton, G. & Murray, R. (1980): Origin of Sedimentary Rocks. – 2. Aufl., 782 S., Englewood Cliffs, N. J.

Collinson, J. D. & Thompson, D. B. (1989): Sedimentary Structures. – 2. Aufl., 208 S., London.

Degens, E. T. (1965): Geochemistry of Sediments. – 342 S., London–Sidney–Toronto.

Engelhardt, W. v. (1973): Die Bildung von Sedimenten und Sedimentgesteinen. – Sedimentpetrologie, Teil III, 378 S., Stuttgart.

Füchtbauer, H. (Hrsg.) (1988): Sedimente und Sedimentgesteine. – 4. Aufl., 1141 S., Stuttgart.

Miall, A. D. (1984): Principles of Sedimentary Basin Analysis. – 490 S., New York–Berlin–Heidelberg.

Millot, G. (1970): Geology of Clays. – 429 S., New York.

Pettijohn, F. J., Potter, P. E. & Siever, R. (1987): Sand and Sandstone. – 2. Aufl., 533 S., New York–Berlin–Heidelberg.

Reineck, H.-E. (1984): Aktuogeologie klastischer Sedimente. – 348 S., Frankfurt/Main.

Reineck, H.-E. & Singh, J. B. (1980): Depositional Sedimentary Environments. – 2. Aufl., 549 S., Berlin–Heidelberg–New York.

Scoffin, T. P. (1987): An Introduction to Carbonate Sediments and Rocks. – 274 S., Glasgow.

Selley, R. C. (1988): Applied Sedimentology. – 416 S., London.

Tucker, M. E. (1985): Einführung in die Sedimentpetrologie. – 265 S., Stuttgart.

Basin Research. Seit 1988. Oxford.

Journal of Sedimentary Petrology. Seit 1931. Tulsa.

Sedimentology. Seit 1962. Amsterdam.

Sedimentary Geology. Seit 1967. Amsterdam.

Zweite Abteilung: **Endogene Dynamik**

Tektonik

Wären nur die exogenen Kräfte auf der Erde am Werke, so müßte längst aller Fels durch die Verwitterung zermürbt und das letzte Lockerteilchen, dem Schweregefälle folgend, hangabwärts gewandert sein. Die Erdoberfläche wäre eingeebnet, die Meerestiefen mit dem Schutt der Festländer aufgefüllt. Wenn die Erde diesem Zustand heute noch fern ist, so deshalb, weil *endogene Kräfte* dem Ausgleichsstreben der exogenen Vorgänge entgegenarbeiten.

Der Erdball ist nicht starr und unveränderlich, wie es bei flüchtiger Betrachtung scheinen könnte. Ständig sind Kräfte im Innern der Erde am Werke und werden in den Bewegungen der Erdkruste sichtbar. Soweit sie gegenwärtig vor sich gehen, sind sie unmittelbar zu beobachten. Die vorzeitlichen Krustenbewegungen dagegen lassen sich nur noch aus den Spuren erschließen, die sie im Gefüge der Erde zurückgelassen haben. Beides, der Bau der Erdkruste wie die Vorgänge, die ihn geschaffen haben, sind Gegenstand der *Tektonik.*

Die eine Art der tektonischen Vorgänge, die *Epirogenese*, besteht in langsamen, lange andauernden Hebungen und Senkungen der Erdkruste. Ihr stetes Wirken wird von Zeit zu Zeit durch rascher verlaufende Krustenbewegungen unterbrochen, die man als *Orogenese* oder *Tektogenese* bezeichnet. Öfters sind die unterirdischen Massenverlagerungen von Bodenerschütterungen begleitet, die uns als *Erdbeben* fühlbar werden.

18. Kapitel: Epirogenese

Geantiklinen und Geosynklinen. Seit der Mitte des 18. Jahrhunderts ist bekannt, daß an der schwedischen und finnischen Ostseeküste das Meer ständig zurückweicht. *L. v. Buch* und *Ch. Lyell* kamen schon vor mehr als hundert Jahren zu dem Schlusse, es müsse sich um Höhenänderungen des Festlandes, nicht um eine Senkung des Meeresspiegels handeln, da die alten Strandmarken in den norwegischen Fjorden landeinwärts ansteigen. Heute weiß man, daß die gegenwärtige Aufwärtsbewegung den letzten Ausklang einer buckelförmigen Auftreibung Skandinaviens darstellt, die beim Abschmelzen des pleistozänen Inlandeises einsetzte und seither allmählich erlahmt ist (Abb. 84). Man nennt eine derartige durch langsame und stetige Hochbewegung gebildete schildförmige Aufwölbung der Erdrinde eine *Geantikline* oder *Schwelle.*

Südlich der Null-Isobase, die den fennoskandischen Schild umrandet, gelangt man in ein junges Senkungsfeld, das gleichzeitig mit dem Aufstieg Nordeuropas entstanden ist (Abb. 85). Das wird durch Funde von Torflagern am heutigen Nordseegrunde erwiesen, die ihrem Florencharakter nach etwa 7000 Jahre v. Chr. Geb. gewachsen sind. Derartige Bildungen hat man

auf der Doggerbank	aus 40 m Wassertiefe
auf der Höhe von Wangeroog	aus 19 m Wassertiefe
bei Wilhelmshaven	aus 15 m Wassertiefe
in der Weser- und Elbmündung	aus 3 m Wassertiefe

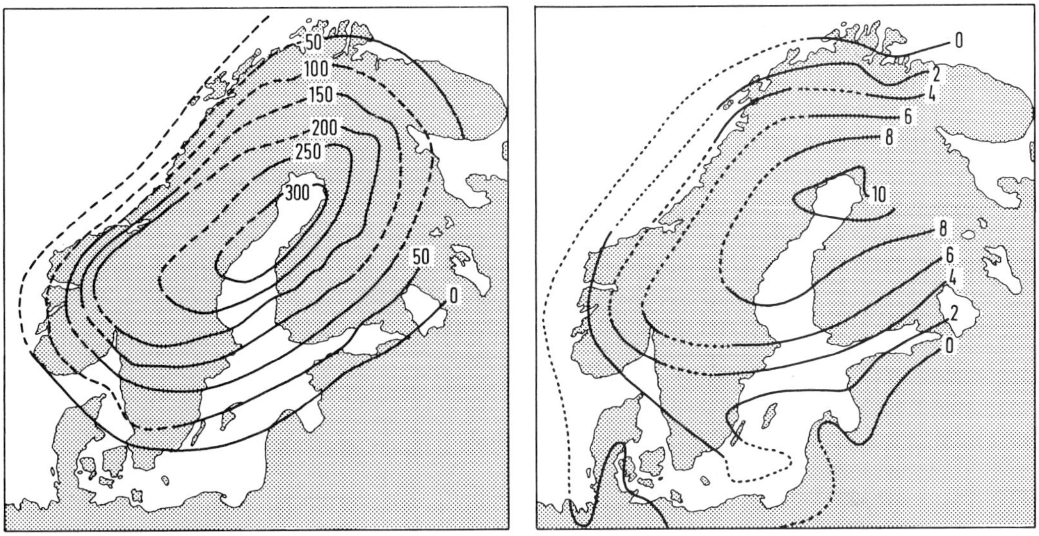

Abb. 84 Die nacheiszeitliche epirogene Aufwölbung Fennoskandiens, veranschaulicht durch Linien gleicher Hebung (Isobasen). Links: Gesamthebung in m seit der Yoldiazeit (seit 7700 v. Chr. Geb.). Rechts: Gegenwärtiges Aufsteigen in mm/Jahr

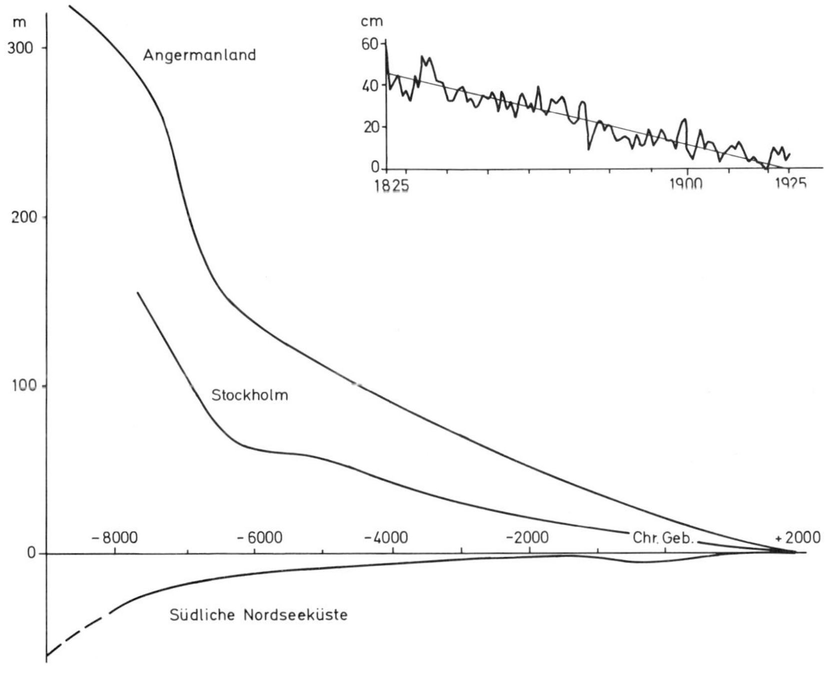

Abb. 85 Die nacheiszeitliche Verschiebung der Strandlinien im Ostsee- und Nordseegebiet. Rechts oben: Die Mittelwasserstände der Ostsee bei Stockholm in den Jahren 1825 bis 1925

aufgefischt. Wenn auch die Torfe nicht in völlig gleicher Höhenlage entstanden zu sein brauchen, so lassen sich derart große Unterschiede doch nur durch ungleichmäßige Abwärtsbewegung erklären. Der innere Teil des Nordseebeckens sank rascher und tiefer als die Randgebiete; es bildete sich eine schüsselförmige Eindellung, die das Gegenstück zur schildförmigen Aufwölbung Nordeuropas darstellt. Solche in anhaltender Senkung befindlichen Räume nennt man *Geosynklinen* oder auch *Becken* und *Tröge*.

Undationen. Der fennoskandische Schild und das Nordseebecken zeigen, in welcher Weise Geantiklinen und Geosynklinen räumlich und erdgeschichtlich verknüpft zu sein pflegen. Aufwölbungen und Einbiegungen ergänzen sich zum Bilde der *Undation* oder *Großfaltung*, eines weitspannigen Wellenwurfes der Erdkruste. Man darf annehmen, daß den oberflächlich sichtbaren Bewegungen Massenverlagerungen im tieferen Untergrunde entsprechen, bei denen der aus der Unterlage der Geosynklinen verdrängte Stoff in die geantiklinalen Schwellen einströmt.

Zugleich verdeutlichen die obigen Beispiele, an welchen Merkmalen epirogene Krustenbewegungen zu erkennen sind. Am leichtesten ist es, wenn sie gegen den Meeresspiegel als Bezugsebene vor sich gehen. In die sinkenden Hohlformen der Geosynklinen dringt die See ein und verlagert die Küstenlinie bei weiterer Vertiefung landeinwärts. Man spricht von einer *positiven Strandverschiebung* oder *Transgression*. Aus dem Umkreise von Geantiklinen weicht umgekehrt das Meer zurück, die Hebung führt zu einer *negativen Strandverschiebung* oder *Regression*. Epirogene Bewegungen auf dem Festlande sind schwieriger zu ermitteln. Die Erweiterung oder Schrumpfung eines Süßwassersees bzw. einer mit ariden Sedimenten eingedeckten Fläche kann außer den tektonischen auch klimatische Ursachen haben.

Die epirogenen Krustenbewegungen stellen beständige und langdauernde, säkulare Vorgänge dar, bei denen die einzelnen Schollen ihre ererbten Anlagen durch lange Zeiten zäh zu bewahren pflegen. Der fennoskandische Schild und das Nordseebecken haben sich nicht erst kürzlich gebildet, sondern bestanden bereits in früheren Perioden der Erdgeschichte mit nahezu den gleichen Umrissen. Die Beharrlichkeit ist ein bezeichnendes Merkmal der Epirogenese.

Das schließt freilich Unstetigkeiten im einzelnen nicht aus. Bei Verbiegungen verhält sich die Erdrinde nicht als einheitliche Platte, sondern eher wie ein Schollenmosaik, dessen Blöcke einen gewissen Spielraum besitzen. Oft laufen die Bewegungen ungleich rasch ab. Längere Stillstände wechseln mit plötzlichen Verstellungen, wobei jeder Ruck, wie im folgenden erläutert, sein morphologisches oder sedimentäres Abbild findet.

Epirogenese, Denudation und Sedimentation. Die oberflächlichen Massenbewegungen, mögen sie nun unter Vermittlung von Wasser, Eis oder Wind vor sich gehen, folgen im ganzen dem Schweregefälle. Sie halten sich damit an Bahnen, die ihnen durch die Epirogenese gewiesen werden. Die Geantiklinen sind durchweg Abtragungsgebiete und werden um so stärker denudiert, je mehr sie sich emporwölben. Die Geosynklinen sind die gegebenen Ablagerungsräume, zumal sie beim Nachsinken immer neue Sedimentmengen aufzunehmen vermögen.

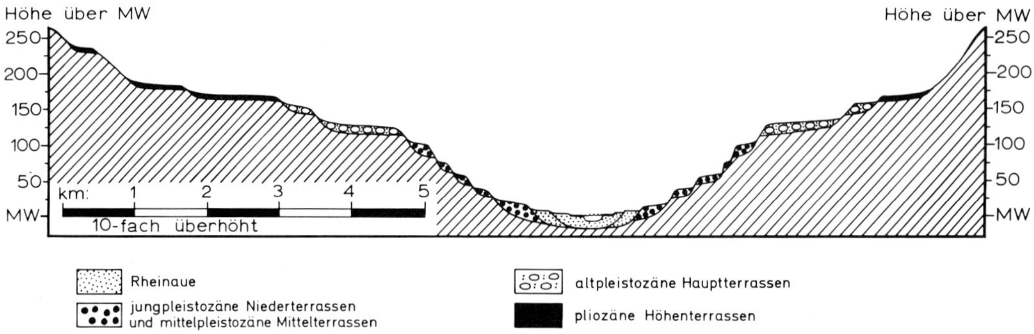

Abb. 86 Querprofil der Rhein-Terrassen im unteren Mittelrhein-Gebiet (vereinfacht von *K. Kaiser*, 1975)

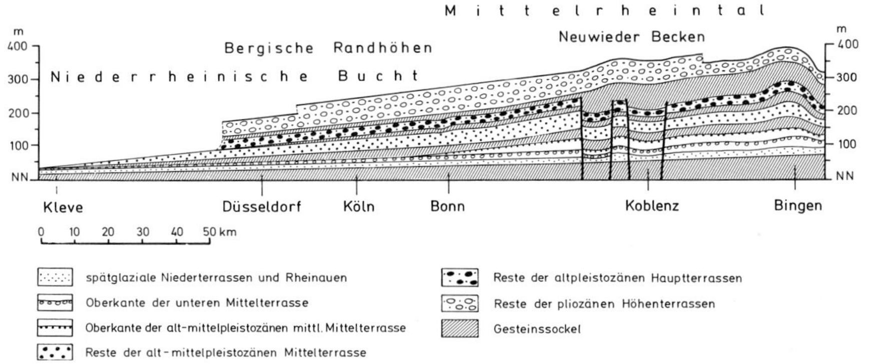

Abb. 87 Längsprofil der Rhein-Terrassen durch das Rheinische Schiefergebirge und die Niederrheinische Bucht. Entwurf von *K. Kaiser*, z.T. nach *H. W. Quitzow* (1953)

In der *Morphologie der Festlandsoberfläche* begegnen sich die Einflüsse von Gestein, Klima und Epirogenese. Zunehmende Hebung einer Scholle vergrößert das Gefälle der Wasserläufe und belebt den Tiefenschurf. Die Talflanken werden steiler, da die Rückwitterung der Hänge mit dem Einschneiden nicht Schritt zu halten vermag. Die Berggipfel schärfen sich zu Graten und gewinnen an relativer Höhe. Umgekehrt erlahmt beim Nachlassen der Hebung das Erosionsvermögen des fließenden Wassers. Der Fluß weitet sein Bett zu einer breiten, überschotterten Aue. Die schroffen Wände verschwinden, die Höhenunterschiede zwischen Berg und Tal gleichen sich aus. Schließlich bildet sich während einer längeren Zeit tektonischer Ruhe eine *Rumpfebene* heraus. Erneute Hebung führt zu einem Stufenbau der Landschaft. Der Fluß schneidet sich wieder in seinen Talboden ein und läßt Reste davon als *Flußterrasse* stehen (Abb. 86, 87). An der Meeresküste rückt die frühere Brandungsplattform als *Brandungsterrasse* über den Bereich der Wellen empor. So läßt sich aus der morphologischen Analyse der Landschaftsformen der Ablauf der Krustenbewegungen erschließen.

Festländische Senken haben angesichts des Vorherrschens von Ausräumung und Abtragung selten Aussicht, sich mit Ablagerungen zu füllen und mit ihrem Sedimentinhalt erhalten zu bleiben. Ausgenommen ist die aride Zone, wo der Verdunstungsüberschuß das Bestehen abflußloser Hohlformen erlaubt, in denen sich Schutt anhäufen kann.

Die *Meeresräume* sind die tiefsten und ausgedehntesten Senkungsfelder der Erdkruste und damit die bevorzugten Sammelbecken für die Abtragungsmassen des Festlandes. Schon vor 100 Jahren hat *Ch. Darwin* aus dem Vergleich der Reihe *Saumriff – Wallriff – Atoll* (S. 91) gefolgert, daß sich Teile des Bodens der Südsee flächenhaft in Abwärtsbewegung befinden. Bohrungen und geophysikalische Messungen haben in der Tat unter einigen Atollen an 1000 m Korallenkalk nachgewiesen, der zum Teil bis ins Alttertiär zurückreicht und einem vulkanischen Sockel aufsitzt. Da die Riffkorallen nur in ganz flachem Wasser gedeihen (S. 91), sind derartige Mächtigkeiten allein durch langsame Senkung zu erklären. Auf ähnliche Weise dürften die Guyots (S. 94) entstanden sein. Sie bauten sich einst als Vulkane bis über den Meeresspiegel auf, wurden nach dem Erlöschen zu einer Brandungsplattform gekappt und sanken dann samt dem umliegenden Meeresgrund in die Tiefe. Gürtel besonders starker Senkung scheinen die Ränder der Kontinente zu begleiten. So hat man längs der atlantischen Küste Nordamerikas unter dem Schelf und Kontinentalabfall einen mit bis 5000 m junger Sedimente gefüllten Trog nachgewiesen.

Wie in der Gegenwart, so nahm auch in der erdgeschichtlichen Vergangenheit das Meer die bedeutendsten Geosynklinen ein. Daraus erklärt sich, daß uns aus älteren Perioden ganz überwiegend marine Ablagerungen überliefert sind. Ihre Fazies, Mächtigkeit und Verbreitung geben uns die Möglichkeit, die früheren Sedimentationsräume und Krustenbewegungen gedanklich wiedererstehen zu lassen. Schreitet bei einer positiven Strandverschiebung die Brandungszone über ein ehemaliges Festland hinweg, so entsteht ein *Transgressionskonglomerat*, das bei weiterem Sinken von Bildungen des tieferen Wassers überlagert wird. Regressionen sind umgekehrt an der rückläufigen Faziesentwicklung und dem schließlichen Aufhören des Absatzes zu erkennen.

Räumen von unregelmäßiger Begrenzung mit geringer Sedimentdicke und vorwiegend kontinentalen Ablagerungen stehen langgestreckte, klar begrenzte Gebilde, die *Geosynklinen*, gegenüber. Gestalt und Geschichte von Geosynklinen sind kompliziert und vielfältig. Dies hat zu einer Inflation von Begriffen geführt. Die Füllung der Geosynklinen ist durch marine Ablagerungen charakterisiert, die oft eine zehnmal größere Mächtigkeit erreichen

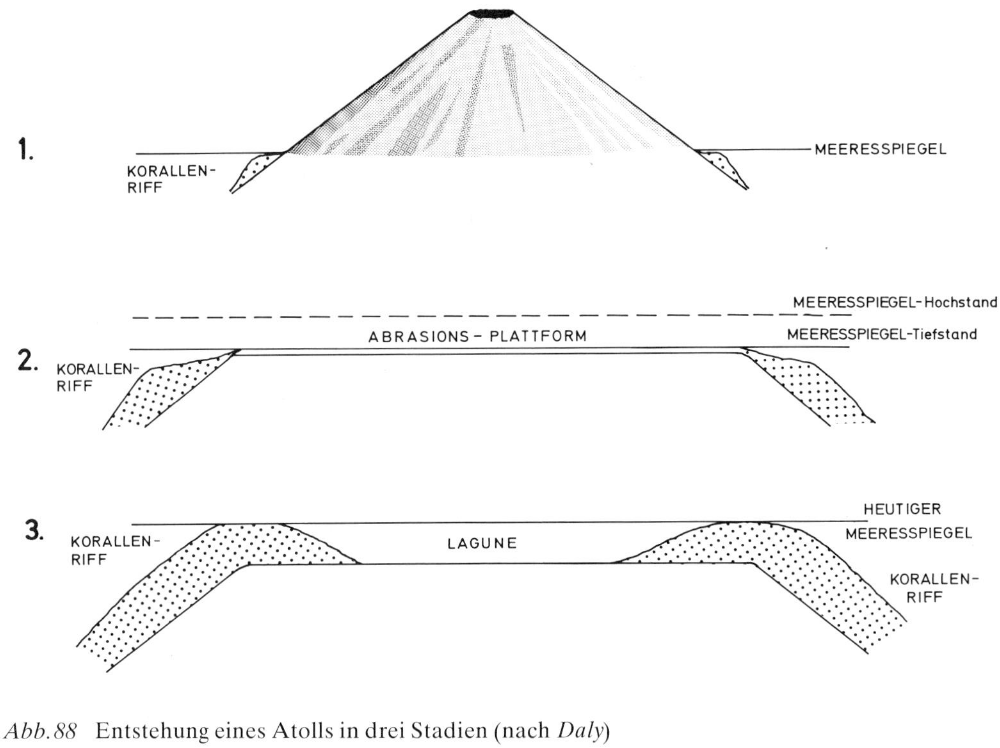

Abb. 88 Entstehung eines Atolls in drei Stadien (nach *Daly*)

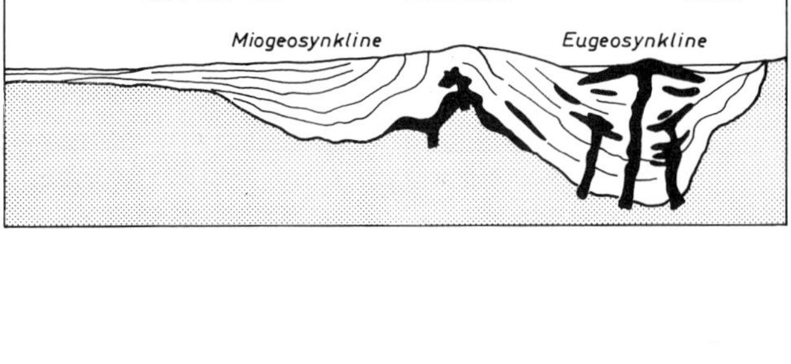

Abb. 89 Miogeosynkline und Eugeosynkline am Beispiel eines Profils durch die Appalachen (nach *Kay*). Erläuterung im Text

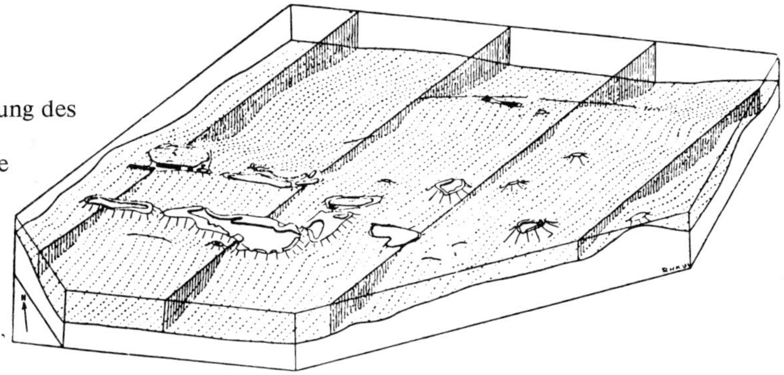

Abb. 90 Aus der Gestaltung des Meeresbodens ablesbare Krustenverbiegungen. Die Atolle liegen bevorzugt auf den Geantiklinen. Tukang-Besi-Gruppe bei Celebes. Indonesischer Archipel (nach *Ph. Kuenen*). Maßstab 1 : 2½ Mill., 2fach überhöht

können als die gleichalten Sedimente in benachbarten Tafelländern. Die Absenkung der Tröge und die Sedimentation verliefen synchron, da die Masse der Gesteine - Karbonatgesteine, Sandsteine, Tonschiefer - in relativ seichtem Wasser gebildet wurde. Wenn ausschließlich Sedimente vorhanden sind, spricht man von *Miogeosynklinen* (Abb. 89). Sind kieselsäurearme Vulkanite im Bestand von Geosynklinen verbreitet, so deutet dies auf eine Zufuhr aus der Unterkruste oder dem Mantel hin *(Eugeosynkline)* (Abb. 89).

Die Geosynkline war selten ein einheitlicher Trog, sondern meist in eine Anzahl paralleler Becken und Schwellen gegliedert.

Im einzelnen verläuft die Epirogenese oft unstetig. Mächtige Schichtprofile bauen sich häufig aus einer vielfältigen, regelmäßigen Wiederholung bestimmter Gesteinsfolgen auf. Solche *Sedimentationszyklen* oder *Cyclotheme* sind, zumindest in manchen Fällen, durch periodisch wechselnde Senkungsgeschwindigkeit zu erklären.

Eustatische Meeresbewegungen. Die Bedeutung, die dem Meeresspiegel als Bezugsfläche für epirogene Vertikalverstellungen zukommt, legt die Frage nahe, ob diese Basis durch die geologischen Zeiten wirklich unverändert geblieben ist. Wie berechtigt Zweifel sind, sieht man schon daraus, daß sich die ozeanischen Pegelstände an allen Küsten seit 1880 um etwa 1 mm/Jahr heben. Eine solche erdweit verbreitete Erscheinung ist nur als ein Steigen des Weltmeeres, nicht als ein Sinken der Festländer zu verstehen. Sie ist auf die Klimabesserung der letzten Jahrzehnte und den dadurch bedingten vermehrten Zufluß von Gletscherschmelzwasser zurückzuführen. Völliges Schwinden der heutigen Gletscher würde dem Weltmeer eine Wassersäule von rund 75 m zuführen, seinen Spiegel allerdings nur um etwa 50 m steigen lassen, da mit einem gewissen isostatischen Nachgeben des Meeresgrundes unter der vergrößerten Last (S. 116 f.) zu rechnen ist.

Höhenänderungen der Meeresoberfläche oder *eustatische Spiegelschwankungen* sind aus folgenden Ursachen denkbar:

1. Schwankungen in der Gesamtmenge des irdischen Oberflächenwassers (Zunahme durch vulkanische Exhalationen, Abnahme durch chemische Bindung),
2. Wandlungen in der Fassungskraft der ozeanischen Räume (Auffüllung durch Sedimente, tektonische Umgestaltungen),
3. veränderte Verteilung des Wassers zwischen Meer und Festland (Wachstum und Schwinden von Gletschern und Seen).

In der jüngsten Vergangenheit hat der ozeanische Wasserstand mehrmals um 100–200 m gependelt, denn die quartären Klimaschwankungen ließen die Inlandeisfelder wiederholt wachsen und abschmelzen. Während des eiszeitlichen Tiefstandes des Meeres war die Festlandsküste jeweils bis an die Schelf-Außenkante vorgeschoben. Noch heute trägt der Schelf Reste der damals entstandenen Ablagerungen: grobe Strandsande, Torf, Schotter oder Dünensande, und ist von Tälern zerschnitten.

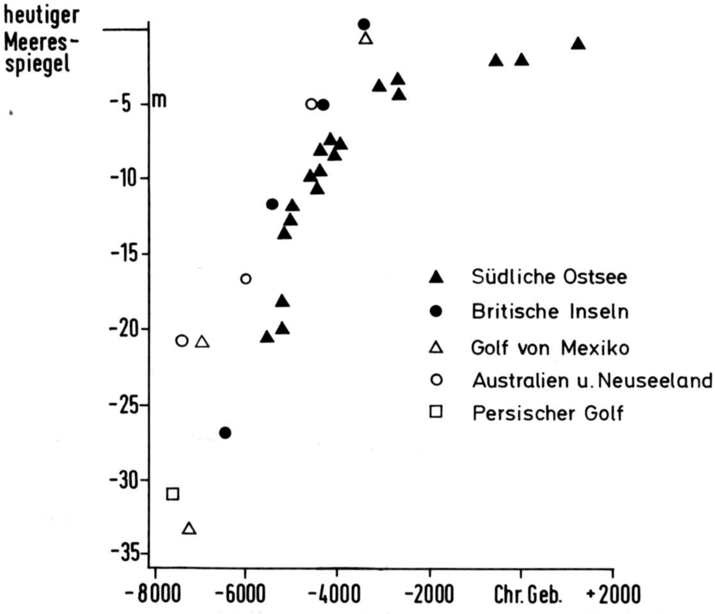

Abb. 91 Der nacheiszeitliche eustatische Spiegelanstieg des Weltmeeres, ermittelt an einer Reihe nach Jahren datierbarer Transgressionen

Die Frage, inwieweit die Transgressionen und Regressionen früherer Erdperioden eustatische Anteile enthielten, ist noch ungeklärt. Insgesamt dürfte sich die Wassermenge des Weltmeeres seit dem Kambrium nicht wesentlich verändert haben.

Ergänzende Schriften

Aubouin, J. (1965): Geosynclines. – Developm. Geotect. I, 335 S., Amsterdam–London–New York.

Hsü, K. J. (Hrsg.) (1986): Mountain Building Processes. – 276 S., London.

Kay, M. (1951): North American Geosynclines. – Mem. Geol. Soc. Amer., 48, 143 S., New York.

Potter, P. E. & Pettijohn, F. J. (1977): Paleocurrents and Basin Analysis. – 2. Aufl., 425 S., Berlin–Heidelberg–New York.

Vita-Finzi, C. (1986): Recent Earth Movements. – 226 S., London.

19. Kapitel: Erdbeben

Erscheinungen bei Erdbeben. Am frühen Morgen des 18. April 1906 spürten einige Bewohner von San Francisco ein schwaches Erzittern des Bodens, das von einem dumpfen unterirdischen Rollen begleitet war. Nach einer Minute steigerten sich die Erschütterungen und schreckten die Bevölkerung der kalifornischen Küstengebiete aus dem Schlafe auf. Nun folgte eine Reihe anfangs äußerst heftiger, dann allmählich nachlassender Stöße. Das ganze Beben umfaßte einen Zeitraum von 3½ min, aber es genügte, um San Francisco und eine Anzahl benachbarter kleinerer Städte teilweise in Schutt zu legen. Gefühlt wurden die Erschütterungen mit abnehmender Stärke noch auf einer sehr viel größeren Fläche. Auch die Schiffe in der Nähe des Landes erhielten Stöße, als ob sie über ein Felsenriff hinwegglitten. Schwankungen des Meeresspiegels und Flutwellen (seismische Wogen, *Tsunamis*), die bei anderen Küstenbeben, z. B. Messina 1908, von verheerender Wirkung waren, fehlten dagegen. Dem Hauptbeben folgte mit erlahmender Stärke ein Schwarm von Nachstößen bis ins nächste Jahr.

Die Stärke der Zerstörung war von der Beschaffenheit des Untergrundes abhängig. Auf anstehendem Fels und dünner Verwitterungsdecke blieben die Schäden gering.

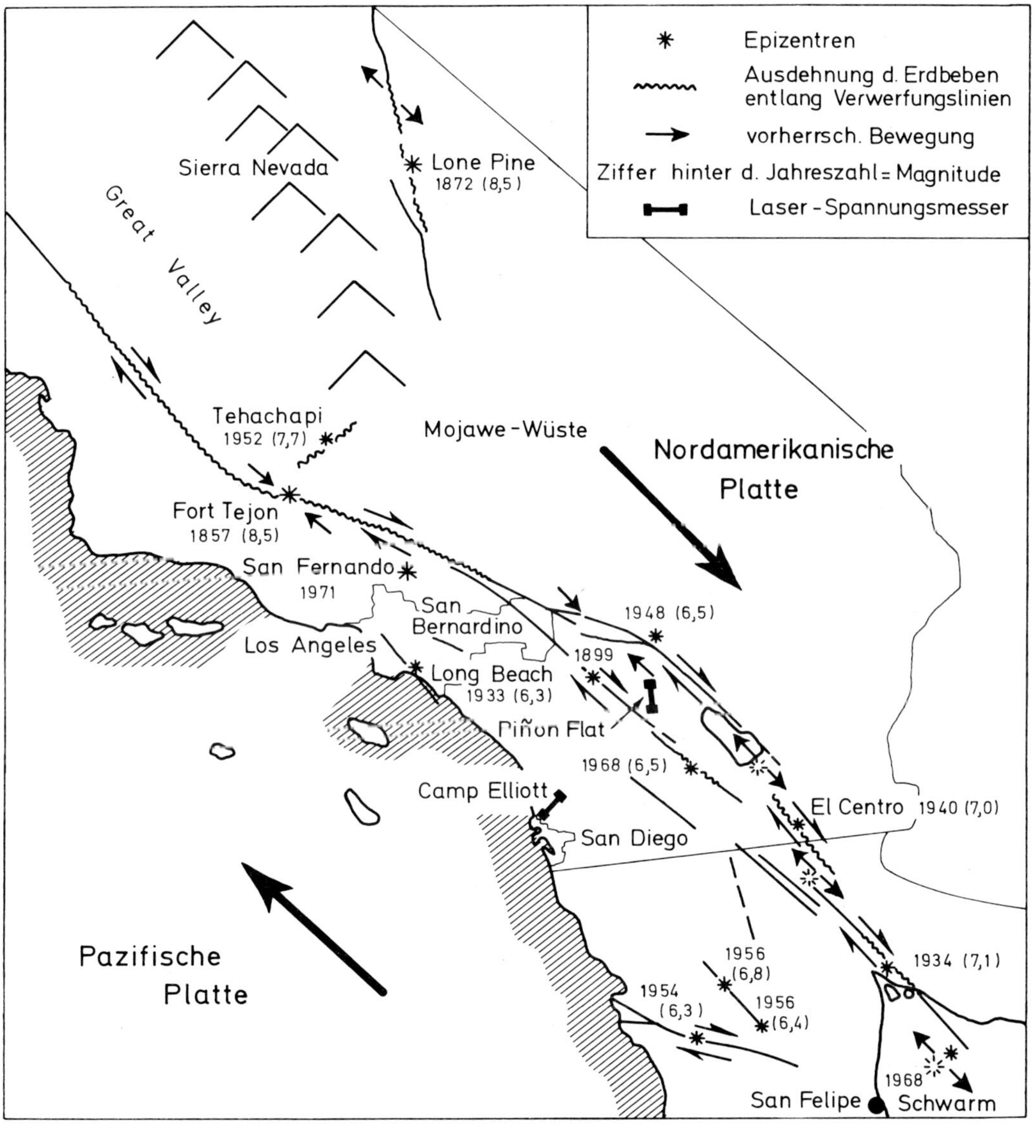

Abb. 92 Übersicht über Erdbeben in Kalifornien. Magnituden nach der Richter-Skala (nach *J. Berger* in Umschau 1971)

Am stärksten wurden die Schwemmlandgebiete betroffen, wo sich der Boden infolge der Rüttelbewegungen unter Austritt von Grundwasser setzte. Erdrutsche entstanden, streckenweise war die Talaue in ein Haufwerk von Schollen zerlegt.

Beim Beben wurde längs einer 900 km langen, etwa der Küste parallelen Fuge, der sog. *San-Andreas-Linie*, der Küstenstreifen Kaliforniens relativ zum Festlandsinnern um 1–6 m gegen NW versetzt. Von dieser Linie waren die Erderschütterungen ausgestrahlt, das ging aus der Bindung der Gebiete stärkster Zerstörung an ihren Verlauf hervor (Abb. 92, 93). Genauere Untersuchungen zeigten, daß die San-Andreas-Linie samt ihren Begleitern eine alte Bewegungsbahn darstellt. Auf insgesamt 3400 km Länge durchzieht sie den Felsgrund des westlichen Nordamerika als eine steilstehende, km-breite Zone zerrütteten Gesteins. Seit langem sind an ihr Seitenverschiebungen im Gange, die stets im gleichen Sinne gerichtet waren. Für das letzte Jahrhundert ist außer mehreren, mit Erdbeben verknüpften Rucken eine stetige Verbiegung um etwa 5 cm/Jahr festgestellt. Pleistozäne Täler sind je nach Alter bereits um 1–20 km versetzt. Für die Zeit seit dem Jungtertiär mag der Verschiebungsbetrag 250 km erreichen.

Abb. 93 Horizontale Schollenverschiebung um 1½ m an der San-Andreas-Linie, entstanden beim Erdbeben von San Francisco 1906

Messung der Bodenerschütterungen. Erdbeben sind das Ergebnis einer plötzlichen und ruckartigen Freisetzung von gestauter Deformationsenergie in der Erdkruste oder im Erdmantel. Im unmittelbaren Herdgebiet kann diese Energieumsetzung zur Verschiebung von Gesteinspartien führen, zum anderen werden seismische Wellen abgestrahlt, die je nach Stärke des Bebens, Tiefenlage und Entfernung zu mehr oder weniger starken Schwingungen des Bodens führen.

Das Kerngebiet stärkster Wirkung an der Erdoberfläche wird als *Epizentrum* eines Erdbebens bezeichnet. Der Ursprungsraum im Erdinnern, der ungefähr senkrecht unter dem Epizentrum liegt, heißt Herd oder *Hypozentrum*.

Die Wahrnehmung von Erdbeben ohne Registrierinstrumente, das heißt die Wirkung auf Menschen, Bauten und Landschaft, bezeichnet man als Makroseismik. Seit Beginn dieses Jahrhunderts hat man für diese fühlbaren und sichtbaren Auswirkungen der Erdbeben

Intensitätsskalen eingeführt. Die bekannteste Skala, die Cancani-Mercalli-Sieberg-Skala, ist zwölfstufig und umfaßt den Bereich von „nicht fühlbar" bis zur totalen Zerstörung (siehe Tabelle, unten).

Von der Intensitätsskala ist die der *Magnituden* zu unterscheiden. Die Stärke und damit die Energie eines Bebens wird nach *Richter* durch die Magnitude angegeben. Dabei wird die freigesetzte Energie im Erdbebenherd in einer logarithmischen Skala bestimmt. In die Berechnung gehen die Ausschlagwerte der Seismographen, die Entfernung der Station zum Erdbebenherd, die Herdtiefe und eine empirisch ermittelte Konstante für den Untergrundeinfluß ein.

Von der Definition ist diese logarithmische Skala nach beiden Seiten offen, doch wurden bislang keine Beben mit einer Magnitude über 9 registriert. Weltweit werden an empfindlichen Erdbebenstationen noch Beben mit einer Magnitude von etwa 4,5 registriert. Zum Vergleich sei erwähnt, daß ein aus einer Höhe von 10 m fallender, 100 kg schwerer Stein ein Erdbeben der Magnitude minus 0,5 erzeugt.

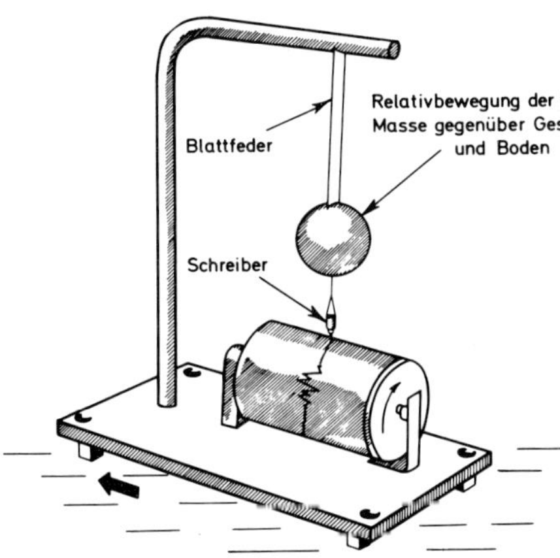

Abb. 94

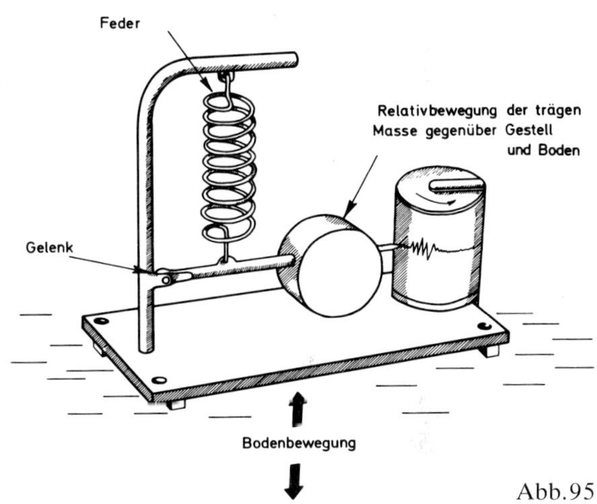

Abb.95

Abb. 94 Typ eines Seismographen zur Registrierung einer horizontalen Komponente der Bewegung (vereinfacht nach The Earth: Its Shape, Internal Structure and Composition, Open Univ. Press, London)

Abb. 95 Typ eines Seismographen zur Registrierung der vertikalen Komponente der Bewegung (vereinfacht nach The Earth: Its Shape, Internal Structure and Composition, Open Univ. Press, London)

Intensität	*Makroseismische Wirkung*
I	nur von Seismographen registriert
II	nur vereinzelt von ruhenden Personen wahrgenommen
III	nur von wenigen verspürt
IV	von vielen wahrgenommen; Geschirr und Fenster klirren
V	hängende Gegenstände pendeln; Schlafende erwachen
VI	leichte Schäden an Gebäuden; einzelne Risse im Verputz
VII	Risse im Verputz; Spalten in Wänden und Schornsteinen
VIII	große Spalten in den Mauern; Giebelteile und Dachgesimse stürzen ein
IX	an Bauten stürzen Wände und Dächer ein; Erdrutsche
X	Einsturz von vielen Bauten; Spalten im Boden von 1 m Breite
XI	viele Spalten im Boden; Erdrutsche in den Bergen
XII	starke Veränderungen an der Erdoberfläche

Erdbeben werden durch *Seismographen* registriert, Instrumente, die in vielen Stationen der Erde aufgebaut sind (Abb. 94, 95). Um die Erschütterungen aufzeichnen zu können, braucht man ein Bezugssystem, das vom Erdboden unabhängig ist. Am nächsten kommt dieser Forderung das Pendel, dessen Prinzip den meisten Seismographen zugrunde liegt. Eine schwere Masse wird mit möglichst geringer Reibung in empfindlicher Gleichgewichtslage frei beweglich gehalten. Die Verschiebungen, die das Gehäuse relativ zum Pendelkörper ausführt, zeichnen sich vergrößert als *Seismogramm* (Abb. 96) auf einen Registrierstreifen mit Zeitmarkierung auf. In modernen Erdbebenstationen werden die Bodenbewegungen auf Magnetband aufgezeichnet. Zur vollständigen Wiedergabe der Erschütterungen benötigt man drei Apparate: zwei Horizontalseismographen für die beiden waagrechten und einen Vertikalseismographen für die senkrechte Bewegungskomponente.

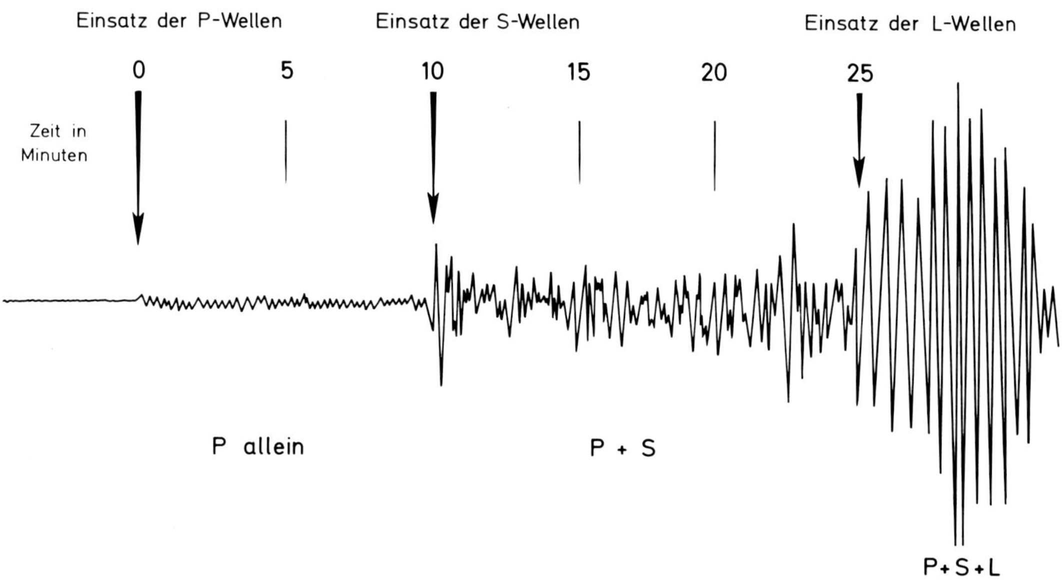

Abb. 96 Seismogramm, registriert in einer Herdentfernung von 77° oder 8550 km mit den drei typischen Wellengruppen (Longitudinal-, Transversal- und Oberflächenwellen). Epizentrum in Erzincan, Türkei, Aufnahme in Cambridge, Mass., USA, am 26. 12. 1939

Fortpflanzung der Bebenwellen. Je größer die Epizentralentfernung ist, desto länger werden (Abb. 96) die Seismogramme, und desto deutlicher treten die verschiedenen Wellengruppen heraus. Der Stoß im Herd löst sich in eine Reihe von Wellenzügen auf, welche den Seismographen nacheinander – sei es auf verschiedenen Wegen, sei es auf derselben Bahn, nur mit verschiedenen Geschwindigkeiten – erreichen. Es handelt sich in der Hauptsache um folgende Wellenarten:

1. Die *P-Wellen*, undae primae oder erste Vorläufer, kommen zuerst an. Es sind longitudinale (Verdichtungs-Verdünnungs-) Raumwellen, die ihren Weg mit hoher Geschwindigkeit quer durch den Erdkörper nehmen.
2. Die *S-Wellen*, undae secundae oder zweite Vorläufer, sind transversale (Scherungs-) Raumwellen, die den ersten Vorläufern mit etwa der halben Geschwindigkeit auf demselben Wege folgen.
3. *Rayleigh (R)-* und *Love (L)-Wellen*, undae longae, kommen als letzte an, da sie sich mit verhältnismäßig geringer Geschwindigkeit als Interferenzwellen längs der Erdoberfläche ausbreiten (Abb. 97).

Die Ankunft jeder dieser Wellenarten am Beobachtungspunkte ist im Seismogramm durch bezeichnende Ausschläge, *Einsätze*, kenntlich. Sie geben uns Anhaltspunkte für den Entwurf der *Laufzeitkurve* (Abb. 98), eine Art von Wellenfahrplan, mit dessen Hilfe

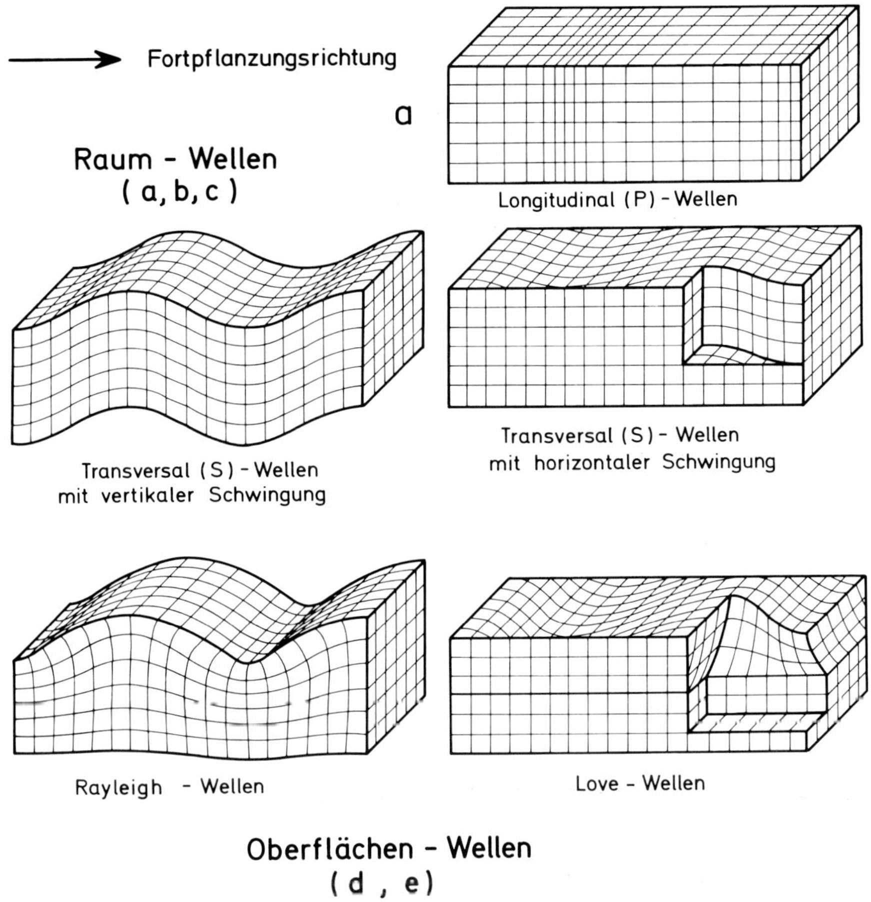

Abb. 97 Richtung der Bodenbewegung für die seismischen Raumwellen und Oberflächenwellen (vereinfacht nach *K. Jung* 1953)

man umgekehrt die Entfernung unbekannter Bebenherde zu errechnen vermag. Liegen Beobachtungen von mehreren Stationen vor, so läßt sich das Epizentrum mit einer Genauigkeit von einigen Zehnern km, bei Nahbeben sogar von einigen km einkreisen. Das Verfahren macht uns von makroseismischen Beobachtungen unabhängig; auch Epizentren in wenig bewohnten Gebieten oder in submarinen Schwellen sind so festzulegen.

Man kann ferner, soweit die Aufzeichnungen herdnaher Seismographen zur Verfügung stehen, aus der Zeitfolge der Einsätze auch die *Herdtiefe* berechnen. Mehr als 80% aller Beben wurzeln als *Flachbeben* in 5–70 km Tiefe, also in der Erdkruste. Nur wenige haben als *Zwischenbeben* (70–300 km Tiefe) und *Tiefbeben* (bis 700 km Tiefe) ihren Ursprung weiter im Erdinnern. Herdtiefen > 700 km sind noch nicht beobachtet worden (Abb. 101, S. 128).

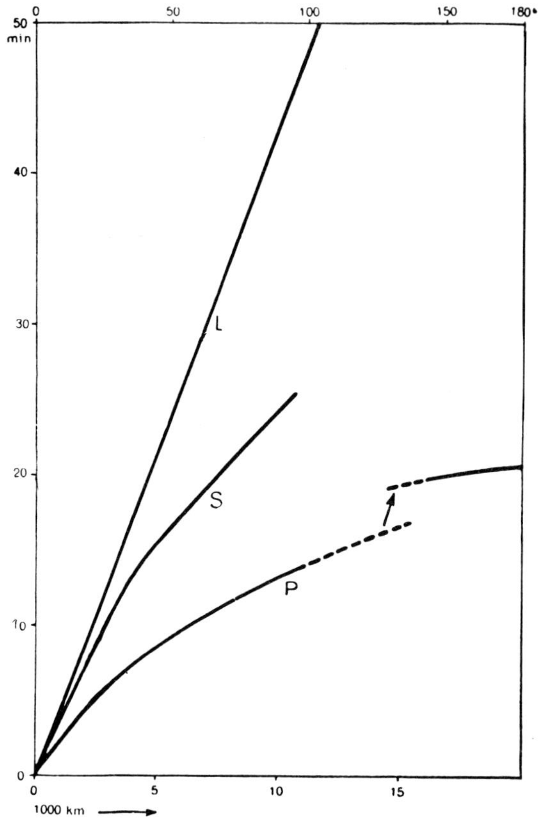

Abb. 98 Laufzeitkurven der P-, S- und L-Wellen

Abszisse: Herdentfernung in km, auf der Erdoberfläche gemessen
Ordinate: Laufzeit in Minuten

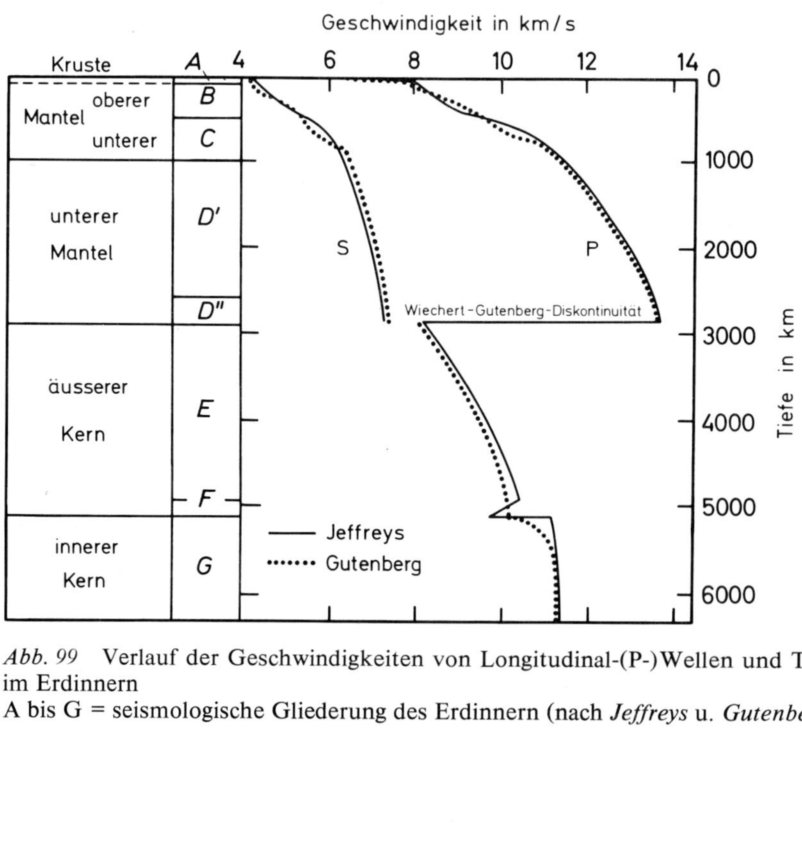

Abb. 99 Verlauf der Geschwindigkeiten von Longitudinal-(P-)Wellen und Transversal-(S-)Wellen im Erdinnern
A bis G = seismologische Gliederung des Erdinnern (nach *Jeffreys* u. *Gutenberg*)

Gliederung des Erdinnern. Aus den Laufzeitkurven läßt sich die Geschwindigkeit der Bebenwellen berechnen. Dabei zeigt sich, daß die Vorläufer sich um so rascher fortpflanzen, je tiefer sie in das Erdinnere eintauchen. Die Erde ist inhomogen. Elastizität und Dichte, von denen die Fortpflanzungsgeschwindigkeit abhängt, ändern sich mit der Tiefe teils allmählich, teils sprunghaft. Die Wellen laufen daher auch nicht auf geraden Linien, sondern auf gekrümmten Bahnen und Werden wie das Licht an den Unstetigkeitsflächen gespiegelt und gebrochen (Abb. 99). Auf diese Weise ergab sich aus den Seismogrammen folgende Gliederung des Erdballs:

Kruste
--- in etwa 35 km Tiefe (Mohorovičić-Diskontinuität) scharfe Grenzfläche ---
Mantel
--- in 2900 km Tiefe scharfe Grenzfläche ---
Kern

Der stoffliche Bestand der Erdschalen wird in Kap. 28 behandelt.

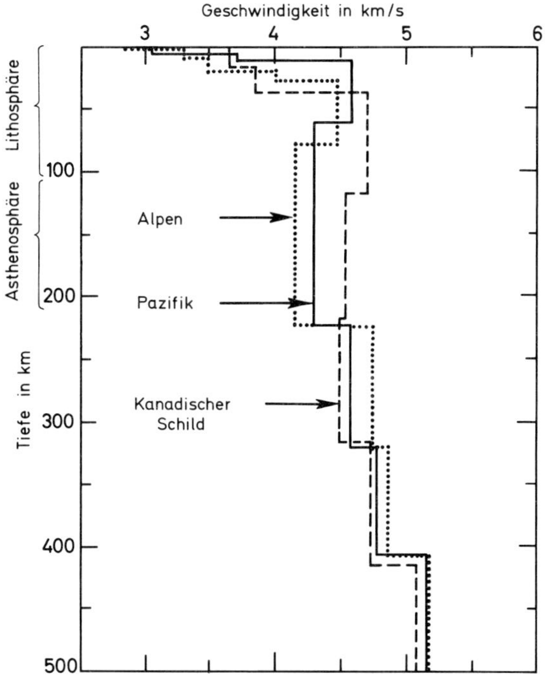

Abb. 100 Geschwindigkeit der Transversalwellen in drei verschiedenen tektonischen Räumen (nach *Dorman* 1969)

Zeitliche und räumliche Verbreitung der Erdbeben. Man schätzt die jährliche Zahl der Beben mit Magnituden über 3 auf etwa 100 000; der Erdball ist also kaum jemals in Ruhe. Die *zeitliche Verteilung* der Beben ist im Hinblick auf ihre Voraussagbarkeit oft untersucht worden. Doch ist es bislang nicht gelungen, die Auslösung von Erdbeben mit irgendwelchen irdischen oder außerirdischen Vorgängen unmittelbar in Zusammenhang zu bringen.

Untersuchungen zur *Vorhersage von Erdbeben* werden seit einigen Jahren besonders in den USA, Japan, China und der Sowjetunion vorangetrieben. Vertikale und horizontale Veränderungen der Erdkruste beobachten Laser-Spannungsmesser; Veränderungen von Druck- und Scherungswellen und Bodenneigungen werden gemessen. Merkwürdiges Verhalten von Tieren vor stärkeren Erdbeben nach Beobachtungen in Alaska, Kalifornien, China oder Japan läßt darauf schließen, daß Tiere durch verschiedene physikalische Effekte, die einem Beben vorausgehen, Erdbeben vorausfühlen können.

Das räumliche Verbreitungsbild ist von dem Gegensatz zwischen Bebengürteln und schütterarmen Flächen beherrscht (Abb. 101). Der wichtigste Gürtel umschlingt den Stillen Ozean, ein zweiter erstreckt sich vom Indonesischen Archipel über das Mittelmeergebiet bis Madeira. An diese beiden sind alle tieferen Bebenherde gebunden. Weitere, schwächere und nur mit Flachbeben besetzte Gürtel folgen den Mittelschwellen der Ozeane. Die bebenarmen Flächen umfassen große Teile beider Amerika, Afrikas und des nördlichen Eurasien sowie die Tiefseeböden. Allgemein sind die stark skulptierten Gebiete seismisch aktiv, die Ebenheiten der Erdoberfläche dagegen ± bebenfrei.

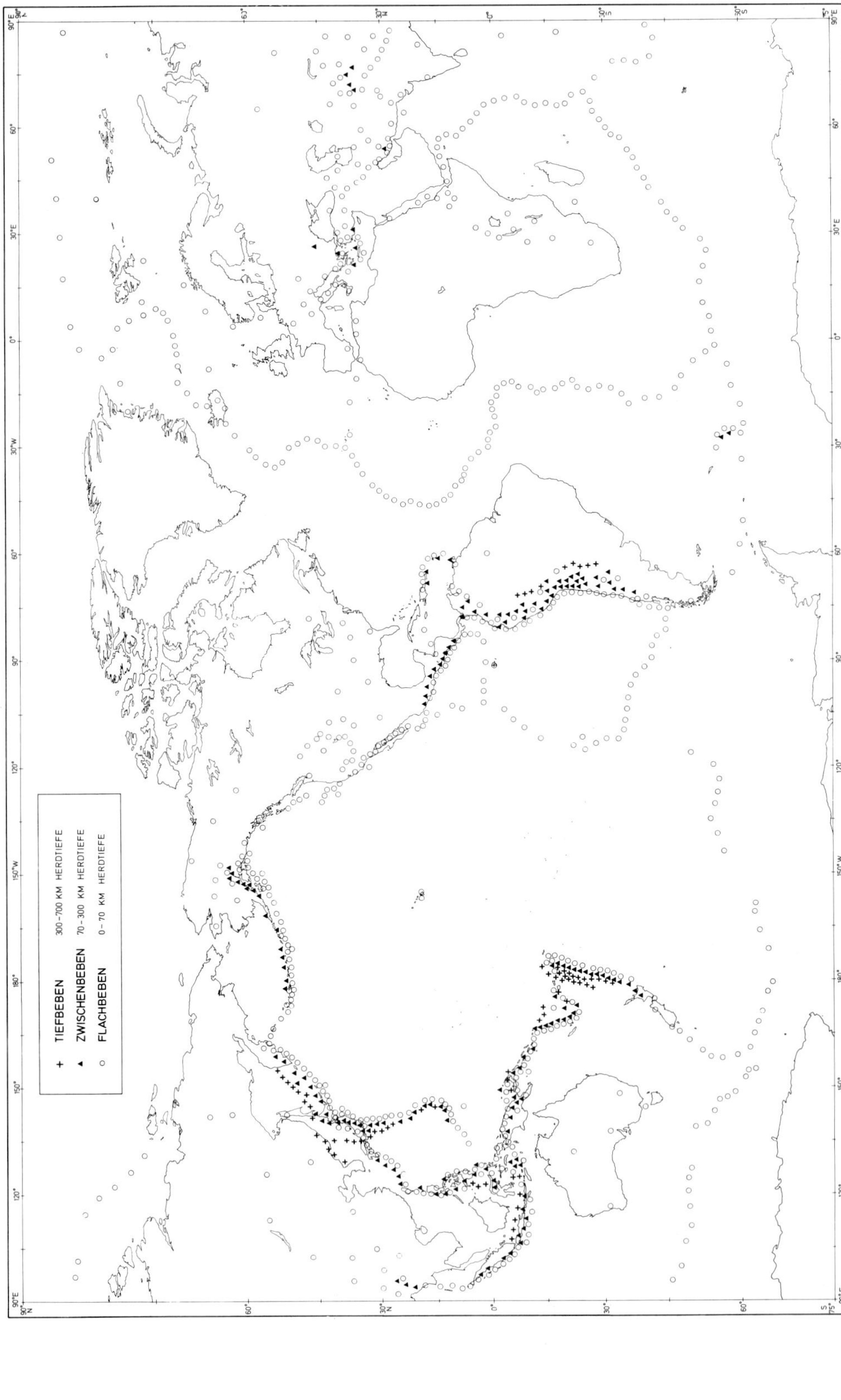

Abb. 101 Karte der Erdbebentätigkeit in den Jahren 1961 bis 1969 (vereinfacht nach US Department of Commerce). Erdbeben sind überwiegend an Plattengrenzen gebunden (siehe S. 263).

Ursachen der Erdbeben. Erinnern wir uns der Beziehungen zwischen Relief und Krustenbewegungen (S. 114), so besagt diese Regel, daß die Mehrzahl aller Beben räumlich und damit wohl auch zugleich ursächlich an die jungen tektonischen Zonen der Erde gebunden ist. Man nennt sie deshalb *tektonische Erdbeben* und erklärt sie durch das plötzliche Freiwerden von potentieller Energie. In der Erdkruste und im oberen Erdmantel speichern sich elastische Spannungen. Überschreiten sie die Festigkeitsgrenze, so entsteht eine Bruchfläche, an der die Gesteinsmassen in die Ruhelage zurückschnellen. Dabei strahlt die angesammelte Energie als Bebenwelle vom Herd nach allen Seiten aus. Sehr starke Beben bringen den ganzen Erdball ins Schwingen. Die Auswertung der Seismogramme hat ergeben, daß horizontale Schollenversetzungen gemäß dem Beispiel Kaliforniens die häufigste Bebenursache darstellen, wobei sich die errechnete Lage der Verschiebungsfläche dem geologischen Bau des Epizentralgebiets gut einfügt.

Gegenüber den tektonischen Beben treten die Bodenerschütterungen durch vulkanische Ausbrüche oder durch den Zusammensturz unterirdischer Höhlungen, die *vulkanischen Beben* und *Einsturzbeben*, ganz zurück. Wenn sie auch örtlich erhebliche Zerstörungen anrichten können, so haben sie wegen der kleinen in Bewegung gesetzten Massen doch nur eine sehr geringe Energie und Reichweite.

Angewandte Seismik. Die Methode, den Schichtbau der Erde aus den Einsätzen im Seismogramm zu errechnen, läßt sich auch praktisch nutzbar machen. Man arbeitet hierbei mit künstlichen Erdbeben, d. h. man legt eine Sprengladung in den Boden und nimmt die Stoßwellen mit tragbaren, den Seismographen nachgebildeten Erschütterungsmessern auf.

Die *Reflexionsseismik* verwendet das Echo des Sprengschusses, um Tiefe und Neigung von Gesteinsgrenzflächen festzustellen, welche die Erschütterungswellen reflektieren. Moderne Registriertechnik und der Einsatz von Computern ergeben zwei- und dreidimensionale Strukturbilder des Untergrundes mit einem hohen Auflösungsgrad (Abb. 103, s. S. 133). Eindringtiefen von 5–10 km sind heute normal, es gibt aber bereits Beispiele für die gesamte Erdkruste (30 km Mächtigkeit).

Die *Refraktionsseismik* wertet die unter dem kritischen Winkel gebrochenen Wellen aus (Abb. 102, 104). Diese Methode erlaubt eine einfache Bestimmung der Wellengeschwindigkeit in den verschiedenen Gesteinsschichten.

	Geschwindigkeit der Longitudinalwellen km/s
Sand und Ton	½–2
Sandstein, Schieferton	2–4
Quarzit, Tonschiefer, Kalk	3–5
Granit und andere saure Erstarrungsgesteine	5–5½
Basalt und andere basische Erstarrungsgesteine	6–8

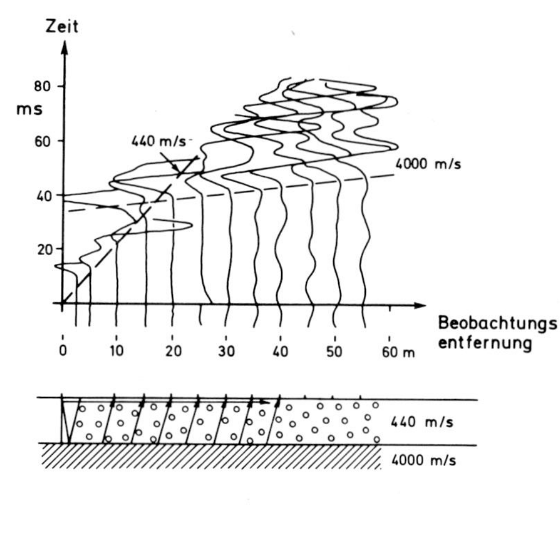

Abb. 102 Seismogrammbeispiel einer hammerschlagseismischen Untersuchung zur Bestimmung von Schottermächtigkeiten über Kalken des Weißjura (unveröffentlicht nach *A. Stein* 1973)

Farbbild 1

Farbbild 2

Farbbild 3

Farbbild 4

Farbbild 1 Morphologie. Hintergrund: Granitpluton des Payne-Massivs. Vordergrund: Flysch-Sedimente. Südchile

Farbbild 2 Verwitterung: Schuttströme unterhalb der Sonnenspitze, Karwendelgebirge

Farbbild 3 Tiefgründige Roterdeverwitterung auf Basalt. Küstenkordillere Kolumbien

Farbbild 4 Verwitterung im ariden Klima: Ton unten, Sandstein Mitte, Salz oben. Cordillera de la Sal, Atacama-Wüste, Chile

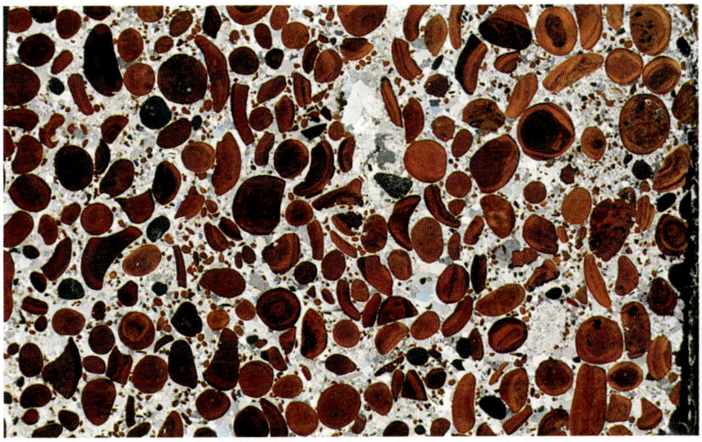

Farbbild 5

Farbbild 6

Farbbild 7

Farbbild 8

Farbbild 5 Sparitischer Brauneisenoolith (Bohnerz). Schwäbische Alb (Dünnschliff)

Farbbild 6 Hornsteinknollen (hell) herausgewittert in Plattenkalk. Ostkreta

Farbbild 7 Junger Vulkanismus. Hintergrund: andesitische Stratovulkane (6300 m); Vordergrund: rhyolitische Ignimbrite. Paso San Franzisco, Grenze Chile/Argentinien

Farbbild 8 Basische vulkanische Ganggesteine in Granit. Küstenkordillere Chile

Farbbild 9

Farbbild 10

Farbbild 11

Farbbild 9 Migmatit. Paläozoikum. Küstenkordillere Chile

Farbbild 10 Faltung mit Stoffwanderungen (Quarz, hell) in paläozoischen Pelit-Psammit-Serien. Küstenkordillere Chile

Farbbild 11 Boudinage. Quarzlage (hell), durch Zugspannung in kantengerundete Trümmer zerlegt. Dunkles Gestein: Tonschiefer. Küstenkordillere Chile

Farbbild 12 Klinopyroxen-Norit, aufgebaut aus Plagioklas, Orthopyroxen, Klinopyroxen und zwickelfüllendem Magnetit. Küstenkordillere Chile (Dünnschliff bei gekreuzten Nicols)

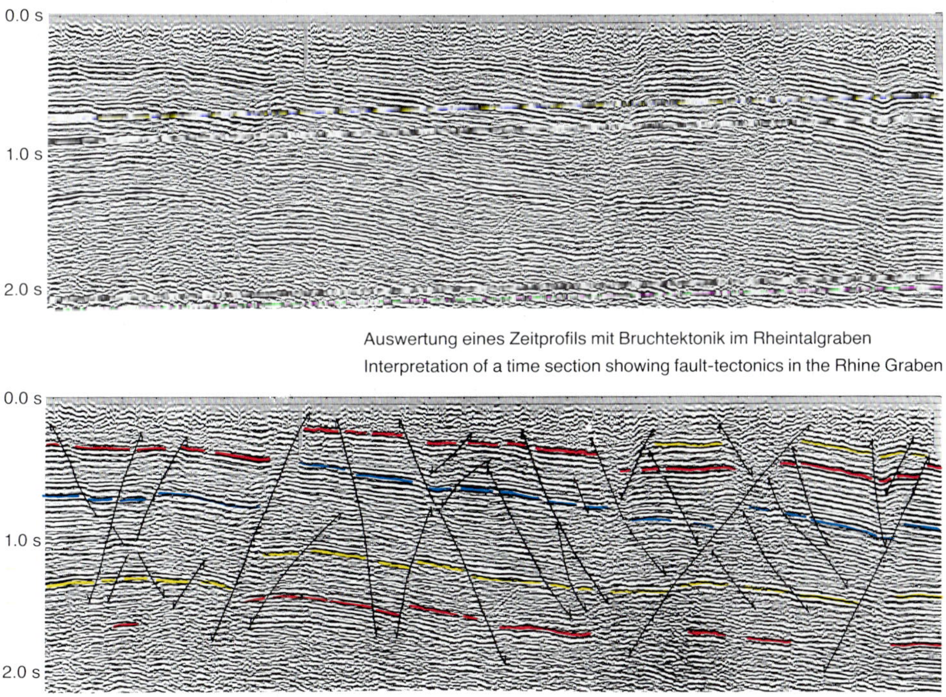

Abb. 103 Reflexionsseismik. Auswertung eines Zeitprofils mit Bruchtektonik im Rheintalgraben. bunt = Schichtung, schwarz = Störungen (Prakla-Seismos)

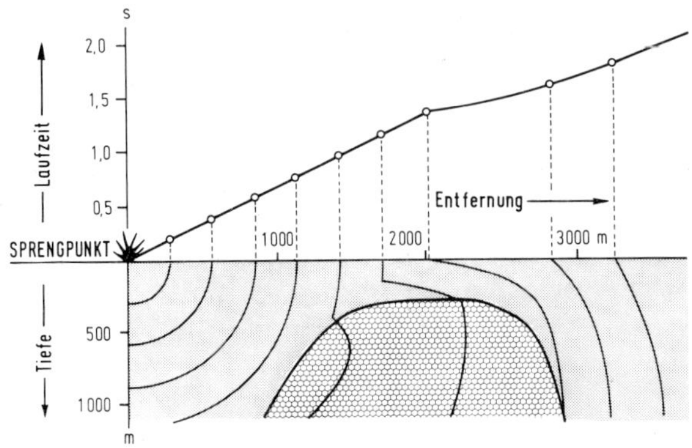

Abb. 104 Ermittlung eines Gesteinskörpers mit höherer Wellengeschwindigkeit durch Refraktionsseismik. Die Front der Erschütterungswellen erreicht die Seismometer zu den in der Laufzeitkurve angegebenen Zeitpunkten. Der Kurvenknick ist durch das Vorauseilen des Stoßimpulses im dichteren Medium (Salzstock) bedingt (nach *E. Ansel* und *W. Trappe*)

Ergänzende Schriften

Bath, M. (1979): Introduction to Seismology. – 2. Aufl., 428 S., Basel–Boston–Stuttgart.

Bullen, K. E. & Bolt, B. A. (1985): An Introduction to the Theory of Seismology. – 499 S., Cambridge.

Dobrin, M. B. & Savit, C. H. (1988): Introduction to Geophysical Prospection. – 867 S., New York.

Giese, P., Prodehl, C. & Stein, A. (Hrsg.) (1976): Explosion Seismology in Central Europe. – 429 S., Berlin–Heidelberg–New York.

Gutenberg, B. & Richter, C. F. (1954): Seismicity of the Earth and Associated Phenomena. – 2. Aufl., 310 S., Princeton N. J.

Lomnitz, C. (1974): Global Tectonics and Earthquake Risk. – 320 S., Amsterdam–London–New York.

McQuillin, R., Bacon, M. & Barclay, W. (1984): An Introduction to Seismic Interpretation. – Rev. Aufl., 287 S., London.

Paranis, D. S. (1986): Principles of Applied Geophysics. – 4. Aufl., 402 S., London.

Ramberg, H. (1981): Gravity, Deformation and the Earth's Crust. – 2. Aufl., London.

Richter, C. F. (1958): Elementary Seismology. – 768 S., San Francisco.

Rikitake, T. (1976): Earthquake Prediction. – 357 S., Amsterdam–Oxford–New York.

Schick, R. & Schneider, G. (1972): Intensität und Magnitude von Erdbeben. – Naturwiss. Rundschau, 25, 12, 467–472.

Schneider, G. (1975): Erdbeben. – 406 S., Stuttgart.

Sharma, P. V. (1986): Geophysical Methods in geology. – 2. Aufl., 442 S., New York.

Journal of Geophysics. Seit 1974. Berlin–Heidelberg.

Journal of geophysical research. Seit 1949. Washington, D. C.

20. Kapitel: Lagerungsformen der Sedimentgesteine

Zwei Gruppen tektonischer Vorgänge lassen sich unterscheiden, wie die beiden vorhergehenden Kapitel lehren. Die eine verursacht vorübergehende, die andere dauernde Veränderungen im Krustengefüge. Geantiklinen und Geosynklinen können sich wieder ausglätten. Eine Bruchfläche im Gestein, die bei einem Erdbeben aufgerissen ist, verheilt nie wieder völlig. Man stellt demgemäß die ± umkehrbaren Vorgänge der *Epirogenese* den Brüchen und Falten der *Orogenese* oder *Tektogenese* gegenüber, die bleibende Narben im Erdkörper hinterlassen. Wir wollen die bei den orogenen Krustenbewegungen auftretenden Lagerungsformen zuerst beschreibend kennenlernen, sie dann mechanisch zu erklären versuchen und sie schließlich in ihren räumlichen und erdgeschichtlichen Beziehungen verfolgen.

Ungestörte und gestörte Lagerung. Die Sedimentgesteine setzen sich in der Regel als flächenhaft ausgedehnte Schichten ab. Zwar sind weder der Boden des Meeres noch die Sohle festländischer Senkungsräume völlig flach, aber sie sind doch i. allg. sehr viel schlichter gestaltet als die Denudationslandschaften des Festlandes. Man darf daher die Schichten annähernd als ursprünglich ebene Gesteinsplatten ansehen, die sich zur Zeit ihrer Bildung in waagrechter Lage befanden. Jede Abweichung von der normalen Lagerung bezeichnet man als eine *Lagerungsstörung*, *Dislokation* oder einfach als *Störung*. Sie gliedern sich ihrer Form nach in eine Reihe von Gruppen, die man wohl auch als *Strukturen* bezeichnet. Alle Störungen schreibt der Geologe dem Wirken orogener Kräfte zu, sofern nicht besondere Gründe dagegen sprechen.

Nicht alle Sedimente sind horizontal abgelagert worden, bei der Schrägschichtung (S. 28) können ursprüngliche Neigungen bis > 30° auftreten. Vor allem aber gibt es auch *atektonische Lagerungsstörungen*, die bei oberflächlichen Massenverfrachtungen unter der Wirkung der Schwerkraft entstehen. Beim diagenetischen Zusammensinken der Sedimente über einem unebenen Untergrunde können die Schichten in Falten gelegt werden. Bei allen Arten von Hangbewegungen kommt es zu Zerreißungen und Zusammenstauchungen von Schichten, z. B. bei subaquatischen Gleitungen (Abb. 55), beim periglazialen Bodenfließen (Abb. 31) beim Rutschen des Schutts in der humiden Zone (Abb. 39). Der Gletscher nimmt Gesteine, über die er hinweggleitet, in einzelnen Schollen mit oder faltet die Schichten vor seiner Stirn zusammen. Wenn alle diese Vorgänge auch andere Ursachen als die tektonischen Bewegungen haben, so laufen sie doch nach denselben mechanischen Gesetzen ab. Sie bieten daher mancherlei Vergleichsmöglichkeiten, die ihre Beobachtung reizvoll machen.

Schichtneigungen (Abb. 105) treten bei fast allen Lagerungsstörungen auf und seien daher vorweg behandelt. Wird ein Schichtstoß aus der Ursprungslage aufgekippt, so geht er aus der *horizontalen* oder *söhligen* Stellung über die *geneigte* in die *senkrechte* oder *saigere* und schließlich bei Drehung über 90° hinaus in die *überkippte* Lagerung über. Bei Aufrichtung bis zur Senkrechten bleibt die ursprüngliche Folge vom Älteren (unten) zum Jüngeren (oben) gewahrt; die Lagerung ist *normal*. In überkippten Schichten ruht älteres Gestein auf jüngerem; die Lagerung ist *invers*. Eine Entscheidung, ob normal oder invers, setzt die Kenntnis der wahren Altersfolge voraus. Ein eindeutiges Urteil ermöglichen Versteinerungen, die eine Einstufung der Schichten in die geologische Zeitskala gestatten. Aber auch manche Schichtflächen und Schichtungsmerkmale, wie See

Abb. 105 Geneigte Sandsteine und Schiefer des Oberdevon. Biedenkopf an der Lahn

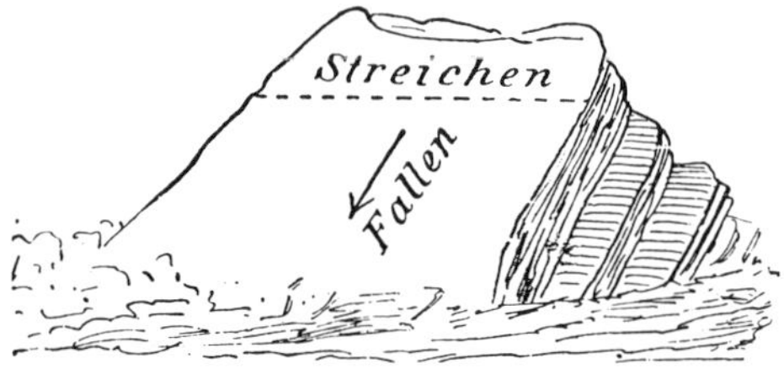

Abb. 106 Streichen und Fallen

Abb. 107 Freigelegter Sattelfirst in einer Randfalte der Zagrosketten. Iran. Im Sattelkern Kalke und Mergel der höheren Kreide, Hüllschichten tertiäre Kalke und Gipse (Luftbild *Arn. Heim*)

gangsrippeln (S. 63), Muschelschalenpflaster (S. 82, Abb. 66), Schrägschichtung (S. 28) oder gradierte Schichtung (S. 64) lassen erkennen, was ursprünglich oben und unten war.

Ist die Lagerung einer Schichtfolge erkannt, muß man sie zahlenmäßig festlegen. Hierzu dient der *Geologenkompaß*, mit dem man unter Berücksichtigung der magnetischen Deklination das Streichen und Fallen der Schichten mißt. Das *Streichen* ist die Himmelsrichtung, in welche die Horizontale auf der Schichtebene weist (Abb. 106). Der *Fallwinkel* mißt den Betrag, um den die Schicht aus der Horizontalen herausgedreht ist; die ungefähre Himmelsrichtung des Einfallens ist beizufügen. Eine vollständige Lagerungsangabe lautet dann „Str. 120° F. 30° NE“ oder kürzer „120°/30° N“. Als *Ausstrich* bezeichnet man den Schnitt einer Schichtfolge mit der Erdoberfläche. Die *Ausstrichbreite* (senkrecht zum Streichen gemessen) ist groß bei flacher, schmal bei steiler Schichtlagerung (Abb. 123).

Die tektonische Durchforschung Mitteleuropas lehrte frühzeitig, daß bestimmte Streichrichtungen besonders verbreitet sind. Sie haben daher in Deutschland eigene Bezeichnungen erhalten:

rheinische Richtung	Streichen etwa NNE–SSW (oder 15°)
herzynische Richtung	Streichen etwa NW–SE (oder 120–135°)
erzgebirgische Richtung	Streichen etwa NE–SW (oder 45°)

die zweckmäßig sind, wenn man unter Vernachlässigung kleiner örtlicher Abweichungen das *Haupt-* oder *Generalstreichen* der Schichten in größeren Räumen kennzeichnen will.

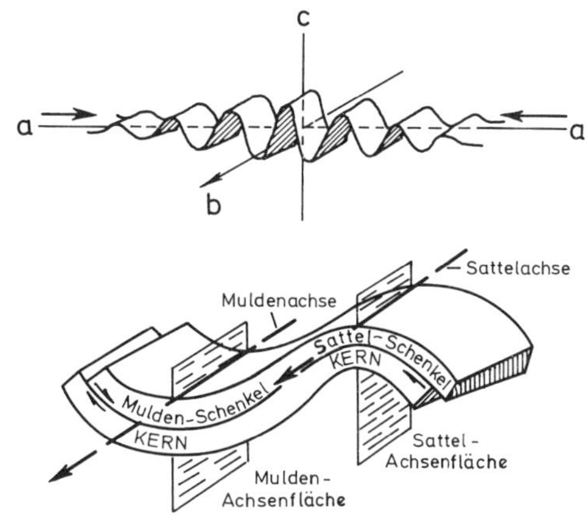

Abb. 108 Figur und Teile einer Falte. a = gefügeformende Hauptbewegung zeigt Einengungsrichtung; b = Richtung der Faltenachsen; c = $\perp$ ab

Abb. 109 Falten in Aptychenschichten des alpinen Malm. Achenkirch in Tirol. Vergenz im Bild nach links. (Foto *Nagel)*

Als **Faltung** bezeichnet man die regelmäßige Verbiegung von Schichtplatten, bei der Wellenberge und Wellentäler mehrfach auf kurze Entfernung miteinander wechseln (Abb. 107, 108, 109, 110). Sie vollzieht sich in der Regel unter seitlicher Einengung, deren Betrag um so größer ist, je höher und steiler sich die Falten aufbauen. Die Einbiegungen heißen *Mulden* oder *Synklinen*, da die Muldenschenkel oder *Muldenflügel* zueinander einfallen. Die Aufwölbungen nennt man *Sättel*, *Gewölbe* oder *Antiklinen*, da die Schichten in den *Sattelflanken* dachförmig voneinander fortgeneigt sind. Im Innern des Sattels, im *Sattelkern*, sind die Schichten herausgehoben, inmitten der Mulde, im *Muldenkern*, dagegen versenkt.

Die Scheitel der ineinandergestellten Schichtgewölbe werden durch die *Achsenfläche* miteinander verbunden. *Stehende* oder aufrechte Falten (Abb. 108) besitzen eine senkrechte Achsenfläche, die zugleich Symmetrieebene ist. Legt sich die Achsenfläche nach einer Richtung über, dann spricht man von *vergenten Falten* bzw. von *Vergenz* und unterscheidet je nach dem Grad der Neigung *schiefe* und *liegende Falten* (Abb. 109, 113, 137). Zuweilen weisen sie

Abb. 110 Falte in einer Serie aus harten Kalksandsteinen (Bruch!) und weichen Tonmergeln (Flysch). Bayerische Alpen

isoklinalen Bau mit fast parallelen Flanken auf. Im Hangendschenkel herrscht normale Lagerung, der Liegendschenkel ist überkippt und oft durch Auswalzung ausgedünnt. Legt sich der Sattel weit auf die vorgelagerte Mulde über, dann entsteht die *Deckfalte* (Abb. 113) und schließlich die *Tauchfalte*, bei der die Sattelumbiegung, die *Stirn*, nach abwärts weist (Abb. 113) und ohne Kenntnis der tektonischen Zusammenhänge eine Mulde vortäuscht.

Denkt man sich in einer gefalteten Folge eine bestimmte Schicht freigelegt (Abb. 108), so wird die Schnittlinie der Achsenfläche mit der Schichtfläche als *Sattelachse* bzw. *Muldenachse* bezeichnet. Die Faltenachsen laufen dem Streichen der Schichten im ganzen parallel und bezeichnen das *Streichen der Faltenzüge.* In der Streichrichtung kann die Heraushebung des Sattelkerns wechseln; die Sattelachse steigt dann in *Kulminationen* und *Depressionen* auf und ab. Wenn ein Sattel abtaucht oder eine Mulde sich heraushebt, so schwenken die Schichten, im horizontalen Schnitt gesehen, von der einen Flanke des Sattels bzw. der Mulde auf die andere. Wir messen ein quer zum Generalstreichen gerichtetes *umlaufendes Streichen* (Abb. 111, 123), das uns auf einen *Sattel-* oder *Muldenschluß* aufmerksam macht.

Falten kommen in allen Dimensionen vor, von *Spezialfalten* mit Zentimetern oder Metern Wellenlänge bis zu Gewölben von Kilometern Breite und Höhe und bis zu Deckfalten von Zehnern Kilometer horizontalem Vorschub. Sind in einem Faltenbündel die mittleren Achsen besonders hoch emporgetragen, so entsteht ein *Antiklinorium*; wurden sie besonders tief versenkt, ein *Synklinorium.* Der *Faltenspiegel* als eine über das Faltenland gespannte, die Sattelfirste berührende Fläche schwingt über einem derart gegliederten Gebäude großwellig auf und ab.

Klüftung. An jeder Felswand und in jedem Steinbruch beobachtet man zahlreiche Fugen, die das Gestein zerlegen, ohne die Schollen diesseits und jenseits merklich gegeneinander zu verschieben. Eine *Kluft* (Abb. 114) ist ein feiner, kaum geöffneter Riß. Bei einer

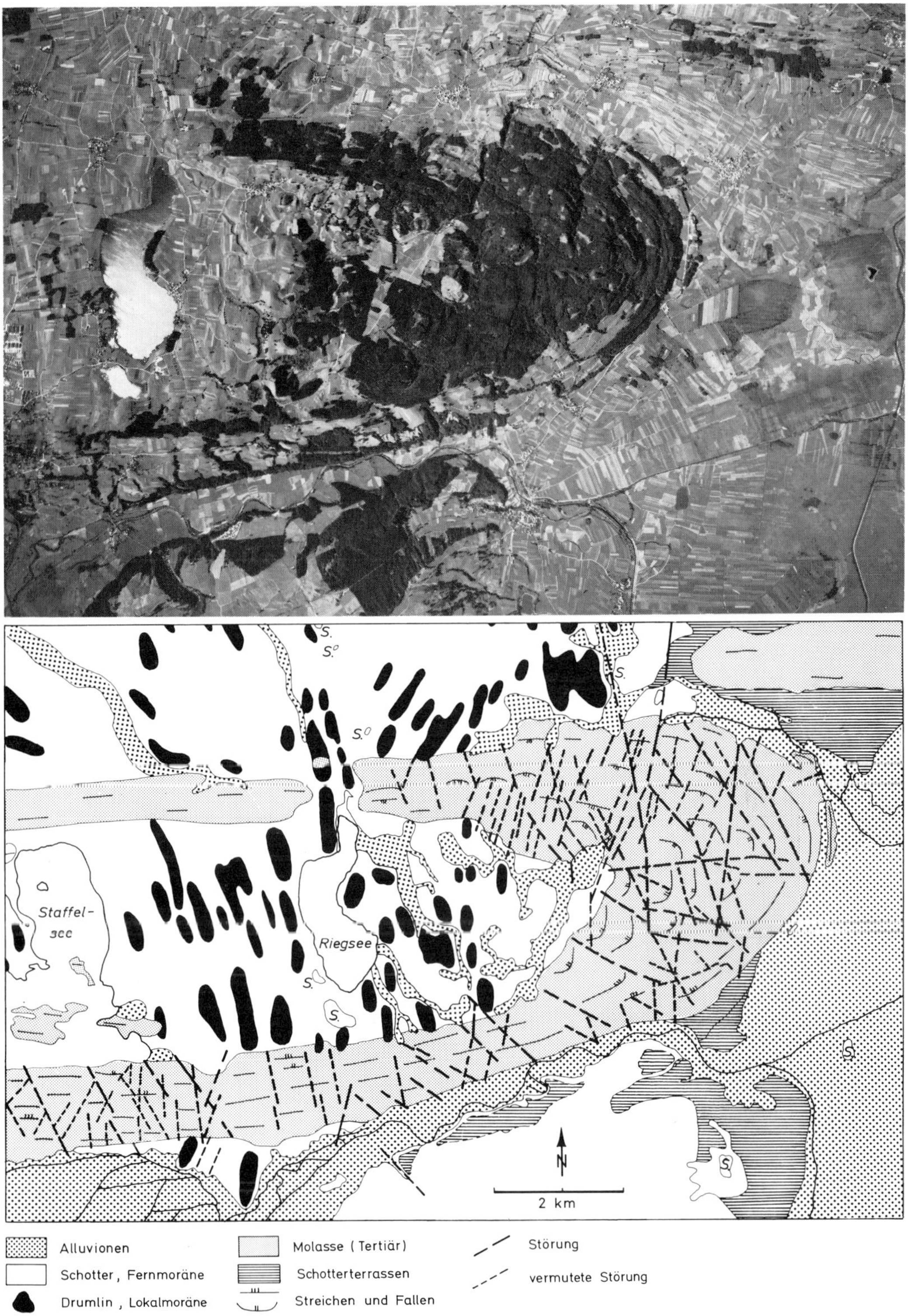

Abb. 111 Luftbild aus einer Höhe von 5000 m und geologische Interpretation des Ostendes der Molassemulde bei Murnau (Oberbayern)

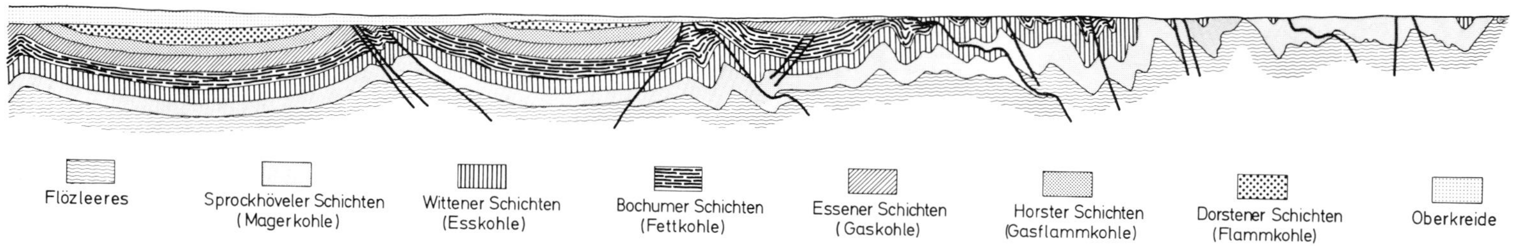

Abb. 112 Profil durch das Oberkarbon des Ruhrgebietes. Nordvergenter Faltenbau, die flachen Überschiebungen z.T. früh entstanden und beim Fortgang des Zusammenschubs mitgefaltet. Maßstab 1 : 250000 (nach Amt für Bodenforschung Krefeld)

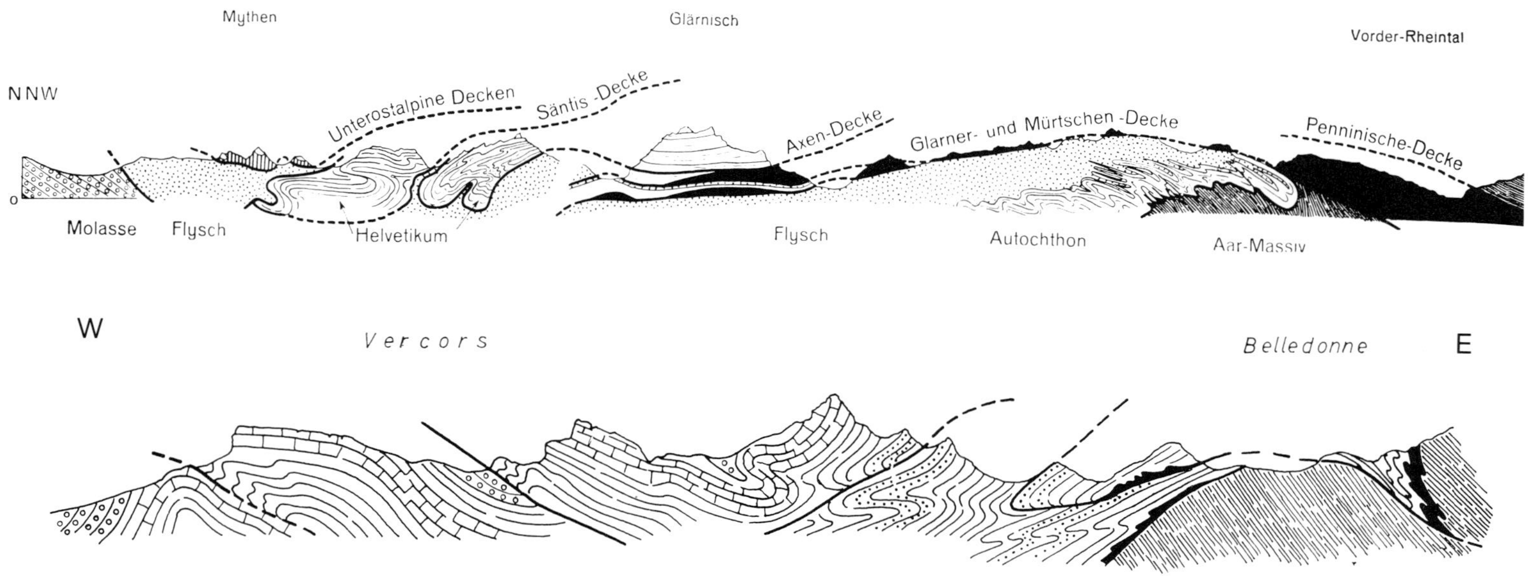

Abb. 113 Alpine Deckenprofile (Maßstab 1 : 300000)
Oben: Deckfalten der Helvetischen Alpen (nach *A. Heim*). Liegende Falten im Autochthon, Tauchdecken im Helvetikum.
Unten: Überschiebungsdecken im Vercors, Französische Westalpen (nach *M. Gignoux* u. *L. Moret*)

Spalte sind die Wände auseinandergewichen und lassen einen Hohlraum zwischen sich, der öfters durch eine Füllmasse, einen *Gang*, nachträglich wieder verschlossen ist. Man spricht von einem *Eruptivgesteinsgang*, wenn aus dem Schmelzfluß erstarrtes Gestein die Spalte füllt, von einem *Mineralgang*, wenn es sich um eine Ausscheidung aus wässeriger Lösung handelt, von einem *Erzgang*, wenn er wirtschaftlich nutzbare Metallverbindungen enthält.

Klüfte und Spalten stehen in Sedimenten i. allg. ± senkrecht zur Schichtung, einerlei, ob söhlige oder geneigte Lagerung herrscht. Gerne treten sie gesellig auf und durchsetzen als *Kluftsysteme* das Gestein in nahezu paralleler Richtung und zuweilen ziemlich gleichmäßigem Abstand, wobei sich das Streichen dem tektonischen Bau der Umgebung einfügt. In *Fiederspalten*systemen sind die einzelnen Risse in gestaffelter Ordnung gereiht (Abb. 134). In gefalteten Schichtfolgen sind in der Regel mehrere Kluftsysteme entwickelt, die bestimmte Winkelbeziehungen innehalten. Die *Quer-* oder *Q-Klüfte* stehen senkrecht, die *Längs-* oder *S-Klüfte* parallel, die *Diagonal-* oder *D-Klüfte* unter etwa 45° zum Faltenstreichen. Die Lage der Klüfte und Spalten im Raum wird ebenso wie die der Schichtflächen durch Streichen und Fallen gemessen (Abb. 106).

Die Bildung von Klüften kann verschiedene Ursachen haben: Bei magmatischen Gesteinen werden teilweise sehr gleichmäßige Kluftsysteme durch die *Abkühlung* bei der Erstarrung der Silikatschmelze gebildet. Typisch ist bei vulkanischen Gesteinen die Säulenbildung der Basalte. Bei Tiefengesteinen kommt zu der Volumenminderung durch Abkühlung auch noch die Bewegung bei der Platznahme. Schwundklüftung in Sedimentgesteinen kann durch Flüssigkeitsverlust bei der Diagenese eintreten. Häufig werden Klüfte durch mechanische Beanspruchung bei tektonischen Vorgängen dadurch ausgelöst, daß die Gesteinsfestigkeit überschritten wird. Diese *tektonischen Klüfte* kann man als Trenn-, Zerrungs- oder Verschiebungsbrüche bezeichnen. Durch Eingriffe nahe der Oberfläche können *Entspannungsklüfte* auftreten.

Schieferung ist ein tektonisch erworbenes planares Parallelgefüge. Geschieferte Gesteine lassen sich parallel zur Schieferung und unabhängig von der Schichtung spalten. Die gute Spaltbarkeit beruht auf einer Belegung der Schieferungsflächen mit Hellglimmer-Plättchen

Abb. 114 Klüftung im Buntsandstein. Gut ausgebildete Q-Klüfte quer, weniger deutliche S-Klüfte längs zum Streichen. Helgoland
(Foto *P. Schmidt-Thomé*)

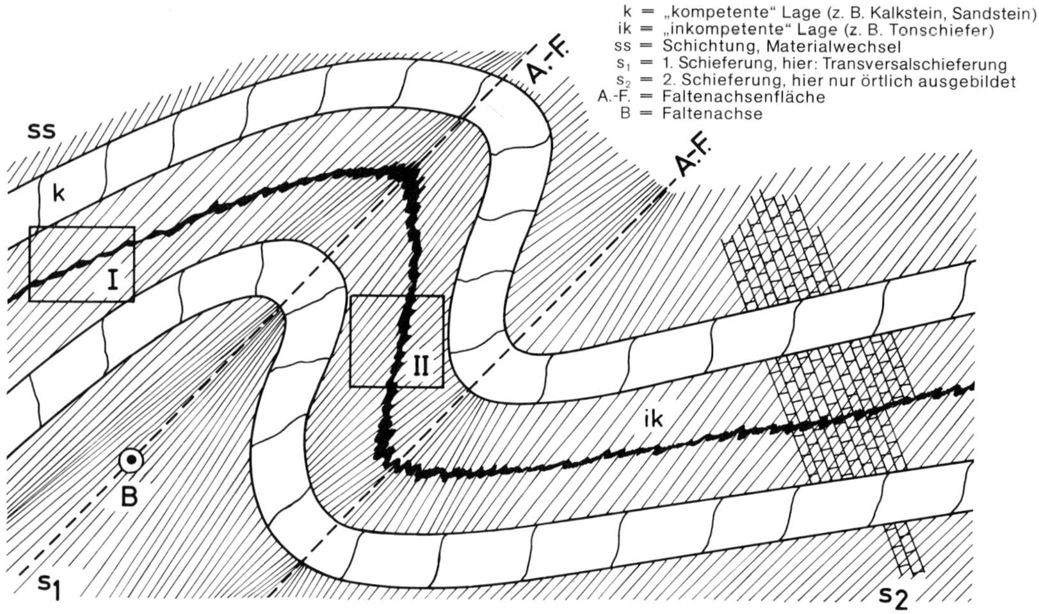

Abb. 115 Schieferung. Das schematische Bild zeigt einen Winkelunterschied zwischen der Schieferung in der kompetenten und der inkompetenten Lage sowie die verschiedene Fächerstellung

im mikroskopischen Bereich. Dabei können dünne Platten erzeugt werden (Dachschiefer). Die Art der Ausbildung der Schieferung hängt von verschiedenen Faktoren ab: Gesteinsausbildung und -verband, Überlagerungsdruck, tektonische Spannungsverhältnisse, Temperatur, Stärke der tektonischen Verformung.

Die beste Schieferung zeigen ehemals pelitische Gesteine, die in den höheren Stockwerken der Gebirge zu Tonschiefern, in den tieferen zu Phylliten umgewandelt wurden. Die Entstehung der Schieferung ist ein komplexer Vorgang aus mechanischer Durchbewegung der Gesteine und der chemischen und mineralogischen Anpassung des Mineralbestandes an die Umgebungsbedingungen. Umkristallisation spielt bei höheren Temperaturen eine wichtige Rolle. Im oberen Stockwerk der Gebirge bilden Falten und Schieferung ein charakteristisches Muster (Abb. 115). Die Schieferung schneidet die gefalteten Schichten unter verschiedenen Winkeln („Transversalschieferung“). Aus der geometrischen Beziehung zwischen Schichtung und Schieferung in solchen Falten ergibt sich ein wichtiges Kriterium für die Art der Lagerung: normale Lagerung bei I, überkippte Lagerung bei II. Die Schieferungsflächen liegen parallel zu den Faltenachsenflächen, örtlich – besonders in „kompetenten“ Lagen – zeigen die Schieferungsflächen verschieden starke „Fächerung“. Stellenweise entwickelt sich zusätzlich zur ersten Schieferung (s_1) noch eine jüngere zweite (s_2). Letztere ist meist unregelmäßiger und weitständiger als die erste ausgebildet.

Verwerfungen. Gesteinsfugen, an denen sich merkliche Bewegungen vollzogen haben, heißen *Verwerfungen, Brüche* oder *Sprünge*; auch die Bezeichnungen Dislokation und Störung (S. 135) werden häufig in diesem besonderen Sinne gebraucht. Die Verschiebungen erkennt man daran, daß die Schollen beiderseits der Verwerfung nicht mehr zusammenpassen (Abb. 117). Die Schichtfugen setzen ab, oder es liegen ganz verschiedene Gesteine nebeneinander. Der vertikale Verschiebungsbetrag, die *Sprunghöhe*, kann von wenigen

Millimetern auf > 1000 m wachsen. Man unterscheidet einen gehobenen von einem gesunkenen Flügel, muß sich allerdings bewußt bleiben, daß damit nur die relative Lage der Schollen zueinander, nicht dagegen die tatsächliche Verstellung gekennzeichnet sein soll. Die Bewegungen haben auf den Verwerfungsflächen und im umgebenden Gestein ihre Spuren zurückgelassen, aus denen man häufig die Verschiebungsrichtung erschließen kann. Bildsame Gesteine sind randlich *geschleppt* (Abb. 118). Bei geringer Sprunghöhe sind die Schichten vielleicht noch nicht völlig zerrissen, sondern nur ausgedünnt: eine *Flexur* (Abb. 118) vertritt die Verwerfung. Infolge der Reibung von Gestein gegen Gestein ist die Verwerfungsbahn als *Harnisch* geschrammt, ja zuweilen zu spiegelnder Glätte poliert. Durch Einmessen der Striemen mit dem Kompaß und Abtasten der Rauhigkeiten lassen sich Richtung und Sinn der Schollenverschiebung ermitteln. Eine Verwerfung besteht fast nie aus nur einer einzigen Spalte; meist ist sie von weiteren Störungen und von ± parallelen Klüften begleitet. Manchmal bilden sich auf diese Weise breite *Ruschel-* oder *Zerrüttungszonen*, oder die Verwerfung ist zu einer Spalte erweitert, die mit gröber oder feiner zermahlenen Gesteinstrümmern, einer *Verwerfungsbreccie* bzw. einem *Mylonit*, gefüllt ist.

Abb. 116 Herausgewitterte, gegen SE vergente, liegende Falte. Schieferung parallel der Achsenfläche. Lobenstein, Thür. Schiefergebirge (nach *H. Scholtz*)

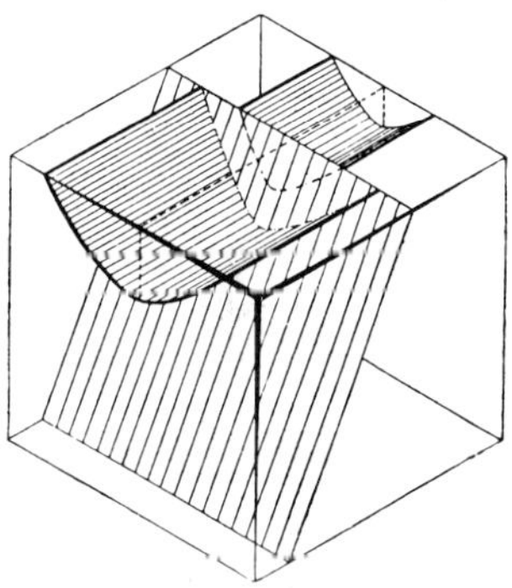

Abb. 117 Versetzung einer Mulde durch eine abschiebende Querverwerfung (Würfeldiagramm nach *E. Stach*)

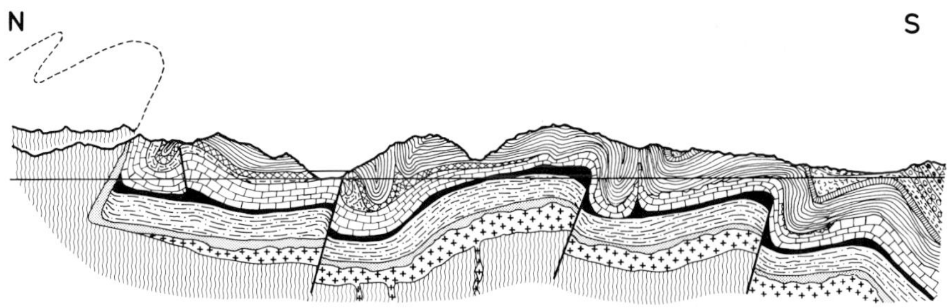

Abb. 118 Profil durch die Lombardischen Alpen bei Lugano. Brüche im kristallinen Untergrund sind im Deckgebirge zu Schleppungen und Flexuren verschwächt (nach *A. Heim* und *A. Fraunfelder*). Maßstab 1 : 250 000

Bei den *Abschiebungen* (Abb. 117), auch normale oder rechtsinnige Verwerfungen genannt, ist die Störungsfläche gegen den abgesunkenen Flügel geneigt. Die beiden Schollen sind seitlich auseinandergewichen.

Zum entgegengesetzten Ergebnis, zum Zusammenrücken auf kleinerer Fläche, führt das umgekehrte, *widersinnige* Einfallen der Gleitbahn. Je nach deren steilerer oder flacherer Lage unterscheidet man *Aufschiebungen* und *Überschiebungen* (Abb. 113). Gesteinsmassen, die unter beträchtlicher Einengung auf einer fast horizontalen Bewegungsfläche vorgeglitten sind, bezeichnet man als *Decken.* Eine Decke ist ein tektonisches Element, das zu einem großen Teil oder ganz von seinem ursprünglichen Entstehungsraum losgelöst ist und eine fremde Unterlage bedeckt. Fazies, Alter und Baustil von Decke und Unterlage sind meist weitgehend verschieden, die ursprünglichen Ablagerungsräume von Decke und Unterlage waren getrennt. Durch tiefgreifende Erosion kann der autochthone Untergrund als *Deckenfenster* freigelegt werden.

Verwerfungsflächen können Harnischstriemen in jeder beliebigen Richtung aufweisen. Liegen die Bewegungsspuren ± waagrecht, überwiegt also die horizontale Versetzung der Schollen, dann spricht man von einer *Seiten-* oder *Blattverschiebung* (Abb. 119, 210).

Verwerfungen treten gern gesellig auf. Der Übergang vom gehobenen zum gesunkenen Flügel einer großen Abschiebung vollzieht sich häufig unter Vermittlung einer geologischen Treppe, eines *Staffelbruchs.* Oder es wechseln Hochschollen und Tiefschollen, *Horste* und *Gräben* (Abb. 120, 121) miteinander ab. Wird ein Schichtpaket an parallelen Überschiebungen mehrfach übereinandergestapelt, so entsteht der Gleitbrett- oder *Schuppenbau* (Abb. 123).

Lagerungsformen und Landschaftsbild. Die Beziehungen zwischen dem tektonischen Bau und der Morphologie haben ein grundsätzlich verschiedenes Gesicht, je nachdem man

Abb. 119 Blattverschiebungen im Paläozoikum der Küstenkordillere in Nordchile. Mittlere dunkle Scholle Länge : Breite = 3 : 1,6 km. Luftbild

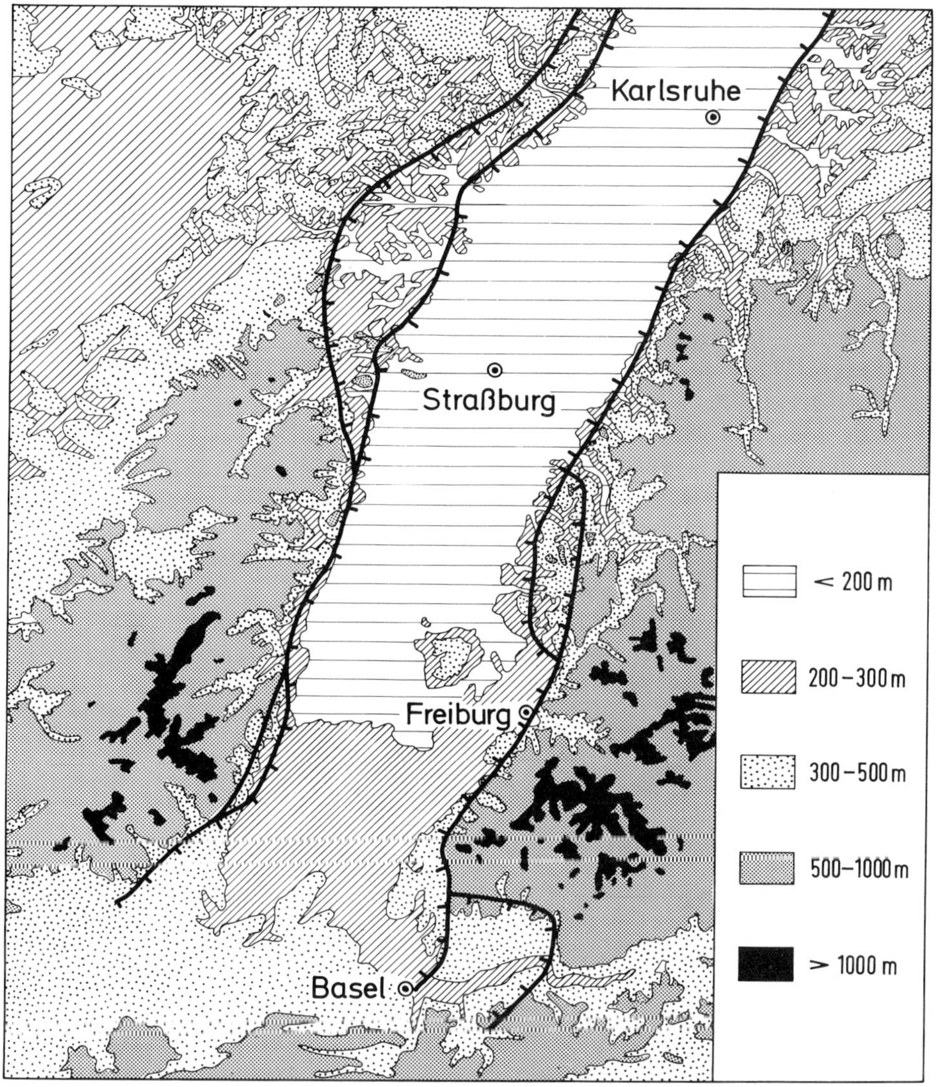

Abb. 120 Höhenschichtenkarte des südlichen Oberrheintalgrabens mit Vogesen und Schwarzwald. Übereinstimmung zwischen Morphologie und tektonischem Bau. Maßstab 1 : 1½ Mill.

Landschaften mit jungen oder gar gegenwärtig fortdauernden Schollenverschiebungen betrachtet, oder aber solche, über die seit ihrer letzten orogenen Gestaltung eine lange Zeit der Abtragung dahingegangen ist.

Im ersten Falle ist die Erdoberfläche ein unmittelbares Abbild des inneren Baus. Sättel wölben sich als Bergrücken heraus, Verwerfungsflächen liegen als Steilhänge offen. Je weiter die Krustenbewegungen zurückliegen, desto mehr sind ihre Spuren durch Denudation und Akkumulation verwischt. Die im Jungtertiär und Pleistozän eingebrochene Oberrheinische Tiefebene ist noch als Graben kenntlich (Abb. 120), aber die Sohle ist seitdem bereits durch mehrere 100 m Schotter aufgefüllt. Vogesen und Schwarzwald mit ihren Vorbergzonen haben noch im ganzen den Charakter randlich gestaffelter Horste bewahrt, aber die spätere Zerschneidung hat doch schon viel verwischt.

Wo die exogenen Kräfte noch länger ungestört am Werk waren, haben sie Abtragungslandschaften geschaffen, in denen sich die Lagerungsverhältnisse nicht mehr unmittelbar, sondern nur noch mittelbar durch die Härteunterschiede der Gesteine (S. 25) abzeichnen. Ob ein Horst zu einem Berg oder einer Senke wird, entscheidet allein die Widerstandsfähigkeit der zutage gehenden Schichten; u. U. kann die Topographie die Umkehrung des Lagerungsbildes darstellen (Abb. 121). Nahezu söhlig gelagerte Schichtpakete, in denen harte und weiche Bänke miteinander wechseln, neigen zur Bildung von getreppten Hängen (Schichtstufenlandschaft). Über geneigten Schichten entwickeln sich Kämme und Längstalfluchten (Abb. 107), die jede Verbiegung im Streichen und jede Versetzung durch Verwerfungen mitmachen.

Klüfte, Spalten und Verwerfungen schwächen den Zusammenhang des Gesteins. Sie geben dem Wasser Gelegenheit, die Fugen durch Lösung zu erweitern oder mit tektonischen Trümmermassen erfüllte Verwerfungsspalten auszuräumen. *Flußnetz* und *Kluftnetz* stehen daher häufig in engen Richtungsbeziehungen (Abb. 122), die allerdings keineswegs zwangsläufig sind. Täler können auch unabhängig von den tektonischen Linien verlaufen, und festverkittete Breccien können zuweilen mauerartig aus der Umgebung herauswittern, wie etwa die verkieselte Mylonitplatte des „Pfahl" im Bayerischen Wald. Überschiebungslinien treten im Gegensatz zu Ab- und Seitenverschiebungen im Gelände kaum hervor, da sie bei ihrem flachen Fallen der Erosion weniger Angriffspunkte bieten.

Nicht nur das spülende und rinnende Wasser ist fähig, dem tektonischen Bau nachzuspüren. In der Namib bläst der Wind heute zufällig ungefähr im Streichen der alten Faltenzüge und holt die mit schiefrig-sandigen Gesteinen gefüllten Mulden als Deflationswannen heraus, während die aus Dolomit bestehenden Sattelkerne kaum angegriffen werden. Noch feiner als Wind und Wasser tastet der Gletscher den Gesteinsfugen nach, da seine Art des Tiefenschurfs auf das Herausheben von Blöcken abgestellt ist (S. 35). Glazial bearbeitete Felslandschaften, etwa Skandinavien, Finnland oder die grönländischen und chilenischen Fjorde, lassen daher aufs deutlichste die Kluftrichtungen des Untergrundes erkennen (Abb. 122).

Aufnahme und Auswertung geologischer Karten. Die Grundlage für die Erforschung der Lagerungsverhältnisse ist die Beobachtung im Felde. Mit Hammer, Kompaß, Meßband und Aufnahmebuch ausgerüstet, untersucht der Geologe in natürlichen und künstlichen Aufschlüssen Beschaffenheit, Fossilinhalt und Altersstellung der Gesteine. Die *Kleintektonik*, d. h. die im Aufschluß überschaubaren Lagerungsverhältnisse und tektonischen Erscheinungen, wie Klüftung, Schieferung, Harnische, Kleinfaltung, werden aufgenommen. Auf das Studium der Aufschlüsse folgt die eigentliche *Kartierung*, die Eintragung

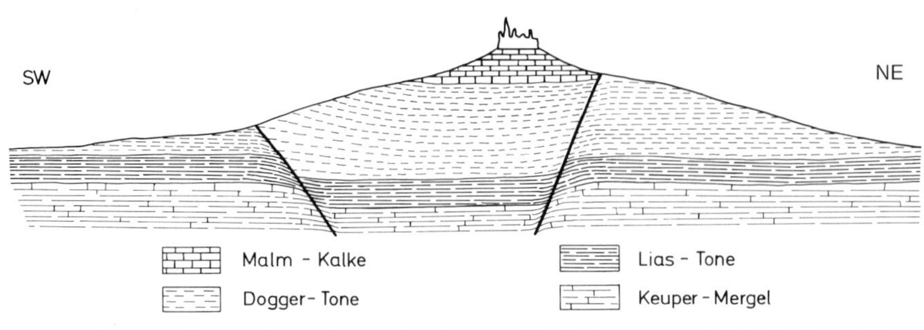

Abb. 121 Der Hohenzollerngraben, dank der harten Deckplatte von Malmkalk als Berg herauspräpariert. Schwäbische Alb.

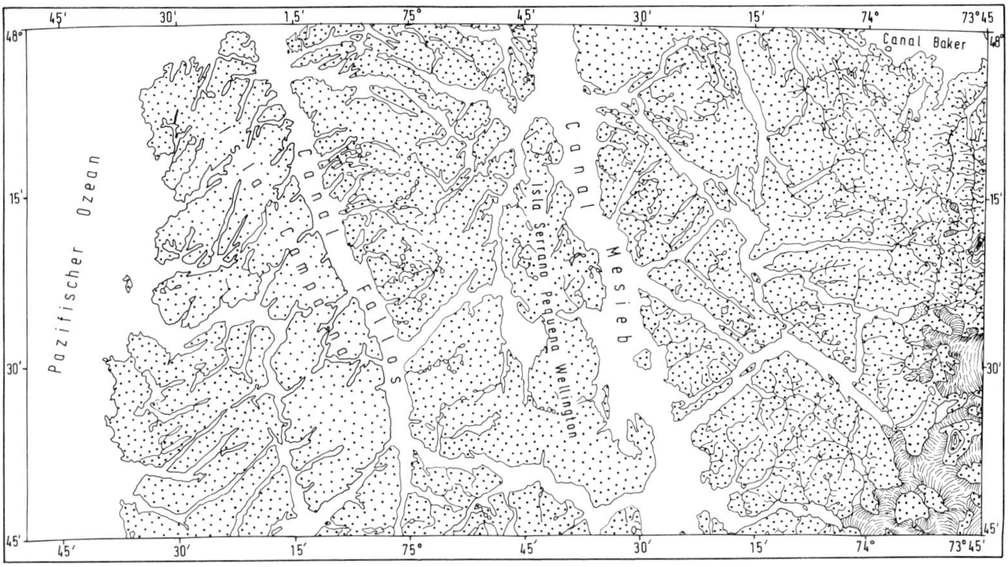

Abb. 122 Durch das Gletschereis herausgearbeitetes Kluftnetz. Ausschnitt aus dem Fjordgebiet in Südchile

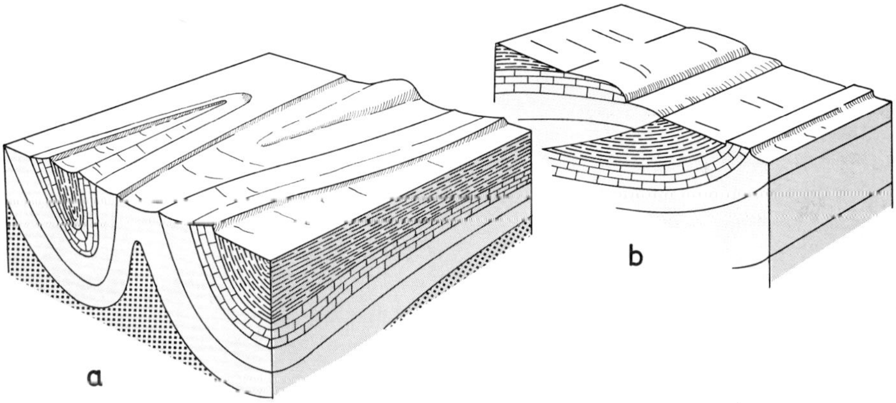

Abb. 123 Blockdiagramme zur Veranschaulichung der Beziehungen zwischen Lagerung und geologischem Kartenbild. a Axial geneigte Falten. Umlaufendes Streichen. b Einfallen und Ausstrichbreite. Wiederholung von Schichten an einer Überschiebung

des unter der Verwitterungsdecke anstehenden Gesteins und seiner Lagerung in die topographische Karte. Die Gesteinsbrocken im Boden geben dabei gute Fingerzeige. Daneben aber werden alle Beziehungen zwischen Landschaftsbild und Lagerungsform genutzt. Steilstufen und Rippen erleichtern die Verfolgung harter Bänke; an Quellhorizonten erkennt man den Ausstrich wasserspeichernder Schichten oder das Durchsetzen von Verwerfungen; auch die Pflanzendecke liefert Anhaltspunkte.

Obwohl die geologische Karte nur eine flächenhafte Darstellung bietet, ist es dem geübten Auge doch möglich, in die Tiefe zu dringen und sich auf Grund des Kartenbildes eine *räumliche Vorstellung* von dem geologischen Bau zu machen. Geologisches Kartenlesen ist angewandte Stereometrie, denn Körper und Flächen – Gesteinsplatten, Schichtgrenzen, Verwerfungsspalten – kommen mit der Erdoberfläche zum Schnitt (Abb. 123).

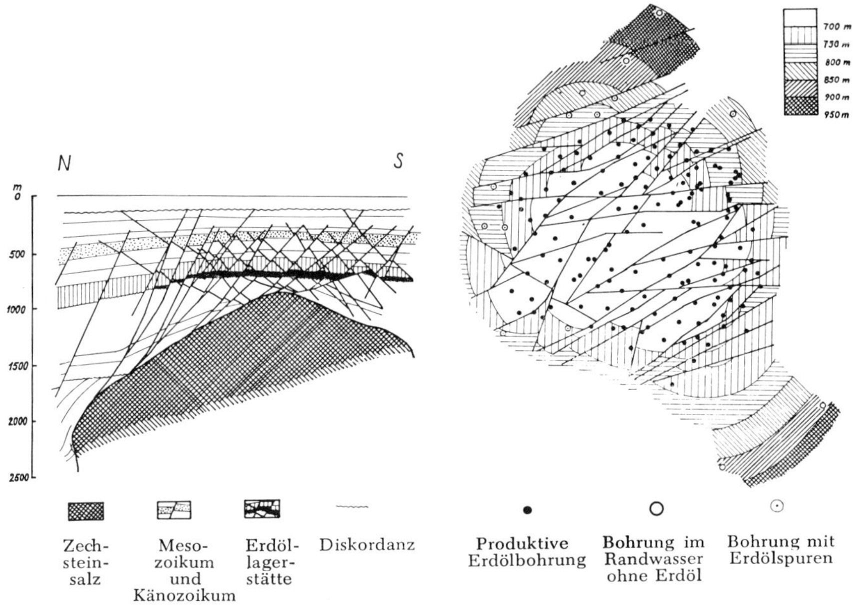

Abb. 124 Profil und Lagerungskarte der erdölführenden Struktur Reitbrook bei Hamburg. Deckgebirge durch den Salzstock (Diapir) aufgewölbt und an Brüchen gedehnt. Erdölansammlungen auf der Kuppe der Struktur im porösen Kreidekalk unter einer undurchlässigen Decke von Tertiärton. Tiefenlinien bezogen auf die Schichtgrenze Kreide/Tertiär (nach *R. B. Behrmann*)

Die Auswertung geologischer Karten hat nicht nur wissenschaftliches Interesse, sondern ist auch für praktische Fragen, die Erschließung von Bodenschätzen, das Aufsuchen von Grundwasser, die Planung größerer Bauten von Nutzen. Das leichte Erdöl sammelt sich bei seiner Wanderung aufwärts in den Sattelfirsten poröser Speichergesteine (Abb. 124). Bevor man einen Schacht abteuft, muß man die Mächtigkeit des Deckgebirges abschätzen. Erzgänge und Kohlenflöze sind häufig von Verwerfungen zerstückelt; die Störung muß ausgerichtet, d. h. Lage, Verschiebungssinn und -betrag müssen festgestellt werden, um die Fortsetzung der Lagerstätte zu erschließen. Die Gründung von Talsperren und Brücken erfordert die Kenntnis der Durchlässigkeit und Tragfähigkeit des Untergrundes.

Große Bedeutung haben die **Methoden der Fernerkundung** für geologische Aufnahmen. In Verbindung mit gezielten Geländekontrollen ermöglichen sie ein schnelleres und verbessertes Kartieren. Besonders gilt dies für schwer zugängliche und wenig erforschte Gebiete der Erde oder für Bereiche, von denen keine genauen topographischen Karten existieren. Wegen seiner hohen Informationsdichte und wegen des Fehlens jeglicher Bewertung und Generalisierung ist das Senkrechtluftbild ein wertvolles Forschungsmittel für die großmaßstäbliche geologische Aufnahme. Aus dem stereoskopisch betrachteten Luftbildpaar lassen sich Aussagen über den Gesteinsaufbau entweder direkt (z. B. aride Klimazone) gewinnen oder indirekt (z. B. humide Klimazone) durch die Interpretation der Geomorphologie (z. B. Flußnetzdichte und -ausrichtung) ableiten. Großformen, wie z. B. weitgespannte Falten, können flächenhaft erkannt werden und müssen nicht erst durch das Zusammenfügen vieler Einzelbeobachtungen konstruktiv ermittelt werden. Steigende Bedeutung kommt Satellitenbildern – besonders den Aufnahmen der Erderkundungssatelliten LANDSAT der NASA – für die kleinmaßstäbliche Übersichtskartierung und für die Erfassung regionaler Strukturen wie z. B.

a

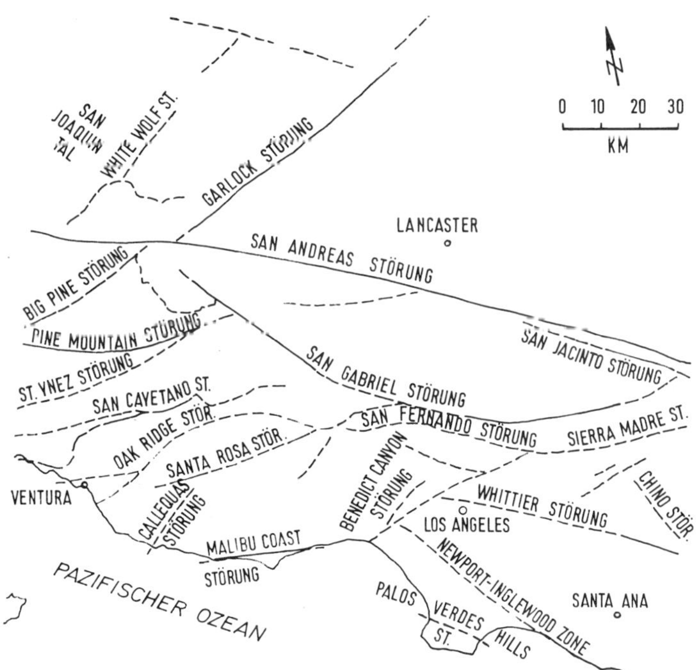

b

Abb. 125 *a* LANDSAT-1 – Bild des Raumes von Los Angeles, Süd-Kalifornien (Band 7 des Multispectral-Scanners = nahes Infrarot)

b Verlauf der größeren Störungen im Raum von Los Angeles (nach *Campell* 1976) großer Störungssysteme zu (Abb. 125). Für spezielle Fragestellungen können andere Verfahren der Fernerkundung (Multispektralscanner im sichtbaren bis Mikrowellen-Bereich, Multispektralaufnahmen und Seitensichtradar) eingesetzt werden.

Darstellung der Lagerungsverhältnisse. Die wichtigsten Darstellungsweisen haben wir bereits ständig verwandt; es sind Karten und Profile. In die *geologische Karte* trägt man die Verbreitung und Lagerung der Gesteine, die Quellen und Lagerstätten ein. Das *geologische Profil* ist ein senkrechter Schnitt durch ein Stück Erdrinde, den man tunlichst querschlägig zum Streichen führt, um die wahren Fallwinkel darzustellen. Für bestimmte Zwecke sind andere Methoden nützlich. Denkt man sich eine Schichtfläche abgedeckt, dann kann man auf einer *Lagerungskarte* das unterirdische Gebirge durch Höhenlinien darstellen (Abb. 124). Im *Würfeldiagramm* läßt sich der verwickelte Bau kleinerer Gebiete räumlich klar veranschaulichen (Abb. 117). Die feintektonischen Merkmale verlangen eine statistische Bearbeitung, um die Gesetzmäßigkeiten heraustreten zu lassen. *Kluftrosen* bieten eine rasche Übersicht über die vorherrschenden Streichrichtungen (Abb. 126). Will man die räumliche Verteilung der tektonischen Ele-

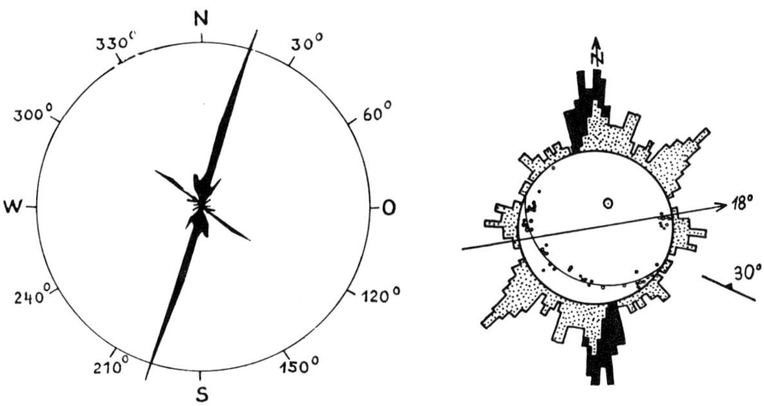

Abb. 126 Zwei Kluftrosen. Die Länge der Strahlen entspricht der Zahl der auf die einzelnen Azimute entfallenden Beobachtungen

Links: Maxima in rheinischer und herzynischer Richtung. Südhannover (nach *F. Lotze*)
Rechts: Spalten (schwarz) senkrecht zum Axialfallen (18°). Klüfte (punktiert) diagonal zum Schichtstreichen (30°) stehend. Innen Lagenkugeldarstellung der Klüfte, die meisten Kluftpole liegen auf einem Großkreis mit dem Mittelpunkt ⊙. Rheinisches Schiefergebirge (nach *R. Hoeppener*).

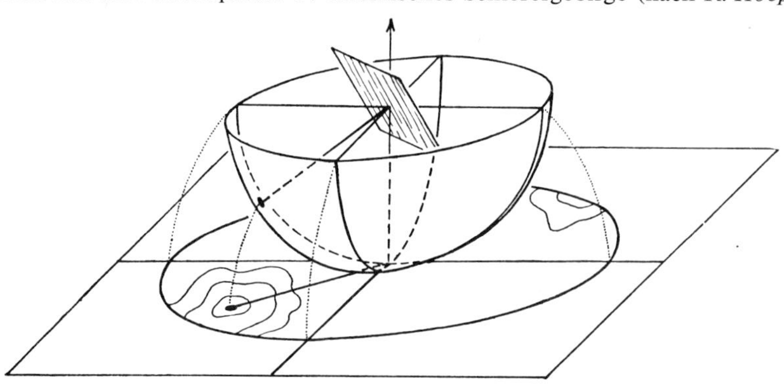

Abb. 127 Schema der Lagenkugeldarstellung. Die Fläche wird mit ihrem Pol auf die untere Halbkugel abgebildet und diese flächentreu auf die Ebene projiziert

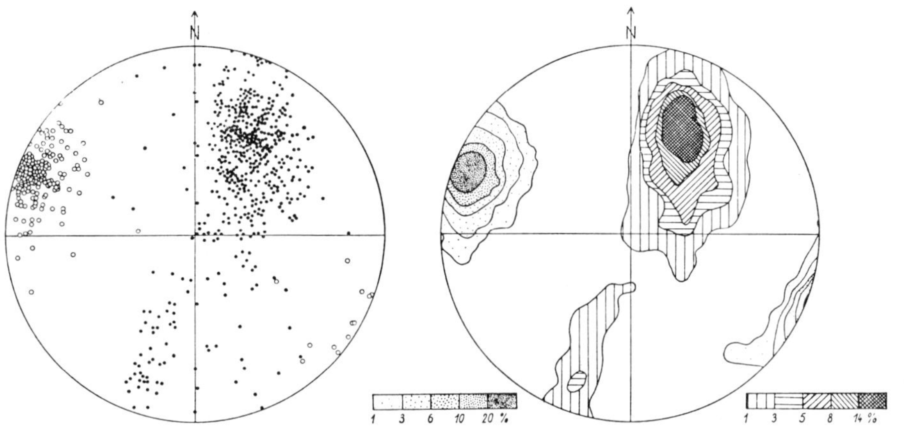

Abb. 128 Lagenkugeldiagramm aus dem gefalteten Paläozoikum der Ostalpen (nach *E. Clar*)

Links: Veranschaulichung der Einzelmessungen. Durchstichspunkte von Faltenachsen ○. Pole von Schichtflächen ●
Rechts: Darstellung durch Flächen gleicher Besetzungsdichte. Die Faltenachsen fallen flach nach WNW, ihr Maximum bildet den Pol für den Großkreis, über den sich die Schichtflächenpole verteilen. Die ungleiche Belegung des Gürtels deutet auf asymmetrischen Faltenbau

mente veranschaulichen, dann ist die *Lagenkugel* das geeignete Mittel (Abb. 127). Man denkt sich alle im Gelände gemessenen tektonischen Merkmale parallel mit sich selbst in den Mittelpunkt einer Kugel verschoben und bildet sie auf deren unterer Wölbung ab. Linien, wie etwa Harnischstriemen oder Faltenachsen, erscheinen unmittelbar mit ihren Durchstichpunkten durch die Kugelfläche. Ebenen, wie Klüfte und Schichtflächen, stellt man durch ihre Pole dar (Abb. 128).

Ergänzende Schriften

Billings, M. P. (1972): Structural Geology. – 3. Aufl., 606 S., New Jersey.

Cloos, H. (1963): Einführung in die Geologie. – Neudruck, 503 S., Berlin.

Closs, H., Roeder, D. & Schmidt, K. (Hrsg.) (1978). Alps, Apennines, Hellenides. – 620 S., Stuttgart.

Dennis, J. G. (1972): Structural Geology. – 532 S., New York.

Dennis, J. G. & Murawski, H. (Hrsg.) (1988): International Tectonic Lexicon. – Vol. 2, 119 S., Stuttgart.

Hills, E. Sh. (1972): Elements of Structural Geology. – 2. Aufl., 502 S., London.

Johnson, A. M. (1977): Styles of Folding. – Developm. Geotect., 11, 406 S., Amsterdam–Oxford–New York.

Jong, K. E. de & Scholten, R. (Hrsg.) (1973): Gravity and Tectonics. – 502 S., New York.

Krausse, H.-F., Pilger, A. et al. (1978): Bruchhafte Verformung. Erscheinungsbild und Deutung mit Übungsaufgaben. – 86 S., Clausthal.

Kronberg, P. (1985): Fernerkundung der Erde. – 408 S., Stuttgart.

Mandl, G. (1988): Mechanics of Tectonic Faulting. Models and basic concepts. – 407 S., Amsterdam.

Murawski, H. (Hrsg.) (1968–1988): Deutsches Handwörterbuch der Tektonik. – 1.–10. Lieferung, Hannover–Stuttgart.

Sabins, F. F. (1978): Remote Sensing. Principles and Interpretation. – 426 S., San Francisco.

Schaer, J.-P. & Rodgers, J. (Hrsg.) (1988): The Anatomy of Mountain Ranges. – 298 S., Princeton, N. J.

Short, N. M., Lowman Jr., P. D., Freden, S. C. & Finch Jr., W. A. (1976): Mission to Earth: Landsat Views the World. – 459 S., Washington.

Suppe, J. (1985): Principles of Structural Geology. – 537 S., Englewood Cliffs, N. J.

William Jr., R. S. & Carter, W. D. (Hrsg.) (1976): ERTS-I, A New Window on Our Planet. – Geol. Survey Amer., Prof. Paper 929, 362 S., Washington.

Tectonophysics. Seit 1964. Amsterdam.

21. Kapitel: Die Lagerungsformen als Ausdruck von Krustenbewegungen

Die geologische Feldaufnahme und die Darstellung der Beobachtungen in Karten, Profilen und Diagrammen ist die erste Stufe tektonischer Forschung. An die Beschreibung und Gliederung der Lagerungsformen schließt sich die Aufgabe, das erstarrte Gefüge der Erdrinde im Geiste neu zu beleben und als Ausdruck von Krustenbewegungen zu begreifen. Das Endziel geht dahin, aus dem Bewegungsbilde die wirkenden Kräfte zu erschließen.

Beanspruchung und Verformung. Mechanische Kräfte, die von außen auf einen festen Körper einwirken, übertragen sich als *Spannungen* auf sein Inneres und erzeugen eine Gestaltveränderung oder *Verformung* des Körpers, die beim Nachlassen des Zwanges ganz oder teilweise wieder zurückgeht. Wie auch die äußeren Kräfte nach Angriffspunkt, Richtung und Größe beschaffen sein mögen, stets lassen sie sich durch ein System dreier aufeinander senkrechter Spannungen, der *Hauptspannungen*, ersetzt denken. Folgende Arten der Beanspruchung und Verformung sind denkbar. Sind alle 3 Hauptspannungen in ihrem Betrage gleich, so bedeutet das je nach dem Vorzeichen allseitigen *Druck* oder allseitigen *Zug*. Sind die 3 Hauptspannungen verschieden groß, so treten zu den Druck- und Zugkräften noch *Scherspannungen*, die außer der Volumen- auch eine Gestaltänderung des Körpers herbeiführen. Sie erreichen ihren höchsten Wert auf zwei Ebenen, die den Winkel zwischen der größten und der kleinsten Hauptspannung halbieren.

Festigkeitsverhalten der Gesteine. Wie die Erfahrung lehrt, gleicht ein Gestein einen leichten Schlag federnd, ohne bleibende Spur aus. Eine derart umkehrbare, nach dem Schwinden der Beanspruchung zurückgehende Formänderung bezeichnet man als *elastisch*. Ein stärkerer Schlag dagegen spaltet den Block. Anders verhält sich feuchter Ton. Er ist *plastisch*, denn er läßt sich beliebig bruchlos formen und kehrt beim Nachlassen der äußeren Einwirkung nicht wieder von selbst in seine frühere Gestalt zurück.

Doch auch festes Gestein kann plastisch werden. Setzt man es einem wachsenden allseitigen Druck aus, so gelangt man an einen Punkt, wo es gleich dem Ton seine Form

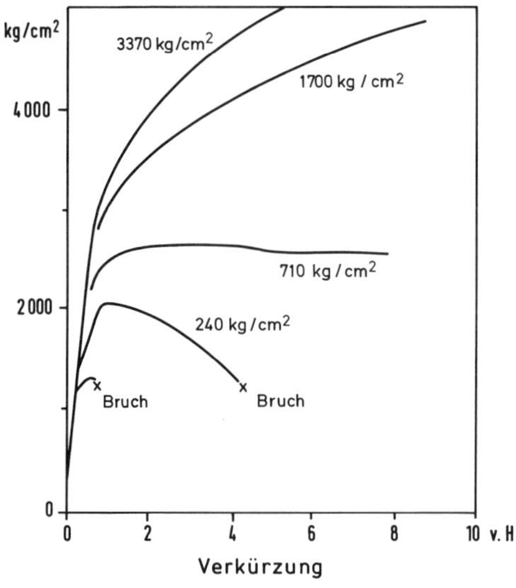

Abb. 129 Zusammenhang zwischen Spannung und Verformung bei Marmor. Das Gestein, einem allseitigen Druck (an den Kurven angetragen) und zusätzlich einer gerichteten Beanspruchung (Ordinate) ausgesetzt, verformt sich um die auf der Abszisse angegebenen Beträge (1 $kg/cm^2 \approx 0{,}1\ MN/m^2$) (nach *Th. v. Karmán*)

bruchlos zu ändern beginnt (Abb. 129). Die *Fließgrenze*, welche die Bereiche elastischen und plastischen Verhaltens trennt, ist überschritten. Nunmehr findet eine stetige bleibende Gestaltänderung, eine *plastische Verformung*, statt. Marmor wird z. B. unter gewöhnlichen Verhältnissen durch eine Preßlast von 1300 kg/cm² zermalmt. Unter einem allseitigen Druck von 700 kg/cm² aber wird er bruchlos bildsam, sofern man zur allseitigen eine einseitige Belastung von 2700 kg/cm² hinzufügt.

Die Festigkeitseigenschaften der Gesteine sind durch ihren Aufbau aus Einzelkörnern bedingt. Druckspannungen lasten vorwiegend auf den Körnern selbst, während Zugspannungen von den Korngrenzen bzw. vom Bindemittel getragen werden. Die Zugfestigkeit der Gesteine beträgt daher nur etwa $1/30$ ihrer Festigkeit gegen Druck. Schon geringe dehnende Kräfte rufen senkrecht zur Zugrichtung stehende *Trennungsbrüche* (Abb. 130) hervor. Bei Druckbelastung wird die Scherfestigkeit beansprucht. Unter geringem allseitigen Druck entstehen einzelne, den Korngrenzen folgende Scherflächen, die als *Verschiebungsbrüche* (Abb. 130) sichtbar werden. Jeder von ihnen nimmt größere Bewegungsbeträge auf und lockert dabei den Gesteinszusammenhalt. Je höher der allseitige Druck, desto mehr verlagert sich die Verformung ins Innere der Körner. Sie verteilt sich als *Translation* und *Zwillingsbildung* auf zahlreiche winzige Gleitwege längs ausgezeichneter Gitterebenen und vollzieht sich ohne Minderung der Gesteinsfestigkeit.

Die Plastizität ist eine stoffliche Eigenschaft, die weder mit der Härte der Gesteine noch mit ihrer Widerstandsfähigkeit gegen die Verwitterung zusammenhängt. Lockerer Sand hat z. B. eine sehr hohe Scherfestigkeit. Die Fließgrenze wird durch wachsenden allseitigen Druck erhöht (Abb. 129), durch steigende Temperatur erniedrigt. Außerdem ist ihre Lage von der Durchfeuchtung des Gesteins und von der Verformungsgeschwindigkeit abhängig. Der Einfluß der geologisch wichtigen Koordinate Zeit äußert sich darin, daß die Fließgrenze mit der Dauer der Beanspruchung sinkt. Geringe Kräfte rufen bereits bleibende Formänderungen hervor, wenn sie nur lange genug einwirken. Ein Gestein verhält sich also bei langdauernder Belastung wie eine sehr zähe Flüssigkeit. Durch Umlagerungen im Kristallgitter wird die Spannung allmählich abgebaut und die plastische Verformung in eine fließende überführt. Bei Gegenwart von Wasser treten Stoffverschiebungen nach dem *Rieckeschen Prinzip* hinzu. Es besagt, daß die Löslichkeit unter gerichtetem Druck wächst (Tabelle 22). An hochbelasteten Punkten der Kornoberfläche wird daher Stoff gelöst und im Druckschatten wieder abgeschieden, ähnlich wie es bei der Regelation im Gletscher geschieht (S. 33).

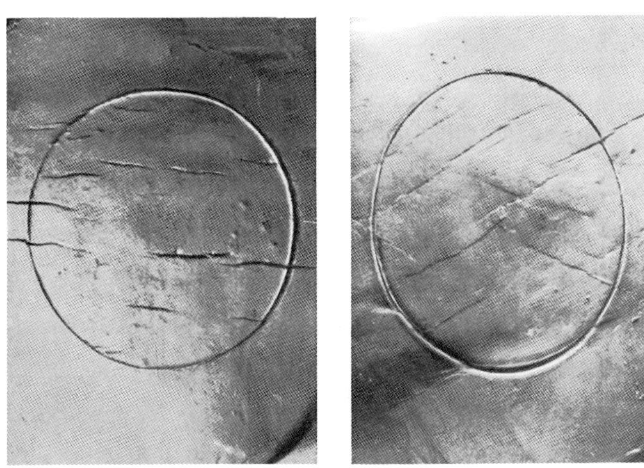

Abb. 130 Verformungsexperimente mit plastischem Ton. Der Kreis ist zu einer Ellipse gedehnt

Links: Zugspalten oder Trennungsbrüche
Rechts: Scherklüfte oder Verschiebungsbrüche
(nach *H. Cloos*)

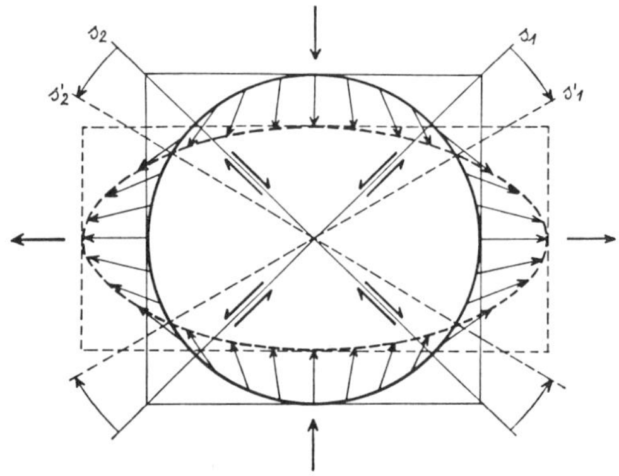

Abb. 131 Zweischarige Scherung. Der Kreis wird zur Ellipse verformt. Die zu Beginn der Verformung entstandenen Scherflächen verschwenken beim Fortgang der Formänderung in der Pfeilrichtung

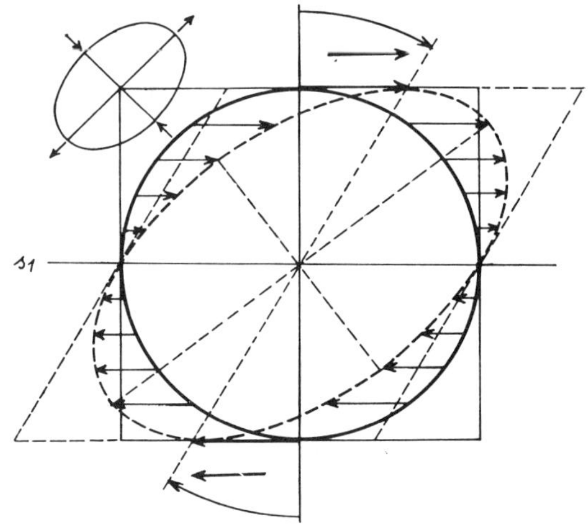

Abb. 132 Einscharige Scherung. Die s_1-Scherfläche behält ihre Lage während der Verformung. Die Achsen des Beanspruchungsellipsoids und des Verformungsellipsoids sind nicht parallel

Tabelle 22

Fließgrenze von	Allseitiger Druck kg/cm²	Zusätzlicher gerichteter Druck kg/cm²
NaCl, Einkristall, Translation ‖ (110)	1	10
Steinsalz, kristallin	1	50
Kalkstein, kristallin	700	2 700
Quarz, Einkristall	> 18 000	> 120 000

Geometrie und Kinematik tektonischer Gefüge. Aus der Mechanik und Technologie der Verformungen folgt, daß in erster Linie die Scherung für die Gestaltänderungen tektonischer Körper von Bedeutung ist. Es fragt sich, wie sie verlaufen und was für Gebilde sie aus einem gegebenen Ausgangskörper erzeugen. Die Veränderungen lassen sich vollständig durch das *Verformungsellipsoid* darstellen, das im Laufe der Gestaltänderung aus einer dem Körper einbeschriebenen Kugel entsteht. Zur Vereinfachung sei die Betrachtung hier jedoch auf die Ebene beschränkt. Das reicht in erster Näherung aus, denn auch die in der Natur auftretenden Lagerungsformen offenbaren die wesentlichen Züge ihres Baus auf Schnitten senkrecht zum Streichen, d. h. auf Querprofilen.

Der einfachste Fall einer ebenen Verformung ist die *zweischarige* oder *irrotationale Scherung.* Die Achsen der im Laufe der Formänderung auseinander hervorgehenden Verformungsellipsoide behalten ihre Stellung im Raume während der Verformung bei (Abb. 131). Für die Flächen größter Scherung s_1 und s_2 gilt hinsichtlich der räumlichen Lage das gleiche, in bezug auf den verformten Stoff nehmen sie dagegen immer neue Körperebenen ein. Die Massenteilchen wandern aus der Umgebung der verkürzten Achse gegen die Scherfläche, unterliegen hier einen Augenblick der größten Scherung und geben im nächsten ihre Rolle an neue Teilchen ab. Der ganze Vorgang und das entstehende Gebilde haben in kristallographischer Bezeichnungsweise rhombische Symmetrie. Lagerungsformen dieser Art sind in der Natur selten (Abb. 124), denn fast immer verändert sich der Angriff der Kräfte im Laufe der Krustenbewegungen.

Bei *einschariger* oder *rotationaler* Scherung tritt nur eine Fläche größter Scherung auf, die ständig dieselbe stoffliche Lage im Körper innehält (Abb. 132). Sie wird sich im Gefüge deutlich ausprägen, da sich die Scherbewegung auf dem eingefahrenen Gleis einer dauernd mit den gleichen Massenteilchen besetzten Bahn vollzieht. Die Achsen des sich bei dieser Verformung entwickelnden Ellipsoids rotieren gegenüber der Scherfläche und dem sich verformenden Stoff. Vorgang und Erzeugnis haben monokline Symmetrie. Gegenüber der zweischarigen bringt die einscharige Gleitung in bestimmtem Sinne gerichtete Massenverlagerungen zustande. Ihre Erscheinungsformen sind in der Erdrinde verbreitet, in der tektonische Schollenverfrachtungen eine große Rolle spielen. Allerdings ist die einscharige Scherung selten ganz rein entwickelt. Häufiger ist der Fall der schiefen Pressung, die eine Überlagerung von einschariger und zweischariger Scherung darstellt. Die beiden Ebenen maximaler Scherung sind ungleichwertig; im Gegensatz zur zweischarigen Scherung prägt sich die eine Scherfläche stärker als die andere aus.

Klüfte und Spalten können auf zweierlei Weise zustande kommen: als Trennungsbrüche, *Zugspalten*, senkrecht zur Richtung der kleinsten Druckbeanspruchung, oder als Verschiebungsbrüche, *Scherklüfte*, diagonal zwischen der größten und kleinsten Hauptspannung. Ist an einem Punkte ein Riß im Entstehen, so sinkt die Spannung zu beiden Seiten, und der nächste legt sich erst in einiger Entfernung an. Auf diese Weise erzeugt ein gleichförmiger Beanspruchungszustand ein System einzelner Klüfte mit regelmäßigem Abstand. Gute Beispiele sind die mit Quarz oder Calcit gefüllten *Fiederspalten*. Sie

Abb. 133 Auf- und Abschiebungen in quartären Pyroklastika. Graben von Quito, Ecuador

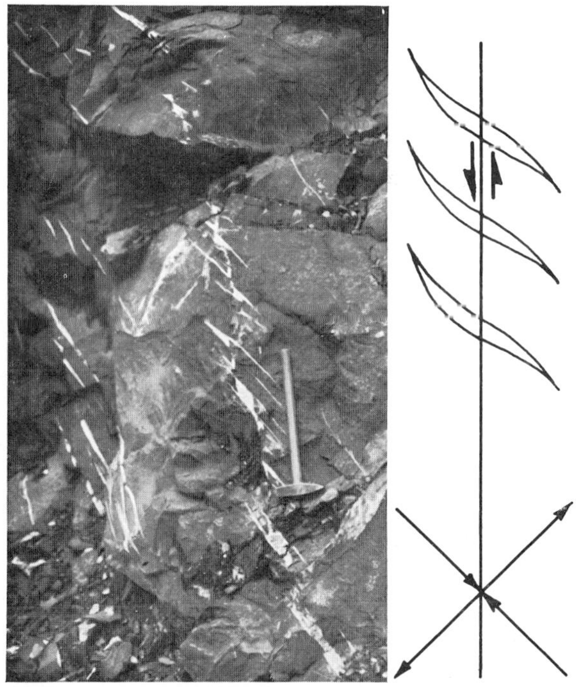

Abb. 134 Mit Calcit gefüllte Fiederspalten in massigem Kalk. Rechte Scholle aufwärts bewegt. Allgäu (Phot. *P. Schmidt-Thomé*). Daneben Schema zur mechanischen Deutung gefiederter Zugrisse

pflegen sich gemäß dem in Abb. 134 veranschaulichten Beanspruchungsplan auf Scherzonen anzusiedeln und lassen aus ihrer Anordnung den ehemaligen Verschiebungssinn der Schollen ablesen. Zugspalten und Scherklüfte lassen sich oft schon im Felde unterscheiden. Erstere weisen bei kurzem und unregelmäßigem Verlauf rauhe, klaffende Bruchflächen auf. Letztere haben glatte, nahezu geschlossene, gelegentlich harnischbedeckte Wände und halten länger aus.

Die Kluftsysteme überdecken in der Regel große Gebiete in bemerkenswerter Richtungsbeständigkeit. Im Faltengebirge sind Längs-, Diagonal- und Querklüfte verbreitet; sie treten jeweils in symmetrischen Paaren auf (Abb. 126). Da sie durch die Faltung verstellt sind, müssen sie bereits in einem sehr frühen Zeitpunkt des Zusammenschubs angelegt sein. Jünger sind die häufig mit Gangmineralen erfüllten Querspalten. Sie sind Zerrungsbrüche und häufen sich dementsprechend an stärkeren Biegungen der Faltenachsen. Aber auch die kaum gestörten Schichtplatten des Tafellandes werden allerorts von Kluftsystemen durchsetzt. Zuweilen stellen sie eine Neubelebung älterer, im Sockel angelegter Fugen dar. In anderen Fällen sind sie vielleicht im Gefolge schwacher Wölbungen aufgerissen. Eine allgemeine Erklärung steht noch aus.

Abschiebungen sind Scherflächen in einem Beanspruchungsplan, in welchem die größte Hauptspannung in Gestalt der Gesteinslast vertikal, die kleinste tangential angreift. Man sollte danach erwarten, daß Abschiebungen unter 45° einfallen, doch sind in der Natur größere Winkel von 50–75° bevorzugt. Der Grund für diese Abweichung liegt darin, daß Gleitungen auf steileren Ebenen leichter in Gang kommen, da der auf ihnen ruhende Anteil der Schwerkraft und damit die Reibung geringer ist. Wenn bei Abschiebungen und Staffelbrüchen *ein* System von Gleitflächen vorherrscht, so deshalb, weil es sich um rotationale, der einscharigen Scherung angenäherte Verformungen handelt. Die in der Richtung der Gesamtbewegung gelegenen *synthetischen Scherflächen* werden zu Verwerfungsbahnen ausgearbeitet (Abb. 135). Das zweite, gegensinnige, *antithetische Scherflächensystem* ist demgegenüber benachteiligt und wird ± unterdrückt.

Abb. 135 Abschiebung in plattigen Kalken des Muschelkalk. Freudenstadt, Nordschwarzwald. Die synthetischen Störungen sind Träger der Hauptbewegung, die antithetischen erleichtern die Scholleneinkippung (nach *P. Wurster*)

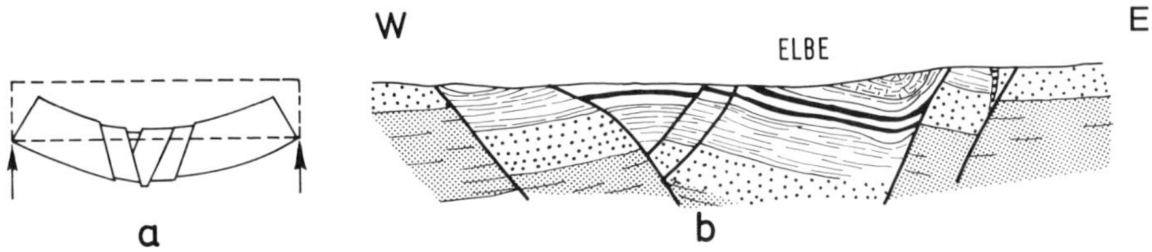

Abb. 136 Beule. a: Schema. b: Muldenförmig durchhängende Grabenscholle. Gegend von Kassel (nach *H. J. Martini*). Maßstab 1 : 30000

Aufschiebungen kommen wie Falten unter seitlicher Einengung zustande, so daß man sich fragen muß, warum einmal diese, einmal jene entstehen. Mächtige ungegliederte Gesteinsmassen, wie etwa Riffkalke, benötigen einen sehr hohen Faltungsdruck und werden daher eher zerschert als gefaltet.

Decken sind durch großen Vorschub auf flacher Gleitbahn ausgezeichnet. Mechanisch ist das Vorwandern einer im Vergleich zur Schubweite gering-mächtigen Gesteinsplatte entgegen der Sohlenreibung schwer verständlich. Eine an der Deckenwurzel angreifende Kraft dürfte kaum dazu imstande sein. Die Hauptarbeit wird bei der Deckenbewegung wahrscheinlich der Schwere zufallen, derart, daß Decken mit dem Gefälle in tektonisch geschaffene Senken abgleiten.

Seitenverschiebungen sind auf einen Beanspruchungsplan zurückzuführen, in dem der stärkste Druck horizontal angreift. Die großen kalifornischen Bebenlinien (Abb. 92) bieten das Bild einer ungleichwertig zweischarigen horizontalen Scherung, bei der die Hauptbewegung auf der San-Andreas-Linie und ihren Parallelstörungen erfolgt. Das ganze Bruchsystem läßt sich damit auf eine nord-südliche tangentiale Einengung zurückführen.

Falten. Unter dem beschreibenden Begriff Falte als einer regelmäßig gekrümmten Schicht verbergen sich mehrere genetisch verschiedene Gebilde. Es ist die Aufgabe der mechanischen Betrachtung, aus dem geologischen Befunde, insbesondere aus der Kleintektonik, ihre Entstehung abzuleiten.

Die *Beulen* oder *unechten Falten* sind durch die Wirkung vertikaler Kräfte entweder nach oben aufgetrieben oder nach unten durchgebogen (Abb. 124, 136). Sehr flach gewölbte Formen können zu den Geosynklinen und Geantiklinen überleiten. Die Schichthaut, welche die Beule überspannt, ist gedehnt, da die Flanken einander bei der Wölbung nicht oder doch nur in geringem Maße näherrücken.

Die *Biegefalten* als die *eigentlichen Falten* entstehen demgegenüber durch tangentiale Druckbeanspruchung, unter der die Schichtplatten nach oben und unten ausknicken und sich in Wellen legen (Abb. 108, 109, 110). Wie beim Biegen eines Stapels von Papierblättern kommt es hierbei zu schichtparallelen Verschiebungen. Ja, das Vorhandensein von Schichtflächen, auf denen eine *Biegegleitung* stattfinden kann, ermöglicht überhaupt erst die Faltung. Die hangenden Schichten eilen dabei den liegenden gegenüber sattelwärts vor, was sich an Harnischen oder aus der Versetzung älterer Klüfte und Gänge ablesen läßt (Abb. 137). Dieser von den Schenkeln gegen die Sattelfirste gerichtete Vorschub bringt plastische Stoffwanderungen in Gang (Farbbild 10). Sie führen zum Ausdünnen der Schenkel und zum Anschwellen der Sattelkerne, wie es für *kongruente Falten* bezeichnend ist. Die Wellenlänge der Falten, der Abstand von First zu First, hängt nach dem *Gesetz der Stauchfaltengröße* in erster Linie von der

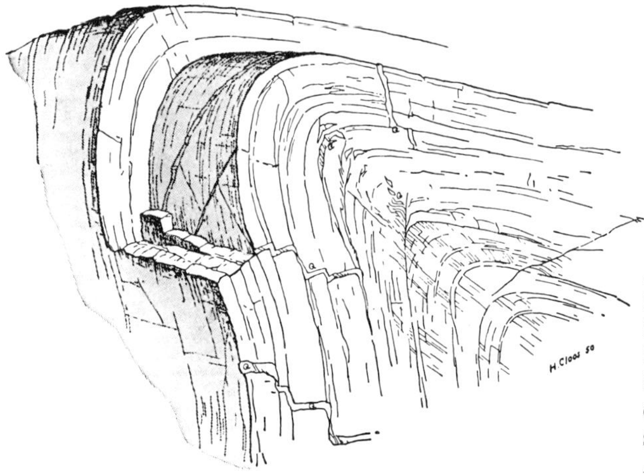

Abb. 137 Sattel, aus Grauwacken und Schiefern des Devon aufgebaut, gegen links vergent. Altenahr, Rheinisches Schiefergebirge. Quarzgänge an den Schichtfugen auf beiden Flanken durch den Faltungsvorschub sattelwärts versetzt. Im Kern Schieferung parallel der Achsenfläche (nach *H. Cloos*)

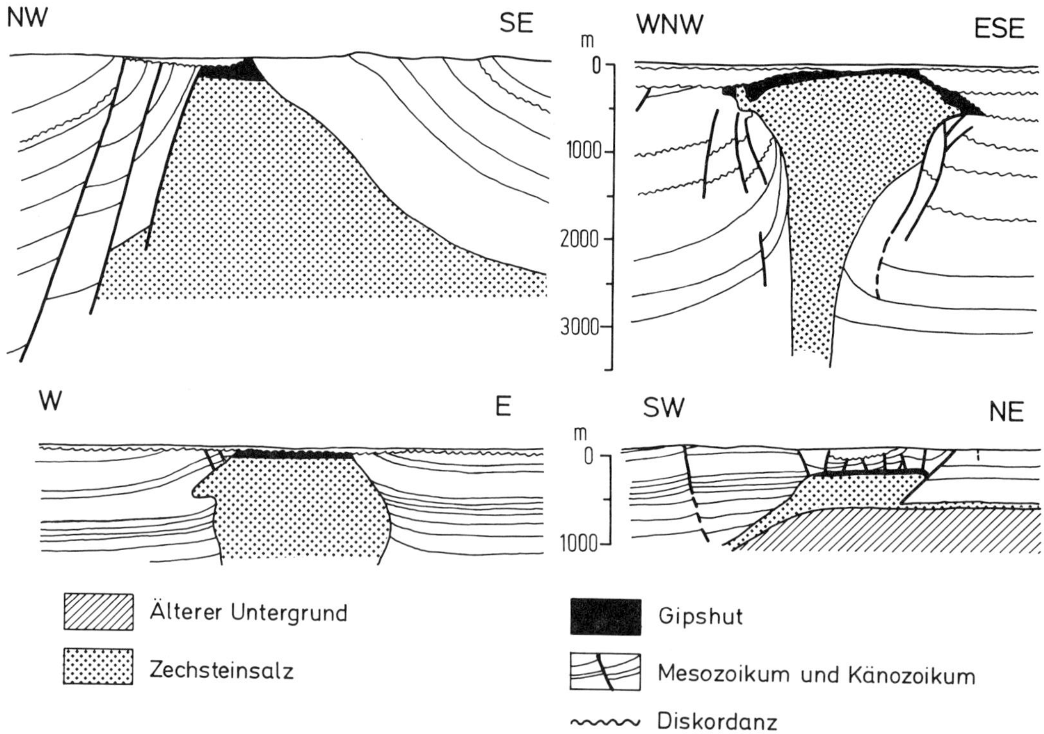

Abb. 138 Vier Profile durch Zechsteinsalzdiapire in Nordwestdeutschland
Diskordanzen (S. 161) bezeugen die mehrphasige Bildung
Der Gipshut entsteht durch unterirdische Ablaugung des Zechsteinsalzes (S. 12)

Oben links: Hohenassel bei Hildesheim. Übergang vom normalen Sattel zum Salzstock (nach *A. Roll*)
Oben rechts: Wienhausen bei Celle. Salzstock mit ausgeprägtem Salzüberhang (nach *A. Bentz*)
Unten links: Einigkeit bei Fallersleben (nach *P. Woldstedt*)
Unten rechts: Weferlingen, Ob. Allertal. Salzstock auf Bruchstufe (nach *P. Woldstedt*)

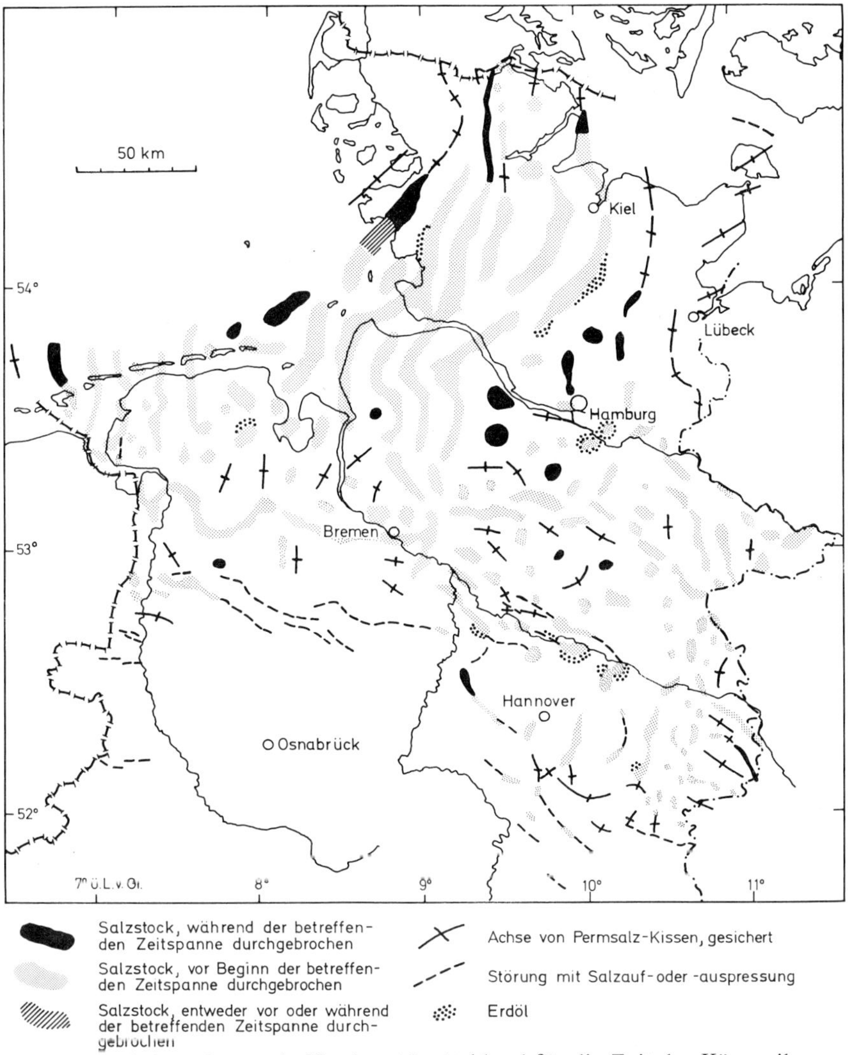

Abb. 139 Karte der Salzstrukturen in Nordwestdeutschland für die Zeit des Känozoikums. Einzelne Erdölvorkommen sind an Salzstöcke gebunden (nach *Jaritz* 1973)

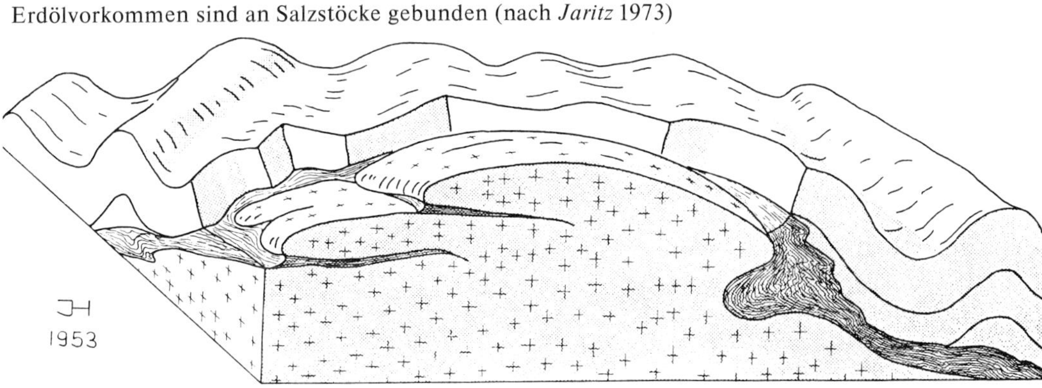

Abb. 140 Schema der Stockwerkstektonik im grönländischen Grundgebirge. Das obere Stockwerk mit Faltenbau ist von dem unteren mit Deckenbau durch einen Abscherungshorizont getrennt (nach *J. Haller*)

Dicke der beteiligten Schichten ab. Grobe Bänke bauen breite Gewölbe auf, dünnplattige Gesteine sind eng gefältelt (Abb. 109).

Vergente Falten kommen unter einer schief zur Schichtung gerichteten Pressung zustande. Aber auch Scherflächen, die aus dem Untergrund aufsteigend das faltbare Deckgebirge flexurartig verbiegen (Abb. 118), können das gleiche Bild erzeugen.

Schieferung und Faltung sind einander als zwei verschiedene Verhaltensweisen gegen tangentiale Druckbeanspruchung zugeordnet. In einer Schichtfolge mit beträchtlichen Festigkeitsunterschieden werden die *kompetenten*, d. h. zur Fortleitung gerichteter Drucke befähigten Einlagerungen, etwa Sandstein- oder Kalksteinbänke, gefaltet. Die *inkompetenten*, plastisch leicht verformbaren Gesteine, insbesondere Tone, erleiden dagegen eine Schieferung. Sie kommt auf verschiedene Weise zustande. Zuweilen ist sie das Ergebnis einer einscharigen Zerscherung; die Schieferplatten sind gewissermaßen wie ein Stapel von Gleitbrettern (Abb. 115) geschuppt. In anderen Fällen liegt die Schieferung senkrecht zu den Hauptspannungen und wird auf eine Breitwalzung (Plättung) des Gesteins zurückgeführt.

Disharmonische und Stockwerkstektonik. Alle Gesteine gehorchen zwar grundsätzlich den gleichen mechanischen Gesetzen, sie besitzen aber stark wechselnde Festigkeitswerte (S. 152). Bei kleinen Plastizitätsunterschieden zwingen die kompetenten Gesteine den übrigen ihre Verformung auf; Sandsteine nehmen bei der Faltung zwischengeschaltete Tone mit. Bei größeren Unterschieden aber kommt das besondere Verhalten der einzelnen Bänke in einer *disharmonischen Tektonik* steigend zur Geltung. Das beginnt mit der Spezialfältelung dünnschichtiger Lagen zwischen dickeren gemäß dem Gesetz der Stauchfaltengröße. Es steigert sich in mächtigen, hochplastischen, zudem spezifisch leichten Schichtkomplexen wie Salzton und Salz. Sie schaffen sich unter dem gemeinsamen Antrieb von Schwerkraft und orogenem Druck eigengestaltige Formen. Als *Diapire* oder *Salzstöcke* durchbrechen sie die Sattelfirste von Falten oder zwängen sich in Spalten aufwärts (Abb. 124, 138, 139).

Einen noch stärkeren Einfluß auf den tektonischen Baustil hat die Zunahme von Druck und Temperatur nach der Tiefe. Nahe der Erdoberfläche überwiegen Verwerfungen. Mit steigender allseitiger Belastung und stärkerer Durchwärmung wächst die Neigung zu Verformungen ohne Beeinträchtigung des Gesteinszusammenhaltes; hier liegt der Hauptbereich der Faltung. In der Erdkruste herrscht also eine *Stockwerkstektonik* (Abb. 140). Die Zone der *Bruchtektonik* wird nach unten von einer Zone der *fließenden Tektonik* abgelöst.

Orogene Kräfte. Wie eingangs dargelegt, rufen äußere Beanspruchungen im Innern eines Körpers Spannungen hervor; diese erzeugen ihrerseits die Verformungen. Der erste Schritt in der umgekehrten Richtung, der Rückschluß von den Verformungen auf die Spannungen, bleibt noch auf festem Boden. Der zweite aber, der von den Spannungen auf die Beanspruchungen, führt ins Unbestimmte, denn einer gegebenen Spannungsverteilung lassen sich beliebige Felder von Außenkräften zuordnen. Wir vermögen daher aus dem tektonischen Gefüge der Erdrinde wohl die Bewegungen abzuleiten, welche die Schollen gegeneinander ausführten. Wir können aus den Verschiebungsspuren auch den ehemaligen Spannungszustand ermitteln. Der Schluß von der Bewegung auf die erzeugenden Kräfte bleibt dagegen vieldeutig.

Immerhin hat man versucht, den orogenen Druck an dem unterschiedlichen Grad der diagenetischen Umwandlung ungefalteter und gefalteter Gesteine wenigstens größenordnungsmäßig abzuschätzen. Die Setzung von Tonen und die Inkohlung von Kohlen führt auf tangentiale Kräfte von einigen 100 kg/cm².

Ergänzende Schriften

Jaeger, J. C. & Cook, N. G. W. (1976): Fundamentals of Rock Mechanics. – 2. Aufl., 585 S., London.

Karl, F. (1964): Anwendung der Gefügekunde in der Petrotektonik. – 142 S., Clausthal.

Mattauer, M. (1980): Les Déformations des matériaux de l'écorce terrestre. – 2. Aufl., 493 S., Paris.

Nicolas, A. (1987): Principles of Rock Deformation. – 208 S., Dordrecht.

Ramsay, J. G. & Huber, M. I. (1983, 1987): The Techniques of Modern Structural Geology. – Vol. 1: Strain Analysis, 307 S., Vol. 2: Folds and Fractures, 400 S., London.

Sander, B. (1948–49): Einführung in die Gefügekunde der geologischen Körper. – 2 Bde., 614 S., Wien–Innsbruck.

Scheidegger, A. E. (1982): Principles of Geodynamics. – 3. Aufl., 395 S., Berlin–Heidelberg.

Turcotte, D. L. & Schubert, G. (1982): Geodynamics. Application of continuum physics to geological problems. – 450 S., New York.

Wallbrecher, E. (1986): Tektonische und gefügeanalytische Arbeitsweisen. – 244 S., Stuttgart.

Wenk, H.-R. (Hrsg.) (1985): Preferred Orientation in Deformed Metals and Rocks. – 610 S., London.

Journal of Structural Geology. Seit 1979. Bristol–London.

Tectonophysics. Seit 1964. Amsterdam.

Tectonics. Seit 1982. Washington, D. C.

22. Kapitel: Die Lagerungsformen in Zeit und Raum

Betrachtet man die tektonischen Vorgänge vom mechanischen Standpunkt, dann sollte es möglich sein, den Ablauf der Schollenbewegungen aus der räumlich-zeitlichen Verteilung der Kräfte und dem Festigkeitsverhalten der Gesteine zu errechnen. Eine derart umfassende Lösung wird sich kaum je erreichen lassen, denn jede Verformung ist von der geologischen Vorgeschichte der Scholle abhängig, in der ältere Beanspruchungen bereits ihre Spuren zurückgelassen haben. Das Gefüge der Erdrinde ist geschichtlich geworden. Manche ihrer Strukturelemente, vor allem die tektonischen Einzelgebilde, sind experimentell wiederholbar und einer exakten Ausdeutung fähig. Die Anordnung im großen dagegen ist reich an einmaligen und individuellen Zügen, die nur bei einer Betrachtung vom *historischen Gesichtspunkt* aus verständlich werden. Neben die mechanische Analyse tritt daher die Frage, wie sich die Lagerungsformen in den Erdraum einfügen und wie sie sich im Laufe der geologischen Zeiten herausgebildet haben.

Zeitbestimmung orogener Vorgänge. Die orogenen Vorgänge, mögen sie nun in Bruchbildung oder Faltung bestehen, verursachen vertikale Schollenverstellungen und verändern damit die Gestalt und Höhenlage der festen Erdoberfläche. Sie verschieben das Gleichgewicht zwischen Relief und Abtragung und greifen in den Ablauf der Sedimentation ein. Damit eröffnet sich die Möglichkeit, den Zeitpunkt vergangener orogener Bewegungen festzulegen.

Der Regelfall ist, daß die Schichten bei der Orogenese aus dem Meere auftauchen, abgetragen werden und wieder einsinken. Eine neue Sedimentdecke breitet sich über dem gestörten und ± eingeebneten Untergrund aus. Die aufgerichteten Schichtköpfe der älteren Serie stoßen winklig an der Basis der jüngeren ab. Die Falten und Verwerfungen im Liegenden werden vom Transgressionskonglomerat abgeschnitten und setzen nicht ins Hangende hinein (Abb. 141, 142). Wir erhalten das Bild einer *ungleichförmigen Überlagerung*, die man als *Diskordanz* im Gegensatz zur Konkordanz (S. 110), der gleichförmigen

Abb. 141 Diskordanz zwischen geneigten paläozoischen Schiefern und flach lagerndem Tertiär. Puna, NW-Argentinien

Abb. 142 Diskordanz zwischen horizontallagernden Kalken des Zechstein und steilgeneigten Schiefern des Unterkarbon. Schwaara bei Gera (Foto *P. Kukuk)*

Übereinanderfolge der Schichten, bezeichnet. Um die Orogenese zu datieren, muß man einmal das Alter der jüngsten von ihr noch erfaßten Gesteine, zum anderen den Wiederbeginn der Sedimentation in der geologischen Zeitskala festlegen. Zwischen diesen beiden Punkten liegt die Zeitspanne, in der sich Gebirgsbildung, Hebung und Abtragung abgespielt haben. Da diese Vorgänge beträchtliche Dauer beanspruchen, so ist die Festlegung des Alters tektonischer Bewegungen mittels Diskordanzen immer nur innerhalb eines ± großen zeitlichen Spielraums möglich.

Zum Wesen der Diskordanz gehört also erstens eine Lücke in der Schichtfolge und zweitens ein Übergreifen der transgredierenden Schicht über verschiedene Glieder des tektonisch gestörten Untergrundes. Eine Schichtlücke allein erweist noch keine Orogenese, denn eine Unterbrechung des Absatzes mag mancherlei Ursachen haben. Aber auch Abstoßen und Übergreifen können zuweilen täuschen. *Erosionsdiskordanzen*, wie sie in schräggeschichteten Sedimenten (Abb. 20) oder bei der Ausfüllung eines Tales entstehen, liefern zuweilen ganz ähnliche Bilder wie echte tektonische Diskordanzen.

Geht die Orogenese in einem Sedimentationsbecken ohne Heraushebung und Absatzunterbrechung vor sich, dann bietet die vollständigere Ablagerungsfolge zwar genauere Möglichkeiten zur geologischen Zeitbestimmung, gleichzeitig aber wird die Winkeldiskordanz schwerer faßbar, da sie sich auf zahlreiche Schichtfugen verteilt (Abb. 143). Dafür prägen sich die tektonischen Vorgänge im Fazies- und Mächtigkeitsbilde aus.

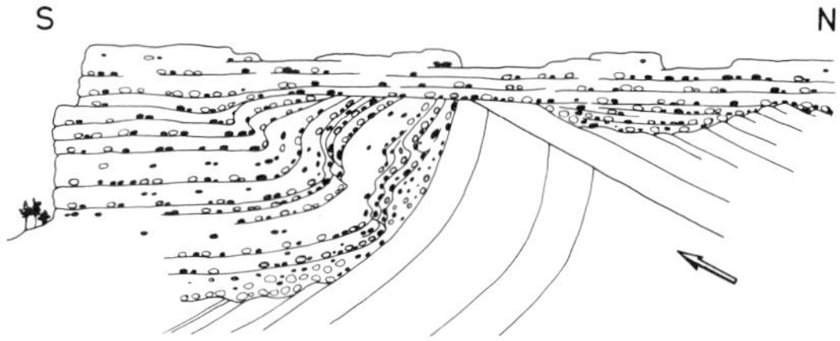

Abb. 143 Auffaltung eines Sattels während der Sedimentation. Seitlicher Übergang der Diskordanz in Konkordanz. Oligozänkonglomerat über Jurakalk. Katalonien (nach *H. Ashauer* u. *R. Teichmüller*). Maßstab etwa 1 : 8000

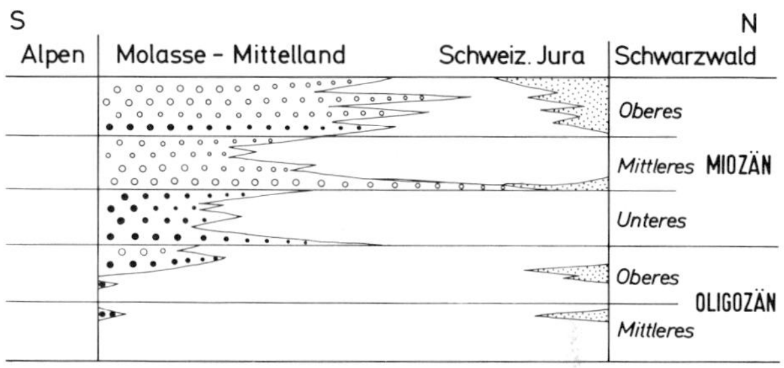

Abb. 144 Diagramm der Geröllschüttung in die Molassevortiefe am Nordrand der tertiären Alpen. Große Punkte: Kalkkonglomerate. Kreise: polygene Konglomerate. Kleine Punkte: Konglomerate nördlicher Herkunft (nach *A. Heim*)

Bei untermeerischer Faltung werden auf den Sätteln dünne und lückenhafte Flachwasserbildungen, in den Mulden mächtigere Ablagerungen größerer Tiefe entstehen (Abb. 90). Derartige Profile sind in geosynklinalen Schichtfolgen häufig und zeigen, wie aus epirogenen Embryonalfalten allmählich echte orogene Strukturen hervorgegangen sind. Die großen Antiklinen des Rheinischen Schiefergebirges sind z.T. schon während der Sedimentation als Spezialschwellen angelegt worden.

Orogene Bewegungen in Erosionsgebieten entziehen sich der unmittelbaren zeitlichen Festlegung. Morphologische Methoden, etwa der Vergleich zwischen Bau und Relief (S. 144), ermöglichen zwar eine ungefähre Aussage, wie lange die Abtragung seit den letzten Krustenbewegungen gewirkt haben mag, geben aber keine genaue Datierung. Hier bieten mittelbare Methoden, die übrigens auch in anderen Fällen anwendbar sind, einen gewissen Ersatz. Man kann versuchen, den Zeitpunkt einer orogenen Hebung durch das Alter der Schuttfächer festzulegen, die infolge der Neubelebung der Erosion in die Umgebung ausstrahlen. Im Molassetrog, der dem werdenden Alpengebirge im Norden vorgelagert war, rückte die Geröllschüttung (Abb. 144) im Mittelmiozän besonders stark nach außen vor. Es liegt nahe, dies auf eine orogene Phase im Alpenkörper zurückzuführen, zumal sich gleichzeitig ein beträchtlicher Wechsel in der Vergesellschaftung der Gerölle vollzog. Man muß sich aber hüten, jede Konglomeratbank und jeden Wechsel in der Sedimentation mit einer Orogenese in Verbindung zu bringen. Epirogene Verbiegungen und Klimaänderungen haben in vielen Fällen die gleiche Wirkung.

Orogene Phasen. Untersucht man mit Hilfe der oben entwickelten Methoden, wann sich im Laufe der Erdgeschichte orogene Ereignisse vollzogen haben, dann stößt man auf eine bemerkenswerte Tatsache. Die Diskordanzen sind nicht regellos in die Folge der Schichtgesteine eingeschaltet, sondern häufen sich in bestimmten Zeitabschnitten. Lange Perioden, während deren sich die Sedimente in verhältnismäßiger Ruhe absetzen, wechseln mit kurzen Spannen der Bodenunruhe in Gestalt lebhafter Krustenbewegungen. Die Epirogenese ist mit langsamen Hebungen, Senkungen und Verbiegungen ständig am Werke. Von Zeit zu Zeit steigert sie sich zur *Orogenese*, zu Schollenverschiebungen oder zum Zusammenschub in Falten und Decken. Hatten wir früher (S. 114) Orogenese und Epirogenese danach unterschieden, ob sie das Gefüge der Erdrinde bleibend beeinflussen oder nicht, so sehen wir nunmehr, daß ihre Trennung auch bei geschichtlicher Betrachtung gerechtfertigt ist. Die Epirogenese umfaßt die dauernden und schwachen, die Orogenese die episodischen, aber tiefergreifenden dynamischen Änderungen von Kruste und Mantel der Erde.

Manche Forscher gehen so weit, diese Regel zu einem Gesetz zu erheben. Sie vertreten eine ausgeprägte rhythmische Gliederung der Erdgeschichte durch eine Anzahl zeitlich eng umschriebener, erdweit gültiger *orogener Phasen,* die sich scharf von den epirogenen Intervallen abheben. Die moderne Forschung in dieser Frage ergab, daß einzelne Faltungsphasen oft nur regional beschränkt innerhalb eines Orogens faßbar sind. Andere sehen in den Orogenesen nur die jeweiligen Höhepunkte der tektonischen Aktivität der Erde, die mit der Epirogenese durch alle Übergänge verbunden sind. Sie verweisen darauf, daß der Schwellenwert der bleibenden Verformung bei den einzelnen Gesteinen sehr verschieden hoch liegt. Vor allem von dem hochplastischen Inhalt der Diapire (S. 158) ist zu erwarten, daß er bereits bei schwacher Beanspruchung in Bewegung kommt.

Einteilung der Gebirge. Die geologische Durchforschung der Erde lehrt, daß die Lagerungsformen nicht wirr durcheinander auftreten. Es lassen sich vielmehr größere Räume abgrenzen, in denen bestimmte Strukturgruppen vorherrschen. Diese tektonischen Einheiten nennt man *Gebirge.* Das Wort hat also hier eine andere Bedeutung als die übliche. Es kommt nicht auf die äußere Gestalt und Höhengliederung an; diese ist ja das Ergebnis des Gegenspiels zwischen Epirogenese und Abtrag. Maßgebend für den geologischen Begriff Gebirge ist vielmehr die Art der orogenen Formung, der *„Gebirgsbildung"*, die in dem inneren Gefüge zum Ausdruck kommt. Gebirge sind Großschollen der Erde mit in sich gleichartigem Bau. Da, wie in Kap. 21 auseinandergesetzt, Lagerungsformen und Beanspruchungspläne einander zugeordnet sind, so läßt sich ein Gebirge als ein Bereich umschreiben, in dem ein bestimmtes Feld tektonischer Kräfte Verformungen von einheitlichem Baustil geschaffen hat. Man kann die Gebirge in Mitteleuropa schematisch einteilen in:

1. *Blockgebirge.* Tektonische Ausweitungsformen vorherrschend 2. *Bruchfaltengebirge.* Ausweitungs- und Einengungsformen vergesellschaftet	Germanotype Gebirge
3. *Falten-* und *Deckengebirge.* Tektonische Einengungsformen vorherrschend	Alpinotype Gebirge

Bautypen der Gebirge. Das tektonische Formeninventar des *Blockgebirges* (Abb. 145) besteht aus vertikalen und horizontalen Verstellungen, wie Beulen, Abschiebungen und Blattverschiebungen, die zu Gräben, Horsten, synthetischen und antithetischen Treppen zusammentreten. Falten fehlen; Schichtkrümmungen finden sich nur an Flexuren und Beulen. Dem Blockgebirge mangeln schichtige, faltbare Gesteinsfolgen. Zur Hauptsache besteht es aus einem Sockel, der durch ältere Gebirgsbildungen versteift ist und dadurch die Fähigkeit zu erneuten Verformungen weitgehend verloren hat. Der Unterbau liegt entweder offen zutage oder ist von einem geringmächtigen Deckgebirge diskordant überlagert. Blockgebirge entstehen unter Krustendehnung; nur bei Versperrungen an Schollenrändern kommt es einmal zu örtlichen Pressungen.

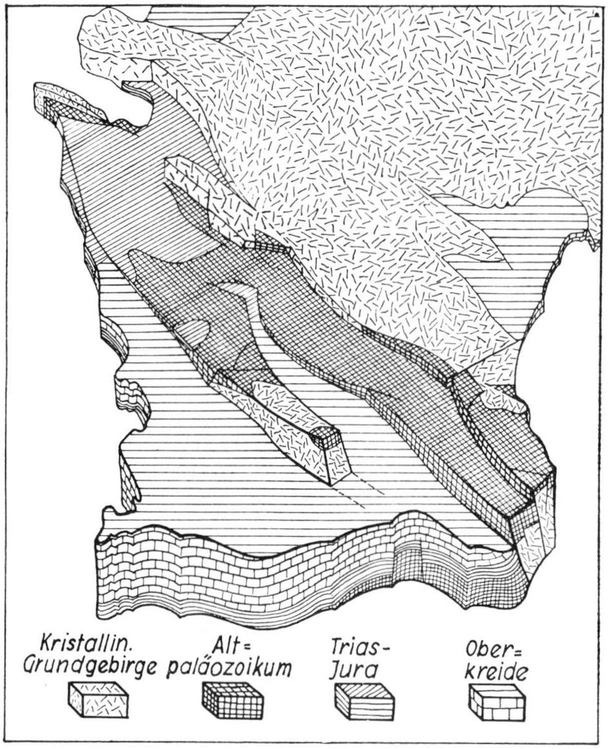

Abb. 145 Blockdiagramm des Schollenbaus von Schonen. Maßstab etwa 1 : 5 Mill. (nach *E. Voigt*)

Auch die Tiefseeböden, die großenteils aus Basalt mit einer dünnen Sedimenthülle bestehen, weisen die tektonischen Züge eines Blockgebirges auf. Die mittelozeanischen Schwellen lassen sich am ehesten als langgestreckte Beulen mit Firstgräben verstehen. Durch neue Forschungen sind z. B. aus dem östlichen Pazifik Blattverschiebungen mit Versetzungsbeträgen von 100–1000 km bekanntgeworden, die sich über mehrere tausend km verfolgen lassen (siehe S. 262).

Das *Bruchfaltengebirge* (Abb. 146) ist durch die Vergesellschaftung von Ausweitungs- und Einengungsformen gekennzeichnet. Aufschiebungen treten neben Abschiebungen, Falten neben Beulen auf. Horste können streichend in zerrissene Sättel, Gräben in versenkte Mulden übergehen. Gegenüber dem Blockgebirge ist im Bruchfaltengebirge der Sockel von einer erheblich mächtigeren Schichtdecke verhüllt. Er paust sich dementsprechend mit seinem Gefüge nur noch abgeschwächt in die Tektonik des Oberbaus durch. Die Verknüpfung von Ausweitung und Einengung dürfte in den meisten Fällen durch einen zeitlichen Wechsel im Beanspruchungsplan zustande gekommen sein. In Nordwestdeutschland ist deutlich, wie Abschiebungen zu Aufschiebungen verbogen und ursprüngliche Zerrgräben durch Pressung umgeformt worden sind (Abb. 147).

Falten- und Deckengebirge. Während sich die Block- und Bruchfaltengebirge allmählich in die ungestörten Schichttafeln der Umgebung verlieren, heben sich die Faltengebirge und noch ausgesprochener die Deckengebirge als langgestreckte, räumlich geschlossene und deutlich umgrenzte Gebirgseinheiten, als *Orogene,* heraus. Auch in ihrem tektonischen Bau sind sie sehr viel straffer durchgegliedet. Während im nordwestdeutschen Bruchfaltenland die Neigung der Aufschiebungen von örtlichen Bedingungen abhängt, sind die Falten- und Deckengebirge oft in zwei Hälften mit entgegengesetzter Überfaltungsrichtung, *Vergenz,* aufgeteilt. Einige Orogene können *zweiseitig gebaut* sein und bestehen aus zwei nicht immer gleich kräftig entwickelten *Stämmen,* die durch eine *Scheitelung* getrennt sind. In jedem Stamm vergieren die Falten nach außen, gegen das *Vorland.*

Ein Faltengebirge mit relativ geringer Einengung ist der Schweizer Kettenjura (Abb. 148). Er begleitet den nordwestlichen Außenrand des alpinen Orogens, bis seine Falten vor den Massiven von Schwarzwald und Vogesen gerafft werden und ausklingen. Die Gebirgsbildung begann wahrscheinlich mit Brüchen, die vom Sockel ins Deckgebirge emporgriffen und den Ort der bedeutendsten Antiklinen bestimmten. Dann folgte die Einengung, bei der die Salzmergel des Mittleren Muschelkalk als Abscherungs- und Gleitschicht den gefalteten Oberbau von dem geschuppten Sockel schieden (Abb. 148). Das variszische Faltengebirge, das am Ende des Paläozoikum entstand und den Unterbau des deutschen Bodens bildet (Abb. 149, 150), weist größeren Faltungstiefgang und stärkeren Zusammenschub auf, der sich zu Überschiebungen steigert (Abb. 112).

Die *Deckengebirge* sind noch schärfer eingeengt. Während der Faltenjura auf $^3/_4$–$^2/_3$ seiner Breite zusammengeschoben ist, sind Deckengebirge durch die Aufeinanderstapelung von Schubmassen auf $^1/_2$–$^1/_4$ quer zum Streichen verkürzt. Die Alpen, der Typus eines großen Deckenorogens, bestehen aus zwei recht ungleich entwickelten

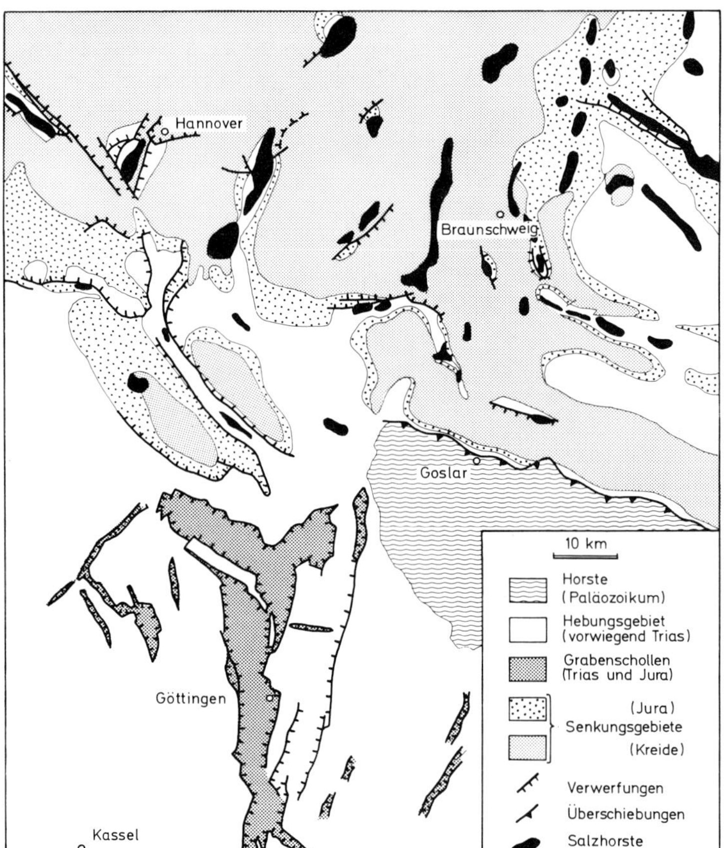

Abb. 146 Tektonische Karte des Bruchfaltengebirges in Südhannover. Die Faltung nimmt gegenüber der Bruchbildung mit steigender Deckgebirgsmächtigkeit von Süden nach Norden zu. Diapire von Zechsteinsalz treten nur in dem nördlichen Gebiet mit großer Deckgebirgsmächtigkeit auf (nach *A. Bentz, H. Stille* u. a.)

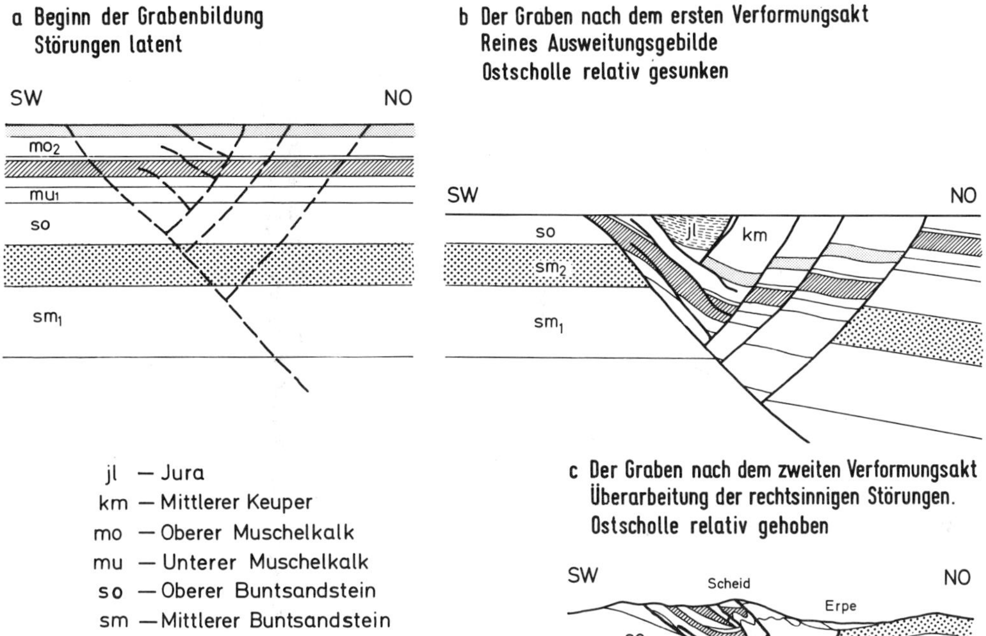

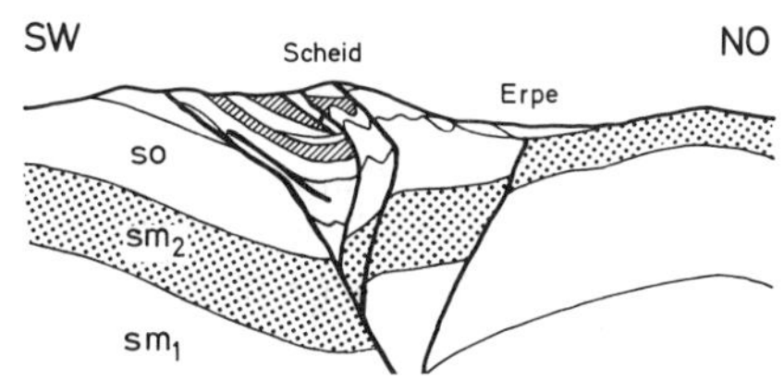

Abb. 147a bis c Umwandlung eines Zerrgrabens durch nachträgliche Pressung. Egge nördlich Kassel (nach *H. J. Martini*). Maßstab 1 : 25 000

Stämmen (Abb. 151). Die Zone der Südbewegung ist schmal und erreicht stellenweise nur die Stufe der Bruchfaltung (Abb. 118). Um so mächtiger ist der Nordstamm, in dem die helvetischen, penninischen und ostalpinen Deckensysteme, jedes aus einer Reihe von Einzeldecken bestehend, übereinandergeschoben sind (Abb. 113). Da die Faltenachsen nach E einfallen, liegen in den Westalpen tiefere Decken zutage, während die Ostalpen aus den höheren Einheiten aufgebaut sind. Nur in einzelnen Fenstern, wie im Engadin und den Tauern, tritt die Unterlage heraus.

Geosynklinen und Gebirge. Die Entstehung der Gebirge läßt sich erst dann recht verstehen, wenn wir ihre Vorgeschichte in die Betrachtung einbeziehen. Veranschaulichen wir uns (Abb. 152), wann, wie lange und in welchem Ausmaß das Gebiet des späteren Gebirges im Sinken war, dann offenbaren sich enge Beziehungen zwischen der Art der Gebirgsbildung und der Mächtigkeit der zuvor abgelagerten, von der Orogenese erfaßten Sedimente. Schollenländer tragen über einem alten Sockel höchstens eine dünne Deckgebirgshülle. Bruchfaltengebirge sind stratigraphisch schon etwas tiefgründiger. Falten- und Deckengebirge sind aus Schichtgesteinsstößen von vielen km Dicke aufgebaut. An der Sedimentmächtigkeit gemessen, ist der Betrag der Absenkung vor der Orogenese bei den einzelnen Bautypen unterschiedlich. Block- und Bruchfaltengebirge sind an geantiklinale Schwellen oder flache Tröge gebunden. Falten- und Deckengebirge dagegen gehen aus Geosynklinen hervor – Räumen mit mehr oder weniger stabilem Unterbau – die über längere Stadien langsam absinken.

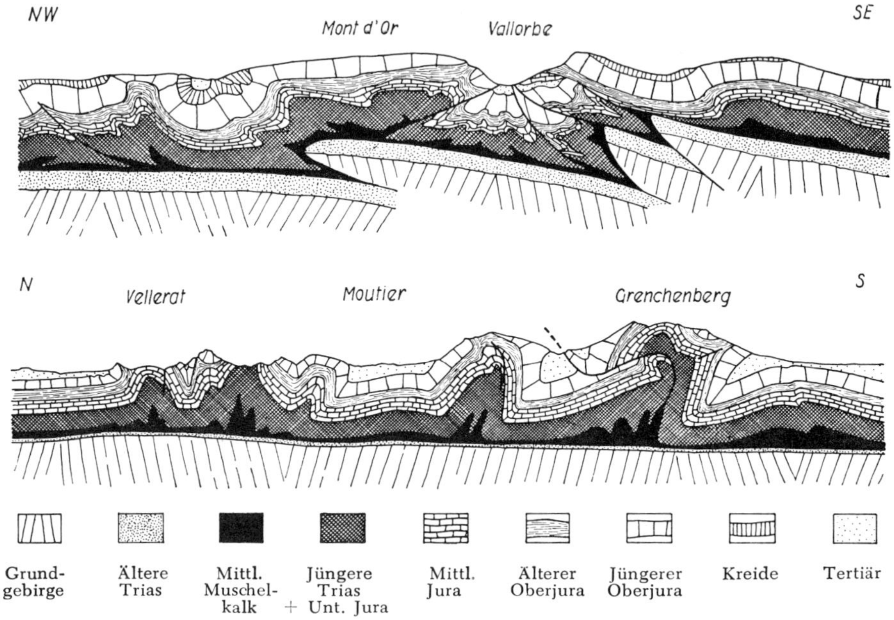

Abb. 148 Zwei Profile zur tektonischen Auffassung des Schweizer Faltenjura. Maßstab 1 : 150 000. Oben: Abscherung verbunden mit Schuppung im kristallinen Sockel (nach *D. Aubert*). Unten: Reine Abscherung über ungestörtem Untergrund (nach *A. Buxtorf*)

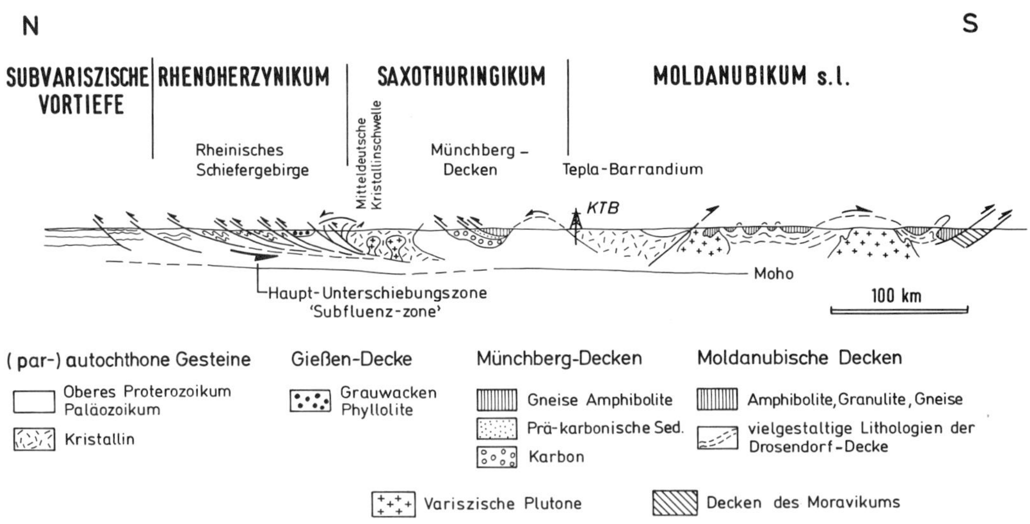

Abb. 149 Vereinfachter Schnitt durch das varistische Gebirge Mitteleuropas. KTB = Ort der kontinentalen Tiefbohrung in der Oberpfalz. Nach *Behr* et al. 1984

Die Geschichte eines alpinotypen Gebirges beginnt damit, daß ein langgestrecktes Krustenfeld von einigen 100 km Breite und oft > 1000 km Länge, das beiderseits von Geantiklinalgebieten, den *Vorländern*, eingefaßt ist, in kräftiges Sinken kommt. Auf diese Weise sammeln sich in der Geosynkline mächtigere Ablagerungen an als außerhalb in Räumen gleichen Alters. Das noch heute flachlagernde schwedische Kambrosilur mißt z. B.

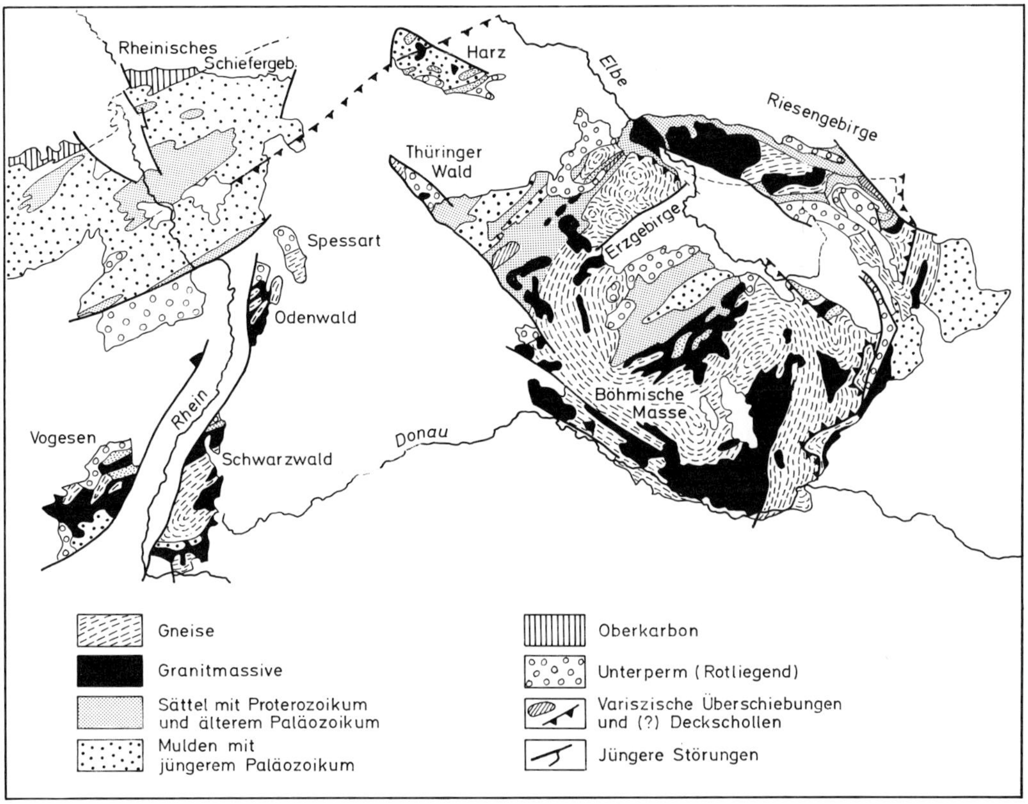

Abb. 150 Die varistischen Gebirgsrümpfe in Mitteleuropa. Jüngeres Deckgebirge weiß. Maßstab 1:5½ Mill.

400 m, in der Geosynklinalfazies des Norwegischen Hochgebirges schwillt es auf > 4000 m an (Abb. 152). Die außeralpine Trias ist überwiegend kontinentaler Entstehung und selten > 1000 m mächtig. Gleichzeitig sind in den Alpen 2000–3000 m fast rein marine Ablagerungen entstanden. Die Entstehung eines Falten- oder Deckengebirges – Beispiel Alpen – läßt sich in folgende Stadien gliedern:

1. Eine Zeit der eigentlichen geosynklinen Formung. In den Alpen, die ein Teil der *Tethys-Geosynkline* sind, dauerte dieser Senkungsprozeß etwa vom Beginn der Trias bis an die Grenze Kreide/Tertiär. Dies ist ein Zeitraum von etwa 150 Millionen Jahren.

2. Von einem gewissen Zeitpunkt an wird der Raum der Geosynkline und seine Füllung aus Flachwassersedimenten eingeengt und verformt. Es kommt in episodischen Schritten zur eigentlichen *Gebirgsbildung (Orogenese).* Dabei wird der interne Baustil des Gebirges angelegt und ausgestaltet, ohne daß es bereits zu einer entscheidenden Heraushebung und Reliefbildung kommt. Verschiedene geosynkline und orogene Vorgänge können gleichzeitig ablaufen. Falten werden gebildet, und die Überschiebung von Decken beginnt. Dauer etwa vom Ober-Jura bis in das Jungtertiär, ein Zeitraum von etwa 100 Millionen Jahren.

3. In einem späteren Stadium verlagert sich die Trogbildung und die Sedimentation nach außen. Es entstehen Randgeosynklinen *(Flysch)* und Vortiefen *(Molasse),* die jeweils ungefähr 40 Millionen Jahre zur Bildung benötigen (Abb. 153).

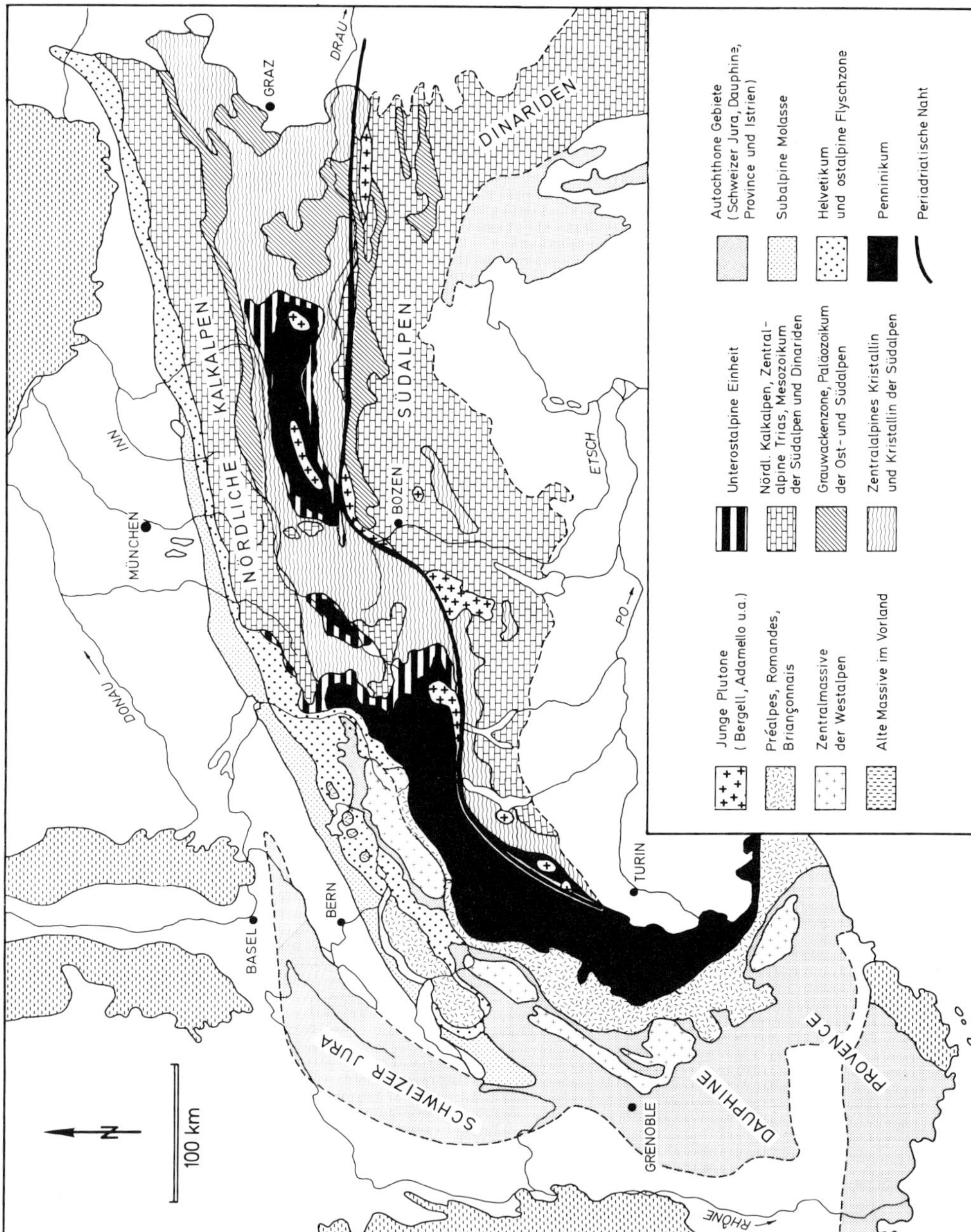

Abb. 151 Geologisch-tektonische Übersichtskarte der Alpen (stark vereinfacht)

4. Als Abschluß der Gebirgsbildung erfährt der orogene Raum *Hebungen*. Morphologie und Hochgebirgsrelief entstanden in allen jungen Faltengebirgen der Erde während des jüngeren Känozoikums, also in einem Zeitraum von 20 Millionen Jahren.

Nunmehr ergreifen Wölbungsvorgänge das fertige Orogen und gestalten es zum eigentlichen Gebirge im morphologischen Sinne. Nach einer längeren Zeit der Denudation gewinnen schließlich abwärtige Bewegungen die Oberhand, der eingeebnete Gebirgsrumpf verfällt der Eindeckung. Diese erneute Senkung bleibt jedoch oft in einem parageo-

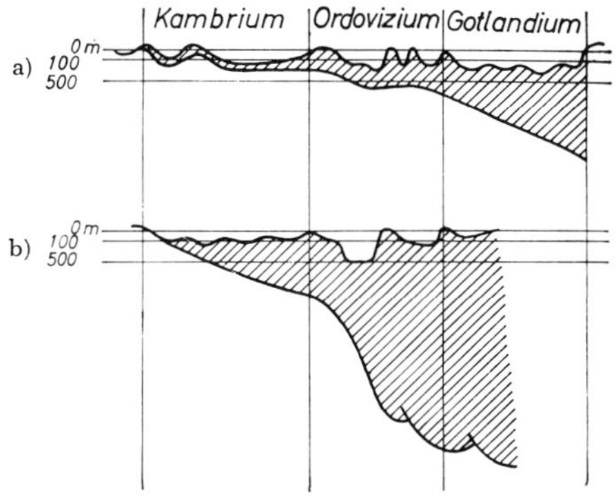

Abb. 152 Zwei Diagramme zur Veranschaulichung der Senkungs- und Sedimentationsgeschwindigkeit am Rande (a) und in der Mitte (b) der kaledonischen Geosynkline Norwegens

Obere Kurve: Jeweilige Lage der Erdoberfläche zum Meeresspiegel. Untere Kurve: Abwärtsbewegung des Geosynklinalbodens. Schraffierte Fläche: Mächtigkeit des angesammelten Sediments (nach *S. v. Bubnoff*)

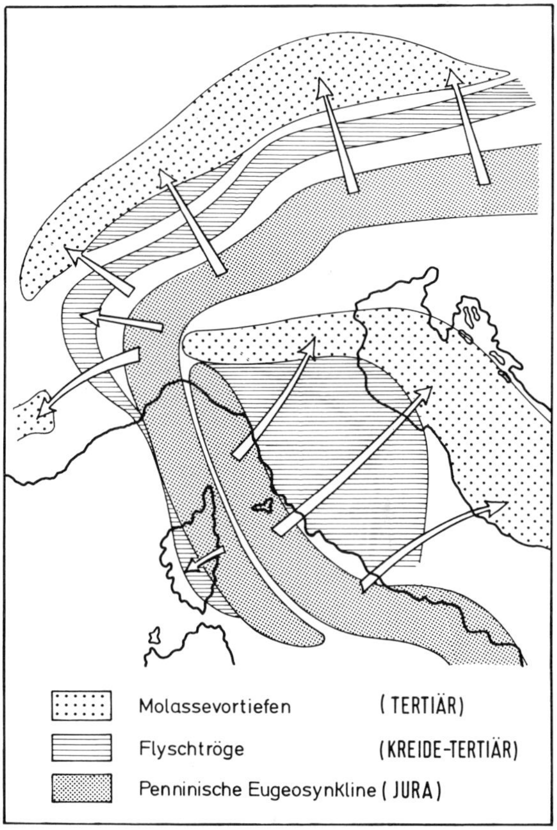

Abb. 153 Die Verlagerung der Geosynklinen in den Alpen und im Nordapennin (nach *H. G. Wunderlich*). Die Senkung wanderte aus den penninischen Eugeosynklinen (kreuzschraffiert) bis in die Molassevortiefen (punktiert)

synklinalen Rahmen, ebenso wie spätere Gebirgsbildungen vielfach nicht über den Grad der Bruchfaltung hinausgehen. Mitteleuropa trat schon vor Beginn des Paläozoikum in seine Geosynklinalzeit ein. Durch die varistische Gebirgsbildung wurde der Inhalt des Troges gegen Ende des Paläozoikum aufgefaltet und diente nunmehr der alpinen Geosynkline, die mit dem Mesozoikum einzusinken begann, als Vorland. Die Orogenesen des jüngeren Mesozoikum und des Känozoikum, die aus den alpinen Sedimenten ein Deckengebirge schufen, erzeugten im Vorland auf deutschem Boden nur ein Block- und Bruchfaltengebirge. Alpinotype und germanotype Tektonik lösen einander also erdgeschichtlich und regional ab.

Tektonische Gliederung der Erdkruste. Das unterschiedliche Verhalten, das die Kruste gegenüber den tektonischen Beanspruchungen zeigt, muß dadurch bedingt sein, daß ihre Festigkeitseigenschaften räumlich und zeitlich wechseln. Der Boden wird aus dem Zustand hoher *Mobilität* und Faltbarkeit, die er als Geosynkline hatte, im Laufe einer alpinotypen Gebirgsbildung durch schrittweise Versteifung oder *Konsolidation* zum *Kraton*, das nur noch germanotypen Störungen zugänglich ist.

In Europa haben sich diese Vorgänge mehrere Male abgespielt. Drei Faltenkränze,

das kaledonisch (Ende des Silur) gefaltete Paleuropa,
das varistisch (Ende des Paläozoikum) gefaltete Mesoeuropa,
das alpidisch (im Jungmesozoikum und Känozoikum) gefaltete Neoeuropa,

haben seit Beginn des Paläozoikum den ältesten Kern unseres Erdteils, das schon im Präkambrium versteifte Grundgebirge, Baltischer Schild, umgürtet (Abb. 154). Dabei gaben die durch die Faltung konsolidierten Schollen jeweils den Rahmen für die nächstjüngere Geosynklinal-

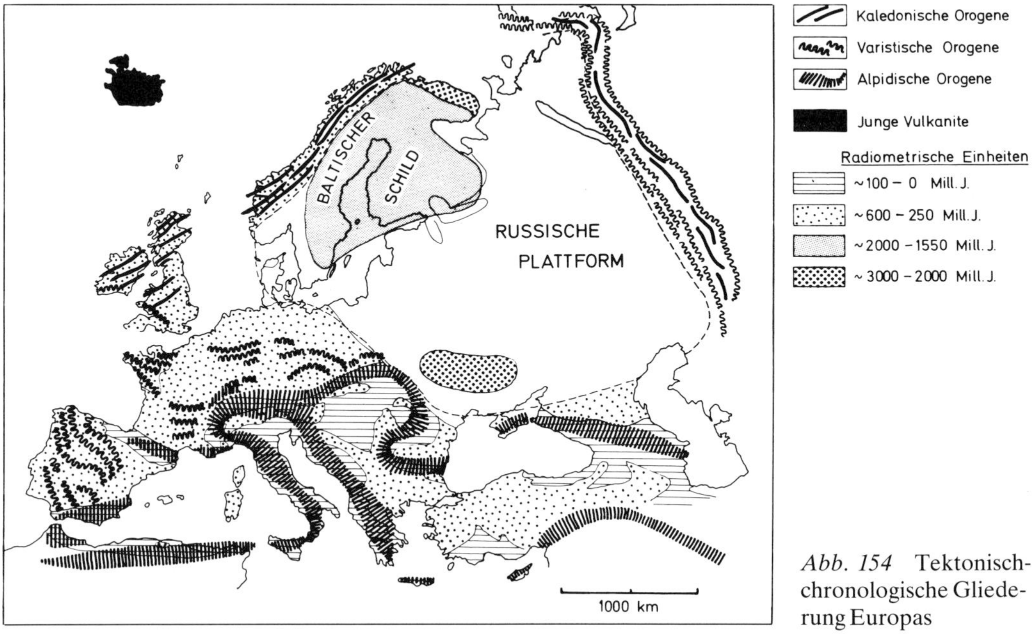

Abb. 154 Tektonisch-chronologische Gliederung Europas

und Gebirgsbildung ab. Der ehemals breite Raum zwischen Ureuropa und Urafrika ist so durch Konsolidationen verschiedenen Alters bis auf geringe Reste im Mittelmeer kratonisch geworden.

Aber wenn auch in der Regel die Kratone auf Kosten der Geosynklinen, die Festländer auf Kosten der Meere ständig wachsen, so gilt dies doch nicht ausnahmslos und unwiderruflich. Der Entwicklungsgang von der Geosynkline über das Orogen zum Kraton kann wiederholt durchlaufen werden, indem sich die erstarrten Schollen verjüngen und von neuem in den geosynklinalen Zustand zurückkehren. So war der Untergrund Neoeuropas bereits variskisch gefaltet, bevor er in den alpidischen Zyklus eintrat.

Ergänzende Schriften

Beloussov, V. V. (1962): Basic Problems in Geotectonics. – 809 S., New York–Toronto–London–San Francisco.

Cadisch, J. (1953): Geologie der Schweizer Alpen. – 480 S., Basel.

Coward, M. P., Dewey, J. F. & Hancock, P. L. (Hrsg.) (1987): Continental Extensional Tectonics. – Geol. Soc. Special Publ. 28, 637 S., Oxford.

Geodynamics Series (1981–1987), Vol. 1–19, Washington, D. C.–Boulder, Colo.

McClay, K. R. & Price, N. J. (Hrsg.) (1981): Thrust and Nappe Tectonics. – 539 S., Oxford.

Pavoni, N. & Green, R. (Hrsg.) (1975): Recent Crustal Movements. – Developm. Geotect., 9, 551 S., Amsterdam–Oxford–New York.

Spencer, E. W. (1988): Introduction to the Structure of the Earth. – 3. Aufl., 551 S., New York.

Magmatismus

Die epirogenen und orogenen Krustenbewegungen sind Begleiterscheinungen von Massenverlagerungen in den tieferen Teilen der Erdkruste und des oberen Mantels, ermöglichen aber keine Aussagen über die stoffliche Beschaffenheit jener Zonen. Welcher Art sind die Gesteine, die dort anstehen, und in welchem Zustande befinden sie sich? Auf diese Fragen gibt die Erde selbst Antwort, indem sie Stoff aus der Tiefe in Form von flüssigen Silikatschmelzen, als *Magma,* emporschafft. Stellenweise fließt das Magma auf der Erdoberfläche aus; hierüber handelt die Lehre vom *Vulkanismus.* Häufig aber bleibt die Schmelze in der Kruste stecken; das ist das Feld des *Plutonismus.* Die erkalteten magmatischen Massen nennt man *magmatische Gesteine* oder *Magmatite.*

23. Kapitel: Vulkanismus

Form und Tätigkeit der Vulkane. Um den Golf von Neapel dehnt sich ein Landstrich aus (Abb. 155), in dem sich Ringwall an Ringwall reiht. Einige sind noch vollständig erhalten, andere bereits bis auf Reste abgetragen. Dazu gesellen sich kegelförmige Einzelberge verschiedener Gestalt. Es ist die vulkanische Landschaft der Phlegräischen Felder mit der Solfatara, dem „Forum Vulcani" der alten Römer, die im Osten durch den hohen Bau des Vesuv abgeschlossen wird. Hier läßt sich die vulkanische Tätigkeit in ihren verschiedenen Formen über mehr als zwei Jahrtausende verfolgen. Zugleich aber knüpft sich an dieses Gebiet auch zu einem guten Teile die Entwicklung der geologischen Anschauungen über den Vulkanismus, ja der Geologie selbst, in deren Lehr-

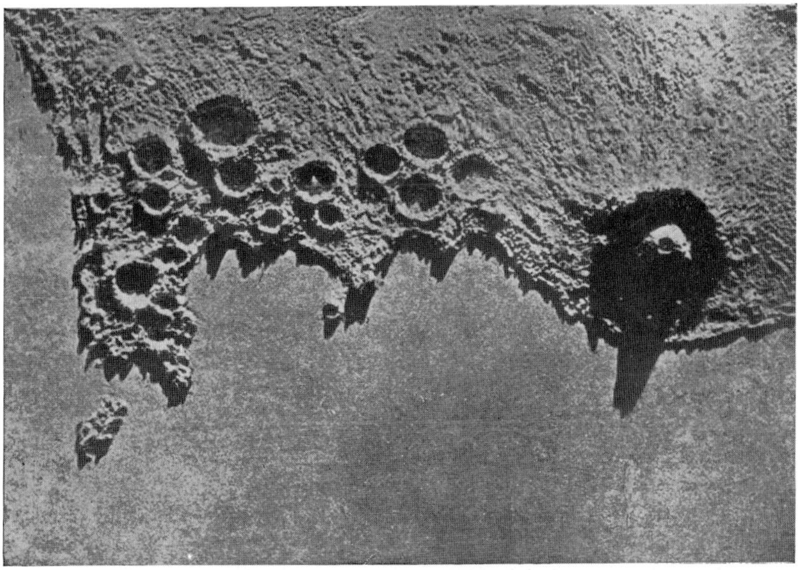

Abb. 155 Die Phlegräischen Felder und der Vesuv bei Neapel. Maßstab 1:450 000. Das Relief erscheint durch Überhöhung und seitliche Beleuchtung übertrieben

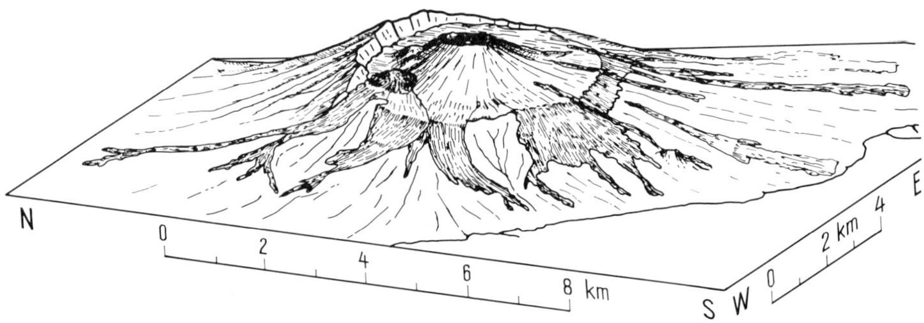

Abb. 156 Schaubild des Vesuv. Der alte Sommakrater ist nur noch zur Hälfte erhalten (nach *A. Rittmann*)

gebäude die Vulkane als die augenfälligsten Äußerungen endogener Kräfte lange Zeit eine bedeutsame Rolle gespielt haben.

In der Antike war der Vesuv nach seiner ersten Ausbruchsperiode, die vom Pleistozän bis in die Frühgeschichte gereicht hatte, in Ruhe und bis oben hin von Wald bedeckt. Im Jahre 79 n. Chr. trat er in einen neuen, bis heute währenden Tätigkeitszyklus ein. Dieser begann, wie stets in solchen Fällen, mit einem schweren *Initialausbruch*, bei dessen Beobachtung der Naturforscher *Plinius d. Ä.* den Tod fand. In heftigen Explosionen wurde die erstarrte Füllung, die den Aufstiegskanal, den *Schlot*, verstopft hatte, samt einem Teil des Berggipfels fortgesprengt. Die Trümmermassen begruben Pompeji, Herculaneum nebst einer Anzahl weiterer Orte viele m tief. Gegen Ende der Haupteruption quoll glühender Gesteinsschmelzfluß, *Lava*, aus einer Spalte am Berghang hervor und floß als *Lavastrom* in die Küstenebene ab. Durch diese Ereignisse erhielt der Vesuv im wesentlichen seine heutige Form. Auf dem Gipfel wurde ein $3\frac{1}{2}$ km weiter trichterförmiger *Krater* ausgesprengt. Er war etwas gegen den früheren Ausbruchspunkt verschoben, so daß von der vorhistorischen Kraterumwallung nur ein Teil, der Monte Somma, stehenblieb. Über dem neuen Schlot baute sich im Laufe der Jahrhunderte der heutige *Zentralkegel* auf (Abb. 156).

Aber derartige Katastrophen sind Ausnahmen im Leben der Vulkane. Während der längsten Zeit ihres Daseins befinden sie sich nicht in *Ausbruchs-*, sondern in *Dauertätigkeit*. Ein Beispiel dafür ist der Stromboli. Der Lavaspiegel steht tief, und aus dem Schlot wirbeln unter dumpfen Explosionen, oft in ziemlich regelmäßigem Rhythmus, Dampfballen mit Fetzen halberkalteter Lava empor. Schließlich erstarrt die Schlotfüllung, der Vulkan erlischt. Doch können *postvulkanische Erscheinungen*, das Ausströmen heißer Gase oder der Austritt warmer Quellen, die Stätten ehemaliger vulkanischer Tätigkeit noch lange kennzeichnen. Dafür bieten die Phlegräischen Felder Beispiele. In dem Krater des vorgeschichtlichen Vulkans Solfatara tritt – zu *Strabos* Zeiten ebenso wie heute – aus mehreren Bodenspalten Wasserdampf von 150° C und 10% CO_2 und 0,04% H_2S aus. Durch die Zumischung von Luft wird H_2S zu S und SO_2 oxydiert, die das umgebende Gestein bleichen und zersetzen. Nicht allzu weit entfernt liegt die Hundsgrotte. Hier tritt ein trockener CO_2-Strom von etwa 25° C aus dem Boden. Sehr verbreitet sind ferner heiße Quellen, *Thermen*.

Die Entstehung eines neuen Vulkans war jüngst in Mittelmexiko am Parícutin zu beobachten (Abb. 158). Seit Beginn des Jahres 1943 beunruhigten Erdstöße, *vulkanische Beben* (S. 129), die Bevölkerung dieser aus Hunderten von erloschenen Vulkanbergen aufgebauten

Abb. 157 Ausbruch des Vulkans Calbuco (Chile) im Jahre 1961. Explosive Lockerstoff-Förderung

Abb. 158 Der ein Jahr alte Vulkan Parícutin in Ausbruchstätigkeit, Mexico

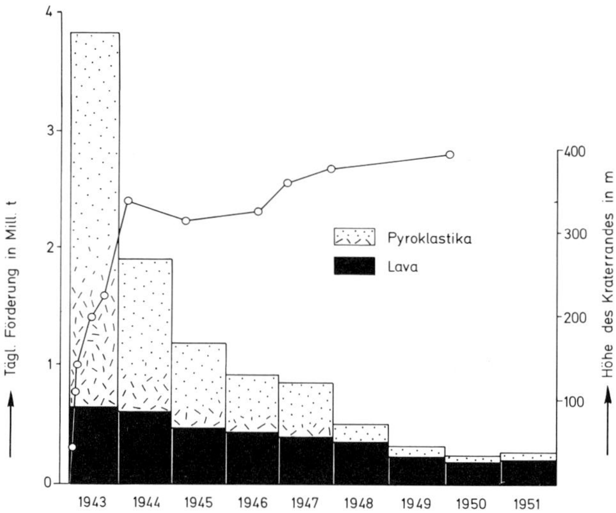

Abb. 159 Förderleistung und Höhenwachstum des Vulkans Parícutin. Mexico (nach *C. Fries* u. a.)

Landschaft. Am 20. Februar 1943 sah ein Bauer, wie sich auf seinem Felde eine schmale Spalte öffnete, aus der alsbald unter Zischen heißer erstickender Rauch auszutreten begann. Noch in derselben Nacht erweiterte sich die Spalte zu einem Eruptionsschlot. Blöcke von heißer, halbflüssiger Lava, *vulkanische Bomben*, wurden untermischt mit kleineren Brocken, *Lapilli*, und feinzerstäubter *vulkanischer Asche* von den hochgespannten vulkanischen Gasen in die Luft emporgeblasen. Um den Ausbruchspunkt häuften sich die niederfallenden Lockermassen zu vulkanischen *Pyroklastika* (verfestigt als Tuff bezeichnet) (Abb. 161). Vor allem gröbere Anteile bauten einen Vulkankegel auf, der bereits in der ersten Nacht 40 m Höhe erreichte; ein Teil des feineren Materials wurde vom Wind über 300 km weit getragen. Lava begann erst nach einigen Monaten aus Spalten am Fuß des Vulkankegels reichlicher auszufließen. Auf einigen dieser Ausbruchsstellen siedelten sich vorübergehend 100 m hohe Nebenvulkane, *parasitäre Krater*, an. Gleichzeitig mit dem Aufbau begannen die exogenen Kräfte ihr Zerstörungswerk. Schluchten zerfurchten die Hänge; Erdrutsche, Schlammströme und Schichtfluten verfrachteten die Lockermassen bergab. Weitaus die stärkste Tätigkeit entfaltete der Parícutin im ersten Jahr. Später ließ er allmählich nach und erlosch Anfang 1952 ganz (Abb. 159). Seine Leistung während dieser Zeitspanne beziffert sich auf etwa 2 km^3 Lava und Tuff, dazu rund 40 Mill. t Wasserdampf. Man kann daraus errechnen, daß die ursprüngliche Schmelze, das *Magma*, in der Tiefe 1,1 Gew.-% H_2O enthielt.

Die **Förderprodukte der Vulkane** lassen sich wie folgt gliedern:

In flüchtiger Form entweichend:	In zusammenhängender Form erstarrt:	Durch Gasentwicklung zerspratzt:
Vulkanische Gase	Vulkanite (Erguß-, Effusiv-, Extrusivgesteine)	Vulkanische Lockerstoffe (Pyroklastika)

Die *vulkanischen Gase* sind ursprünglich unter hohem Druck im Magma gelöst, erst die Entspannung nahe der Erdoberfläche und die Abkühlung entbinden sie aus der Gesteins-

Abb. 160 Lavastrom (Andesit) am Vulkan Socompa (6050 m), Chile

Abb. 161 Vulkanischer Tuff. Valle Muria, Lipari (Foto *H. Pichler*)

schmelze. Es gelang, sie aus dem Krater aufzufangen. Dabei zeigte sich, daß Wasserdampf den überwiegenden Anteil stellt. Das gleiche Ergebnis hatten Untersuchungen der in verfestigten Laven eingeschlossenen Gasreste, auch hier ist Wasser zu 80% beteiligt (Tab. 23).

Die *Ergußgesteine* entquellen den Vulkanen generell als ein 1000–1100° C heißer silikatischer Schmelzfluß, der außer SiO_2 wechselnde Mengen von Oxyden des Al, Fe, der Erdalkali- und Alkalimetalle enthält (Näheres S. 203). Bei der Abkühlung wird die *Lava* zähe und erstarrt um 700° C. SiO_2-arme Schmelzen sind i. allg. dünnflüssig. Sie bewegen sich als *Lavaströme* mit flußähnlicher Geschwindigkeit und breiten sich flächenhaft als *Lavadecken* aus (Abb. 160). SiO_2-reiche Laven sind dagegen oft so zähe, daß sie über ihrer Austrittsstelle ausgedehnte Decken (Abb. 162), rundliche *Staukuppen* oder zylindrische Pfropfen formen (Abb. 167).

Der innere Aufbau der Ströme, Decken und Staukuppen steht zu ihrer äußeren Gestalt in gesetzmäßiger Beziehung und kann uns helfen, die ursprüngliche Form halbzerstörter Gebilde gedanklich wiederherzustellen. Das zähflüssige Strömen der Lava bildet sich als *Fließgefüge* im erkalteten Gestein ab. Tafelige Kristalle werden parallel gestellt, Blasen lang ausgezogen. Da die Lava unter Volumverminderung erstarrt, bilden sich *Schwundklüfte* parallel und senkrecht zur Abkühlungsfläche. Eine plattig-schalige Absonderung konform den Umrissen des Lavakörpers ist verbreitet. Die dazu senkrechten Klüfte können zuweilen eine sehr regelmäßige Aufspaltung in etwa sechsseitige *Säulen* herbeiführen.

Die von der Lava ausgestrahlte Wärme erhitzt, wenn auch nur auf kurze Zeit und geringe Reichweite, das Nebengestein und erzeugt eine *vulkanische Kontaktmetamorphose.* Auf diese Weise sind z. B. die von Basalt überflossenen tertiären Braunkohlen des Meißner bis 5 m unterhalb der Stromsohle verkokt, wobei der Kohlenstoffgehalt von 60 auf 80% stieg. Auch Rötung, Härtung und teilweise Aufschmelzung von Sandsteinen und Schiefern lassen sich öfters beobachten.

Vulkanische Lockerstoffe. Steigt gashaltige Schmelze im Schlot empor, so schäumt sie infolge der Druckentlastung auf und zerfällt in blasige Fetzen. Erkaltet die Lava während des Fluges, so entstehen *Pyroklastika* verschiedener Korngrößen. Sie nehmen eine vermittelnde Stellung ein; der Stoff ist vulkanisch, der Absatzvorgang sedimentär. Pyroklastika bestehen nicht nur aus frischer Schmelze; auch Trümmer älteren Gesteins, die von der Schlotwandung losgerissen sind, können beteiligt sein. Werden sie bei ihrer

Tabelle 23 Zusammensetzung vulkanischer Gase in Vol. %

Vulkan	Kilauea (Hawaii)	Nyiragongo (Kongo)	Surtsey (Island)
Autor	*Jaggar* 1940	*Chaigneau, Tazieff* u. *Fabre* 1960	*Sigvaldson* u. *Elisson* 1968
CO_2	21,4	40,9	4,6
CO	0,8	2,4	0,3
H_2	0,9	0,8	2,8
SO_2	11,5	4,4	4,1
S_2	0,7	–	–
SO_3	1,8	–	–
Cl_2	0,1	–	–
F_2	0,0	–	–
HCl	–	–	0,6
N + seltene Gase	10,1	8,3	4,5
H_2O	52,7	43,2	83,1

Abb. 162 Ignimbrit-Decken mit steilem Erosionsrand. Rhyolithe, Tertiär, Puna, NW-Argentinien

Verfrachtung mit klastischen, chemischen oder organogen Beimengungen vermischt, so spricht man von *Tuffiten.* Tuffite enthalten nicht selten Versteinerungen. Sie bieten damit, ebenso wie die Wechsellagerung von Lavadecken und Sedimenten, ein Mittel, das Alter vulkanischer Ausbrüche festzulegen.

Ignimbrite. Ein hoher Prozentsatz der kieselsäurereichen Vulkanite (Quarzporphyre, Rhyolithe, Rhyodazite) wird heute als *Ignimbrite* gedeutet. Sie sind aus einer Eruption sehr heißer *Glutwolken* oder *Glutnebel* und einer Verschweißung dieser Fördermassen hervorgegangen. Diese Suspensionen von hochviskosen Schmelzteilchen in glühenden Gasen sind etwa wie überkochende Milch ausgelaufen und haben sich über weite Flächen ausgebreitet (Abb. 162). Übergänge zu Lavaergüssen oder zu Pyroklastika sind möglich.

Morphologisch bilden Ignimbrite oft flache Decken mit steilen Erosionsrändern, unter denen ein älteres Relief verborgen liegt. Typische Oberflächenformen von Lavaströmen fehlen. Die Decken können eine Ausdehnung von vielen tausend Quadratkilometern erreichen (Mittelabschnitt der Anden). Häufig besteht das Liegende einer Ignimbritdecke aus dichten, stark verschweißten, das Hangende aus porösen, wenig verschweißten Massen. Im Handstück- und Dünnschliffbereich sind folgende Gefügemerkmale typisch für Ignimbrite: abgeplattete und ausgelängte Bimsstein- und Obsidiantrümmer, Bruchstücke von Phänokristallen, bumerangförmige Glasfetzen und bei zunehmender Verschmelzung pseudofluidale Gefüge (Abb. 163).

Vulkantypen. Die Gestalt des Förderkanals, die Eigenschaften der Fördermassen, die Art und Dauer der Tätigkeit schaffen eine Vielfalt von Vulkanbauten. Wir unterscheiden

1. *Lavavulkane* oder *Schildvulkane.* Gasarme und SiO_2-arme Ergüsse vorherrschend, niedere Viskosität.
2. *Gemischte Vulkane* oder *Stratovulkane.* Laven und Tuffe im Wechsel gefördert.
3. *Lockerstoffvulkane* und *Gasvulkane.* Tuffe und Gase vorherrschend.
4. *Subvulkane.* In geringer Tiefe unter der Erdoberfläche erstarrte Lavamassen.

Abb. 163 Gefüge eines Ignimbrits. Verschweißte und eingeregelte Scherben von vulkanischem Glas, Einsprenglinge von Sanidin. Alkali-Rhyolith/Nordchile. Dünnschliff

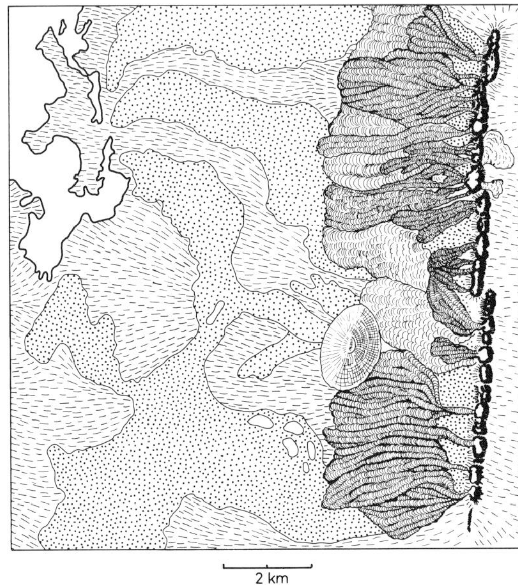

Abb. 164 Die Threngslaborgir-Spalte mit aufsitzender Vulkanreihe und die von ihr ausgehenden Basaltlavaströme (ältere heller, jüngere dunkler). Island (nach *A. Rittmann*)

Die *Lavavulkane* stellen den geologisch unauffälligsten Vulkantypus dar; heute ist er nur auf Hawaii und Island zu beobachten. Die Insel Hawaii sitzt als breiter, etwa 5° geböschter Kegel von 400 km Basisdurchmesser und 8000 m Höhe dem Tiefseeboden des Stillen Ozeans auf. Er ist aus 5 verschieden alten *Schildvulkanen* zusammengefügt, von denen heute nur noch der Kilauea ständig tätig ist. Er trägt einen Krater in Gestalt eines Lavasees, dessen Inhalt gelegentlich überfließt oder aus radialen Seitenspalten austritt. Die *Lavafelder* Islands geben einen Begriff davon, wie sich aus der vielfältigen Übereinanderlagerung sehr heißer, dünnflüssiger Decken von jeweils 5–15 m Dicke mächtige Tafeln von *Plateau-* oder *Flutbasalten* aufbauen. Als Zufuhrwege für Schildvulkane und Lavafelder dienen in der Regel Spalten. Die von der 8 km langen Threngslaborgir-Spalte (Abb. 164) ausgehenden Lavaströme überdecken ein Gebiet von 170 km^2. Aber diese Ziffer ist bescheiden, wenn man sie mit denen vorzeitlicher Lavavulkane vergleicht. Die Basaltplatte des Dekkan in Vorderindien ist etwa 1 Mill. km^2 groß und über 500 m dick (Abb. 172). Die von Schottland über den Ozeanboden bis Island und Grönland ausgebreiteten Thule-Basalte dürften ein Volumen von 15 Mill. km^3 haben.

Die *gemischten Vulkane* sind in der Gegenwart am häufigsten. Sie fördern sowohl Lava als auch Tuff und bauen daraus einen regelmäßigen, unter dem natürlichen Schüttungswinkel von etwa 30° geböschten Kegel mit leicht konkaven Hängen, einen *Stratovulkan* auf, dessen innerer Bau seinem äußeren Umriß entspricht (Abb. 156, 158). Senkrecht stehende, vom

Tabelle 24 Durchschnittliche chemische Zusammensetzung häufiger vulkanischer Gesteine (Neuberechnung *Pichler* und *Stengelin*, unveröffentlicht)

	Rhyolithe	Rhyodacite	Dacite	Trachyte	Latian-desite	Andesite
SiO_2	72,8	67,1	64,8	58,3	58,2	54,2
Al_2O_3	13,6	15,4	16,5	18,0	17,0	17,7
Fe_2O_3	1,3	2,2	2,2	2,5	2,9	3,5
FeO	0,8	1,8	3,0	2,0	4,5	5,5
MnO	0,2	0,1	0,1	0,1	0,1	0,1
MgO	0,5	1,4	1,9	2,1	3,3	4,4
CaO	1,4	3,2	4,8	4,2	7,1	7,9
Na_2O	3,7	3,6	3,7	3,8	3,3	3,7
K_2O	4,6	3,8	1,6	7,4	1,8	1,1
TiO_2	0,2	0,5	0,6	0,7	0,7	0,8
P_2O_5	0,1	0,2	0,2	0,2	0,2	0,3
H_2O	0,8	0,7	0,6	0,7	0,9	0,8

	Tholeiitische Basalte	Alkali-Basalte	Phonolithe	Phonote-phrite	Nephelinite	Peridotite
SiO_2	49,8	46,8	56,0	45,3	40,3	43,5
Al_2O_3	15,6	14,7	19,6	15,6	11,3	4,0
Fe_2O_3	2,3	3,7	2,6	4,4	4,9	2,5
FeO	7,2	8,1	1,9	8,6	7,7	9,8
MnO	0,2	0,2	0,2	0,2	0,2	0,2
MgO	7,2	6,8	0,9	5,5	13,3	34,0
CaO	11,7	12,4	2,5	9,1	13,0	3,5
Na_2O	2,7	2,9	8,7	4,5	3,1	0,6
K_2O	0,4	1,0	5,6	1,8	1,4	0,2
TiO_2	1,8	2,5	0,6	3,5	2,9	0,8
P_2O_5	0,2	0,3	0,2	0,6	0,8	0,1
H_2O	0,9	0,6	1,2	0,9	1,1	0,8

Krater ausstrahlende *Radialgänge* und konkordant zwischen die Ströme und Pyroklastika eingedrungene *Lagergänge* versteifen als lavaerfüllte Spalten das Vulkangebäude von innen heraus (Farbbild 7).

Die *Lockerstoff-* und *Gasvulkane* fördern vorzugsweise mit Lockermassen beladene Gase. Vulkanische Feststoffe können dabei so weit zurucktreten, daß wir fast nur Bruchstücke des zerschmetterten Nebengesteins, dagegen kaum Ergußgesteinstrümmer vorfinden. Gasvulkane kommen gerne gesellig vor, wobei jeder einzelne nur kurze Zeit tätig ist. Ihre Bauten, die *Maare*, sind daher wenig auffällig. Ein niedriger, vergänglicher Wall von Auswurfstoffen umgibt eine seichte Senke von 100–1000 m Dm., unter welcher die tufferfüllte Schlotröhre in die Tiefe setzt (Abb. 165). Die Schichttafel der Schwäbischen Alb wurde im Jungtertiär von etwa 300 solcher „Vulkanembryonen" durchlöchert. Ähnlich groß ist die Zahl der südafrikanischen „pipes". Da ihr Tuffinhalt, der „blue ground", Diamantkristalle führt, ist ihre Gestalt durch den Abbau gut bekanntgeworden. Bei fast allen verengt sich der trichterförmige Schlot nach unten zu einer schmalen Spalte (Abb. 166). Die gespannten Gase haben also bei ihrem Aufstieg eine schon vorhandene tektonische Kluft benutzt und nur den letzten, oberflächennahen Teil ihres Weges selbständig durch Ausblasen erweitert.

Subvulkane sind Schmelzmassen, die in geringer Tiefe steckengeblieben und dort erstarrt sind. Ihr Auftreten ist nicht unbedingt ein Zeichen für Schwäche der vulkanischen Antriebskräfte; spez. schweren Laven kostet es einfach weniger Energie, das Dach aus leichterem Nebengestein zu heben, als selbst zur Erdoberfläche emporzusteigen. Sub-

Abb. 165 Maar. Der Krater ist teilweise mit Wasser gefüllt. Schlackenwall im Mittelgrund. Meerfelder Maar, Eifel (Luftbild). Freigegeben durch Bez. Reg. Rheinland.-Pfalz unter der Nr. 26842-2

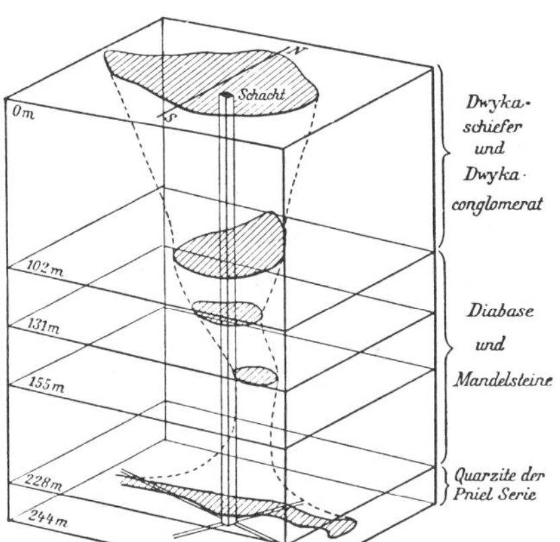

Abb. 166 Querschnittsveränderung einer Pipe, oben rundlicher Schlot, unten Gangspalte. St. Augustine Mine. Kimberley

vulkane sind, wie die Beobachtungen in älteren, teilweise abgetragenen Vulkangebieten lehren, in mannigfaltiger Gestalt verbreitet. Als *Quellkuppen* bilden sie zylindrische Pfropfen (Abb. 167). Als *Lagergänge* schalten sie sich konkordant zwischen die Schichten. Als *Lakkolithen* erweitern sie Strukturfugen zu pilzförmigen Auftreibungen (Abb. 168). Die langsam vor sich gehende Raumschaffung fördert die Ausbildung eines inneren Fließgefüges. Halbzerstörte Bauten lassen sich so zu ihrer ursprünglichen Gestalt ergänzen.

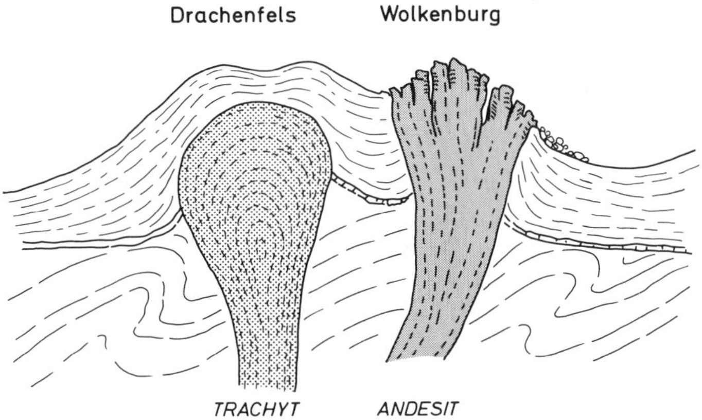

Abb. 167 Die Quellkuppe des Drachenfels und die Staukuppe der Wolkenburg, rekonstruiert aus der Anordnung des Gefüges. Siebengebirge (nach *H. Scholtz*). Maßstab: 1 : 30 000

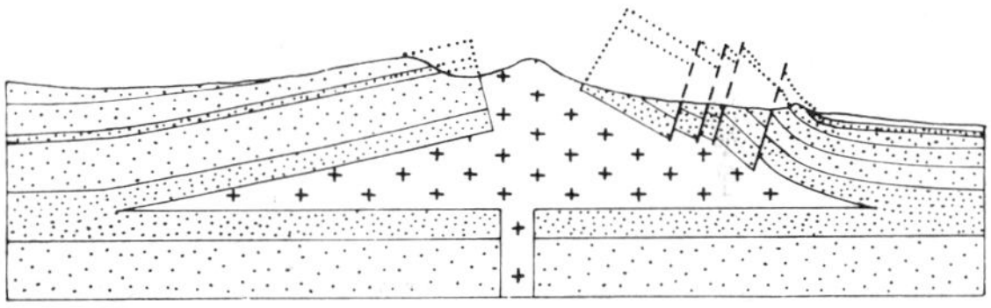

Abb. 168 Lakkolith. Mt. Elden, Arizona (nach *G. Robinson*). Maßstab 1 : 130 000

Abb. 169 Untermeerische Eruption, die späterhin zur Bildung einer Vulkaninsel führte. Krakatau, Sundastraße (Foto *E. Stehn,* 1929)

Der *untermeerische Vulkanismus* ist besonders im Bereich der ozeanischen Rücken und ihrer Verzweigungen weit verbreitet (Abb. 172). Nur in der Flachsee machen sich Eruptionen an der Meeresoberfläche bemerkbar (Abb. 169). In größeren Tiefen verhindert der Wasserdruck die Entwicklung von Dampf, und die Lava fließt ähnlich ruhig wie an der Luft aus. Dabei werden rundliche Körper bis zu Metergröße gebildet, deren Inneres unter der halberstarrten Hülle noch flüssig bleibt. Auf diese Weise entstehen die Ballen der *Kissen-* oder *Pillow-Laven,* deren Zwickel mit Sediment oder Hyaloklastitgrus ausgefüllt sind (Abb. 170). Nach neueren Forschungen ist der Boden der Tiefsee mit unzähligen Kegel- und Schildvulkanen besetzt. Einige wenige erheben sich als Inseln oder Atolle

(S. 118) über den Meeresspiegel, weitaus die Mehrzahl liegt als *Seamounts* und *Guyots* (S. 94) unter Wasser. Allein im Stillen Ozean ist ihre Zahl größer als auf allen Festländern zusammengenommen.

Die postvulkanischen Prozesse durchlaufen mit fallender Temperatur folgende Stadien:

1. *Fumarolen.* Temperatur 800 bis 200° C. Heiße Exhalationen von der Zusammensetzung der vulkanischen Gase. Absätze von NaCl, Fe_2O_3, $FeCl_3$ u. a. Salzen.
2. *Solfataren* und Soffionen. Temperatur 250–90° C. Hauptsächlich Wasserdampf mit geringen Mengen von CO_2 und H_2S. Absätze von S, FeS_2, NH_4Cl, H_3BO_3.
3. *Mofetten.* Kühle CO_2-Austritte, unter 100° C.

Je heißer und chemisch aktiver die Gase sind, desto kräftiger reagieren sie mit dem Nebengestein. In der Umgebung von Fumarolen und Solfataren ist die Lava zu einem weißen Gemenge von Kaolin und Opal zersetzt. Farbige Krusten überziehen die Oberfläche und füllen die Blasenräume.

Mächtigere Lavaströme verfallen bei der Abkühlung einer Selbstzersetzung durch die entweichenden Gase. Die eben aus dem Schmelzfluß ausgeschiedenen Minerale werden angegriffen und die gelösten Bestandteile in den Blasenhohlräumen wieder abgeschieden. Auf diese Weise entstehen mit Achat (feinkristallinem Quarz) oder Kalkspat gefüllte *Drusen* oder *Mandeln* (Mandelstein-Laven im Perm des Saar-Nahe-Gebietes).

Treten die Exhalationen in das Grundwasser ein, so heizen sie es auf und beladen es mit Gasen. Je nach der Temperatur und der Gestalt des Förderkanals entstehen ständige oder periodische heiße Quellen, *Thermen* oder *Geysire* (Abb. 171), *Mineralquellen, Kohlensäuerlinge* usw. Alle diese Erscheinungsformen stehen in engem Zusammenhange und finden sich oft in Geysirfeldern vereinigt, z. B. im Yellowstone-Park, auf Neuseeland oder Island. Die Stoffe, die das heiße Wasser aus der Tiefe mitbringt oder aus dem

Abb. 170 Pillow-Lava. Aci Castello, Sizilien (Foto *H. Pichler*)

durchströmten Nebengestein herauslöst, scheiden sich an der Oberfläche ab und überdecken die Umgebung des Quellaustritts mit kieseligen oder kalkigen *Sinterkrusten.* Thermen und Geysire sind vom Grundwasser abhängig, in ariden Gebieten fehlen sie z. B. fast ganz. Der überwiegende Teil ihrer Schüttung dürfte daher vadoser, exogener Herkunft sein.

Auch der Meeresgrund ist, vor allem in Eugeosynklinen, öfters der Schauplatz postvulkanischer Vorgänge. Je nach den Durchlüftungsverhältnissen des Beckens scheiden sich in der Umgebung der Austrittsstellen sulfidische, sulfatische oder oxydische Minerale in schichtiger Ausbildung ab. Im deutschen Devon sind auf solche Weise entstandene Lagerstätten von Pyrit, Pb-Zn-Cu-Sulfiden, Baryt und Hämatit eingeschaltet (S. 216 f.).

Geothermische Energie. In einigen Gebieten der Erde mit känozoischer vulkanischer Aktivität wird geothermische Energie technisch genutzt. Eines der ältesten und größten Felder liegt bei Lardarello in der Toskana. Erst im letzten Jahrzehnt wird diese Energiequelle auf der Erde systematisch untersucht. Trockener oder nasser heißer Dampf wird erbohrt und in Kraftwerksturbinen geleitet, oder heißes Wasser mit Temperaturen zwischen 200° und 80° C wird

Abb. 171 Geysir- und Fumarolenfeld Tatio, 4200 m, Chile

Tabelle 25 Die tatsächliche und geplante Erzeugung elektrischer Energie in geothermischen Feldern auf der Erde. Stand 1976 (nach *Armstead,* 1978, und *Ellis & Mahon,* 1977)

	Leistung in Megawatt		
Land	In Betrieb	Fest geplant	Vorgesehen
USA	522	1621	
Italien	420,6	41	60
Neuseeland	202,2	165	
Mexico	78,5	325	
Japan	70	100	
El Salvador	60	30	
UdSSR	5,8		
Island	2,8	70	
Türkei	0,5	15,5	
Philippinen		443	
Nicaragua		65	
Indonesien			30
Chile			15
Kenia			30
Insgesamt	1362,4	2875,5	135

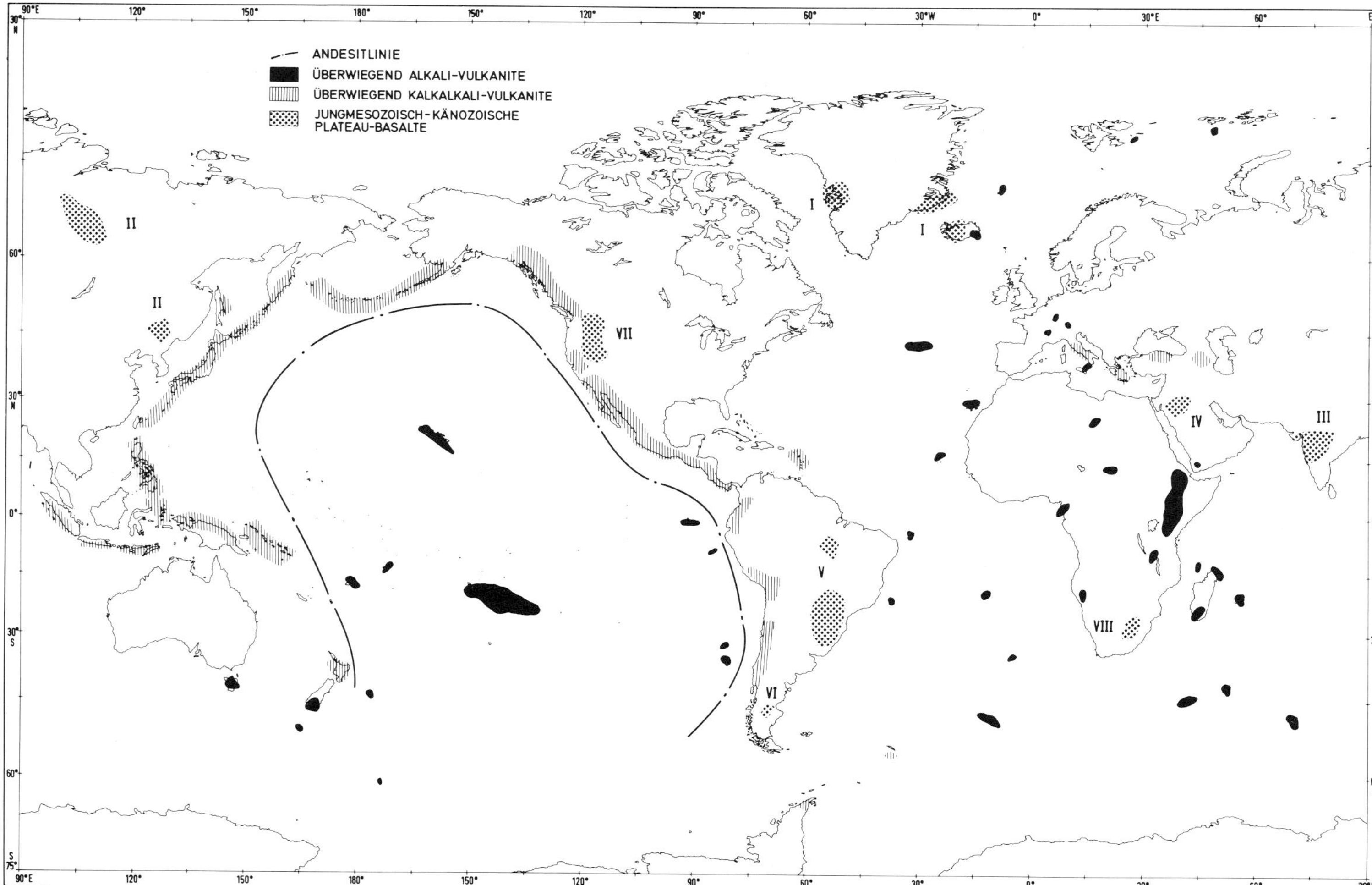

Abb. 172 Die Vulkangebiete der Erde. 90% der heutigen Tätigkeit laufen in der Zone des Pazifiks und den mittelozeanischen Rücken ab (Schema). Plateau-Basalte: I = Arktis; II = Sibirien/Mongolei; III = Dekkan; IV = Arabien; V = Paraná; VI = Patagonien; VII = Columbia River; VIII = Südafrika

gewonnen. Versuche, in trockenen heißen Gesteinen im Untergrund künstliche Heißwasserquellen anzulegen („hot dry rock“-Methode) stehen erst am Beginn. Die Gewinnung von geothermischer Energie wird vorerst auf kleine Räume der Erde beschränkt bleiben und zunächst keine entscheidende Rolle als Ersatz für fossile Energieträger spielen (Tab. 25).

Abtragung und Unterbau der Vulkane. Nach dem Erlöschen der Tätigkeit schreitet die Zerstörung, die dem Aufbau der Vulkane von Anbeginn entgegenarbeitet, rasch voran. Die Abtragung legt immer tiefere Schnitte durch das Vulkangebäude und ermöglicht dadurch überhaupt erst einen Einblick in sein Inneres. Bevorzugt werden die vulkanischen Lockermassen ausgeräumt. Auf diese Weise vollzieht sich mit der Zeit eine Reliefumkehr: mit Lavaströmen erfüllte alte Täler werden als Bergrücken freigelegt, an Stelle des Kraters erhebt sich eine kegelförmige Kuppe.

Aber nicht nur von außen her, auch von innen heraus wird der absterbende Vulkan zerstört. Läßt der Auftrieb der Lava nach, so kann das Dach der teilweise entleerten Magmakammer zusammenbrechen. An der Stelle des früheren Vulkans entsteht ein kesselförmiges Becken, eine *Caldera*, oft von 10–15 km Dm. Die dabei aufreißenden konzentrischen Spalten füllen sich zuweilen aus der Tiefe her mit Schmelze und umgeben als *Ringdykes* den absinkenden Calderablock.

Verbreitung und Ursachen des Vulkanismus. Die vulkanische Aktivität auf der Erde ist heute an zwei große, klar abgegrenzte Räume gebunden. An der Erdoberfläche – d. h. auf den Kontinenten und Inselbögen – laufen etwa achtzig Prozent der Tätigkeit an den Rändern des pazifischen Ozeans ab. In den Weltmeeren werden vor allem in den Zentren der mittelozeanischen Rücken große Massen vulkanischen Materials gefördert. Die Karten von Erdbeben- und vulkanischer Tätigkeit (Abb. 101 und 172) zeigen deutlich, wo heute in der Erdkruste unruhige und bewegliche Zonen liegen.

Vulkanismus auf den Kontinenten und Inselbögen. Im Raum des Pazifiks stoßen schwere und leichte Lithosphärenplatten aneinander (S. 263). Dabei taucht die schwere pazifische Platte unter die leichteren kontinentalen Platten ab. Die Kollisionsgrenzen sind gekennzeichnet durch Tiefseegesenke und Erdbeben, für die eine gesetzmäßige Anordnung der Hypozentren typisch ist (Abb. 233). An diesen *Benioff-Zonen* (S. 263) werden die Basalte der ozeanischen Kruste meist mit Neigungen zwischen 30 und 45 Grad unter die Gesteine der kontinentalen Kruste subduziert. Die absteigende ozeanische Kruste ist kühl und wasserreich. Sie wird beim Abtauchen erwärmt und schmilzt zusammen mit Sedimenten und Spänen kontinentalen Materials in einer kritischen Tiefe zwischen 100 und 150 km auf. Dabei entstehen gasreiche, zähe Kalkalkali-Magmen, die an der Oberfläche Andesite bis Rhyolithe bilden. Die kontinentale Kruste ist an den Plattengrenzen aus unterschiedlichen Gesteinen aufgebaut und hat unterschiedliche tektonische Strukturen. So ergeben sich viele Möglichkeiten der Magmenmischung, die im einzelnen noch wenig geklärt sind. Die Entstehung dieser Plattenrandvulkane ist fast immer von hochexplosiven Ausbrüchen begleitet. Stratovulkane, Calderen und ausgedehnte Ignimbritplateaus entstehen (Abb. 162). Eruptionssäulen aus Gas, Asche, Staub und Bimsstein können viele Kilometer hoch werden (Abb. 157). Jüngste Beispiele sind die Ausbrüche des Mount St. Helens 1980 im Felsengebirge Nordamerikas und des Nevado del Ruiz 1985 in den Anden Kolumbiens. Bei der letzten Katastrophe schmolz ein Teil der Eiskappe des 5300 m hohen Vulkans, die Schmelzwässer vereinigten sich mit den pyroklastischen Massen und schossen als *Lahar* (Schlammstrom) die Hänge hinab. Es gab 20 000 Tote.

Eine an Zahl und Menge geringere vulkanische Tätigkeit auf dem Festland ist an große Grabenbrüche und lokale heiße Zonen („hot spots“) gebunden. Der Vulkanismus der

Grabenzonen (Ostafrika, Rheintal) entsteht durch Dehnungen in der Kruste, die zu 30 bis 40 km tiefen Störungen führen. Mantelmaterial kann direkt oder auf dem Umweg über Magmenkörper, in denen Nebengesteine eingeschmolzen werden, an die Erdoberfläche gelangen (Kilimandscharo, Kaiserstuhl). Die geförderten Magmen erstarren zu Alkali-Basalten, Phonolithen oder Trachyten.

An lokalen Stellen der Erde werden *„hot spot"-Vulkane* gebildet. Dabei wird aus ortsfesten Schloten Mantelmaterial gefördert, das aus tiefen Bruchzonen aufdringt. Diese Gebiete zeigen eine stark erhöhte Temperatur. Im Yellowstone-Park, an Ätna oder Vesuv entstehen vorwiegend basaltische Gesteine. Die Hawaii-Vulkane bilden eine über 2500 km lange Reihe. Seit 70 Ma wanderte die ozeanische Kruste über einen ortsfesten Schlot in nordwestliche Richtung. Dabei erloschen die älteren Vulkane, indem sie sich immer weiter vom „hot spot" entfernten. Am Südostende der Reihe bildeten sich immer neue Vulkane bis zu den heute tätigen Vulkanen Kilauea und Mauna Loa auf der Hauptinsel Hawaii.

Untermeerischer Vulkanismus. Die große Bedeutung der submarinen vulkanischen Tätigkeit wurde erst in den letzten Jahrzehnten durch technische Fortschritte bei der Erforschung des Meeresbodens offenbar. Die Menge der Förderung und die räumliche Ausdehnung übertreffen bei weitem die der Kontinente und Inselbögen. Die mittelozeanischen Rücken und Schwellen sind Zonen starker Dehnung (Abb. 235). Die Zentralspalten der Rücken sind 20 bis 50 km breit und 1000 bis 2000 m tief. Hier zerreißt die neugebildete ozeanische Kruste immer wieder durch Konvektionsströme, die basaltische Magmen aus dem Erdmantel nach oben drücken. Magnetische Meßreihen (Abb. 232) ergaben, daß zu beiden Seiten der Zentralspalten symmetrisch nach außen immer ältere Basaltstreifen angeordnet sind. Dieses *„sea floor spreading"* ist der Motor für die Dynamik der Plattenverschiebungen (S. 263). Der untermeerische Vulkanismus ist im Gegensatz zum kontinentalen in erster Linie effusiv. Dünnflüssige basaltische Laven ohne wesentliche Explosivität fließen aus und bedecken riesige Flächen des Meeresbodens.

Isolierte Tiefseevulkane („seamounts") sind im Pazifik häufiger als im Atlantik und Indik. Zwischen dem ostpazifischen Rücken und der Küste Südamerikas wurden rund 200 Tiefseevulkane mit mehr als einem Kilometer Durchmesser an der Basis gezählt. Das Alter dieser Vulkane liegt zwischen Kreide und Tertiär.

Ergänzende Schriften

Armstead, H. Ch. H. (1978): Geothermal Energy. – 2. Aufl., 404 S., London.

Cas, R. A. F. & Wright, J. V. (1987): Volcanic Successions. Modern and ancient. – 528 S., London.

Civetta, L., Gasparini, P., Luongo, G. & Rapolla, A. (Hrsg.) (1974): Physical Volcanology. – 333 S., Amsterdam–Oxford–New York.

Decker, R. & B. (1981): Volcanoes. – 244 S., San Francisco.

Ellis, A. J. & Mahon, A. J. (1977): Chemistry and Geothermal Systems. – 392 S., New York–San Francisco–London.

Foxworthy, B. L. & Hill, M. (1982): Volcanic Eruptions of 1980 at Mount St. Helens. The first 100 days. – Geol. Surv. Prof. Paper 1249, 125 S., Washington.

Gill, J. (1981): Orogenic andesites and plate tectonics. – 390 S., New York–Heidelberg–Berlin.

MacDonald, G. A. (1972): Volcanoes. – 510 S., Englewood Cliffs, N. J.

Rast, H. (1987): Vulkane und Vulkanismus. – 3. Aufl., 236 S., Stuttgart.

Rittmann, A. (1981): Vulkane und ihre Tätigkeit. – 3. Aufl., 399 S., Stuttgart.

Romano, R. (Hrsg.) (1982): Mount Etna Volcano. – 205 S., Catania.

Schmincke, H. U. (1986): Vulkanismus. – 164 S., Darmstadt.

Sheets, P. D. & Grayson, D. K. (1979): Vulcanic Activity and Human Ecology. – 644 S., New York.

Simkin, T., Siebert, L., McClelland, L., Bridge, D., Newhall, C. & Latter, J. H. (1981): Volcanoes of the World. – 240 S., New York.
Thorpe, R. S. (Hrsg.) (1982): Andesites. – 724 S., New York.
Vulkanismus (1985). Spektrum der Wissenschaft, 207 S., Heidelberg.
Williams, H., & McBirney, A. R. (1979): Volcanology. – 404 S., New York.
Yoder Jr., H. S. (1976): Generation of Basaltic Magma. – 265 S., Washington.

Bulletin of Volcanology. Seit 1986. Berlin–Heidelberg.
Journal of Volcanology and Geothermal Research. Seit 1976. Amsterdam.

24. Kapitel: Plutonismus

Die Vulkanite sind nicht die einzigen aus Schmelzen erstarrten Bausteine der Lithosphäre. Ebenso häufig begegnet der Geologe einer zweiten, in vielen Eigenschaften nahverwandten Gruppe von Magmatiten, die sich von den vulkanischen Bildungen dadurch unterscheiden, daß ihnen alle Anzeichen oberflächlichen Ausfließens fehlen. Die Lagerungsverhältnisse deuten vielmehr darauf hin, daß ihr Aufstieg innerhalb der Kruste zum Halten gekommen ist und ihre Abkühlung in größerer Tiefe vor sich ging. Diese Gesteine nennt man daher *Tiefengesteine, Intrusivgesteine* oder *Plutonite.* In Analogie zu den Vulkanen heißen die aus ihnen bestehenden Gesteinskörper *Plutone* oder *Tiefengesteinsmassive.*

Für diese plutonischen Massen gibt es mit Sicherheit nicht nur einen einheitlichen Ursprung und Entstehungsmechanismus. Jedes Magma ist hinsichtlich Generation, Aufstiegsmechanismus, Intrusionsniveau und Form der Platznahme in der Kruste unigen. Schmelzen können entweder durch Differentiation primitiver, basischer Magmen oder durch partielle Anatexis entstehen – also durch den Aufstieg verflüssigter Bereiche der tieferen Lithosphäre oder als Folge intensiver Regionalmetamorphose.

Form und Auftreten der Plutone. Die Plutone stellen Magmenkammern von durchweg beträchtlicher, nach Kilometern messender Größe dar, die in verschiedenen Formen tektonischer Prägung auftreten. Dies führte zu einer Einteilung in magmentektonische Gruppen wie epi-, meso- oder katatektonische Körper. Dabei bezog man sich auf den Viskositätskontrast, das Krustenniveau der Platznahme und die zeitliche Beziehung zwischen Regionalmetamorphose und Intrusionstätigkeit. Tiefengesteinskörper wurden bislang mit Begriffen wie „Pluton", „Stock", „Intrusivkörper", „Batholith" allgemein beschrieben. Sie zeigen die Unsicherheit, eindeutige Parameter wie in der Sedimentpetrographie zu definieren. Viele Körper bilden zwar verwandte Magmen, intrudierten synchron und treten sogar in demselben Komplex auf, weisen aber dennoch eine klare Zonierung auf. Sie entstanden entweder durch Pulsation – wiederholte Magmenvorstöße aus großer Tiefe entlang aktiver Bruchsysteme – oder durch Undationen – wiederholte Einströmung eines sich in einer intrakrustalen Kammer differenzierenden Magmas.

Basische Plutone haben meist geringere Ausmaße als Granitoide. Die Basite bilden zumeist *Stöcke:* diskordante meist rundliche bis lentikuläre (linsenförmig) Körper; *Sills:* konkordante Lagergänge oder *Lopolithe:* trichter- bis wannenförmige, vielfach geschichtete Körper aus. Granitoide hingegen finden sich als großräumige, lentikulär oder polygonal begrenzte Körper in der Kruste. Zwischen diesen Formen gibt es zahlreiche Variationen. Grundsätzlich scheinen frühe, syntektonische Glieder einer plutonischen Abfolge größer und mehr gestreckt gebaut im Gegensatz zu kleineren, eher rundlichen Endgliedern. Die wenigen Untersuchungen über die Form der Plutone beschreiben Durchmesser von etwa 150 km für frühtektonische und maximal 80 km für postkinematische Einzelkörper. Gemeinsam formen

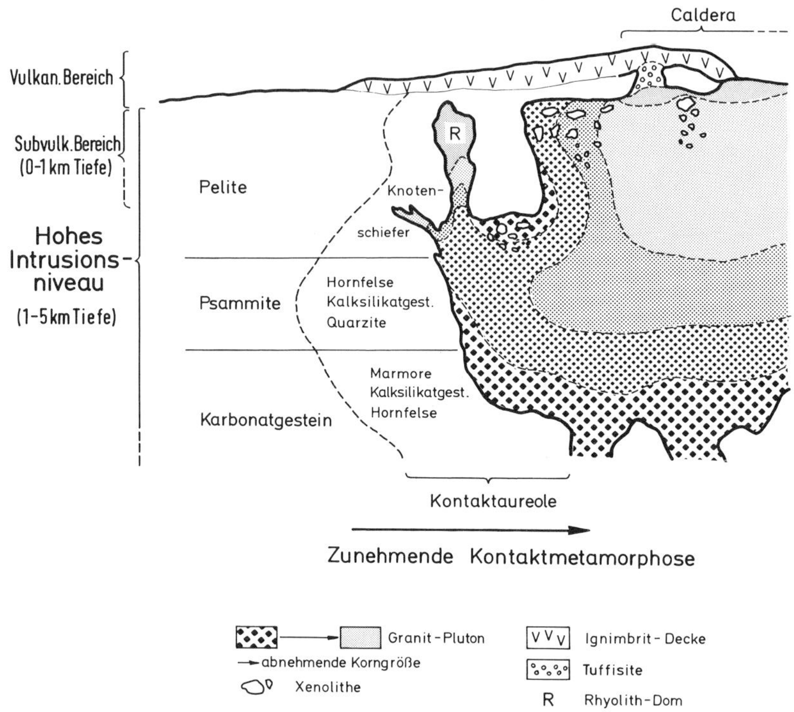

Abb. 173 Schematischer Schnitt durch einen Hochpluton. Ein hochtemperiertes Granitmagma ist in ein hohes Niveau der Kruste aufgedrungen. Im Dachbereich kann sich eine Caldera bilden. Die Form des Körpers ist durch Bruchtektonik bedingt.

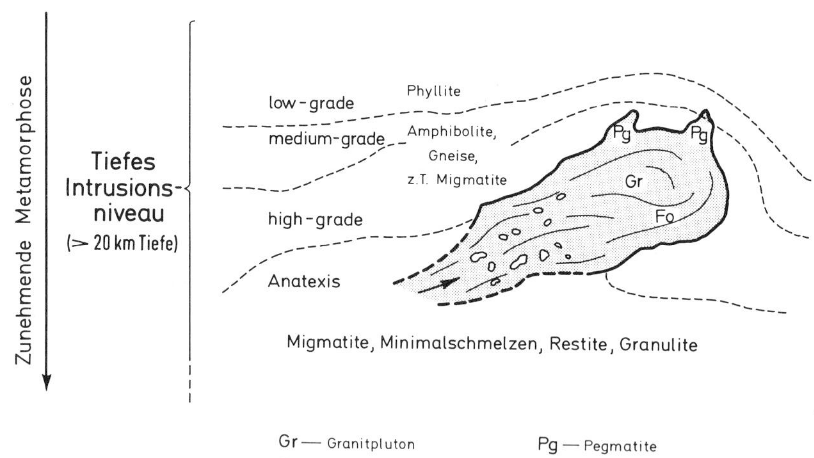

Abb. 174 Schematischer Schnitt durch einen Tiefpluton. Ein anatektisches Magma ist als Minimalschmelze erstarrt. Die Form des Körpers zeichnet die Bewegung bei der Regionalmetamorphose nach.

diese Einzelkörper großräumige Komplexe, die sich aus diversen plutonischen Gliedern zusammensetzen. Diese Komplexe bezeichnet man als *Batholithe.* Batholithe können große Volumina einnehmen, so der Bushveld-Batholith in Südafrika mit 95 000 km^2 Fläche und mehr als 5 km Mächtigkeit.

Mit steigendem Niveau in der Kruste verändert sich die Form der Intrusionskörper vom konkordanten zum diskordanten mit angularen Begrenzungen – der „Diapir" wird zum „Polygon". Die Rolle der Tektonik für die Platznahme wird klar, und zwar in Abhängigkeit vom Aufstiegsniveau der Magmen: Spielt sie bei der Regionalmetamorphose in tiefen Krustenstockwerken allenfalls eine „richtungweisende" Rolle, so sorgt sie in hohen Krustenregionen für eine geometrische Ausbildung der Plutone. „Hoch-Plutone" folgen im Horizontalriß meist präintrusiv angelegten tektonischen Lineamenten: Ihre Grenzen orientieren sich an einem angularen, häufig rechtwinkligen Muster, und ihr „Dach" zeigt im Vertikalriß einen abrupten Übergang in mehr oder weniger saiger abtauchende Flanken. Vereinfacht läßt sich diese

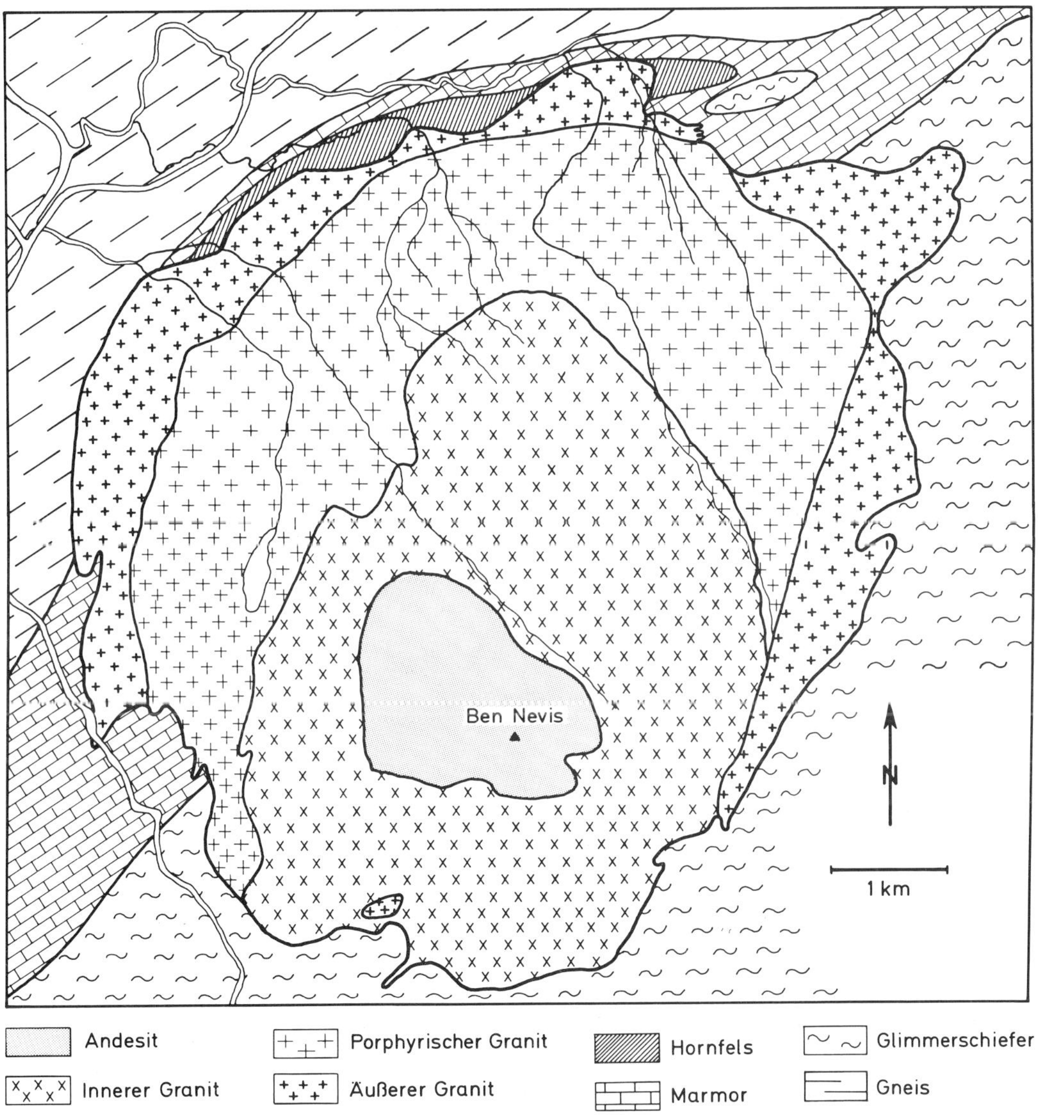

Abb. 175 Granit-Ringkomplex. Ben Nevis, Schottland. Die drei Intrusionen sind hintereinander von außen nach innen durch Absinken eines konischen Zentralblockes entstanden (nach *P. J. Uebel*)

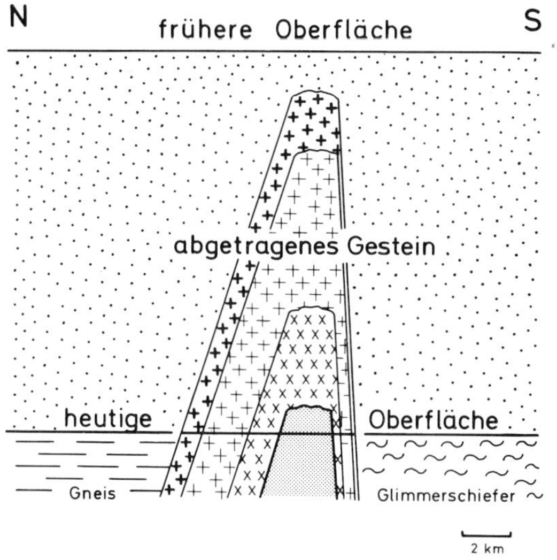

Abb. 176 Schema der Entstehung der Ringstruktur in Abb. 175. Der zentrale Block sank in drei Stufen ab (nach *P. J. Uebel*)

Abb. 177 Granitpluton (hell) in paläozoischen Sedimenten (dunkel). Küstenkordillere, Nordchile. Durchmesser 30 km (Schrägluftbild)

Intrusionsform als Verfüllung eines polygonalen Risses deuten, wobei - zumindest bei SiO_2-reichen Magmen - das intrudierte, gravitativ schwerere Krustenmaterial nachsinkt. Ist der Duktilitätskontrast zwischen Nebengestein und intrudierendem Magma weniger prägnant, so bilden sich „weiche", bogenförmige Kontakte aus - der Vorgang ist dem der Diapirbildung durch Salztektonik vergleichbar: Das umgebende Gestein folgt dem Auftrieb des Magmas, wird vielfach mitgeschleppt, teilweise assimiliert, und es bilden sich mit zunehmender Abkühlung der Schmelze „pilzförmige" Plutone aus. Neben der Tektonik sind auch das Magmenvolumen und der zeitliche Ablauf - von der Magmengeneration bis zur Kristallisation - für Form und Intrusionsniveau von Bedeutung. Um ein hohes Intrusionsniveau erreichen zu können, muß nicht nur ein Minimal-Schmelzvolumen vorliegen, vielmehr muß die Aufstiegsgeschwindigkeit - in Abhängigkeit vom Volumen - so hoch gewesen sein, daß das Magma nicht zu einem abgetrennten System wurde. Je länger sich ein Schmelzsystem während seines Aufstiegs angenähert adiabatisch verhält, desto größer ist die Wahrscheinlichkeit, daß es in einem hohen Krustenstockwerk erstarrt (Abb. 173, 174).

Dabei erhebt sich die Frage nach dem Volumenausgleich: Besonders in „magmatogenen Orogenen“, die sich aus wiederholten Intrusivschüben aufbauen – wie der mittlere Andenabschnitt in Südamerika –, müssen die durch die verschiedenen Plutone eingenommenen Räume ebenso wie die durch den Aufstieg der Magmen entstandenen Volumen-„Vakua“ ausgeglichen werden. Dies kann man durch Isostasie erklären: Steigen mobilisierte Magmen auf, sinken gravitativ schwerere Krustenpartien ab, einerseits durch Um- und Unterströmen sowie Loslösen von Krustenschollen aus dem Gesteinsverband und deren Absinken im niedrigviskosen Magma, andererseits durch „Nachsinken“ tieferer Krustenpartien (Abb. 179). Es findet somit ein Massenaustausch mit zunehmender Differentiation zu saureren Gliedern, weniger eine Akkumulation statt.

Das strukturelle Verhalten der Plutone in der Tiefe ist wenig bekannt, vor allem bei den weitverbreiteten Granitoiden. Geophysikalische Messungen ergeben in der Regel geringe Mächtigkeiten von 4–10 km. Möglicherweise findet aber nach unten nur eine Verjüngung der Körper statt, deren Wurzel noch bis in die Entstehungszone hinabreicht.

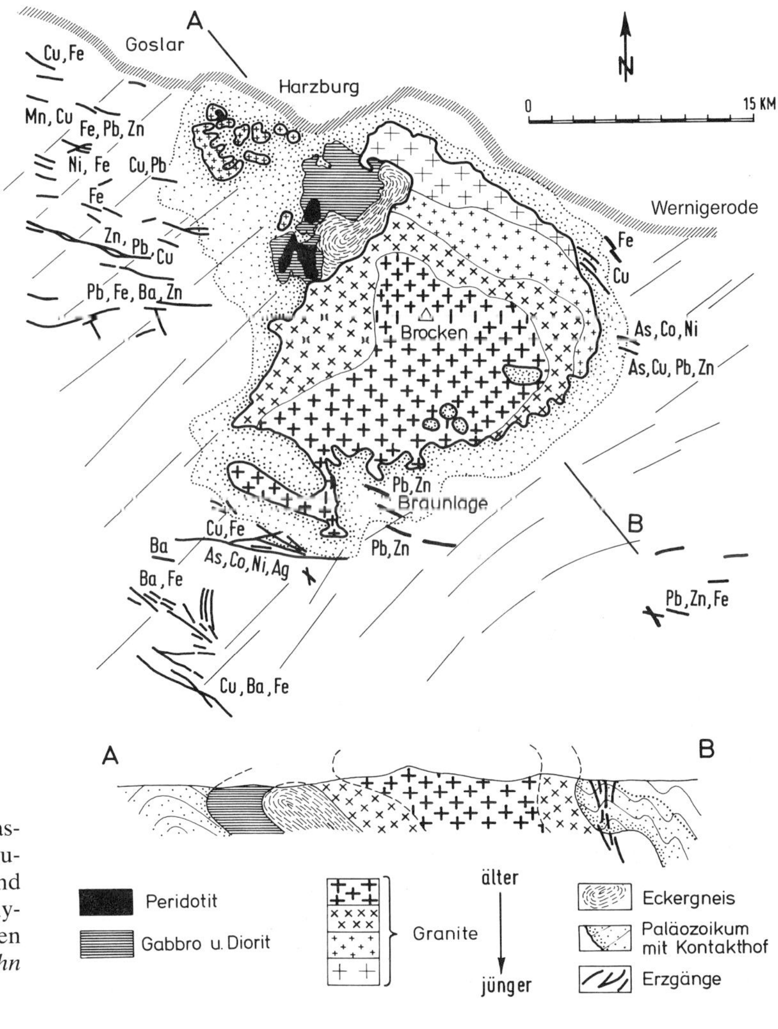

Abb. 178 Das Brockenmassiv, Karte und Profil. Intrusionsfolge, Kontakthof und zonare Verbreitung der hydrothermalen Lagerstätten (nach *H. Dengler, W. Sohn* u. a.)

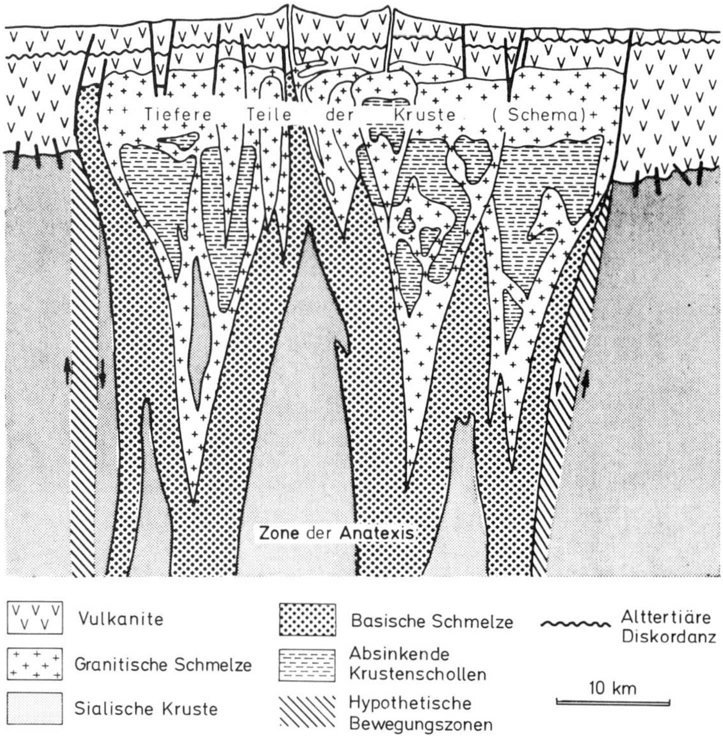

Abb. 179 Platznahme von Plutoniten in der Erdkruste. Schematisches Beispiel aus dem Küstenbatholithen in Peru (nach *Pitcher*). Erläuterung im Text

In „magmatogenen Orogenen“ wie den Anden oder der Sierra Nevada in den USA gibt es Übergänge von plutonischen Körpern zu Subvulkaniten und Vulkaniten – Granit- und Granodiorit-Batholithe gehen in Rhyolith-Dome und Ignimbrit-Decken von riesiger Erstrekkung über. Wiederholte Magmaeinströmungen in extrem niedrigen Intrusionsniveaus und tektonische Schwächung des Dachgesteinsverbandes führen dazu. Überhitztes Magma kann an die Oberfläche unter Ausbildung von Calderen entlang Ringstörungen „durchbrechen“, und dabei kann es zur ignimbritischen Extrusion kommen (Abb. 173).

Form und Dauer des Aufstiegs der Magmen sind schwer abzuschätzen. In der Regel wird mit Hilfe der absoluten Altersbestimmung das Intrusionsalter in einem durch Erosion freigelegten Krustenstockwerk ermittelt – die Zeit des Magmenaufstiegs kann dabei ebensowenig definiert werden wie die Zeit, die für die Generation der Schmelze benötigt wurde. Das gesamte Schmelzsystem kann sicher nur für einen Bruchteil der Zeit von der Entstehung bis zur Abkühlung als geschlossen angesehen werden. Geht man von einem tektonisch gesteuerten Aufstieg aus, so haben sich wahrscheinlich Magmenschübe mit Stadien der Verharrung abgewechselt. Somit ist bei einem bis zu einer bestimmten Tiefe freigelegten Pluton keine Aussage bezüglich der Dauer des Aufstiegs möglich. Tatsächlich kann ein Plutonsystem nicht statisch betrachtet werden – weder bezüglich des Schmelz- noch des tektonischen Verhaltens. Für den Aufstieg von Silikatschmelzen entlang vorgegebener tektonischer Lineamente lassen sich bei einem Plutondurchmesser von 1 km zwischen 0,03 und 30 m/Jahr ermitteln, je nachdem ob es sich um den „Erstaufstieg“ eines Magmas an diesem Lineament handelt oder ob das Lineament durch früher „genutzte“ Intrusionsschübe „vorgewärmt“ ist, sich somit der Wärmeverlust drastisch reduziert. Ein Zeitraum von 10–15 Millionen Jahren für Genese,

Abb. 180 Kretazischer Granit (hell) intrudiert in Sedimente (dunkel) des Paläozoikums. Bildbreite 1,5 km. Küstenkordillere Nordchile

Aufstieg und Platznahme eines größeren Plutons scheint bei einem ungestörten, singulären Aufdringen nicht zu hoch gegriffen.

Inneres Gefüge der Plutone. Ein aufsteigendes Magma ist keine homogene Flüssigkeit. Der chemische und physikalische Zustand wechselt von der Entstehung bis zur Platznahme und Auskristallisation ständig. Teilweise bringt es bereits aus der Unterkruste oder dem oberen Mantel Kristalle – intratellurische Einsprenglinge – mit empor, deren Zahl und Größe mit der Abkühlung zunehmen. Gesteinsbruchstücke – Xenolithe – werden entweder aus dem Nebengesteinsrahmen oder aus dem Dach aufgenommen. Während des Magmenaufstiegs finden intensive interne Bewegungen statt, die zur Akkumulation von bereits auskristallisierten Kristallen in Form von Schlieren führen können. So finden sich melanokrate Bestandteile wie Pyroxene und Amphibole angereichert. Vielfach werden tafelige oder plattige Kristalle in die Fließrichtung der Schmelze eingeregelt. Diese Foliation ist für tiefe Stockwerke des Grundgebirges typisch, in denen während der Regionalmetamorphose mit partieller Aufschmelzung und nahezu in situ-Erstarrung der „Minimum-Melt-Plutonite" starke gerichtete Bewegungen herrschten. Unter Minimalschmelze wird dabei das erste sich bei der Anatexis durch Überschreiten des Solidus des jeweiligen Schmelzsystems bildende Magma verstanden (Abb. 174).

Mit zunehmender Abkühlung geht eine Viskositätserhöhung der zähflüssigen Gesteinsschmelze einher; das einstmals „flüssige" Magma wird zu einem zähen Kristallbrei und erstarrt schließlich. Die plastisch strömende Bewegung wird durch spröde Reaktionsformen, das Fließgefüge durch Bruchverformung abgelöst. Unter dem Druck der von unten her nachdrängenden Schmelze öffnen sich senkrecht zu den Fließlinien als den Richtungen größter Dehnung Zugspalten - Querklüfte, *Q-Klüfte.* In diesen Fugen reichern sich die während der Erstarrung freigesetzten Gase und die pegmatitische Restschmelze an. Bei langsamer Abkühlung kommt es zur Ausbildung von Pegmatiten. In hohen Krustenstockwerken entstehen Aplite - extrem feinkörnige Gänge –, da auf Grund der hohen Abkühlungsgeschwindigkeit ein

Abb. 181 Granitpluton mit mafischen Ganggesteinen. Küstenkordillere, Provinz Atacama, Chile. Aufschlußbreite etwa 2,5 km

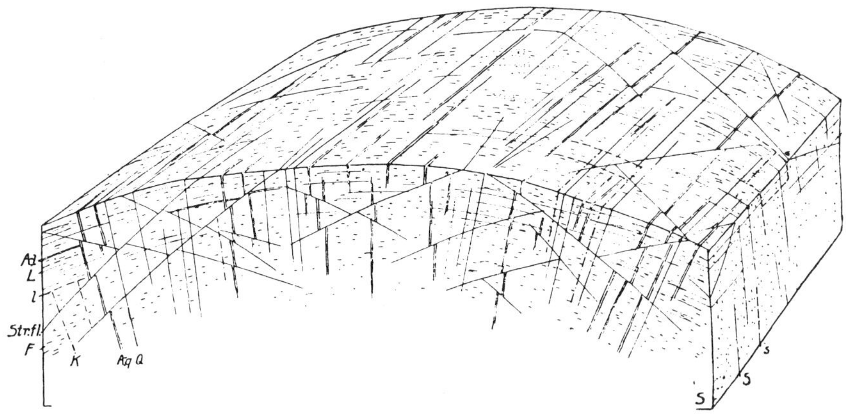

Abb. 182 Gefügeschema eines Plutons. Lineares Fließgefüge, Quer- oder Q-Klüfte (Q), z. T. mit Gangfüllung (Aq), Längs- oder S-Klüfte (S), Diagonalklüfte (F), Teilbarkeit (s und k) (nach *H. Cloos*)

Abb. 183 Wollsackverwitterung von Granit, der von flachen Lagerklüften und steilen S-Klüften durchsetzt ist. Dreisteine, Riesengebirge (Foto *H. Cloos*)

Größenwachstum der Kristalle - hauptsächlich Alkali-Feldspat, Baryt, Biotit, Li-reiche Hellglimmer, Turmalin und Quarz - nicht möglich ist. Auch abbauwürdige pneumatolytisch-hydrothermale Gangverfüllungen werden gebildet. In extrem hohen Intrusionsniveaus kann es zu einer Zerrüttung des Dachgesteins und der erstarrten Dachregionen des Plutons kommen. Die Abkühlungsklüfte werden als Aufstiegsbahnen für das noch fließfähige Magma genutzt: Es bilden sich *Tuffisite*, gangbrekziöse Fördergänge für ignimbritische Extrusionen. Vielfach werden die Klüfte als vorgegebene Zerrüttungszonen für nachdringende vulkanische Magmen genutzt, und es kommt zur Ausbildung multipler Gänge (s. Abb. 182, Farbbild 8). Senkrecht zu den Q-Klüften streichen Längs-, *S-Klüfte*. Diese steilstehenden Kluftsysteme werden von kontaktparallelen, zumeist mehr oder weniger horizontalen Lager-, *L-Klüften* und den *Diagonalklüften* durchschnitten. Letztere gehören einem Scherflächenpaar an, das das Massiv in Richtung des Fließgefüges zu dehnen sucht und somit die gleiche mechanische

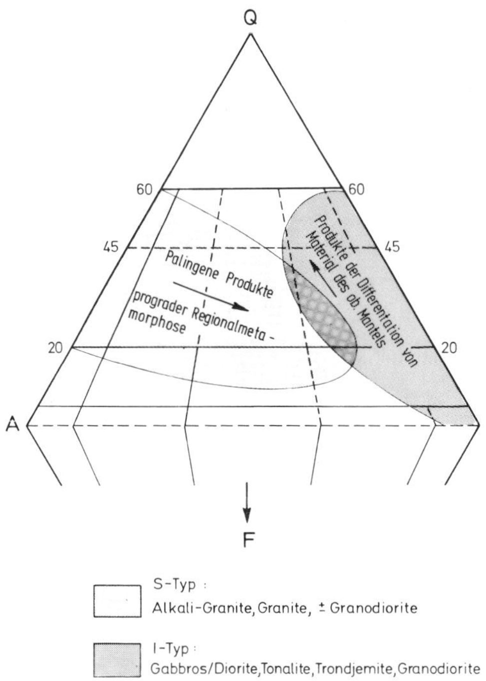

Abb. 184 Lage von S-Typ- und I-Typ-Schmelzen im STRECKEISEN-Doppeldreieck. Erläuterung im Text

Funktion wie die Q-Klüfte erfüllt. Diese Klüftung durchsetzt den gesamten Pluton. Sie bedingt die bezeichnende Wollsackverwitterung freistehender Gesteinsklippen (Abb. 183).

In den meisten Tiefengesteinskörpern treten Fließ- und Kluftgefüge zu einer dom- oder bogenförmigen Wölbung zusammen. Der Fächer der Q-Klüfte liegt im ganzen konform zu den Schlieren und dem Fließgefüge, biegt aber in der Randzone nicht so steil um, sondern spannt sich zu einem flacheren, ins Nebengestein übergreifenden Bogen.

Raumbildung der Plutone. Intrusionen kommen durch lang andauernde Aufwärtsbewegungen des Magmas zustande, die sich in mehreren, auch stofflich verschiedenen Schüben abspielen. Die Platznahme des aus einzelnen Teilplutonen – sogenannten „Units“ – zusammengesetzten Boulder-Batholithen in Montana, USA, zog sich nach radiometrischen Messungen über acht Millionen Jahre hin. Das Fließgefüge (Foliation) ist das Abbild einer laminaren Strömung in einem rigiden, allmählich erstarrenden Kristallbrei – „crystal mush“ – dessen Aufstiegstendenz die Festigkeit des Gesteinsrahmens überdauert hat. Das Übergreifen der Klüftung vom Batholith über den Kontakt hinaus zeigt, wie der Bewegungsimpuls im Laufe der Intrusionen der verschiedenen Units unter Zerrüttung des Massivrahmens immer weitere Gebiete erfaßte. Typisch ist das Verhalten mehr oder weniger parallel zum „trockenen“ Liquidus aufsteigender, fast „überhitzter“ Schmelzen, die auf Grund der Druck/Temperatur-Bedingungen erst in Bereichen extrem flacher Intrusionsniveaus erstarren. Im Boulder-Batholithen kommen Übergänge zu Subvulkaniten – Rhyolith-Dome, Big Butte Mountain – und Durchbrüche der Schmelzen an die Oberfläche mit nachfolgender Extrusion als Schmelztuffe vor.

Angesichts der Ausmaße und Verbreitung der Plutone drängt sich die Frage auf, wie sie sich in der Kruste Platz geschaffen haben und welche Kräfte das Magma zum Aufsteigen veranlaßten. Da an unterirdische Höhlungen von diesen Dimensionen nicht zu denken ist, muß das Magma in der Lage sein, vorgegebene tektonische Lineamente zu nutzen. Dabei muß zwischen tiefen und flachen Intrusionsniveaus unterschieden werden. Im Grundgebirge herrschen meist rundliche, diapir-artige Plutonkörper vor. Sie bildeten sich während einer intensiven Regionalmetamorphose, in der durch Überschreiten der nötigen p/T-Bedingungen granitoide Schmelzen anatektisch entstanden. Diese konnten nur kurze Wege zurücklegen und erstarrten mehr oder weniger in situ. Dabei wurden sie durch die gerichteten Kräfte während der Regionalmetamorphose in den Gesteinsverband „eingewalzt". In der Oberkruste ist bei Beginn einer Orogenese eine tektonische „Zerlegung" der Gesteine nötig, welche die für den Aufstieg notwendigen Wege schafft. Entlang der Störungen können Magmen aufdringen – seien es nahezu überhitzte Granitoide oder Basite. Ihre Platznahme wird vielfach durch *„cauldron subsidence"* (Abb. 179) erklärt: Krustenschollen werden auf Grund eines in etwa rechtwinklig angelegten Lineament-Systems „ringdyke-artig" intrudiert, von überlagernden Serien abgetrennt und sinken im noch niedrigviskosen Magma auf Grund ihrer höheren Dichte ab. Ist die Abkühlungsrate in den Dachbereichen des Magmas zu hoch, kommt es durch das nachströmende Magma zu einer lateralen Ausdehnung – so entstehen vielfach „pilzförmige" Körper, die sich durch Injektion von Sills (Lagergängen) mit dem Nebengestein verzahnen. Gabbroide Systeme können ebenfalls in hohe Krustenstockwerke entlang tiefreichender Lineamente während Dilatationsphasen der Orogenese intrudieren.

Dabei kann man anatektische Schmelzen und Differentiationsprodukte des Oberen Mantels unterscheiden. *S-Typ-Schmelzen* oder Anatexite zeigen typische Eigenschaften der Kruste: Hohe Alkali-Gehalte, hohe Gehalte an Seltenen Erden unter Anreicherung der leichten und Abreicherung der schweren Seltenerdelemente, niedrige Ni-, Cr- und Mg-Gehalte und Relikte der Regionalmetamorphose: „alte" Zirkonkerne, Granat, Sillimanit/Disthen. Petrologisch entstehen weniger Gabbros und Diorite und mehr Granodiorite, vor allem aber Monzo-, Syeno- und Alkali-Syeno-Granite. *I-Typ-Schmelzen* oder Differentiate primitiver Mantelschmelzen weisen niedere Alkali- und Seltenerd-Gehalte mit primitiven, charakteristisch flachen REE-Spektren und hohen Ni-, Cr- und Mg-Gehalten auf. Relikte der Regionalmetamorphose fehlen. Der Trend folgt der Plagioklas-Seite im Streckeisen Doppeldiagramm von den Gabbros/Dioriten und Ultrabasiten zu Tonaliten, Trondhjemiten und Alkalifeldspatarmen Granodioriten (Abb. 184).

Alter und Stellung der Plutone im Gebirgsbau. Intrusionen und Gebirgsbildung stehen räumlich und zeitlich in einem engen Zusammenhang. Je deutlicher eine Foliation entwickelt ist, desto stärker wurde das Magma in die Krustenbewegungen mit einbezogen – je massiger das Gestein ausgebildet ist, desto weniger wurde es während seiner Erstarrung von tektonischen Vorgängen berührt. So lassen sich unterscheiden:

1. *synkinematische Intrusiva* – vorwiegend S-Typ-Magmatite in tiefen Intrusionsniveaus mit konkordanten Kontakten zum Nebengestein und ausgeprägtem flächenhaften Fließgefüge; und
2. *spät- bis postkinematische Intrusiva* – zum geringeren Anteil S-Typ-, vorwiegend I-Typ-Plutonite in hohen Intrusionsniveaus.

Die anatektischen Schmelzen sind während der Kulminationsphase der Orogenese und Regionalmetamorphose in der Unterkruste gebildet worden und gleichermaßen wie die I-Typ-Mantelderivate in der durch die Orogenese zerrütteten Kruste aufgedrungen. Durch die intensive tektonische Durchbewegung begünstigt, können die Magmen, unter der Voraussetzung ausreichender p/T-Bedingungen, bis in hohe Krustenstockwerke steigen, bevor sie erstarren.

Im südlichen Schwarzwald ist z. B. der „geschieferte" Granit älter als die übrigen, nur linear gefügten Plutone.

Abb. 185 Granitmauer in Machu Picchu, Peru. Die natürliche Quaderbildung des Granits wurde von den Inkas ausgenützt

Räumlich sind die Tiefengesteinsmassive meist an die großen Orogene gebunden, wobei nach der Tiefe die Durchtränkung mit magmatischem Stoff zunimmt. Der Oberbau der Orogene wird nur in geringerem Maß von diskordanten, postkinematischen Plutonen durchbrochen. Je tiefere Stockwerke aber die Erosion anschneidet, desto mehr sind Magmatite am Gebirgsaufbau beteiligt; der Umfang der einzelnen Plutone wächst, und der Anteil synkinematischer, konkordanter Intrusionen wird größer. In den Alpen sind erst einige Massive freigelegt, die meisten stecken wohl noch in der Tiefe. Im varistischen Gebirge steigt die Zahl und Größe der Tiefengesteinskörper von der sedimentären Außenzone des Rheinischen Schiefergebirges und des Harzes bis in die kristalline Kernzone des Schwarzwaldes, Böhmerwaldes und Erzgebirges (Abb. 150). Noch stärker ist das tief abgetragene präkambrische Grundgebirge Skandinaviens von Plutoniten durchwoben. Eine besondere Stellung nehmen die Kordilleren beider Amerikas ein, in denen von einem „magmatischen Orogen" gesprochen werden muß: Auf präkambrische bis altpaläozoische S-Typ-Intrusiva in tiefen Krustenstockwerken folgen zunehmend spät- bis postkinematische Magmenvorstöße, die in immer höhere

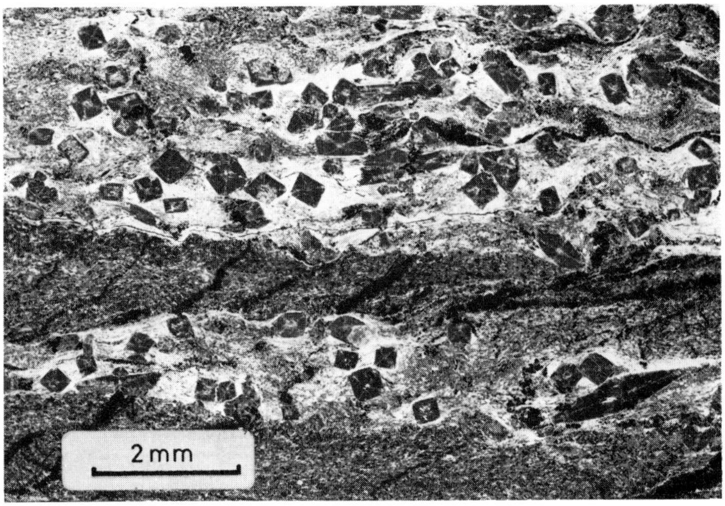

Abb. 186 Kontaktmetamorphose. Bildung von Andalusit-Kristalloblasten in Tonschiefer etwa 3 m von einer Granit-Intrusion. Küstenkordillere/Nordchile. Dünnschliff

Niveaus vordringen, immer größeren Anteil an Mantelmaterial zeigen und schließlich während Kreide und Tertiär weiträumig als Ignimbritdecken an die Oberfläche durchbrechen. Die im Verlauf von einer Milliarde Jahren einhergehende Konsolidierung durch zunehmende „Verfüllung" mit Magmatiten hat in den Anden dazu geführt, daß das Gebirge seit dem Mesozoikum auf tektonische Beanspruchung mit Bruchbildung und nur untergeordnet mit Faltung reagiert.

Abkühlung und Erstarrung der Plutone. Schon während des Aufstiegs und der Platznahme beginnt die Erkaltung des Magmas. Die Eigenwärme der Schmelze und die bei der Kristallisation freiwerdende Wärmemenge werden nach außen abgeleitet. Es bildet sich ein Temperaturgradient, der - in Abhängigkeit von dem Krustenniveau und der „Verweildauer" der Schmelze - aus dem Inneren des Plutons mehr oder weniger weit über den Kontakt hinausreicht. Grundsätzlich bestimmen die Wärmekapazität bzw. der Wärmeenergieinhalt eines intrudierenden Körpers in Abhängigkeit von seinem Volumen den Wärmestrom und das Wärmegefälle im Nebengesteinsrahmen. Der Wärmefluß wird zusätzlich durch Faktoren wie Porosität, Permeabilität und Klüftung gesteuert. So kommt es am Kontakt zu einem Temperatursprung in Höhe von 40% der Intrusionstemperatur. Große Kontaktaureolen können nur in tieferen Krustenstockwerken auftreten, in denen Magmenvolumen, Intrusionstemperatur und Verweildauer genügend groß sind, um die Wärmeausbreitung über einen für eine Kontaktmetamorphose ausreichend langen Zeitraum weiträumig zu gewährleisten. Die Erhitzung verschiebt das mineralogische Gleichgewicht im Nebengestein und wandelt Mineralbestand und Gefüge um, ohne die chemische Zusammensetzung wesentlich zu verändern. Die Weite des Kontakthofes beträgt in Abhängigkeit vom Krustenniveau mehrere Kilometer bis zu wenigen hundert Metern. Die Ausstrichbreite auf der Karte hängt vom Anschnitt durch die Erosion ab und kann Hinweise auf das Einfallen der Kontaktfläche liefern.

Einige typische Paragenesen für eine zunehmende Thermometamorphose in Abhängigkeit von dem Ausgangsgestein zeigen Tabelle 30 und Abb. 187.

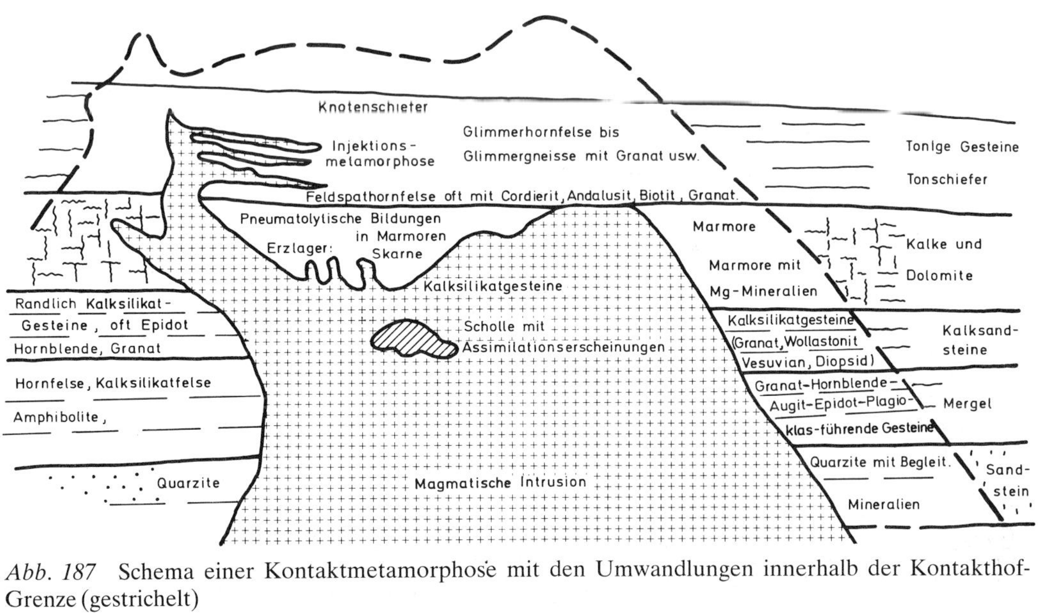

Abb. 187 Schema einer Kontaktmetamorphose mit den Umwandlungen innerhalb der Kontakthof-Grenze (gestrichelt)

Generell entstehen aus Karbonatgesteinen Kalksilikate; in tonmineralreichen Gesteinen setzen sich diese in Andalusit, Feldspat, Biotit und Cordierit um (Abb. 186). Reine Kalke erfahren nur eine Sammelkristallisation und werden zu Marmor. Alle neugebildeten Minerale sprossen in den Gesteinen der Kontaktaureole mehr oder weniger gleichzeitig und verwachsen zu einem kristalloblastischen Gefüge.

Im inneren Kontakthof herrschen feinkörnige, splittrige Hornfelse vor. Die sedimentären Strukturen sind durch Umkristallisation und interne Stoffverschiebungen vollkommen verwischt, Fossilien sind verschwunden. Mit der Entfernung vom Kontakt nimmt der Umwandlungsgrad ab – das neue Gleichgewicht stellt sich nur noch teilweise und unter Erhaltung der primären Internstrukturen ein (Abb. 187).

Bei der Abkühlung der Gesteinsschmelzen trennen sich die Gase ab, entweichen und verändern das Nebengestein wie auch den bereits verfestigten Bereich des Intrusivkörpers. Es findet eine Alteration statt. Diese erfaßt alle Bereiche von der Pneumatolyse bis zur Kontaktmetamorphose. Dem Druckgefälle entsprechend, werden die Dachregionen stärker durchströmt und pneumatolytisch umgewandelt als die Flanken. Bevorzugt werden Klüfte und Spalten - z. B. Q-Klüfte - als Ventil benutzt. Reaktionsfähige Nebengesteine wie Karbonate werden bevorzugt angegriffen. Im Gegensatz zur Kontaktmetamorphose ist die Intensität der Pneumatolyse nicht radial um den Pluton zoniert und von Ort zu Ort sehr unterschiedlich ausgebildet.

Wie die thermische Metamorphose läßt sich auch die pneumatolytische Alteration in Zonen abnehmender Temperatur gliedern. In der inneren Zone herrschen hohe Temperaturen zwischen 600° und 900° C. Austauschvorgänge, *Metasomatosen*, spielen eine wichtige Rolle: Die mit den Gasen transportierten Stoffe reagieren mit den Mineralen des Ausgangsgesteins und verdrängen sie. Aus reinen Kalken entstehen z. B. Kalkeisensilikat-Mineralgesellschaften, die *Skarne*. Silikatgesteine verhalten sich träger, doch sind autometasomatische Umwandlungen in Plutoniten weit verbreitet, z. B. Serizitisierung der Plagioklase oder Chloritisierung der Biotite.

Tabelle 26 Bezeichnende Minerale der Kontaktgesteine

	an thermischen Kontakten	*an pneumatolytischen Kontakten*
Feldspäte:	Orthoklase und Plagioklase (vgl. S. 205)	
Glimmer:	Biotit, $K(Mg, Fe)_3[(OH)_2 \mid AlSi_3O_{10}]$ Muskovit, $K\ Al_2[(OH)_2 \mid AlSi_3O_{10}]$	Lepidolith, $KLi_2Al[(F, OH)_2 \mid Si_4O_{10}]$ Zinnwaldit, $KLiFeAl[(F, OH)_2 \mid AlSi_3O_{10})$
Amphibole:	Tremolit, $Ca_2Mg_5[OH \mid Si_4O_{11}]_2$	Aktinolith, $Ca_2(Mg, Fe)_5[OH \mid Si_4O_{11}]_2$
Pyroxene:	Diopsid, $CaMg[Si_2O_6]$	Hedenbergit, $CaFe[Si_2O_6]$
Granate:	Grossular, $Ca_3Al_2[SiO_4]_3$	Andradit, $Ca_3Fe_2[SiO_4]_3$
Sonstige Silikate:	Wollastonit, $Ca_3[Si_3O_9]$	Topas, $Al_2[(OH, F)_2 \mid SiO_4]$
	Andalusit, $Al_2[O \mid SiO_4]$	Turmalin, B- und F-haltiges Silikat mit weitgehender Diadochie (Mg, Fe, Li, Al)
	Cordierit, $Mg_2Al_3[AlSi_5O_{18}]$	Skapolith, Na-Ca-Al-Silikate mit Cl-, CO_3- und SO_4-Gehalt Fluorapatit, Fluorit CaF_2

Mit fallender Temperatur kondensieren die Gase zu wäßrigen Lösungen, das pneumatolytische Stadium wird durch das hydrothermale abgelöst. Mit zunehmender Entfernung vom Magma fallen die in Lösung mitgeführten Stoffe - vorwiegend Metallverbindungen neben Baryt, Quarz, Turmalin etc. - stufenweise aus. Zerrüttete und permeable Gesteine werden imprägniert und z. T. metasomatisch verändert, die Wände der Klüfte und Gänge bedecken sich mit lagenweise gesproßten Mineralkrusten. Schließlich findet eine Durchmischung mit vadosen Wässern statt, es kommt zur Aufheizung von Grundwasserhorizonten und dem oberflächlichen Auftreten von Gasexhalationen - Fumarolen, Solfataren, Mofetten und Geysiren.

Ergänzende Schriften

Atherton, M. P. & Tarney, J. (Hrsg.) (1979): Origin of Granite Batholiths. Geochemical Evidence. - 148 S., Exeter, Devon.

Augustithis, S. S. (1979): Atlas of the Textural Patterns of Basic and Ultrabasic Rocks and their Genetic Significance. - 393 S., Berlin–New York.

Middlemost, E. A. K. (1985): Magmas and Magmatic Rocks. An introduction to igneous petrology. - 266 S., London.

Pichler, H. & Schmidt-Riegraf, C. (1987): Gesteinsbildende Minerale im Dünnschliff. - 230 S., Stuttgart.

Pitcher, W. S. (1978): The Anatomy of a Batholith. - J. geol. Soc. London, 135, 157–182.

Pitcher, W. S. (1979): The Nature, Ascent and Emplacement of Granitic Magmas. - J. geol. Soc. London, 136, 627–662.

Williams, H., Turner, F. J. & Gilbert, C. M. (1982): Petrography. An introduction to the study of rocks in thin sections. - 2. Aufl., 626 S., San Francisco.

Wilson, M. (1988): Igneous Petrogenesis. - 480 S., London.

Wimmenauer, W. (1985): Petrographie der magmatischen und metamorphen Gesteine. - 382 S., Stuttgart.

Yoder, H. S. (Hrsg.) (1979): The Evolution of the Igneous Rocks. - 588 S., Princeton, New Jersey.

25. Kapitel: Magma, Magmatite und magmatische Lagerstätten

Beschaffenheit des Magmas. *Magmen* sind glutheiße, dem Erdinnern entstammende silikatische Schmelzen. Neben Verbindungen mit hohem Schmelzpunkt enthalten sie niedrigsiedende Dämpfe und Gase. Die leichtflüchtigen Stoffe entweichen im Laufe der Abkühlung, die schwerflüchtigen Anteile erstarren. Sie heißen *Magmatite,* sofern sie größere, geologisch selbständige Räume der Erdkruste einnehmen. Magmen sind also Vielstoffsysteme. Von der genauen Kenntnis ihres Zustandes und ihres Verhaltens bei Änderungen von Druck und Temperatur dürfen wir wesentliche Aufschlüsse über die vulkanischen und plutonischen Vorgänge erhoffen. Geologische Beobachtungen führen uns nur an die fertigen magmatischen Gebilde heran. Auch die Verfahren der mikroskopischen Petrographie erhellen bestenfalls den Vorgang der endgültigen Erstarrung. Das Experiment ist daher im Verein mit physikalisch-chemischen Überlegungen berufen, die Teilbefunde in Zusammenhang zu bringen und die Wege aufzuzeigen, die die Natur beschritten haben mag.

Die *schwerflüchtige Fraktion* besteht zur Hauptsache aus SiO_2, daneben in der Reihenfolge abnehmender Bedeutung aus den Oxiden des Al, Fe, Ca, Mg, Na, K. Der Spielraum der Mischungsmöglichkeiten dieser Bestandteile, den die Natur einhält, ist ziemlich klein (Abb. 188). Bei der überwiegenden Menge der Magmatite liegt der SiO_2-Gehalt bei 50–75%. Hohe Alkaligehalte sind öfters mit großen, hohe Erdalkaligehalte meist mit niedrigen SiO_2-Werten gekoppelt. Im Gegensatz zu den Sedimenten mit ihrem wechselvollen Chemismus bilden die Magmen und damit auch die Magmatite eine Gruppe mit gesetzmäßig eng umschriebenem Stoffbestand.

Die *leichtflüchtigen Anteile* des Magmas bestehen ganz überwiegend aus Wasser, daneben sind CO_2, HCl, HF, H_2S sowie eine Anzahl weiterer Stoffe in geringer Menge anwesend. Sie sind in der Schmelze z.T. absorbiert, z.T. wohl chemisch gebunden enthalten; ihre Gesamtmenge im Magma beträgt einige Gewichtsprozent. Experimentelle Untersuchungen haben ergeben, daß geschmolzener Granit unter einem Druck, der 5 km Deckgebirge entspricht, 7% H_2O in Lösung halten kann und bei diesen Bedingungen bis 700° C herab leichtbeweglich bleibt.

Die Mischung von Bestandteilen verschiedenen Flüchtigkeitsgrades im Magma hat also die geologisch wichtige Folge, daß sich der Schmelzpunkt des Gesamtsystems gegenüber dem der Einzelstoffe erheblich erniedrigt. Während Quarz bei 1713° C und

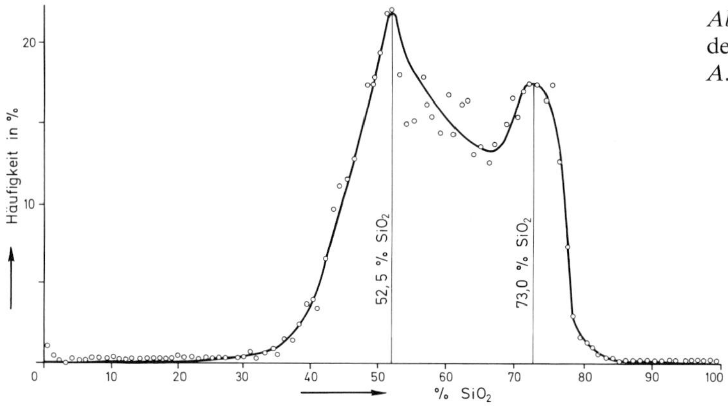

Abb. 188 Häufigkeitsverteilung des SiO_2 in den Magmatiten (nach *A. Richardson* und *G. Sneesby*)

die Mehrzahl der gesteinsbildenden Silikate zwischen 1100° und 1600° C flüssig werden, verfestigen sich Silikatgemische erst um 1000° C. Die leichtflüchtigen Bestandteile drücken den Erstarrungspunkt um weitere 200–300° C herab.

Minerale der Magmatite. Der Zusammensetzung des Magmas entsprechend stellen Silikatminerale nebst Quarz die *Hauptgemengteile* der Magmatite dar. Man gliedert sie in zwei Gruppen, die SiO_2-armen, dunkel gefärbten *femischen* oder *mafischen* Mg-Fe-Ca-Silikate einerseits, die SiO_2-reicheren, farblosen *salischen* oder *felsischen* Ca-Na-K-Al-Silikate andererseits. Ihnen gegenüber treten die meist nicht-silikatischen *Nebengemengteile* quantitativ sehr zurück.

Als letzten Rest der leichtflüchtigen Bestandteile enthalten die Magmatite etwa 0,2% Wasser in Gestalt winziger Flüssigkeitseinschlüsse. In manchen Mineralen sind flüchtige Stoffe auch in geringen Mengen chemisch gebunden, so Cl und F im Apatit oder H_2O im Amphibol und Biotit.

Tabelle 27

A. **Hauptgemengteile**	
1. *Quarz* SiO_2	Salische Minerale
2. *Feldspäte:*	Salische Minerale
a) „Orthoklase" $(K, Na)[AlSi_3O_8]$, als monokliner Sanidin in Vulkaniten, als trikliner Mikroklin und Perthit in Plutoniten	Salische Minerale
b) Plagioklase = trikline Mischkristalle von Albit $Na[AlSi_3O_8]$ und Anorthit $Ca[Al_2Si_2O_8]$	Salische Minerale
3. *Feldspatvertreter* (Feldspatoide oder Foide): Nephelin $Na[AlSiO_4]$, Leucit $K[AlSi_2O_6]$	Salische Minerale
4. *Glimmer*	
Muskovit $KAl_2[(OH)_2 \mid AlSi_3O_{10}]$	Salische Minerale
Biotit $K(Mg, Fe)_3[(OH)_2 \mid AlSi_3O_{10}]$	Mafische Minerale
5. *Amphibole:* $(Ca, Na)_2(Mg, Fe, Al)_5[OH \mid Si_4O_{11}]_2$	Mafische Minerale
6. *Pyroxene:* Orthopyroxene $(Mg, Fe)_2[Si_2O_6]$; Klinopyroxene $Ca(Mg, Fe)[Si_2O_6]$ – $Na(Al, Fe)[Si_2O_6]$	Mafische Minerale
7. *Olivin* $(Mg, Fe)_2[SiO_4]$	Mafische Minerale
B. **Nebengemengteile**	
Zirkon $Zr[SiO_4]$, Apatit $Ca_5[(F, OH) \mid (PO_4)_3]$, Ilmenit $FeTiO_3$, Magnetit Fe_3O_4	Mafische Minerale

Eigenschaften silikatischer Mehrstoffsysteme. Die Vorgänge bei der Erstarrung von Schmelzflüssen sind in neuerer Zeit experimentell untersucht und in Diagrammen dargestellt worden, die den gesamten Kristallisationsverlauf übersehen lassen. Ein lehrreiches Beispiel bietet das Plagioklasdiagramm (Abb. 189). Die Plagioklase stellen eine Mischkristallreihe zwischen dem Kalkfeldspat, dem Anorthit und dem Natronfeldspat, dem Albit (Tab. 27), dar. Mit jeder Schmelzzusammensetzung auf der Liquiduskurve steht ein bestimmter Mischkristall der Soliduskurve im Gleichgewicht. Da die ausfallenden Mischkristalle anorthitreicher als die Mutterschmelze sind, verschiebt sich die Zusammensetzung der flüssigen Phase mit sinkender Temperatur zugunsten des Albit, und die früheren Ausscheidungen werden der veränderten Schmelze gegenüber instabil (Abb. 189). Sie werden aufgezehrt und durch zunehmend albitreiche ersetzt, bis die ganze Schmelze kristallisiert ist. Derartige Umsetzungen zwischen Bodenkörper und Mutterlauge heißen *Reaktionsreihen.* Sie spielen im Magma eine wichtige Rolle.

Aufschlußreicher für die Entstehung der magmatischen Gesteine als die Untersuchung „trockener" gasfreier Schmelzflüsse ist das Studium von Systemen mit leichtflüchtigen Komponenten. Da aus derartigen Lösungen anfangs fast nur Verbindungen der schwerflüchtigen Stoffe auskristallisieren, reichern sich die leichtflüchtigen Bestandteile in der Restschmelze mehr und mehr an. Der Innendruck steigt, und trotz fortschreitender Abkühlung kommt es zu Siedevorgängen. Dabei destillieren Lösungen ab, die in ihrem „fluiden" Zustand oberhalb der kritischen Temperatur des Lösungsmittels gewissermaßen die Eigenschaften von Dämpfen und Flüssigkeiten vereinigen (Abb. 190). Nach Spannung und Beweglichkeit verhalten sie sich wie Gase, nach ihren beträchtlichen Gehalt an

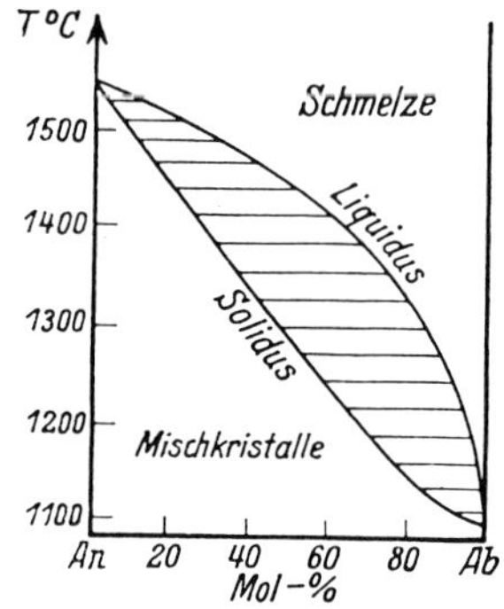

Abb. 189 Mischkristallbildung in der Plagioklasreihe zwischen Albit (Natronfeldspat) und Anorthit (Kalkfeldspat) (nach *P. Niggli*)
Kühlt sich eine Schmelze bis auf die Liquiduskurve ab, so beginnen sich Kristalle auszuscheiden, deren Zusammensetzung auf der Soliduskurve abzulesen ist. Aus einer Schmelze mit 40% An + 60% Ab fällt z. B. bei 1400° ein Bodenkörper mit 75% An + 25% Ab aus

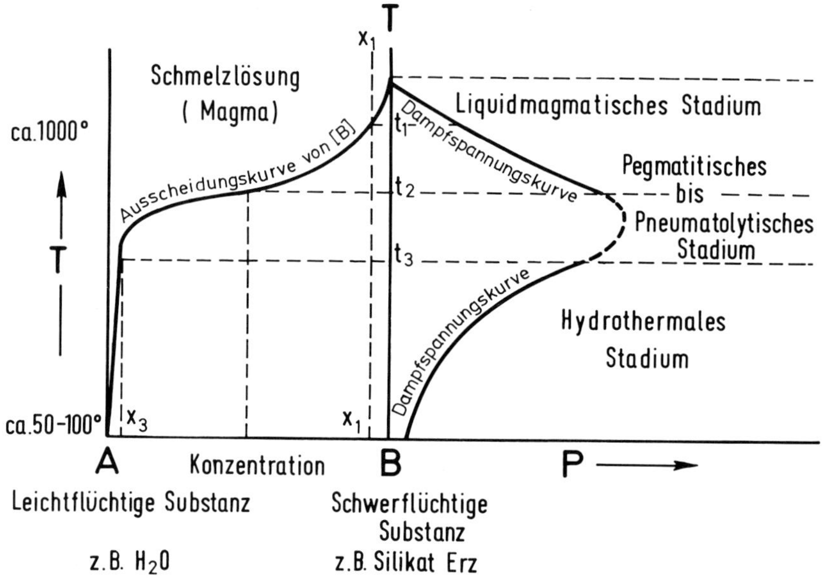

Abb. 190 Diagramm des Verhaltens magmatischer Systeme während der Abkühlung (nach *P. Niggli*). Da sich aus dem System bei der Abkühlung fast nur die schwerflüchtige Komponente B abscheidet (linke Kurve), reichern sich die leichtflüchtigen Stoffe A in der Restlösung an. Trotz sinkender Temperatur steigt deshalb der Innendruck (rechte Kurve), erreicht einen Höchstwert (pneumatolytisches Stadium) und geht erst mit der einsetzenden Kondensation der Dämpfe allmählich zurück

schwerflüchtigen Stoffen stehen sie den Schmelzen nahe. Bei weiterer Abkühlung kondensieren sich die abgespaltenen *Restlösungen*, der Druck sinkt, und es entstehen Verbindungen zwischen leicht- und schwerflüchtigen Bestandteilen, sei es durch unmittelbare Kristallisation, sei es durch Reaktion mit den früher gebildeten Ausscheidungen (Abb. 191).

Abkühlung des Magmas. In den Anfangsstadien der magmatischen Erstarrung ist der Kristallisationsverlauf durch die leichtflüchtigen Bestandteile nicht wesentlich beeinflußt. Es fällt die Hauptmenge der Silikatminerale aus, wobei zwei Reaktionsreihen die Abscheidungsfolge lenken. Die Kristallisation der Mg-Fe-Silikate beginnt mit dem Olivin oder Pyroxen. Durch Wechselwirkung mit der Schmelze wandelt sich der Pyroxen in Amphibol, der

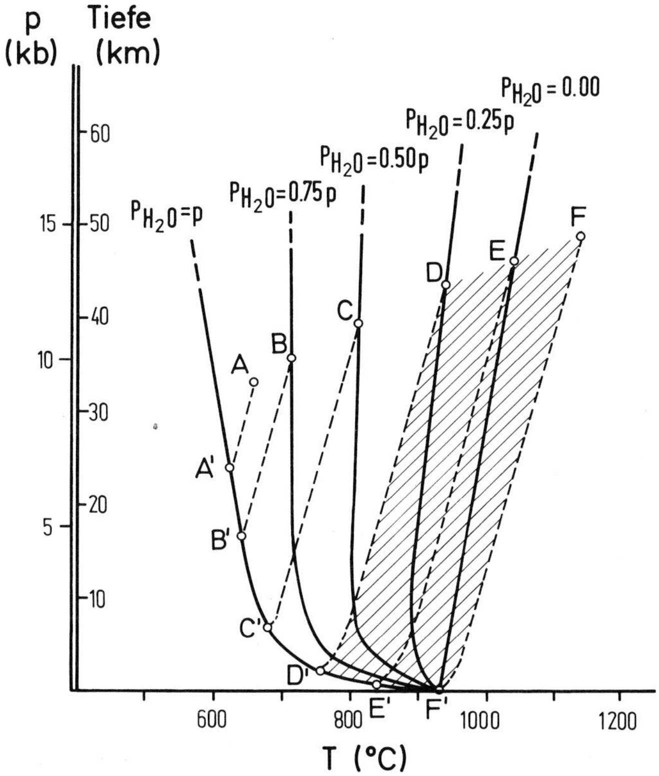

Abb. 191 Phasenbeziehungen granitischer Schmelzen in Abhängigkeit von P_{H_2O}. Schmelzen im Bereich D-D' bis F-F' (Raster) sind in der Lage, in hohe Krustenniveaus aufzusteigen

Amphibol in Biotit um. In der Ca-Na-Silikatgruppe der Plagioklase setzt die Abscheidung mit Ca-reichen Gliedern ein, um nach entsprechenden Umwandlungen mit dem Albit zu enden. Infolge der Verfestigung der Silikate reichern sich das überschüssige SiO_2 und die leichtflüchtigen Bestandteile in der Restschmelze an, aus welcher sich der Quarz als jüngstes der Gesteinsminerale ausscheidet. In allen normalen Magmatiten entsteht zunächst Hoch-Quarz; primärer Tief-Quarz findet sich erst ab und zu in Pegmatiten (s. u.). Das Ende der Erstarrung muß also um 600 °C liegen (Tab. 28).

Gleichzeitig aber steigt die Innenspannung der Gase und Dämpfe, die sich in dem flüssigen Rückstand gesammelt haben, und erreicht bei 700° bis 600° C ihren höchsten Betrag. Hält das Herddach, wie es bei plutonischen Räumen die Regel ist, dem Druck im wesentlichen stand, dann wandert mit sinkender Temperatur eine stetige Folge von Lösungen aus dem Intrusivkörper ins Nebengestein. Anfangs sind es ± gasreiche Schmelzen, die als *Pegmatite* (S. 209) Spalten in den erkalteten Teilen des Massivs sowie seiner Umgebung füllen (Abb. 192) und einen Teil der *Ganggefolgschaft* (S. 197) bilden. Daran schließen sich fluide Dampflösungen, die das durchströmte Gestein auf dem Wege der *Pneumatolyse* (S. 202) tiefgreifend verändern können. Den Schluß bilden wäßrige Lösungen des *hydrothermalen Stadiums* (S. 203) von etwa 400°–100° C, die gleichfalls Mineralneubildungen, sei es als Absatz in Hohlräumen, sei es als Verdrängungen, hinterlassen. Wenn dagegen, wie beim Vulkanismus, die maximale Dampfspannung der Restschmelze den Außendruck übersteigt, dann kommt es zum Durchbruch an die Oberfläche. Infolge

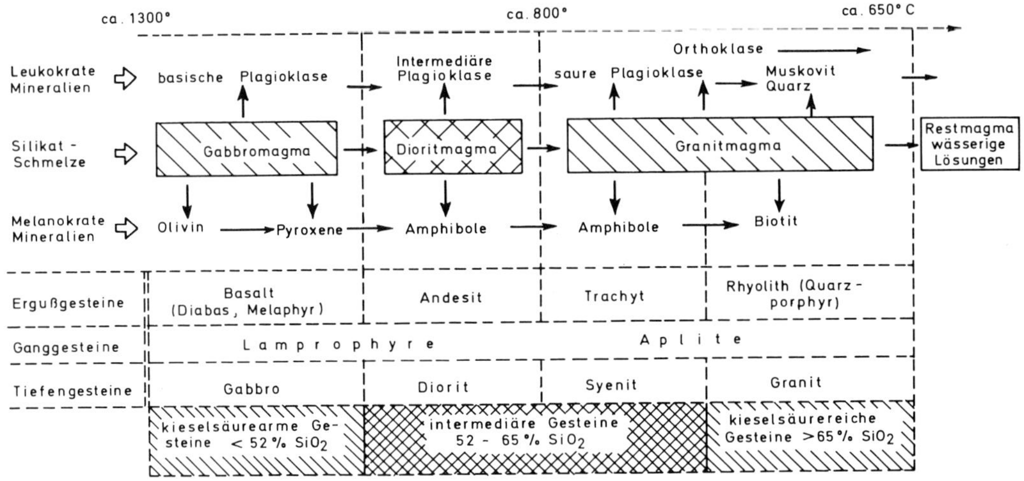

Abb. 192 Vereinfachtes Schema einer Magmen-Differentiation

der Druckentlastung schäumt das Magma auf und fließt unter heftigen Explosionen so lange aus, bis seine Energie nicht mehr für einen Ausbruch ausreicht. Zusammengefaßt ergibt sich folgende Übersicht:

Tabelle 28 Stadien bei der Abkühlung des Magmas

		Plutonischer Zyklus		*Vulkanischer Zyklus*
Abnehmende Temperatur ↓	Magma flüssig		Liquid-magmatisches Stadium	Eruptionsstadium
	Ausscheidung nichtsilikatischer Gemengteile	Erst-erstarrung		
	Ausscheidung der Hauptmenge der Silikate Kontakt-metamorphose Steigender Gasdruck in der Restschmelze	Haupt-erstarrung		
		ca. 700° C		
	Maximum der Dampfspannung Magmatische Nachschübe	Rest- ca. 600° C erstarrung	Pegmatitisches Stadium	
	Abspaltung einer Dampfphase Pneumatolyse		Pneumatolytisches Stadium	Fumarolenstadium
		ca. 400° C		
	Dampfspannung sinkt Wäßrige Restlösungen		Hydrothermales Stadium	ca. 200° C Solfatarenstadium

Gefüge der Magmatite. Unter dem *Gefüge* versteht man die Form der Gemengteile und ihre räumliche Anordnung im Gestein. Die Gefügeeigenschaften sind durch die Vorgänge bei der Verfestigung bedingt, umgekehrt kann man aus ihnen die Erstarrungsgeschichte des Gesteins ablesen. Die ersten Ausscheidungen vermögen ihre Kristallform in der Schmelze ungehindert und allseitig zu entwickeln, sie sind *idiomorph.* Die später ausfallenden Kristalle gehen teils aus der Umbildung der älteren hervor, teils umhüllen sie sie oder füllen als *xenomorphe* Körner die Lücken aus. *Reaktionssäume*, *Resorptionen*, die *Einschlußverhältnisse* und der *Grad der Idiomorphie* geben uns damit Fingerzeige für das relative Alter, die *Ausscheidungsfolge* der Gesteinsbestandteile. Für die Mehrzahl der Magmatite gilt die Regel:

1. *Nebengemengteile.*
2. *Mafische Silikate* in der Reihenfolge Olivin, Pyroxen, Amphibol, Biotit.
3. *Salische Silikate*, erst die kalkreichen, dann die natronreichen Plagioklase und der Orthoklas.
4. *Quarz.*

Die Größe der ausgeschiedenen Kristalle hängt von verschiedenen Umständen ab. Die leichtflüchtigen Bestandteile erleichtern das Kristallwachstum, hauptsächlich dadurch, daß sie die Viskosität des Magmas erniedrigen. Sehr gasreiche Restschmelzen erstarren daher zu Gesteinen mit ganz grobem, *pegmatitischem* Gefüge, aus denen Riesenkristalle bis 10 m Länge bekanntgeworden sind. Daneben spielt die Abkühlungsgeschwindigkeit eine wichtige Rolle. Je langsamer die Temperatur sinkt, desto geordneter vollzieht sich die Ausscheidung; es entstehen ± grobe *vollkristalline* (holokristalline) Gesteine (Abb. 194, Farbbild 12). Bei sehr rascher Verfestigung bleibt keine Zeit zum Wachstum von Kristallen. Der Schmelzfluß erstarrt als amorphes *Glas.* Nicht immer sind, wie in den *körnigen* Gesteinen, alle Gemengteile von ± gleicher Größe. Manche Magmatite enthalten zwei Kristallgenerationen, große ältere *Einsprenglinge* in einer feinerkörnigen, zuweilen auch glasigen *Grundmasse.* Dieses *porphyrische* Gefüge (Abb. 195) beruht auf einem Wechsel der Erstarrungsbedingungen, insbesondere auf der beschleunigten Abkühlung und Entgasung, die eine Lava mit in der Tiefe gebildeten Kristallen beim Ausfließen aus dem Vulkanschlot erleidet.

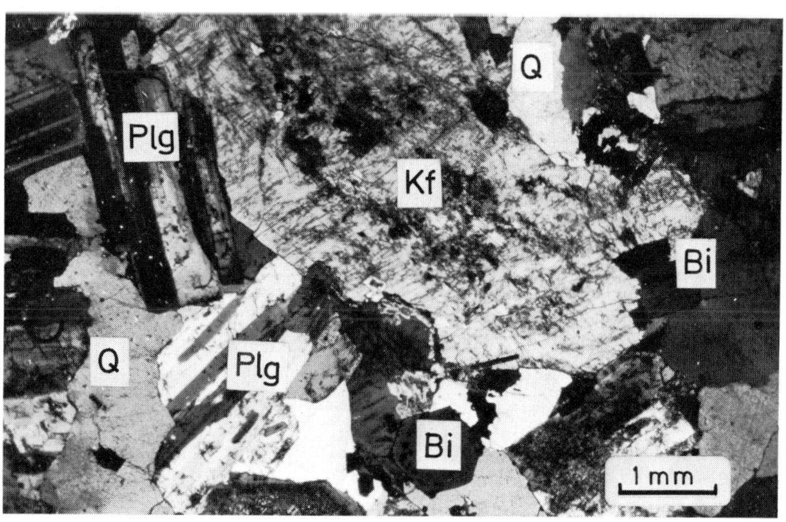

Abb. 193 Holokristallines Gefüge eines Granits.
Plg = Plagioklas;
Kf = Kalifeldspat;
Q = Quarz;
Bi = Biotit.
Ben Nevis, Schottland, Dünnschliff

Hohlräume entstehen durch Abspaltung einer Gasphase aus der Schmelze. Der Grad der Aufblähung hängt von der Entlastung ab und kann sich von den *miarolithischen Drusenräumen* mancher Granite und Pegmatite zum *schaumigen* Gefüge der Bimssteine steigern. Ergußgesteine, deren blasige Hohlräume durch spätere Ausscheidungen aus hydrothermalen Lösungen gefüllt sind, nennt man *Mandelsteine* (S. 185). Auf das *Fließ-* oder *Fluidalgefüge* (S. 179) und seine Auswertung für die Bewegung des Magmas wurde schon auf S. 179, 182 und 195 hingewiesen.

Abb. 194 Hemikristallin-porphyrisches Gefüge eines Vulkanits. Idiomorphe Plagioklas-Einsprenglinge (hell) in feinkörniger Grundmasse, Andesit. Dünnschliff

Einteilung der Magmatite (Abb. 195, 196). Die Eigenschaften der Magmatite sind von physikalisch-chemischen und von geologischen Faktoren, von der Beschaffenheit des Magmas und von seiner erdgeschichtlichen Entwicklung abhängig. Die Systematik der Magmatite gründet sich daher

1. auf die stoffliche Zusammensetzung, wobei man vom Chemismus oder vom Mineralbestand ausgehen kann. Auf Grund des Verhältnisses Ca:(Na + K) unterscheidet man die *Kalkalkali-Reihe* und die *Alkali-Reihe*. Sie werden nach dem SiO_2-Gehalt aufgegliedert. SiO_2-arme, *basische* Magmen erstarren zu *melanokraten* Gesteinen oder *Mafititen*, in denen die farbigen, femischen oder mafischen Minerale überwiegen. Mit steigendem Kieselsäuregehalt gelangt man über *mesotype* zu *sauren*, hellen, *leukokraten* Gesteinen, in denen sich der Überschuß an SiO_2 als Quarz ausscheidet.

2. auf die Stellung des Gesteinskörpers in der Erdkruste und sein geologisches Alter. Nach dem Schauplatz der magmatischen Tätigkeit unterscheidet man *plutonische* und *vulkanische Gesteine*, zwischen denen die *Ganggesteine* eine vermittelnde Stellung einnehmen. Die Beziehungen zwischen den Erstarrungsbedingungen und der Gefügeausbildung geben uns die Möglichkeit, diese Gruppen nach ihrem Gefüge zu kennzeichnen. Die Vulkanite sind häufig porphyrisch, glasig oder blasig ausgebildet, bei den Plutoniten ist körniges Gefüge die Regel. Üblicherweise pflegt man bei uns die alten (paläozoischen) und die jungen (tertiär-rezenten) Ergußgesteine trotz ihrer ursprünglich gleichartigen Zusammensetzung verschieden zu benennen. Sie lassen sich häufig durch ihren verschiedenen Erhaltungszustand voneinander unterscheiden.

Petrographische Provinzen und magmatische Sippen. In die silurisch-devonische Schichtfolge der varistischen Geosynkline (Abb. 151) schalten sich im Harz Diabase und Keratophyre von schwach alkalischem Charakter mit ihren Tuffen ein. Mit der Intrusion des Brockenmassivs

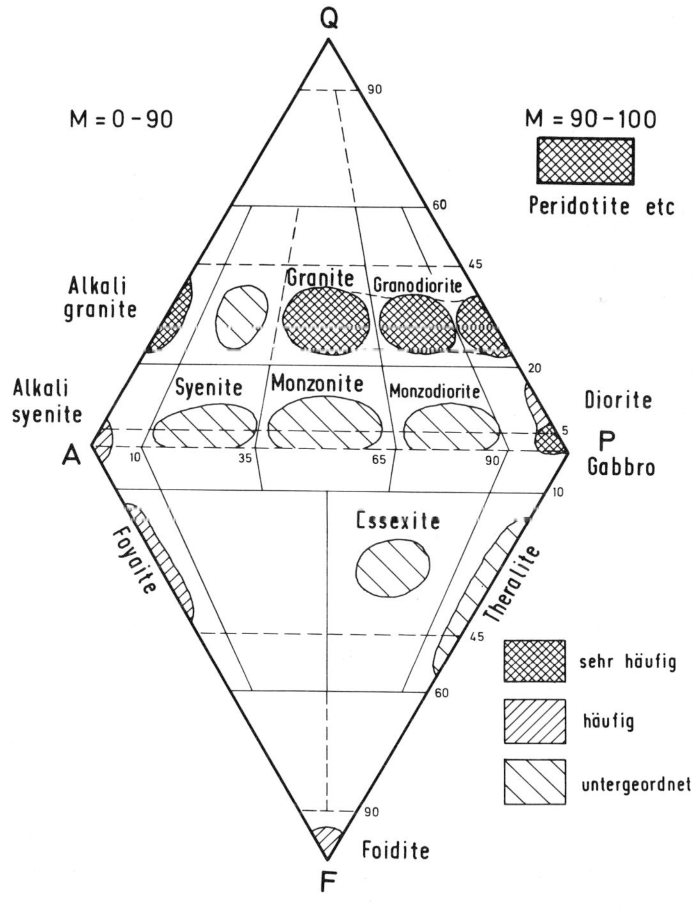

Abb. 195 Einteilung und Häufigkeit der Tiefengesteine (Plutonite) nach den Hauptgemengteilen (nach *Streckeisen*). Q = Quarz; A = Alkalifeldspäte; P = Plagioklase; F = Foide (Leucit, Nephelin, usw.) M = Mafitite mit 90% mafischen Mineralen

(Abb. 179), die gegen Ende des Unterkarbon im Anschluß an die varistische Hauptfaltung entstand, änderte sich der Magmentypus. In einer Folge von Teilschüben wurden nacheinander Peridotit, Gabbro, Diorit und zum Schluß große Mengen granitischer Schmelze gefördert. Trotz mancher Unterschiede gehören alle Gesteine des Massivs chemisch und mineralogisch eng zusammen (Abb. 197). Sie sind *stamm-* oder *blutsverwandt* und bilden eine *Gesteinsserie* von kalkalkalischem Chemismus. Das Diagramm zeigt zugleich, daß die Magmatite des Brockens nur einen Teil einer umfassenderen *petrographischen Provinz* oder *komagmatischen Region* darstellen, der alle varistischen Tiefengesteine Mittel- und Süddeutschlands angehören. Der varistischen Intrusivphase folgte im Oberkarbon und Unterperm eine allmählich abklingende vulkanische Tätigkeit, die Laven des gleichen Magmenstamms, wenn auch mit einem etwas höheren K-Gehalt förderte. Eine ganz andere Zusammensetzung weisen die jungen tertiären Eruptivgesteine Mittel- und Süddeutschlands auf. Der Gehalt an Alkalien ist beträchtlich höher als in den Vulkaniten des Varistikum, der an Kalk entsprechend niedriger. Der Raum nimmt nunmehr eine Provinz von alkalischem Charakter ein.

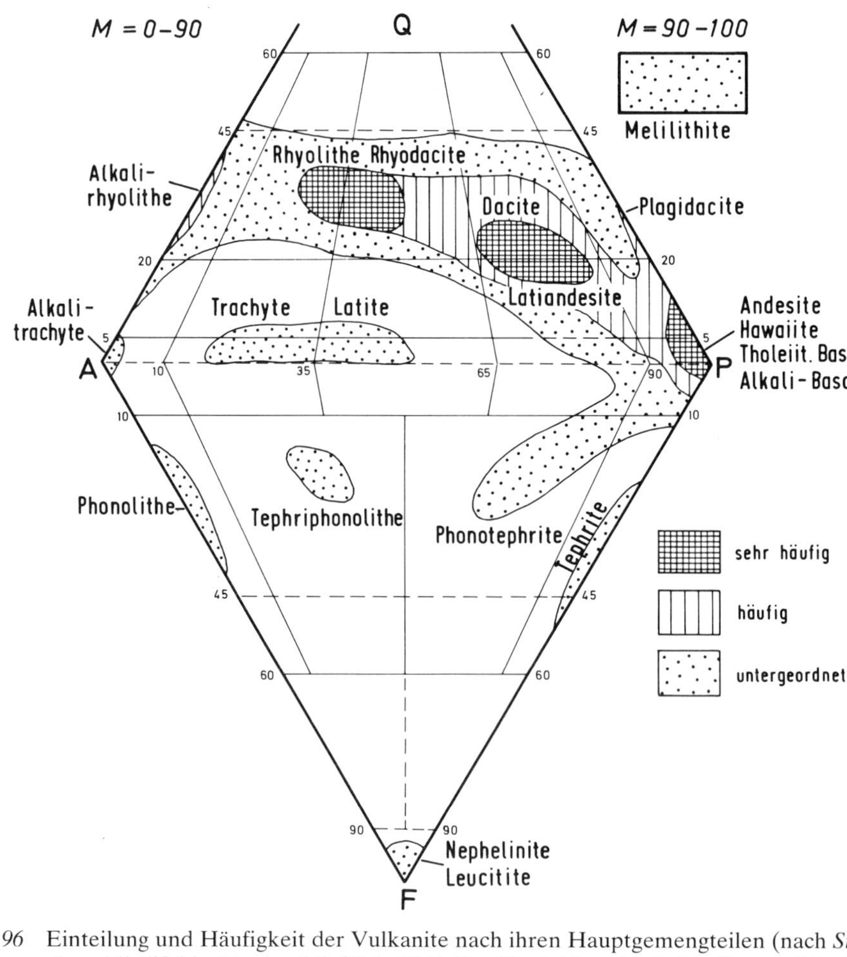

Abb. 196 Einteilung und Häufigkeit der Vulkanite nach ihren Hauptgemengteilen (nach *Streckeisen*). Q = Quarz; A = Alkalifeldspäte einschließlich Albit; P = Plagioklas; F = Foide (Leucit, Nephelin, usw.) M = Mafitite mit 90% mafischen Mineralen

In diesem Wechsel des Magmentyps auf deutschem Boden kommen allgemein gültige Regeln zum Ausdruck. Bei Beginn einer Orogenese kommt es zu einer lebhaften vulkanischen Tätigkeit, durch die vorwiegend basische Gesteine (Basalte, Pikrite, Andesite) gefördert werden. Während der Faltung werden in das wachsende Gebirge Kalkalkali-Magmen (Gabbros, Diorite und vor allem Granite) eingeschoben. Nach der Orogenese vollzieht sich eine Rückkehr zum Alkali-Magmatismus, bei dem wiederum basische Vulkanite überwiegen. Alpinotype Gebirgsbildung ist in der Regel mit Kalkalkali-, germanotype mit Alkali-Magmatismus verknüpft. Heute sind Kalkalkali-Magmen vor allem an die Ränder des pazifischen Ozeans, also des gegenwärtig aktivsten orogenetischen Gürtels der Erde gebunden. An den Bruchverformungen auf der Erde und beim submarinen Vulkanismus überwiegen Alkali-Magmen (Abb. 173). Man hat versucht, den magmatischen Ablauf während eines orogenetischen Zyklus in ein Schema zu bringen (Tabelle 29, Abb. 199).

Stamm-Magmen, Differentiation und Assimilation. Am Aufbau der Erdkruste beteiligten sich zur Hauptsache zwei Gruppen von Magmatiten: Basalt und Granit. Der Basalt stellt > 90% aller Vulkanite. Er tritt in gleicher Beschaffenheit auf ozeanen wie kontinentalen Flächen auf; seine Ergüsse halten sich vorzugsweise an tektonisch ruhige Zeiten und Räume. Demgegenüber sind die Granite und Granodiorite auf die Festländer beschränkt. Sie füllen weitaus die Mehrzahl aller Plutone, die sich während der Hauptfaltungsepochen in den Orogenen Platz schaffen.

Diese Tatsachen werden durch die Annahme zweier Stamm-Magmen verständlich. Man stellt sich vor, daß der Basalt aus der Aufschmelzung des Oberen Mantels hervorgeht, während die Heimat des Granits im Sockel der Kontinentalschollen liegt.

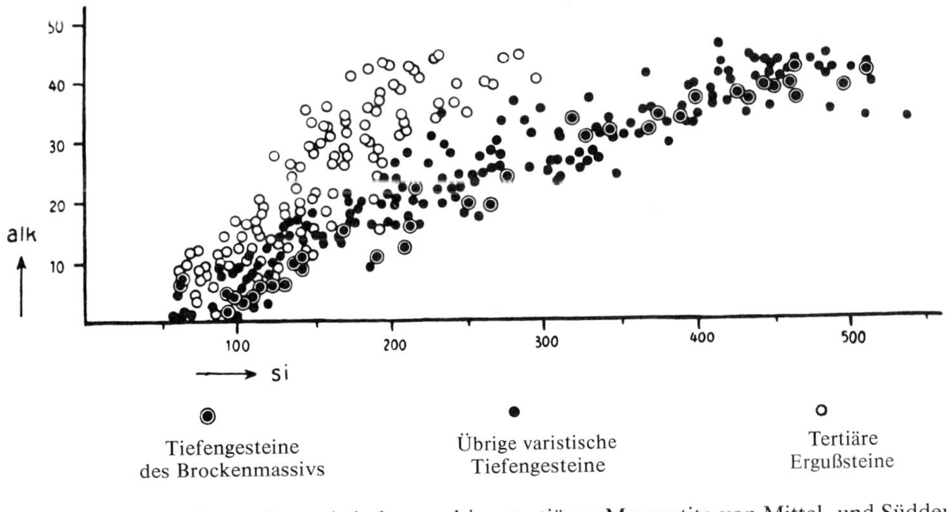

Abb. 197 Der Chemismus der varistischen und jungtertiären Magmatite von Mittel- und Süddeutschland. Abszisse: Kieselsäuregehalt, Ordinate: Alkaligehalt (in Molekularwerten nach *P. Niggli*)

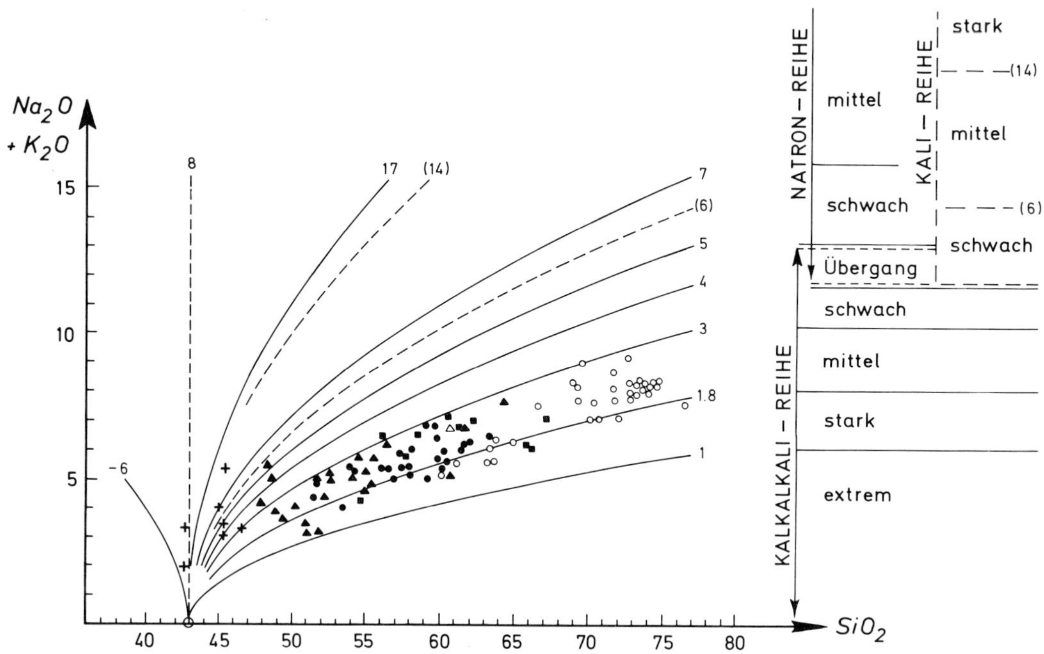

Abb. 198 Sippencharakter der Vulkanite nach einer Darstellung von *Rittmann.* Signaturen: + = ozeanische Basalte der Juan-Fernandez-Inseln; ▲ ● = andine Andesite; ○ = andere Rhyolithe

Tabelle 29 Orogenetisch-magmatische Entwicklung. Die Stadien sind nicht in jedem Gebirge der Erde vollständig vertreten (etwas geändert nach *Schmidt-Thomé* 1972)

Orogener Zyklus		Magmatischer Zyklus	Vorherrschende Magmatische Fazies	Gesteine	Sippen-Charakter	Herkunft des Magmas	Geotektonische Deutung des Krustenzustand.
Geosynklinal-Stadium	synsedimentär	Initial-magmatismus	submarine Vulkanite: basische Laven und Tuffite ultrabasische Plutonite	Basalt Spilit Keratophyr Peridotit Serpentinit	(atlantisch) Alkali-Serien	Oberer Mantel bis Untere Kruste	mobile „aktive" Sialkruste
Orogenese-Stadium	syntektonisch	synorogener Plutonismus	saure Plutonite	vorwiegend Granit	(pazifisch) Kalkalkali-Serien	Magmatite palingene und anatektische Magmen aus der Kruste	Krustenverdick. durch Faltengebirgs-bildung, sialischer Tiefenwulst
spät- bis postorogenes Stadium		subsequenter Plutonismus und Vulkanismus					
geantiklinales Festlands-Stadium	posttektonisch	finaler Vulkanismus	Gänge und Vulkanite	Rhyolith Andesit Basalt	(atlantisch) Alkali-Serien	Erdkruste Oberer Mantel	stabile inaktive Sialkruste (Dichte-Auftrieb)

Aus den beiden Stamm-Magmen läßt sich die ganze Vielfalt der Plutonite und Vulkanite herleiten, und zwar auf folgenden Wegen:

A. *Spaltung oder Differentiation*
   1. infolge Trennung von Kristallen und Schmelze,
      a) durch Sonderung nach der Dichte (Gravitationsdifferentiation),
      b) durch Abpressung des flüssigen vom festen Anteil;
   2. infolge Mitführung schwerflüchtiger Verbindungen beim Wandern der leichtflüchtigen Bestandteile (Pneumatolytische Differentiation).

B. *Mischung oder Assimilation*
   1. von verschiedenen Magmen (Hybridisation);
   2. von Magma mit aufgeschmolzenem Gestein (Syntexis).

C. *Wiederaufschmelzung oder Anatexis*
   1. in Abhängigkeit von der Temperatur;
   2. in Abhängigkeit vom Wassergehalt.

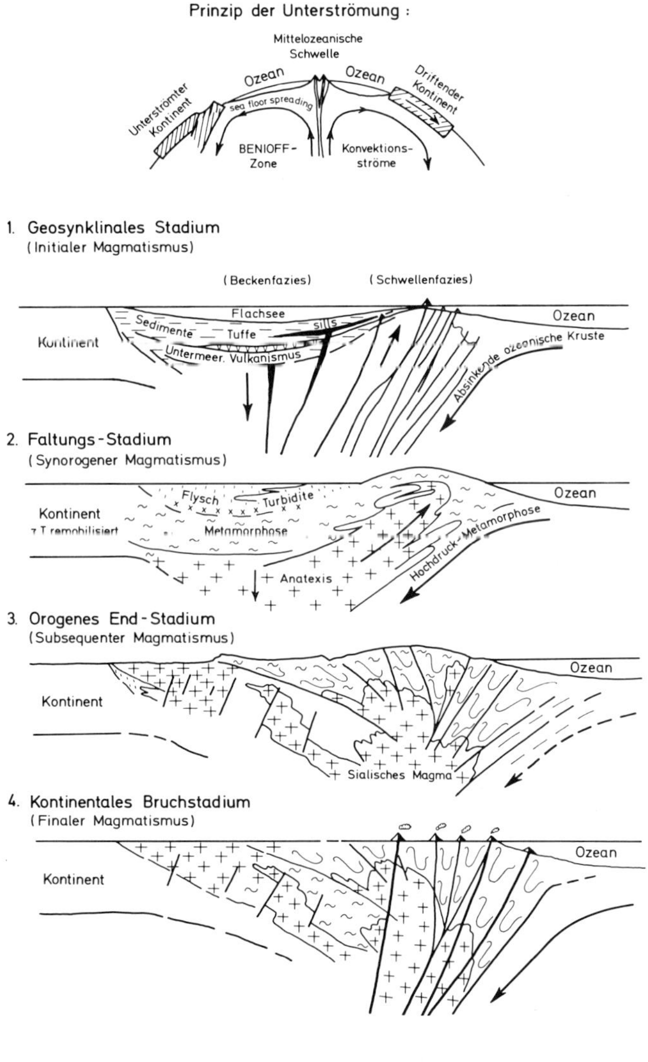

Abb. 199 Magma im Orogenzyklus (nach einem Entwurf von *K. R. Mehnert*) Schema

1. Initialer Magmatismus = Basische und ultrabasische Vulkanite und (seltener) Plutonite. Auf tiefreichenden Bruchzonen steigt primäres Magma der Mantelregion hoch. Häufig Sills oder untermeerische Extrusionen (Pillow-Lava). In Zufuhrschloten, Stöcken und kleinen Massiven grobkörnig erstarrt (Dolerit und Diabas). Ultrabasische Magmatite, z. B. alpinotype Ophiolithe.

Im Verlaufe der Geosynklinalbildung Assimilation von Krustengestein; Differentiation unter Bildung von Alkaligesteinen: Spilite, Keratophyre.

2. Synorogener Magmatismus = Intermediäre bis saure Plutonite (Reihe Quarzdiorit - Granodiorit - Granit). Durch Tiefenfaltung des Orogens wird der eingetauchte „Sial-Wulst" aufgeschmolzen. Es bilden sich anatektische palingene Magmen. Wenn sie während der Faltung intrudieren, zeigen sie mehr oder weniger deutliche Paralleltextur („Gneisgranite"). Durch Assimilation von Nebengestein sind die Magmen oft randlich hybrid. Typische Reihenfolge:

Gneisgranite → Hybride Granite → Normale Granite.

Je nach Tiefgang des Sialwulstes werden Teile der Unterkruste und evtl. des Oberen Mantels mit in das Orogen einbezogen: Der Metallgehalt dieser Massen wird in die palingenen Schmelzen übernommen und scheidet sich in einer reichen Erzabfolge wieder aus (Beispiel Varistisches Orogen).

3. Subsequenter Magmatismus = Saure Vulkanite und Subvulkanite, Granit-Stöcke, Aplitische Granite, Zinn-Granite, Granitporphyre (Stöcke und Gänge), Quarzporphyre und Rhyolite (Stöcke, Gänge und Decken). Bruchstadium des Orogens. Die Spalten reichen bis in die tiefe Kruste, wo Magmenkörper noch flüssig sind. Saures, differenziertes Magma steigt in ihnen hoch bis an oder in die Nähe der Erdoberfläche.

4. Finaler Magmatismus = Basische bis saure Vulkanite, schwache bis starke Alkaligesteine. Allgemeine Bruchbildung auch außerhalb des Orogens im Vorland. Die Brüche können bis zum Oberen Mantel durchsetzen. Daher steigt Magma aus dem Mantel hoch, meistens unter starker Assimilation und Differentiation. Alkalibasalte, Trachyte, Phonolithe.

Da die mafischen Ausscheidungen schwerer als die Schmelze sind, sinken sie ab, während die salischen Kristalle aufsteigen. Die Schweresaigerung kann auf diese Weise stofflich verschiedene Magmen erzeugen. Noch gründlicher als die Schwerkraft vermag tektonischer Druck den flüssigen Anteil des Kristallbreis vom festen zu scheiden. Bei der Abpressung eilt eine SiO_2-reiche Restschmelze dem mehr basischen Rückstand voraus. Die Entgasung des Magmas führt vor allem Alkalien fort. Die Anatexis liegt bereits im Grenzbereich von Magmatismus und Metamorphose (S. 228). Experimente haben gezeigt, daß aus klastischen Gesteinen bei Erwärmung flüssige Anteile ausschmelzen, die sich mit steigender Temperatur von granitischer zu stärker basischer Zusammensetzung verschieben.

Magmatische Lagerstätten. Die massenmäßig überwiegenden, normalen Erzeugnisse des magmatischen Haushalts haben ebenso wie die des sedimentären einen nur geringen wirtschaftlichen Wert für den Menschen. Die Entstehung von nutzbaren Stoffen, von *Lagerstätten*, setzt hier wie dort Anreicherungsvorgänge voraus, bei denen sich die in den Gesteinen in stark verdünnter Form enthaltenen technisch wertvollen Elemente auf engem Raum sammeln. Magmatische Lagerstätten verdanken ihre Entstehung einer Differentiation.

Eine erste Möglichkeit zur Entstehung von Anreicherungen bietet sich zu Beginn der Erstarrung; sie führt zu *liquidmagmatischen Lagerstätten.* Als Erstausscheidungen können in diesem Stadium schwere Erzminerale gravitativ absaigern. Entmischungsvorgänge zwischen Erzmagmen und Silikatmagmen mögen ebenso wie die Mitwirkung von leichtflüchtigen Verbindungen die Sonderung in manchen Fällen beschleunigen.

Die zweite Möglichkeit zur Lagerstättenbildung ist am Ende der Haupterstarrung gegeben. Zu diesem Zeitpunkt ist die Masse der Gesteinssilikate verfestigt; übriggeblieben

Abb. 200 Magnetit-Lagerstätte El Laco/Chile. Gebildet durch Intrusion und Extrusion eines gasreichen Eisenoxid-Magmas

Abb. 201 Chuquicamata/Chile. Hydrothermale Kupferimprägnationen in tektonisch stark zerrütteten Magmatiten

sind die leichtflüchtigen Bestandteile, in denen sich zahlreiche silikatfremde Verbindungen, insbesondere Metallchloride, -fluoride und -sulfide angereichert haben. Mit dem Steigen des Innendrucks wandern diese Stoffe auf tektonischen Schwächezonen aus dem Pluton ins Nebengestein. Anfangs sind es heiße Gase, die *pneumatolytische Lagerstätten* erzeugen. Später, mit zunehmender Abkühlung, entbinden sich wäßrige Lösungen, aus denen *hydrothermale Lagerstätten* hervorgehen. Je nach der Bildungstemperatur und

-tiefe läßt sich diese Abfolge in Stockwerke gliedern, die in ± konzentrischen Zonen die von der Erosion angeschnittenen Tiefengesteinsmassive umgürten (Abb. 179). Teils füllen die pneumatolytischen und hydrothermalen Absätze als *Erzgänge* offene Spalten oder als *Imprägnationen* Porenhohlräume, teils schaffen sie sich Platz durch *metasomatische Verdrängung* des Gesteins. Schließlich gelangen die Lösungen an die Erdoberfläche. Die mitgeführten Stoffe setzen sich in der Umgebung des Austrittspunktes ab und bilden *magmatisch-sedimentäre Lagerstätten.*

Einteilung der magmatischen Lagerstätten

I. *Liquidmagmatische Lagerstätten.* Bildungstemperatur 1200–600° C.
Gediegen Platin.
Chromit. $FeCr_2O_4$.
Magnetit-Apatit. Fe_3O_4 + Ca-Phosphat.
Apatit. $Ca_5F(PO_4)_3$.

II. *Pegmatitische Lagerstätten.* Bildungstemperatur 700–500° C.
Zinnstein SnO_2.
Glimmer.

III. *Pneumatolytische Lagerstätten.* Bildungstemperatur 600–400° C.
Magnetit. Fe_3O_4.
Kupferkies. $CuFeS_2$ u. a. Sulfide.
Bleiglanz-Zinkblende. PbS + ZnS.
Zinnstein-Wolframit-Molybdänglanz. $SnO_2 + FeWO_4 + MoS_2$.

IV. *Hydrothermale Lagerstätten.*
a) *Katathermale Lagerstätten.* Bildungstemperatur 400–300° C.
Goldquarz, Quarz mit gediegen Gold.
Nickelmagnetkies. Magnetkies FeS mit Pentlandit NiS.
Pyrit-Kupfererz. $FeS_2 + CuFeS_2$.
b) *Mesothermale Lagerstätten.* Bildungstemperatur 300–200° C.
Kupfererz. Cu-Fe-Sulfoverbindungen.
Silber-Kobalt-Nickel-Uranpechblende. Ag-, Co- und Ni-Sulfide + UO_2.
Bleiglanz-Zinkblende (z.T.) PbS + ZnS.
c) *Epithermale Lagerstätten.* Bildungstemperatur 200–100° C.
Bleiglanz-Zinkblende (z.T.).
Gold-Silber. Gediegen Gold + Silber-Sulfoverbindungen.
Quecksilber. Zinnober HgS.
Antimonglanz. Sb_2S_3.
d) *Telethermale Lagerstätten.* Bildungstemperatur $< 100°$ C.
Bleiglanz-Zinkblende (z.T.).

V. *Magmatisch-sedimentäre Lagerstätten.*
Fumarolenlagerstätten. S, H_3BO_3.
Geosynklinale Erzsedimente. Fe_2O_3, Fe-Pb-Zn-Cu-Sulfide.

Ergänzende Schriften

Bateman, A. M. & Jensen, M. L. (1979): Economic Mineral Deposits. – 3. Aufl., 752 S., New York.

Carmichael, J. S. E., Turner, F. J. & Verhoogen, J. (1974): Igneous Petrology. – 739 S., New York.

Cox, K. G., Bell, J. D. & Pankhurst, R. J. (1979): The Interpretation of Igneous Rocks. – 450 S., London.

Deer, W. A., Howie, R. A. & Zussman, J. (1977): An Introduction to the Rock Forming Minerals. – 528 S., London.

Didier, J. (1973): Granites and their Enclaves: The bearing of enclaves on the origin of granites. – 393 S., Amsterdam.

Guilbert, J. M. & Park, C. F. (1986): The Geology of Ore Deposits. – 985 S., New York.

MacKenzie, W. S., Donaldson, C. H. & Guilford, C. (1982): Atlas of igneous rocks and their textures. – 128 S., London.

Marmo, V. (1971): Granite Petrology and the Granite Problem. – 244 S., Amsterdam–London–New York.

Matthes, S. (1987): Mineralogie. Eine Einführung in die spezielle Mineralogie, Petrologie und Lagerstättenkunde. – 2. Aufl., 444 S., Berlin–Heidelberg.

Peters, W. C. (1978): Exploration and Mining Geology. – 696 S., New York–Santa Barbara–London.

Petraschek, W. E. (1982): Lagerstättenlehre. – 3. Aufl., 341 S., Stuttgart.

Ramdohr, P. (1975): Die Erzmineralien und ihre Verwachsungen. – 4. Aufl., 1277 S., Berlin.

Ramdohr, P. & Strunz, H. (1978): Klockmanns Lehrbuch der Mineralogie. – 16. Aufl., 876 S., Stuttgart.

Schröcke, H. (1986): Die Entstehung der endogenen Erzlagerstätten. – 878 S., Berlin.

Metamorphose und Anatexis

26. Kapitel: Die Metamorphite

Die Mineralgesellschaften, aus denen sich die Gesteine aufbauen, sind i. allg. nur in einem beschränkten Temperatur- und Druckbereich bestandfähig. Entfernen sich die Zustandsgrößen allzu weit von den Verhältnissen bei der Entstehung, so werden die Minerale und Mineralparagenesen instabil und reagieren zu anderen, den neuen Bedingungen entsprechenden Vergesellschaftungen. Das gilt für die Verwitterung (S. 8) und die Diagenese (S. 102) ebenso wie für die Umprägungen, die sich innerhalb der Erdrinde vollziehen. Vom physikalisch-chemischen Standpunkt aus wäre es berechtigt, alle durch Gleichgewichtsverschiebungen bedingten Umwandlungen als *Gesteinsmetamorphose* zusammenzufassen. Üblicherweise beschränkt man jedoch diese Bezeichnung auf Tiefenvorgänge und unterscheidet die *Kontaktmetamorphose* (S. 202), die örtlich begrenzte Hitzewirkung magmatischer Schmelzmassen auf ihre Umgebung, von der *Metamorphose,* die ausgedehnte Krustenschollen ergreift. Die Erzeugnisse der Metamorphose heißen *Metamorphite.* Vielfach wird auch noch der ältere Begriff „Kristalline Schiefer" benutzt, um den Deformationscharakter dieser Gesteine zu betonen. Sie sind in den tieferen Stockwerken der Erdrinde verbreitet. Dort geht offenbar ihre Bildung vor sich und entzieht sich damit der unmittelbaren Beobachtung. Um die Gesteine zu deuten, stehen uns zwei Wege offen, einerseits die Untersuchung des Mineralbestandes und Chemismus, des Gefüges und der Lagerung, andererseits ihre Synthese unter hohen Drucken und Temperaturen.

Die **Minerale der Metamorphite** verteilen sich auf mehrere Gruppen:

1. *Minerale,* die auch in Magmatiten vorkommen
   Feldspäte, Glimmer, Quarz, Olivin, Pyroxen, Amphibol (vgl. S. 205).
2. *Merklich hydroxylhaltige Minerale*
   Chlorit $(Mg, Fe, Al)_6\,(Al, Si)_4O_{10} \cdot (OH)_8$,
   Serpentin $Mg_6Si_4O_{10} \cdot (OH)_8$,
   Epidot, Zoisit $Ca_2(Al, Fe)_3(SiO_4)_3 \cdot (OH)$,
   Talk $Mg_3Si_4O_{10} \cdot (OH)_2$.
3. *Minerale hoher Dichte*
   Disthen, Sillimanit Al_2SiO_5,
   Granat (Almandin-Pyrop) $(Mg, Fe)_3Al_2(SiO_4)_3$.
4. *Nichtsilikatische Minerale*
   Calcit $CaCO_3$,
   Dolomit $(Ca, Mg)CO_3$,
   Graphit C.

Die beiden erstgenannten Gruppen stellen meist den Hauptanteil. Eine erhöhte Temperatur ist eine der Voraussetzungen für die Bildung der Metamorphite und ihrer typischen Minerale (z. B. Disthen, Sillimanit, Granat), doch muß sie angesichts hydroxylhaltiger Minerale (Chlorit, Serpentin, Epidot, Talk) unterhalb derjenigen der Magmen geblieben sein. Das Vorkommen spezifisch schwerer Minerale kann man entsprechend der *Volumenregel* dahin verstehen, daß hoher Druck die Atome zwingt, sich in relativ dichter Packung anzuordnen. Die Verbindung Al_2SiO_5 tritt z. B. in dreierlei Modifikationen auf. Andalusit (spez. Gew. 3,1) ist in Kontaktgesteinen häufig. Sillimanit (spez. Gew. 3,2) und Disthen (spez. Gew. 3,6) finden sich nur in Metamorphiten. Die Folgerung, daß der Bildungsraum der Metamorphite in größeren Tiefen unter einer mächtigen Deckgebirgslast zu suchen ist, wurde jüngst experimentell bestätigt. Es ergab sich, daß Sillimanit und Disthen sich nur unter hohem allseitigen Druck bilden. Schließlich nehmen auch Nichtsilikate am Aufbau mancher Metamorphite teil. Sie zeigen, daß die stoffliche Zusammensetzung dieser Gesteinsgruppe stärker als die der Magmatite schwankt.

Das **Gefüge der Metamorphite** kann dem der Plutonite ähnlich werden. Gleich diesen sind die Metamorphite durch vollständige Kristallinität und Raumerfüllung ausgezeichnet; Hohlräume und glasige Beschaffenheit fehlen. Der Schluß liegt nahe, daß sie wie die Tiefengesteine unter starkem Druck und erhöhter Temperatur entstanden sind. Bei mikroskopischer Betrachtung zeigt sich allerdings, daß die Metamorphite einer klaren, gesetzmäßigen Ausscheidungsfolge, wie sie die magmatischen Gesteine (S. 209) kennzeichnet, ermangeln. Wohl bestehen Gradunterschiede der Idiomorphie, aber sie sind auf die Formenergie zurückzuführen, mit der gewisse Minerale, z. B. Granat, ihre Eigengestalt gegenüber den Nachbarn durchzusetzen vermögen. Nicht selten sind die Kristalle ganz unregelmäßig umgrenzt oder von Einschlüssen durchsiebt. Man

Abb. 202 Kristalloblastese. Marmor mit Ca-Silikaten (Kalkspat, Vesuvian, Zoisit). Vergrößerung 40 x. Donegal/Irland (Foto *K. R. Mehnert*)

nennt ein solches Gefügebild *kristalloblastisch* und führt es auf das ± gleichzeitige Wachstum der Kristalle in fester Umgebung zurück (Abb. 202). Teilchen für Teilchen wurde dem Ausgangsgestein entnommen, derart, daß in jedem Augenblick nur ein sehr geringer Bruchteil des Ganzen flüssig war.

Die Kristalloblastese setzt Stoffwanderungen im Gestein voraus. Im allg. bleiben sie ortsgebunden, so daß sich die chemische Bauschzusammensetzung während der Metamorphose nicht ändert. Werden aber die Weglängen größer, dann kommt es zu *metasomatischem Stoffaustausch.* Aus den Lösungen und Gasen, die das Gesteinsgewebe durchdringen, sprossen auf Kosten des Altbestandes im Wege der *Metablastese* neue Kristalle und lassen *Metablastite* entstehen. In der Epizone ist die Natronmetasomatose verbreitet. Sie führt zur Albitisierung; tonige Ausgangsgesteine werden dabei auf Kosten ihres Al-Überschusses feldspatisiert. Auf höheren Metamorphosestufen tritt die Kalimetasomatose in den Vordergrund; es bilden sich Augengneise mit Kalifeldspat-Porphyroblasten. Im tiefen Grundgebirge treten Metablastesen von regionalem Ausmaß auf. Von den darunter liegenden Magmaherden steigen Lösungen und Gase auf, die den verschiedenen metamorphen Gesteinen der Umgebung ein granitähnliches Aussehen verleihen können. Diesen Vorgang bezeichnet man als *Granitisation.*

Eine weitere bezeichnende Eigenschaft der Metamorphite ist die *Gefügeregelung.* Ihren augenfälligen Anteil bezeichnet man wohl als *Kristallisationsschieferung* (Abb. 203). Sie besteht in der linearen oder flächigen Gleichordnung der nadligen oder tafligen Kristalle, oft auch in einem lagenweisen Wechsel der hellen salischen und der dunklen mafischen Minerale. Eine entsprechende stenglige oder plattige Teilbarkeit des Gesteins geht damit einher. Die Untersuchung im Dünnschliff zeigt jedoch, daß nicht nur einige, sondern sämtliche Gesteinsgemengteile eine statistische Ordnung aufweisen. Man mißt sie mit einer Art von Mikroskoptheodolith, dem *Universaldrehtisch*, und stellt sie in ihrer räumlichen Verteilung auf der Lagenkugel (Abb. 204) dar. Kristallisationsschieferung und Gefügeregelung sind, wie Verformungsversuche unter allseitigem Druck und erhöhter Temperatur bestätigt haben, auf eine tektonische Beanspruchung des Gesteins zurückzuführen. Die „kristallinen Schiefer“ sind *Tektonite.* Unter geringem allseitigen Druck entstehen im Gestein, wie S. 153 erläutert, einzelne den Korngrenzen folgende Bewegungsflächen. Mit zunehmender Belastung verteilt sich die Verformung auf immer zahlreichere, eng gescharte Bahnen, erfaßt die Körner selbst und erzeugt so die Regelung des Gefüges. Vorhandene Mineralkörner werden durch Wälzen oder Zerscherung in die

Abb. 203 Kristallisationsschieferung (parakristalline Deformation). Glimmerschiefer mit Muskovit und Quarz. Vergrößerung 40 x. Angertal bei Hofgastein/Tauern (Foto *K. R. Mehnert*)

Lage des geringsten Widerstandes gegen die Gleitbewegung eingeschlichtet. Bei neu sprossenden Kristallen findet von vornherein eine Auslese statt. Die Schieferungsflächen sind für Lösungen besonders wegsam; blättrige und nadlige Minerale breiten sich daher gerne auf ihnen aus. Schließlich ist nach dem *Riecke*schen Prinzip (S. 153) das Kornwachstum in der Richtung des kleinsten Druckes bevorzugt. Korngefügebilder lassen sich wie tektonische Gefügediagramme (Abb. 128) nach ihren Symmetrieeigenschaften kinematisch ausdeuten.

Alter und Lagerung der Metamorphite. Überall auf der Erde, wo die Aufschlüsse genügend weit hinabreichen, werden die Sedimente von Metamorphiten unterteuft. Früher betrachtete man die Metamorphite deshalb als die ältesten Gesteine der Erde.

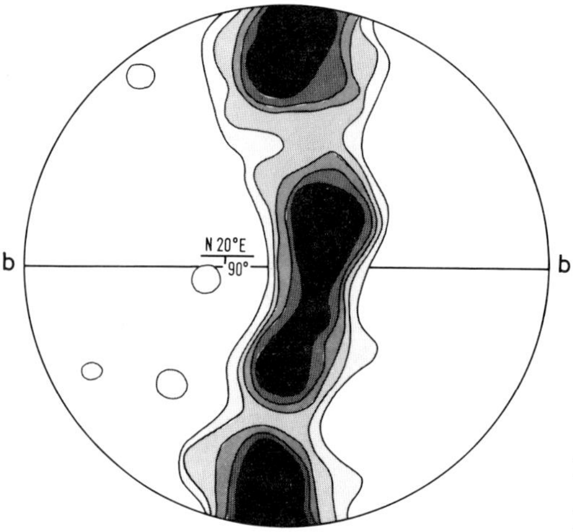

Abb. 204 Gefügediagramm von Quarz in präkambrischem Quarzit. Besetzungsdichte der c-Achsenpole 0–½–1–2–3–> 4%. Jälismäki, Westfinnland (nach *A. Hietanen*)

Man hielt sie für Teile der ursprünglichen Erstarrungskruste oder für chemische Sedimente des heißen Urozeans. Heute steht ihre Deutung auf aktualistischer Grundlage; noch gegenwärtig dürften in den Tiefen der Erdrinde Metamorphite entstehen. Dieser Umschwung entsprang aus der Entdeckung, daß die metamorphen Gesteine uneinheitlicher Herkunft sind, und daß sie keineswegs sämtlich der Urzeit der Erde entstammen. Zwar ist der Hauptanteil alt und gehört dem Präkambrium an. Sicher gilt das für das Grundgebirge etwa Schwedens, Finnlands, Südafrikas oder Kanadas. Beim Kristallin des Schwarzwaldes (Abb. 205) und Erzgebirges ist die Altersfrage aber schon schwerer zu beantworten. Hier sind mächtige, vermutlich proterozoische Grauwacken *polymetamorph,* d. h. durch wiederholte Metamorphosen, umgewandelt worden, die sich vom Präkambrium bis in die varistische Ära erstreckten. Die Gneise des Gotthardmassivs weisen radiometrische Alterszahlen von 600 Mill. J. auf, entstammen also stofflich vorpaläozoischer Zeit. In ihnen stecken varistische, heute ebenfalls vergneiste Granite mit Werten von 300 Mill. J. Teile des Massivs wurden schließlich gemeinsam mit der mesozoischen Sedimentfüllung der Alpengeosynkline von den alpidischen Deckenbewegungen erfaßt. Hierbei kam es zu einer nochmaligen metamorphen Überprägung, die nach dem radiometrischen Alter der Hornblenden (46–23 Mill. J.) und der Biotite (16 Mill. J.) vom Eozän bis ins Miozän andauerte (Abb. 206).

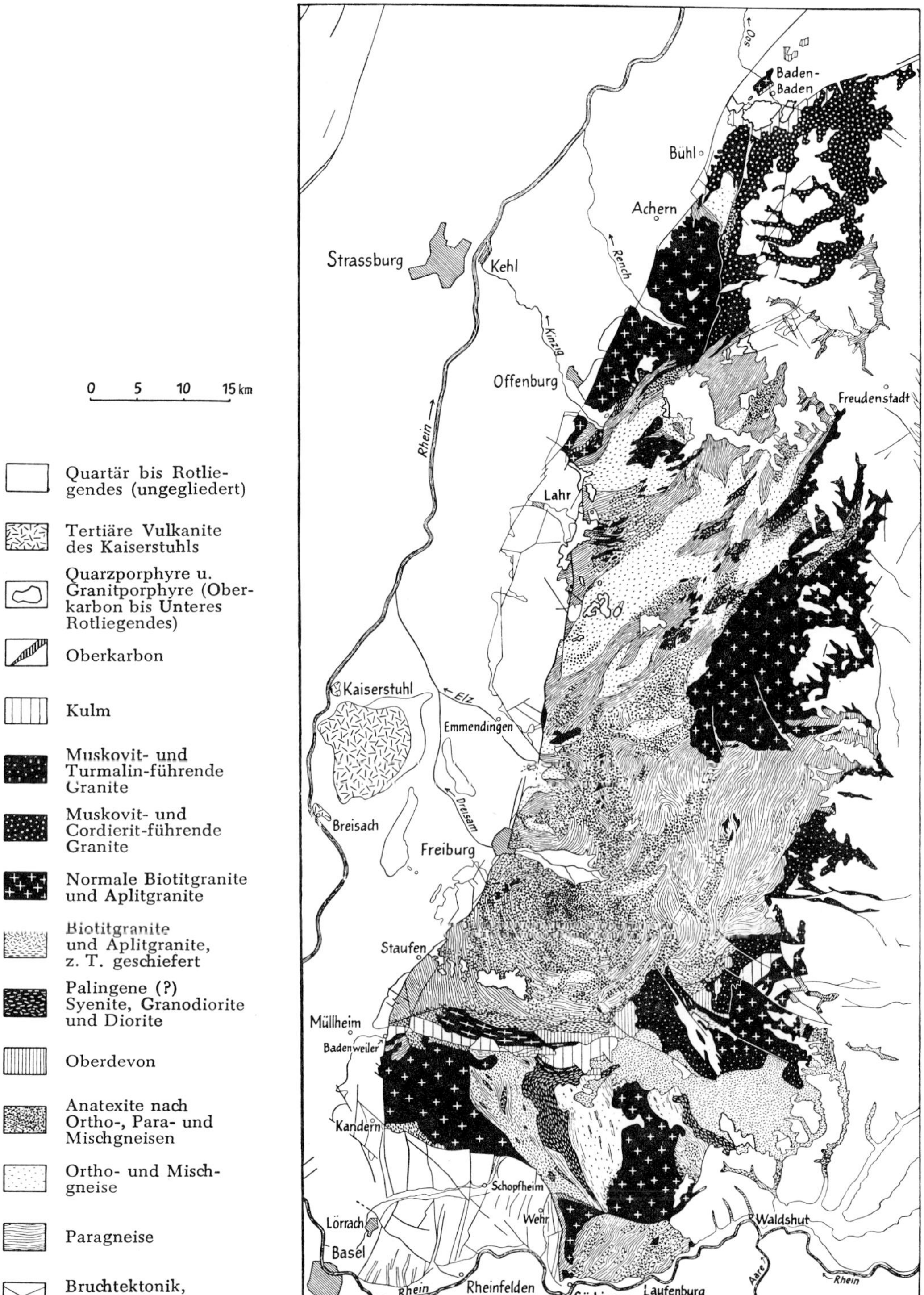

Abb. 205 Das kristalline Grundgebirge des Schwarzwalds (nach *D. Hoenes* und *K. Mehnert*)

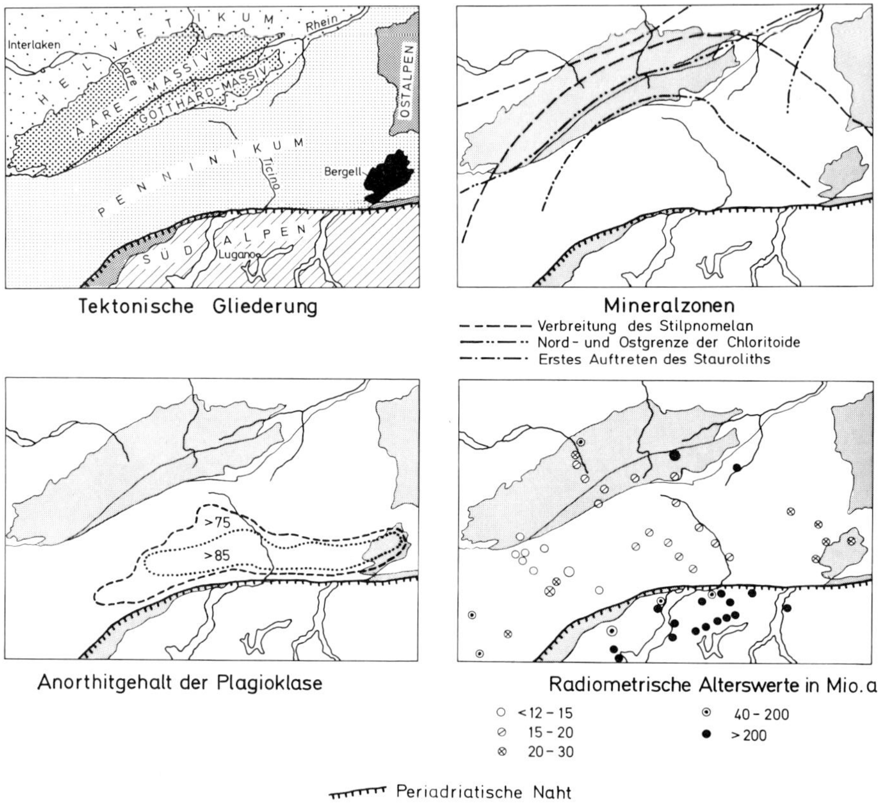

Abb. 206 Die alpidische Metamorphose in den Schweizer Alpen (nach *E. Jäger, E. Niggli, E. Wenk*). Im Kern des penninischen Wärmedoms ist die Umwandlung am stärksten, das Alter der neugebildeten Minerale am geringsten. Im äußeren Hof sind die Alterszahlen des varistischen Kristallin (urspr. etwa 300 Mill. J.) durch die Aufheizung ± verjüngt

Kristalline Areale stellen also die tief abgetragenen Wurzeln von Orogenen dar. Aus dem Aufbau des alten Gneisfundaments, das in den präkambrischen Schilden (S. 173, 256) etwa dem Baltischen Schild, offenliegt, lassen sich die vorkambrischen Gebirgsbildungen ablesen. Jüngere Metamorphite treten zusammen mit nochmals überarbeiteten älteren Gesteinen in den *Zentralzonen* der Faltengebirge zutage (Abb. 150, 151). Der tektonische Baustil der kristallinen Gebiete ist in starkem Maße von den granitischen Massen mitbestimmt, die das Gebirge je tiefer, desto stärker durchdringen. Fließende Formen und vertikale Bewegungen überwiegen mit zunehmender Tiefe mehr und mehr. Die langgestreckten Faltenzüge verkürzen sich zu rundlichen, richtungslos angeordneten Kuppeln, deren Kerne von Antiklinalplutonen eingenommen werden. Oder Gneisschollen und synkinematische Intrusiva treten zu einem Bau zusammen, der das Gefüge der Flaser- und Adergneise ins Große überträgt.

Wesen und Stufen der Metamorphose. Auf Grund dieser Beobachtungen sind wir nunmehr in der Lage, genauere Vorstellungen über die Metamorphite zu entwickeln. Es sind Gesteine, die zeitweilig hohen Drucken und Temperaturen ausgesetzt waren. Sie wurden entweder unter der mächtigen Sedimentfüllung einer Geosynkline begraben, durch Einfaltung herabgedrückt oder von Decken überstapelt. Gleichzeitig erfolgte in den meisten Fällen eine Aufheizung der Erdkruste. Abschätzungen haben in vielen Kristallinmassiven ergeben, daß der Temperaturgradient (S. 231) zur Zeit der Umwandlung größer als der heutige Durchschnittswert gewesen sein muß. Die *Regionalmetamorphose* fand also in einem Wärmedom statt, in dem die Geoisothermen nach oben aufgebeult waren. Die untere Grenze der Metamorphose liegt bei etwa 200° C und 2 kb Druck (entsprechend einer Tiefenlage von etwa 7 km). Steigen Druck und Temperatur über diese Werte, so beginnen sich die ursprünglichen Minerale zu neuen Vergesell-

Tabelle 30 Metamorphe Gesteine und ihr mögliches magmatisches oder sedimentäres Ausgangsmaterial

Magmatisches Ausgangsmaterial	Metamorphes Produkt	Sedimentäres Ausgangsmaterial
Granit, Granodiorit	Epigneis mit Sericit, Chlorit Zweiglimmergleis ± Hornblende Biotitgneis ± Hornblende	Alkalireiche oder alkalisierte Tone, Grauwacken
Quarzporphyr	Sericitschiefer Sericitalbitgneis	Arkosen
	Sericitschiefer (Phyllit) Chloritoidschiefer Glimmerschiefer ± Granat Staurolith, Disthen Granat - Sillimanitgneis glimmerreich Cordierit-Andalusit-Hornfels	Tone
	Kalkphyllite Kalkglimmerschiefer Kalksilikatfelse (mit Granat, Diopsid, Vesuvian, usw.)	Kieselkalke sandig-tonige Kalke bis Mergel Kalksandstein oder Karbonatgestein mit SiO_2 - Zufuhr
	Quarzite	Sandsteine
	Marmore (Ophicalcite, Phlogopitmarmore, wenn Mg-haltig)	Karbonatgesteine
Diorite bis Gabbro und Basalt Diabase	Grünschiefer (Epidot, Chlorit, Hornblende, Albit) Hornblendeschiefer Amphibolite, Granatamphib. Augit-Plagioklasgesteine Eklogit	Dolomitische Mergel Dolomitisch- kalkige Mergel
Peridotite bis Pyroxenperidotite (Pyroxenite)	Serpentin, Talkschiefer Aktinolithschiefer Olivinfels Granatolivinfels	

schaftungen umzusetzen, die unter den veränderten Bedingungen beständig sind (Abb. 207). Die Umwandlungsvorgänge vollziehen sich im festen Gestein unter Vermittlung des Porenwassers, das die Korngrenzflächen als *Intergranularfilm* benetzt. Sie werden durch tektonische Verformung beschleunigt, die ähnlich wie das Reiben im Mörser dem chemischen Angriff ständig frische Oberflächen freilegt.

Die Regionalmetamorphose besteht also in einer *Umkristallisation* unter *Durchbewegung.* Selten verlief der Vorgang jedoch derart vollständig, daß er die Merkmale des Ausgangsgesteins ganz verschleiert. Oft lassen *Reliktgefüge* noch den Ursprung des betreffenden metamorphen Gesteins oder Spuren älterer Umwandlungsstadien erkennen. Einsprenglinge deuten auf frühere Magmatite, Einzelkornstrukturen auf ehemalige klastische Gesteine. Zuweilen sind sogar Schichtung und Fossilien erhalten. Gegenüber dem gesetzmäßig in engen Grenzen liegenden Chemismus der Magmatite sind Sedimente häufig an dem einseitigen Vorwalten eines Bestandteils, etwa von SiO_2, Al_2O_3 oder $CaCO_3$ kenntlich. Durchprüft man die Metamorphite derart auf ihre Herkunft, so stellt man fest, daß alle Gesteinsgruppen an ihnen teilhaben. Magmatite wie Sedimente wurden durch die Regionalmetamorphose in eine ± einheitliche Tracht gekleidet (Tab. 30).

Das Gefüge wird von der Stärke und der Zeit der Durchbewegung - ob vor, während oder nach der Umkristallisation (prä-, para- oder postkristallin) - bestimmt. Der Mineralbestand hängt bei chemisch gleich zusammengesetzten Ursprungsgesteinen hauptsächlich von Druck und Temperatur ab. Anfangs versuchte man diese beiden Größen gemeinsam durch die Tiefe der Versenkung zu erfassen. Nach dem Grade der Belastung, Erwärmung und Durchbewegung unterschied man drei *Tiefenstufen.* In der oberen Stufe, der *Epizone*, herrschen bei verhältnismäßig niederen Temperaturen wasserhaltige Silikate vor. Das Korn ist fein, da die Rekristallisation hinter der Zerscherung zurückbleibt. In der

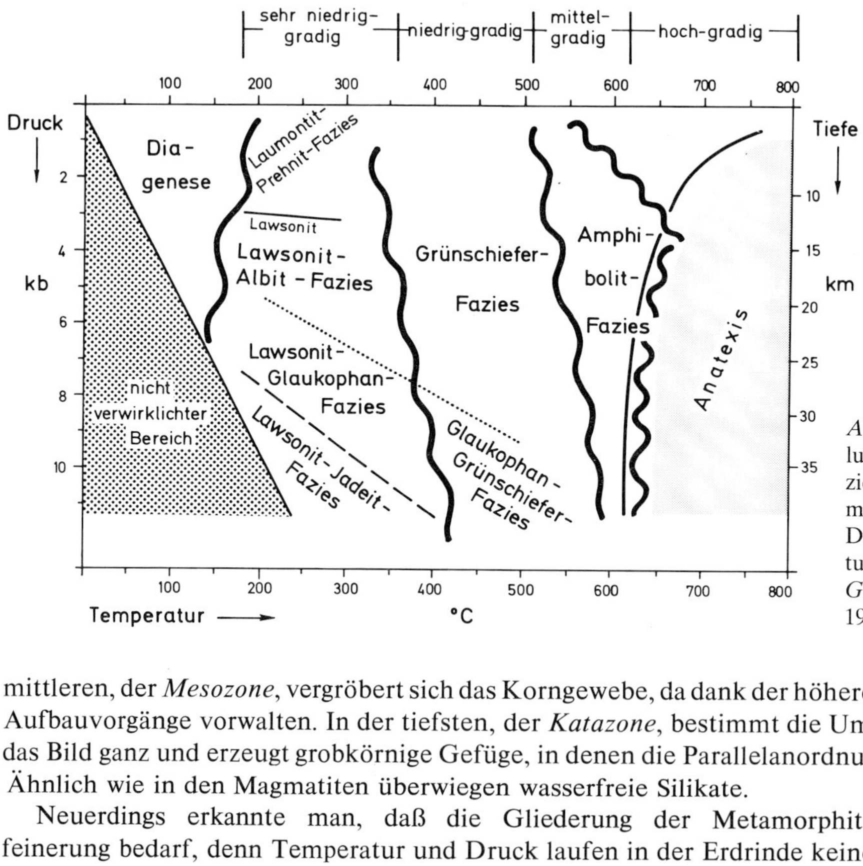

Abb. 207 Verteilung der Mineralfazies bei der Metamorphose im Druck-Temperatur-Feld (nach *H. G. F. Winkler* 1974)

mittleren, der *Mesozone*, vergröbert sich das Korngewebe, da dank der höheren Temperatur Aufbauvorgänge vorwalten. In der tiefsten, der *Katazone*, bestimmt die Umkristallisation das Bild ganz und erzeugt grobkörnige Gefüge, in denen die Parallelanordnung zurücktritt. Ähnlich wie in den Magmatiten überwiegen wasserfreie Silikate.

Neuerdings erkannte man, daß die Gliederung der Metamorphite einer Verfeinerung bedarf, denn Temperatur und Druck laufen in der Erdrinde keineswegs überall und immer parallel. Starke Aufheizung und Durchbewegung der Kruste können die Metamorphose näher an die Erdoberfläche emportragen; in tektonisch ruhigen Schollen geht die Umwandlung auch in großen Tiefen nicht über die Diagenese hinaus. Aus diesem Grunde läßt sich die Stockwerkshöhe der Tiefenzonen, die auf jeden Fall

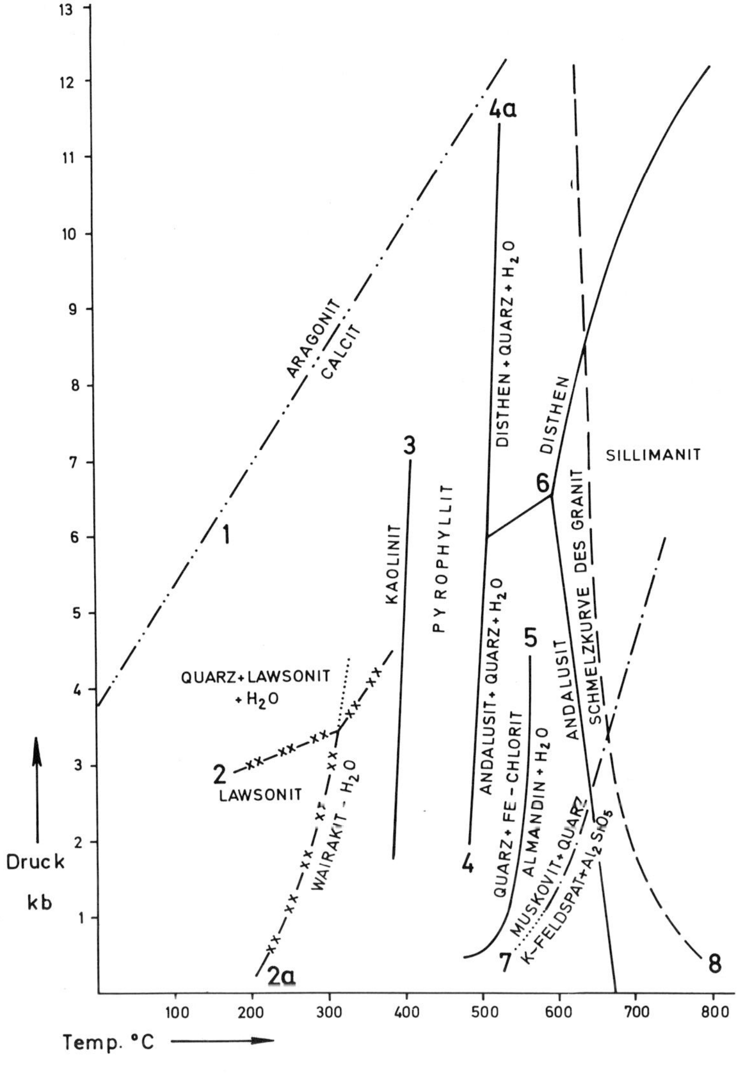

1 = Aragonit → Calzit (*Clark* 1957)
2 = Lawsonit + 2 Quarz + H_2O → Laumontit (*Liou* 1971)
2a = Lawsonit + 2 Quarz → Wairakit (*Liou* 1971)
3 = Kaolinit + Quarz → Pyrophyllit + H_2O (*Althaus* 1966)
4 = Pyrophyllit → Andalusit + Quarz + H_2O (*Althaus* 1966)
4a = Pyrophyllit → Disthen + Quarz + H_2O (*Althaus* 1967)
5 = Quarz + Fe-Chlorit → Almandin + H_2O (*Hsu* 1968)
6 = Andalusit - Sillimanit - Disthen (*Althaus* 1967)
7 = Muskovit + Quarz → K-Feldspat + Al_2SiO_5 (*Althaus* 1970)
8 = Schmelzkurve des Granits (*Tuttle* u. *Bowen* 1958)

Abb. 208 Wichtige Mineralreaktionen und polymorphe Umwandlungen bei der Metamorphose (zusammengestellt von *G. Morteani*) nach km mißt, nicht allgemein festlegen. Die Lehre von der *Mineralfazies* scheidet den Einfluß von Druck und Temperatur, der in der Tiefenzonengliederung nicht getrennt ist. Jedem Wertepaar dieser Zustandsgrößen entspricht eine Mineralfazies, d. h. eine Gruppe von Gesteinen, die unter bestimmten Druck-Temperatur-Bedingungen in ihrem Mineralbestand ein chemisches Gleichgewicht erreicht haben (Abb. 208). Die Faziesvorstellung erlaubt es, im kristallinen Grundgebirge Bereiche auszuscheiden, die bei der Metamorphose unter gleichen Druck- und Temperaturbedingungen standen (Abb. 209).

Der vorschreitenden Metamorphose bei der Versenkung und Erwärmung steht die rückschreitende Metamorphose oder *Diaphthorese* gegenüber. Wenn die Durchbewegung während der Entlastung und Heraushebung anhielt, können hochkristalline Gneise durch retrograde Umwandlung die Tracht von Phylliten annehmen und bleiben nur durch Reste des früheren Gefüges und Mineralbestandes als *Diaphthorite* oder *Phyllonite* kenntlich.

Anatexis. Wasserarme Gesteine bleiben auch unter sehr hohen Drucken und Temperaturen kristallin. Das gilt für Granulite und Eklogite, deren Entstehung sich in großen Tiefen vollzogen haben muß. Ist jedoch Porenwasser gegenwärtig, dann durchlaufen die Gesteine

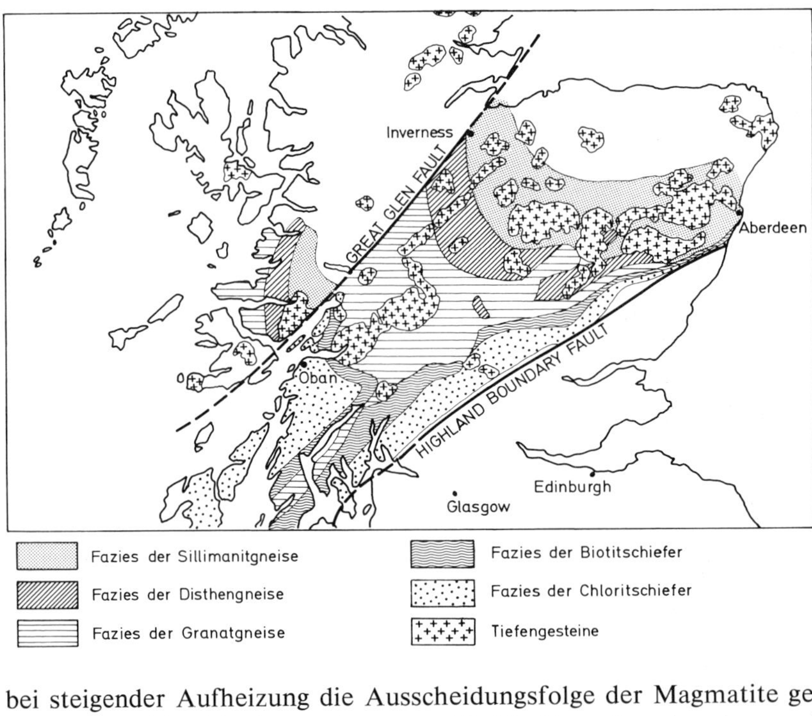

Abb. 209 Fazieszonen der Regionalmetamorphose. Man beachte die Horizontalversetzung an der Great-Glen-Linie, die auf eine spätere Blattverschiebung um rund 100 km zurückgeführt wird. Schottland (nach *W. Q. Kennedy* u. a.)

bei steigender Aufheizung die Ausscheidungsfolge der Magmatite gewissermaßen rückwärts. Um 700° C beginnen Quarz und Feldspäte aufzuschmelzen, mit weiter steigender Temperatur verfallen auch die dunklen Minerale der intergranularen Lösung, so daß das Gestein bei 800° C fast völlig verflüssigt ist. Die entstandene Schmelze wird bei der Durchbewegung aus dem Restgewebe abgepreßt. Auf diese Weise bilden sich Gesteinsverbände, die sich aus hellen, leukokraten und dunklen, aus mafischen Mineralen bestehenden Anteilen zusammensetzen. Man nennt solche, aus ehemals schmelzflüssigem und festem Stoff aufgebauten Mischgesteine *Metatexite* oder *Migmatite* (Farbbild 9). Schließlich kann sich die Aufschmelzung, die *Anatexis,* zur Bildung neuer *palingener* Magmen steigern. Durch Palingenese entstehen Magmen, die den *juvenilen* fast völlig gleichen. Immerhin gibt es

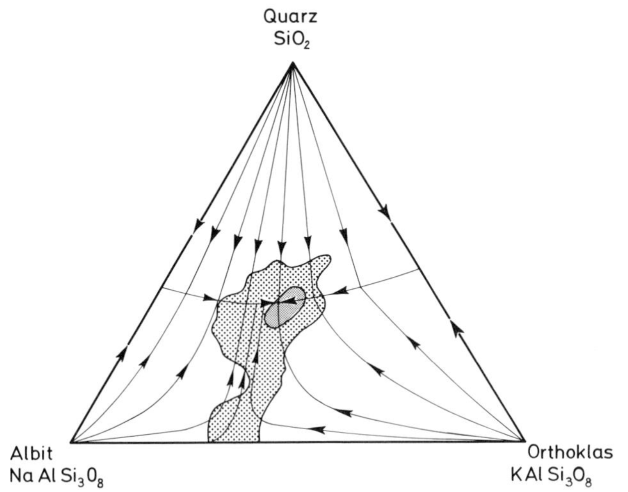

Abb. 210 Diagramm des Systems Quarz-Orthoklas-Albit bei einem Wasserdampfdruck von 1000 kg/cm^2. Die Pfeile veranschaulichen die Kristallisationsbahnen der Schmelze. Punktiert der durchschnittliche Mineralbestand der granitischen Gesteine (nach *O. F. Tuttle*)

gewisse Unterscheidungsmerkmale. Metasomatische „Granitoide" verraten sich durch unklare Umgrenzung, stoffliche Ungleichförmigkeit und blastisches Gefüge. Aus dem Schmelzfluß erstarrte Magmatite weisen Ausscheidungsfolge und Zonenbau der Minerale, Fließgefüge und Klüftung auf und grenzen mit scharfen Kontakten ans Nebengestein.

Anatektische Aufschmelzung und metasomatische Feldspatisierung führen also gleichermaßen zu Gesteinen vorwiegend granitischer Beschaffenheit. Die Mineralvergesellschaftung des Granits stellt offenbar ein Gleichgewicht dar, das von verschiedenen Seiten angestrebt wird. In der Tat zeigte sich experimentell, daß die Zusammensetzung der Granite dem Schmelzpunktminimum und Kristallisationsendpunkt im System Quarz-Orthoklas-Albit entspricht (Abb. 210).

Es scheint, daß wir uns in den zutiefst erschlossenen Krustenstockwerken der Bildungsstatte des Magmas nähern. Während der großen Orogenesen werden die tief hinabgedrückten Geosynklinalsedimente mobilisiert. Ein Teil der Lösungen und Schmelzen bleibt nahe am Entstehungsorte in den Poren des Gesteins oder sammelt sich in Adern und Gängen. Ein anderer kommt ins Wandern. Die Lösungen durchtränken die Umgebung unter Metablastese. Die Schmelzen unterliegen, je weiter der Weg, einesteils einer besseren Durchmischung, andernteils einer Aufspaltung durch Differentiation. Einzelne, nach Art von Diapiren (S. 158) ins Hangende abgepreßte Schmelzmassen nisten sich als diskordante Plutone in einen nichtmetamorphen Rahmen ein oder treten als Ergüsse zutage.

Die Erdkruste besteht danach aus einem *Oberbau* von normalen Sedimenten und einem *Unterbau* von Metamorphiten, in welchem die *Migmatitfront* die hangende Grenze der Mobilisation bezeichnet. Regionalmetamorphe Umwandlungen werden einerseits durch die wechselnd tiefe Versenkung der Schollen, andererseits durch Hebungen und Senkungen der Wärmefront infolge schwankender Energiezufuhr aus dem Mantel ausgelöst. Im Verlaufe der Gebirgsbildung steigt die Front empor und erhöht die Faltbarkeit der Kruste. Nach dem Abschluß der Orogenese sinkt sie wieder ab und leitet die Erstarrung zum Kraton ein.

Einteilung der Metamorphite. Die Regionalmetamorphose ist ein Vorgang, der vorhandenen Gesteinen neue Eigenschaften aufprägt. Man kann erstens den Ursprungsstoff, zweitens den Vorgang der Umprägung, drittens das Erzeugnis zur Grundlage einer natürlichen Gliederung wählen.

Nach dem Ausgangsgestein trennt man zwei große Gruppen:

Metamorphe Sedimente	Paragesteine, z. B. Paragneis
Metamorphe Magmatite	Orthogesteine, z. B. Orthogneis

wobei man für die einzelnen Metamorphite die Vorsilbe „Meta" verwendet, z. B. Metadiabas, Metakonglomerat.

Die Umwandlung kann ohne oder mit Stoffverschiebungen, *isochemisch* oder *allochemisch* ablaufen. Bei der *Thermometamorphose* stehen Wärme und statische Belastung, bei der *Dislokationsmetamorphose* die Durchbewegung im Vordergrund.

Die petrographische Einteilung der kristallinen Schiefer erfolgt am besten auf Grund der Tiefenzonen- oder Faziesgliederung im Verein mit dem Gefüge und dem Mineralbestand.

Metamorphe Lagerstätten. Bei der Metamorphose entstehen selten neue Lagerstätten, denn stoffliche Ausgleichsvorgänge überwiegen. Häufiger ist der Fall, daß vorhandene Lagerstätten metamorphosiert werden, wobei sich der wirtschaftliche Wert zuweilen erhöht. So sind Graphitgneise und Graphitlager aus alten Faulschlammgesteinen und Kohlenflözen, Korund- (Al_2O_3) Vorkommen aus früheren Lateriten hervorgegangen.

Metamorphose der Kohlen und Salzgesteine. Die Bitumina und Evaporite verhalten sich bei der Versenkung grundsätzlich wie die Silikat- und Karbonatgesteine, nur reagieren sie viel empfindlicher. Eine Temperaturerhöhung, die einer Überdeckung mit 2–3 km Gestein entspricht, führt bereits Umwandlungen in Stoff und Gefüge herbei, die man als regionalmetamorph bezeichnen muß. Bei den Kohlen ändert sich mit der Inkohlung die chemische Zusammensetzung beträchtlich; Mylonitisierung und Auswalzung sind nicht selten. Die Salzablagerungen werden durch Schmelzen im eigenen Kristallwasser, Abpressen der Laugen und Umkristallisation umgewandelt. Durch plastische Verformung beim Aufstieg in Diapiren erwerben sie das Gefüge kristalliner Schiefer. Welche Wärmegrade dabei herrschten, zeigen die Zechsteinsalzschichten Nordwestdeutschlands. Hier findet man heute Salzparagenesen, die nach experimentellen Untersuchungen > 70° C erfordern, also Temperaturen, wie sie bei der Eindampfung sicherlich nicht erreicht wurden.

Ergänzende Schriften

Augustithis, S. S. (1985): Atlas of the Textural Patterns of Metamorphosed (Transformed and Deformed) Rocks and their Genetic Significance. – 410 S., Athen.

Bailey, D. K. & MacDonald, R. (Hrsg.) (1976): The Evolution of the Crystalline Rocks. – 484 S., London.

Best, M. G. (1982): Igneous and Metamorphic Petrology. – 630 S., Oxford.

Frey, M. (Hrsg.) (1987): Low Temperature Metamorphism. – 351 S., Glasgow–London.

Gillen, C. (1982): Metamorphic Geology: an introduction to tectonic and metamorphic processes. – 144 S., London.

MacKenzie, W. S. & Guilford, C. (1981): Atlas gesteinsbildender Minerale in Dünnschliffen. – 98 S., Stuttgart.

Mehnert, K. R. (1971): Migmatites and the origin of granitic rocks. – 2. Aufl., 393 S., Amsterdam–London–New York.

Menzies, M. A. & Hawkesworth, C. J. (Hrsg.) (1987): Mantle Metasomatism. – 472 S., London.

Miyashiro, A. (1973): Metamorphism and Metamorphic Belts. – 492 S., New York.

Suk, M. (1983): Petrology of Metamorphic Rocks. – Developm. Petrol., 9, 322 S., Amsterdam.

Turner, F. J. (1981): Metamorphic petrology. – 2. Aufl., 524 S., New York.

Turner, F. J. & Weiss, L. E. (1964): Structural Analysis of Metamorphic Tectonites. – 545 S., London.

Winkler, H. G. F. (1979): Petrogenesis of Metamorphic Rocks. – 5. Aufl., 348 S., Berlin–Heidelberg–New York.

Aufbau und Bewegungsbild des Erdballs

Erdbeben und tektonische Bewegungen, Magmenaufstieg und Metamorphose stehen, wie die vorangegangenen Betrachtungen lehren, in einem engen räumlichen und erdgeschichtlichen Zusammenhang. An eine Ausdeutung dieser Beziehungen können wir jedoch erst gehen, wenn wir den Aufbau des gesamten Erdballs überblicken. Geophysik und Geochemie sind gemeinsam mit der Geologie berufen, die Bausteine für die Theorien der Geodynamik zu liefern.

27. Kapitel: Physik der Erde

Gestalt und Festigkeit der Erde. Der Erdkörper, dessen Äquatorradius von 6378 km die polare Halbachse um 21 km übertrifft, kommt einem abgeplatteten Rotationsellipsoid nahe. Er entspricht damit sehr nahe der Gleichgewichtsform, die sich in flüssigem Zustand einstellen würde.

Gestalt und Rotation sind nicht völlig unveränderlich. Die Gezeiten der festen Erde bewirken eine periodische Hebung und Senkung der festen Erdoberfläche um etwa $\frac{1}{3}$ m. Die Reibung der Meeresgezeiten, deren Flutwellenberge die Erde entgegen ihrer Drehrichtung umkreisen, verlängert die Dauer jedes Jahrhunderts um etwa 10 s. In der geologischen Vergangenheit waren also die Tage kürzer, wenngleich mit ansehnlichen Unterschieden erst in sehr weit zurückliegenden Zeiten zu rechnen ist. Die Rotationsachse der Erde fällt nicht genau mit der Symmetrieachse des Erdellipsoids zusammen. Infolge der ständigen Verfrachtung von Luft-, Wasser- und Abtragsmassen pendelt der jeweilige Drehpol um den idealen Pol in einer Entfernung bis zu 10 m. Eine fortschreitende Verlagerung der Drehachse war dagegen in dem bisherigen kurzen Beobachtungszeitraum nicht nachweisbar. Doch sollten größere Massenverfrachtungen, Hebungen und Senkungen der Erdkruste oder Strömungen im Erdinnern, durchaus imstande sein, größere Polwanderungen zu verursachen.

Aus den obengenannten Erscheinungen läßt sich errechnen, daß sich die Erde wie eine vollständig elastische Kugel mit einem Elastizitätsmodul von der Größenordnung des Stahls verhält. Daß der Erdball, zumindest in seiner Hauptmasse, fest ist, erweisen auch die Erdbeben, denn in einer Schmelze könnten sich weder Scherspannungen speichern noch Transversalwellen ausbreiten. Ein solches Verhalten gegen kurzperiodische Beanspruchungen schließt jedoch ein plastisches Fließen unter langdauernder Krafteinwirkung (S. 153) nicht aus.

Temperatur im Erdinnern. Tunnel und Bergwerke machen uns mit der Tatsache bekannt, daß es im Innern der Erde wärmer wird. Im allgemeinen herrscht 10–20 m unter der Oberfläche das Jahresmittel, von da steigt mit wachsender Tiefe die Gesteinstemperatur an. Man nennt die Vertikalentfernung, innerhalb deren sie sich um 1° C erhöht, die *geothermische Tiefenstufe.* Als Durchschnitt gilt der Betrag von 33 m, d. h. von 3° C auf 100 m, doch sind Werte zwischen 11 m (mittlere Schwäbische Alb) und 125 m (Kanada, Südafrika) gemessen worden. Der mittlere Wärmefluß aus dem Erdinnern gegen die Oberfläche beträgt – auf dem Festlande wie auf dem Ozeanboden – 63 mW m^{-2} ($= 1{,}5 \cdot 10^{-6}$ cal cm^{-2} s^{-1}). Für Schollen, die seit langem tektonisch und magmatisch tot sind, gelten geringere, für Vulkangebiete und die mittelozeanischen Schwellen dagegen über dem Mittel liegende

Werte. Diese ständige Energieabgabe nährt sich aus zwei Quellen: dem Vorrat des seit Urzeiten heißen Erdinnern und der Wärmeerzeugung beim Zerfall der radioaktiven Elemente. U, Th, K^{40} entbinden zusammen je 1 cm^3 Gestein.

Granit	Gabbro	Ultrabasit	Sedimente	
66,99	20,93	0,21	25,12	$\times 10^{-6}$ J/Jahr

Der Strahlungsverlust der Kontinente wird, wie sich aus der Tabelle ergibt, durch die Wärmeerzeugung innerhalb der Kruste nahezu gedeckt. Unter den Ozeanen stehen dagegen nur basische Gesteine an. Hier wird das Wärmegefälle wohl hauptsächlich durch Konvektionsströme im Mantel aufrechterhalten.

Da weder die Anfangstemperatur des Erdballs noch sein Inhalt an radioaktiven Elementen genau bekannt ist, läßt sich nur eine ungefähre Wärmebilanz unseres Planeten aufstellen. Wahrscheinlich ist sie nahezu ausgeglichen mit einem kleinen Fehlbetrag, der eine langsame Abkühlung nach sich zieht.

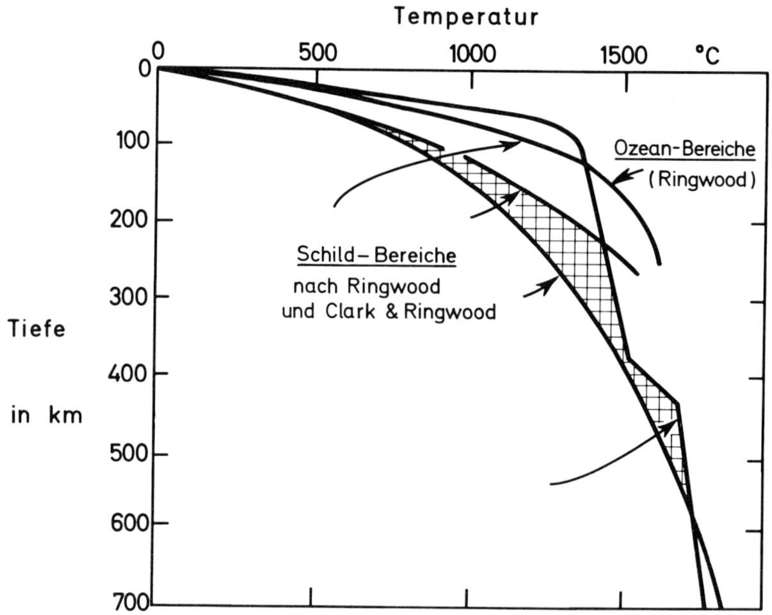

Abb. 211 Abschätzung des Temperaturverlaufes in der Kruste und dem oberen Mantel der Erde (vereinfacht nach *P. J. Wyllie* 1971)

Erdmagnetismus. Seit alters nutzt der Mensch mit dem Kompaß die Tatsache, daß der Erdball als ein großer einheitlicher Magnet wirkt, dessen geomagnetische Achse nur 11° von der Umdrehungsachse abweicht. Allerdings ist die Erde ziemlich schwach magnetisch; eine gleich große, gut magnetisierte Stahlkugel würde die 7000fache Stärke aufweisen. Die *Totalintensität* des Erdfeldes beträgt etwa $0{,}5 \cdot 10^{-4}$ T; sie wird üblicherweise in zwei Komponenten, die *Vertikalintensität* und die *Horizontalintensität,* zerlegt. Das beharrliche erdmagnetische Feld hat seinen Sitz im Erdinnern, nach neueren Theorien im Erdkern. Es induziert in den Gesteinsmassen eine induzierte Magnetisierung, deren Stärke von der

Suszeptibilität abhängt, die parallel zum Erdfeld gerichtet ist. Daneben besitzen Gesteine mit ferromagnetischen Mineralen noch eine remanente Magnetisierung. Beide Magnetisierungsanteile addieren sich vektoriell zur Gesamtmagnetisierung. Diese ist schließlich für die Anomalien des erdmagnetischen Feldes verantwortlich. Die Anomalien an den mittelozeanischen Rücken (S. 260) kommen hauptsächlich auf Grund der remanenten Magnetisierung zustande (positive und negative Anomalien durch die Feldumkehrungen!).

	Suszeptibilität $\varkappa \times 10^6$
Quarz, Calcit, Steinsalz (diamagnetisch)	− 10 bis − 1
Biotit, Amphibol, Olivin (paramagnetisch)	+ 100 bis + 1000
Magnetit, Magnetkies (ferromagnetisch)	+ 5000 bis + 1500000
Sedimente	+ 10 bis + 50
Saure Magmatite	+ 50 bis + 500
Basische Magmatite	+ 100 bis + 5000

Hauptträger des Gesteinsmagnetismus ist der Magnetit, sein Mengenanteil bestimmt im wesentlichen die oft beträchtlichen Magnetisierungsunterschiede der Gesteine. Magnetische Messungen, die neuerdings auch vom Flugzeug aus vorgenommen werden,

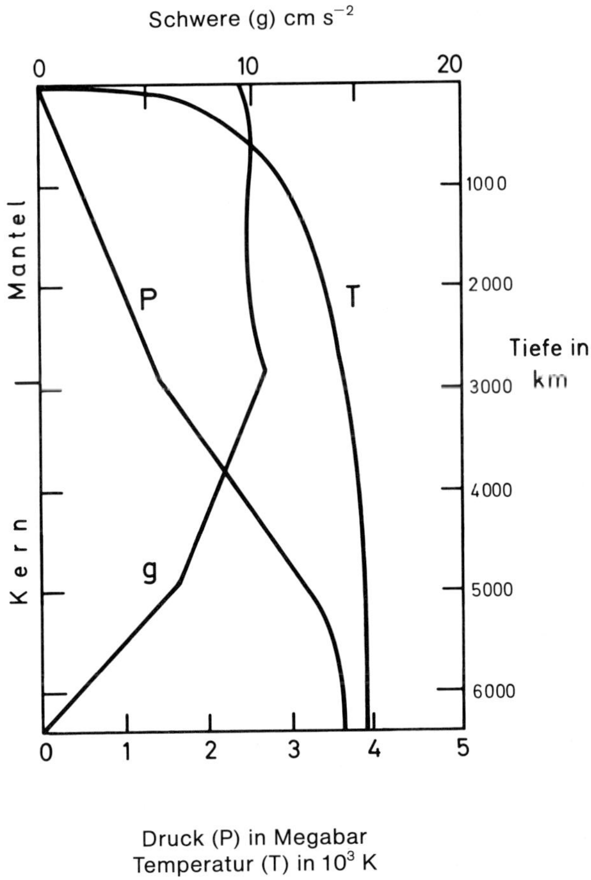

Abb. 212 Druck und Temperatur in Mantel und Kern der Erde (zusammengestellt von *Howell* und *Jacobs* und Mitarb. 1959)

liefern daher Anhaltspunkte über die Lagerungsverhältnisse im Untergrund. Man führt die Aufnahmen mit Magnetometern aus, die die relativen Unterschiede der Feldstärke von Ort zu Ort anzeigen, und stellt die Ergebnisse mittels *Isanomalen*, Linien gleicher Abweichung vom Normalfeld, dar. Neuerdings befaßt man sich fast ausschließlich mit den Anomalien der *Totalintensität*, deren Verlauf im Zusammenhang mit dem geologischen Bau steht. Geosynklinen mit mächtiger Sedimentfüllung heben sich als untermagnetisierte Gebiete mit niedrigen Störungswerten heraus, Granitmassive und erst recht Basaltschlote oder Diabasdecken wirken als kräftige Magnete und erzeugen Störungen von $> 10^{-6}$ T. Dementsprechend werden die regionalen Anomalien in Südwestdeutschland (Abb. 213) auf verschieden tief liegende und ungleich stark magnetisierte Körper kristalliner Gesteine im Untergrund zurückgeführt. Besonders geeignet ist das magnetische Verfahren zur Aufsuchung von Magnetitlagerstätten mit ihren starken örtlichen Anomalien.

Das Magnetfeld der Erde unterliegt langsamen Änderungen, deren Ursachen wohl gleichfalls im Erdkern zu suchen sind. Man kann diese *Säkularvariation* in die geologische Vergangenheit zurückverfolgen dank des Umstandes, daß die Gesteine häufig die Magnetisierung aus der Zeit ihrer Bildung bewahrt haben (Remanenz). Messungen des remanenten

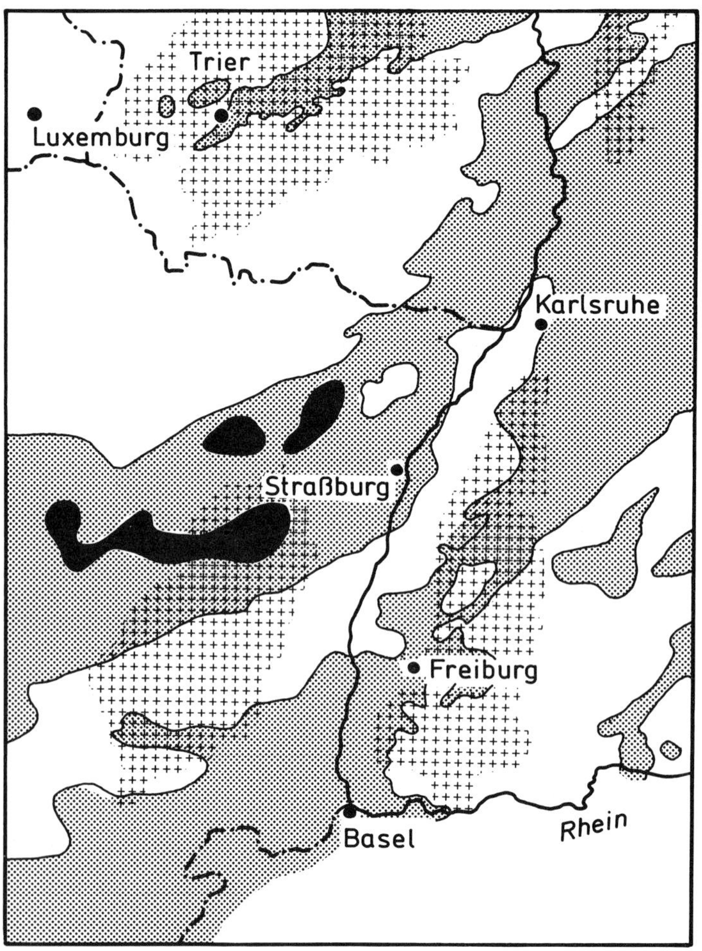

Abb. 213 Vereinfachte Karte der magnetischen Totalintensität des Rheintalgrabens und seiner Umgebung (nach *Edel,* 1975) grau = positive Anomalien schwarz = Anomalien mit einer Amplitude > 100 nT in 3000 m Flughöhe Streichrichtungen der magnetischen Anomalien folgen älteren (varistischen) Strukturen, nicht der jungen Bruchtektonik

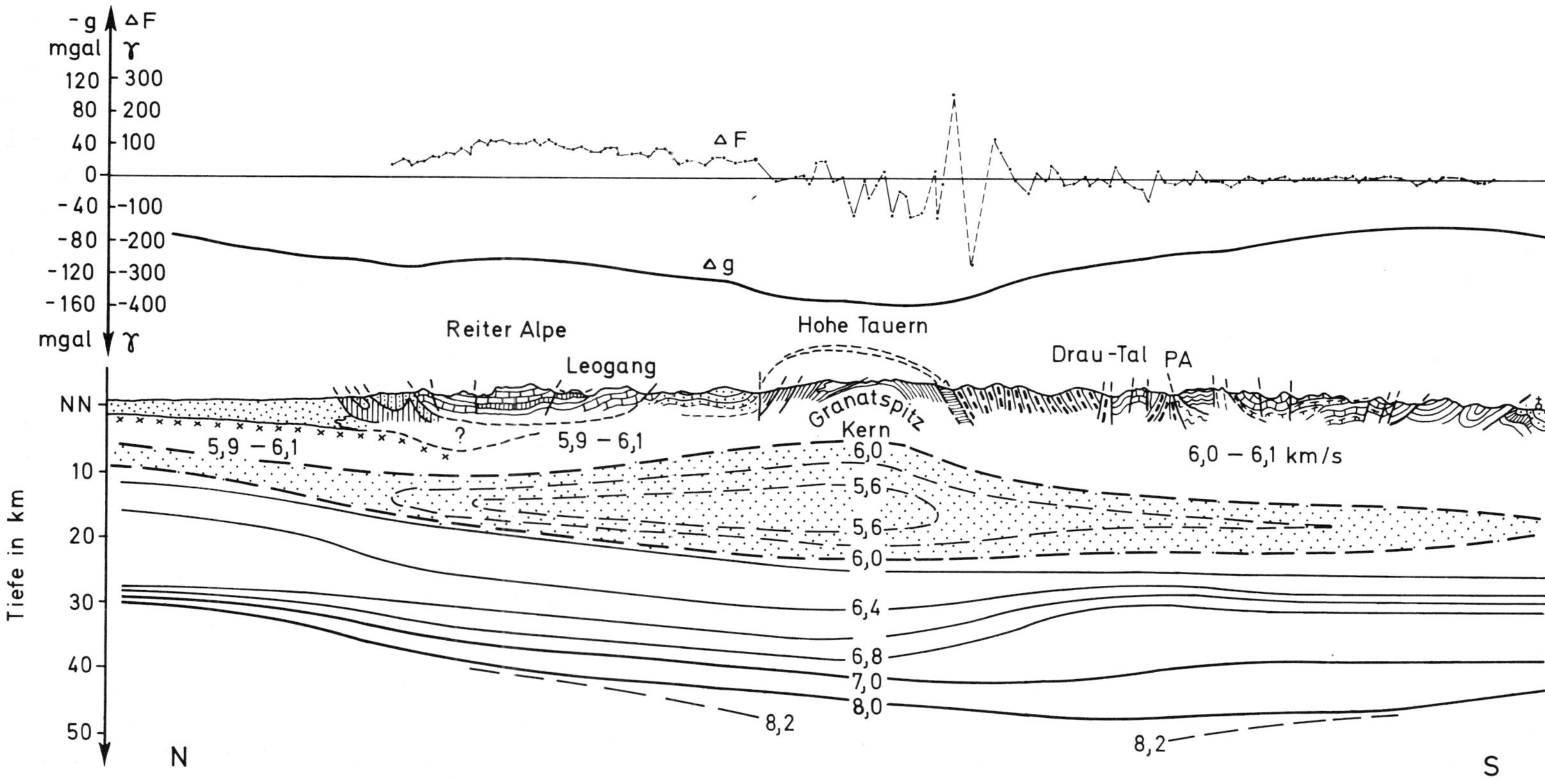

Abb. 214 Schnitt durch die Erdkruste in den Ostalpen.
Obere Kurve (Δ F) zeigt die Differenz zwischen der gemessenen Intensität des erdmagnetischen Feldes und dem internationalen Referenzfeld.
Mittlere Kurve (Δ g) zeigt die Schwereanomalie nach *Bouguer*.
Unterer Teil zeigt ein geologisches Schema-Profil und die Ergebnisse der seismischen Messungen mit den Linien gleicher Geschwindigkeit der Longitudinalwellen. Punktiert: Zone erniedrigter Geschwindigkeit! (nach *Angenheister, Bögel, Gebrande, Giese, Schmidt-Thomé* u. *Zeil* 1972)

Paläomagnetismus liefern uns damit Daten für die Geschichte des erdmagnetischen Feldes. Da sich die geomagnetische Achse aus physikalischen Gründen nie weit von der Umdrehungsachse entfernt haben dürfte, ergeben sich zugleich Schlüsse auf die frühere Lage der Kontinente.

Schwerkraft und Isostasie. Das irdische Schwerefeld beruht wesentlich auf der vom Erdball ausgehenden Gravitation. Schwerkraftunterschiede von Ort zu Ort kommen durch die verschiedene Entfernung und wechselnde Dichte der Gesteine im Untergrund zustande. Gravimetrische Messungen geben uns also über die *Massenlagerung*, die Verteilung spezifisch leichter und schwerer Gesteine in der Erdkruste Auskunft. Da sie auf einer allgemeinen Eigenschaften aller Stoffe beruhen, haben sie für die Geologie größere Bedeutung als die seltener verwendbaren magnetischen Aufnahmen.

Die Schwerkraft besitzt ebenso wie die magnetische Feldstärke eine bestimmte Richtung und Größe. Der Winkel zwischen der Fallrichtung und der geodätischen Vertikalen, die *Lotabweichung*, ist sehr klein. Am Harzrand ist das Lot um 18″, am Fuß des Himalaya um 50″ gegen das Gebirge abgelenkt. Der Absolutbetrag der Schwere läßt sich aus der Schwingungsdauer eines Pendels von bekannter Länge ermitteln. Die erforderliche Genauigkeit von einigen hundertstel Milligal erreicht man durch Relativmessungen mit Federgravi-

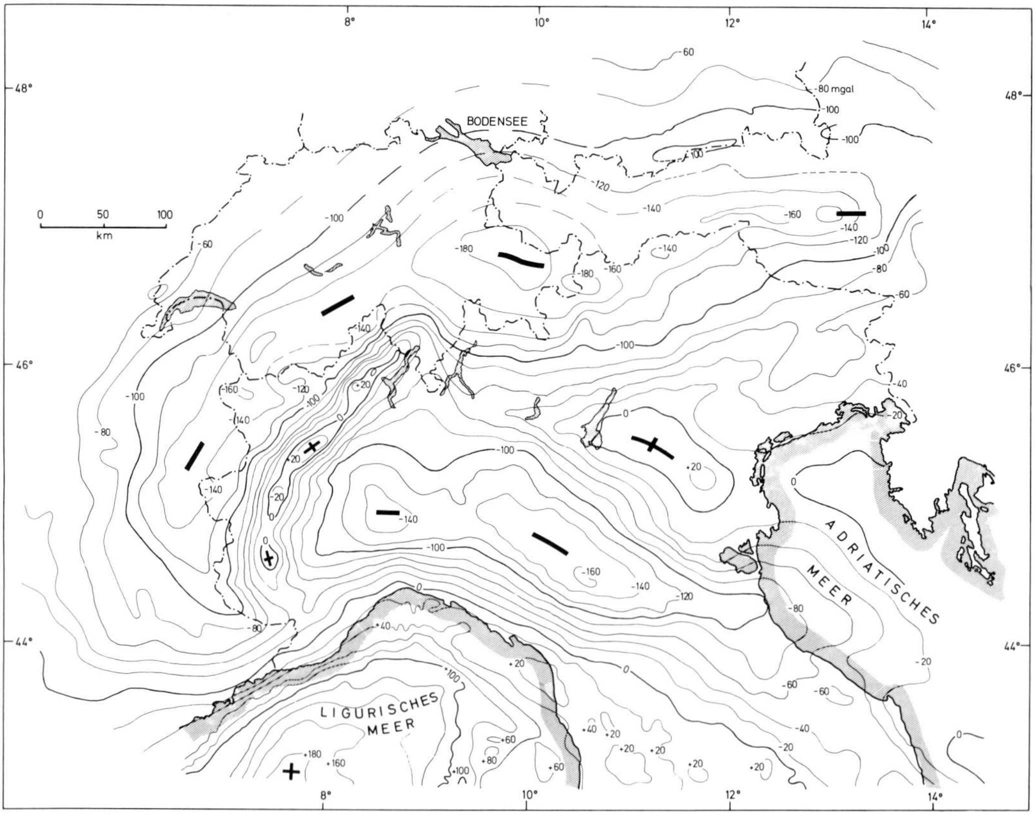

Abb. 215 Schwerekarte der Bouguer-Anomalien des Alpenraumes (vereinfacht nach einer Zusammenstellung von *Giese* nach Unterlagen von *Coron, Makris und Morelli*). Zahlenangaben in mgal

metern, die an eine Basisstation angeschlossen sind, und stellt, nachdem der Einfluß des umgebenden Geländes ausgeschaltet und alle Meßwerte auf Meereshöhe umgerechnet worden sind, die Ergebnisse durch *Isogammen*, Linien gleicher Abweichung vom Normalfeld, dar (Abb. 215). Als Maßeinheit dient m/s^2 (= 10^5 mgal) 10^{-5} m/s^2 entspricht etwa der Anziehungskraft, die eine ausgedehnte Gesteinsplatte von 10 m Dicke ausübt. Die Drehwaage mißt nicht den Betrag, sondern den Gradienten der Schwere, und zwar mit einer Empfindlichkeit von 10^{-6} m/s^2 auf 1 km.

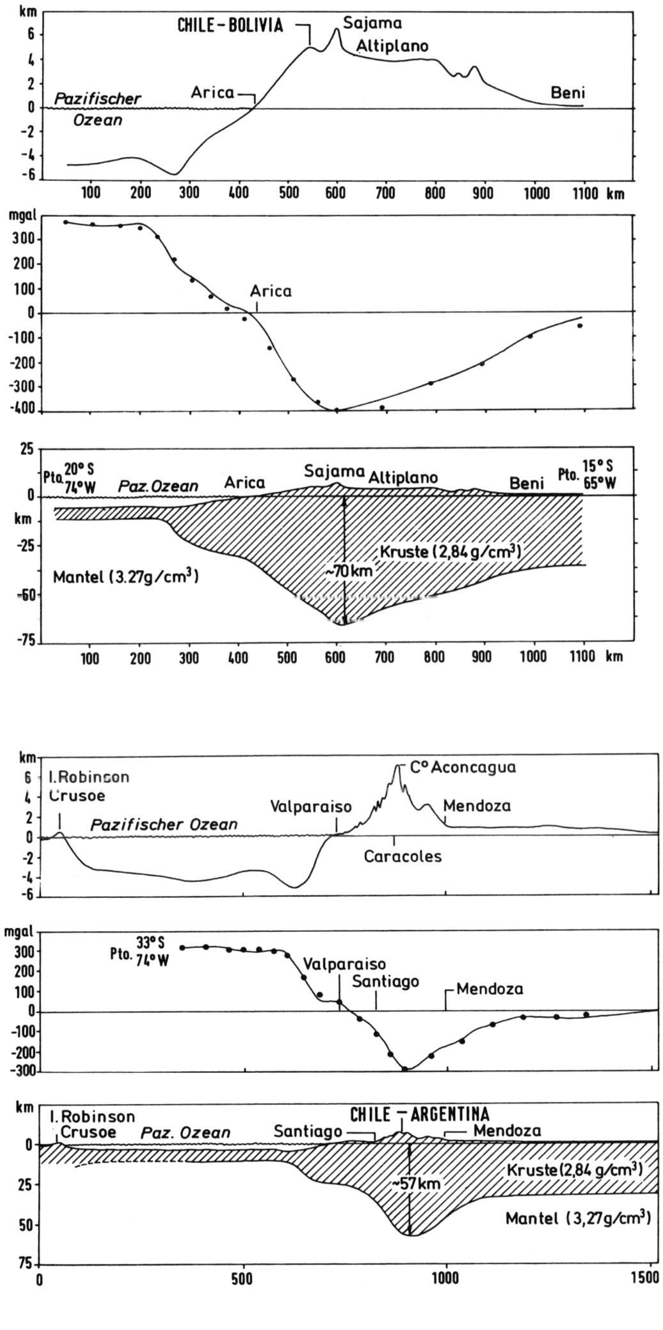

Abb. 216 Morphologie, Schwereanomalien und Ergebnisse seismischer Messungen an zwei Profilen durch die Anden (nach *Dragicevic* 1970)

Die Schwere auf der Erde weicht, von engumschriebenen Störungsgebieten abgesehen, überall nur wenig vom Normalwert ab. Das ist auffällig, denn auf den Ozeanen, wo eine mehrere 1000 m dicke Gesteinsplatte durch das viel leichtere Wasser ersetzt ist, sollte man ein Schweredefizit von 10^{-3} bis 10^{-2} m/s² erwarten und umgekehrt Überschüsse in den Gebirgen. Die Großformen der Erdoberfläche sind somit durch eine entgegengesetzte Massenverteilung in der Tiefe gravimetrisch nahezu ausgeglichen. Der Untergrund des Weltmeeres muß aus besonders dichtem Stoff bestehen, während die Gebirge auf einem Sockel von leichterem Gestein ruhen (Abb. 216). Man bezeichnet diesen Gleichgewichtszustand der Krustenschollen als *Isostasie*. Über das Wesen dieser Erscheinung sind zwei Vorstellungen entwickelt worden (Abb. 217):

1. Die von *Pratt* begründete Theorie stellt sich die Erdrinde gewissermaßen als eine Schicht von gärendem Teig vor. Wo er sich aufbläht, wird er spezifisch leichter, wo er zusammensinkt, schwerer. Trotz der Höhenunterschiede ist der Druck auf die Unterlage überall derselbe, letztere stellt die *Ausgleichsfläche* für die unregelmäßige Massenverteilung darüber dar.

2. Die auf *Airy* zurückgehende Theorie benutzt das Bild schwimmender Eisschollen, die ihrer Dicke entsprechend wechselnd hoch aus dem Wasser herausragen.

Ist der Massenausgleich in der Erdrinde unvollständig, so macht sich dies in Abweichungen von der Normalschwere, in *Schwereanomalien*, geltend. Sedimenterfüllte Geosynklinen oder Granitplutone treten als Flächen mit Unterschwere hervor. Streifen negativer

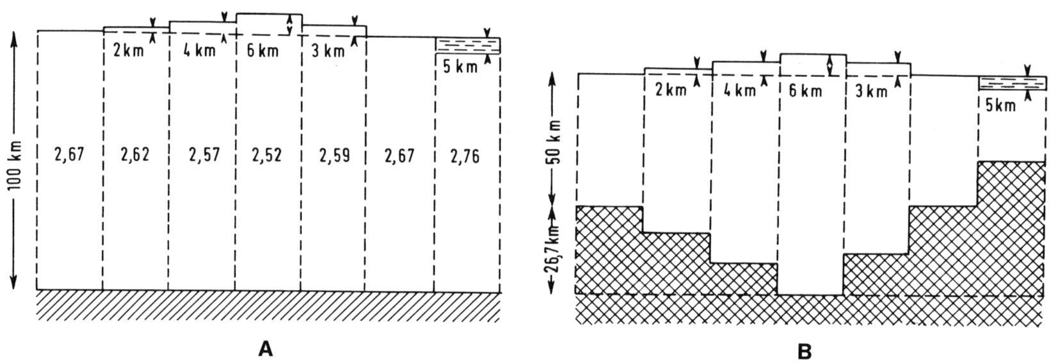

Abb. 217 Erklärung der Isostasie nach *Pratt* (A) und *Airy* (B) (siehe Text!)

Anomalien von 5 bis $15 \cdot 10^{-4}$ m/s² begleiten die jungen alpidischen Orogene (Abb. 215) sowie die Inselbögen und Tiefseerinnen im Umkreis des Stillen Ozeans. Sie ist durch die große Mächtigkeit der leichten Erdkruste im Untergrund bedingt. Umgekehrt verursachen Kristallinmassive und basische Magmatitkomplexe positive Anomalien. Auch große Deltas und Vulkanbauten weisen infolge der örtlichen Belastung ein Schwereplus auf. Bei Hawaii beträgt es 120 mgal. Die Inselgruppe liegt inmitten einer leichten Eindellung des Tiefseebodens – ein Zeichen dafür, daß sie isostatisch nicht kompensiert ist und ihr Gewicht die Tragfähigkeit der Kruste überschreitet.

Auch Strukturen geringerer Größenordnung, wie Diapire, prägen sich im Schwerebild aus. Die angewandte Geophysik benutzt daher gravimetrische Messungen zur Ermittlung des geologischen Baus (Abb. 218).

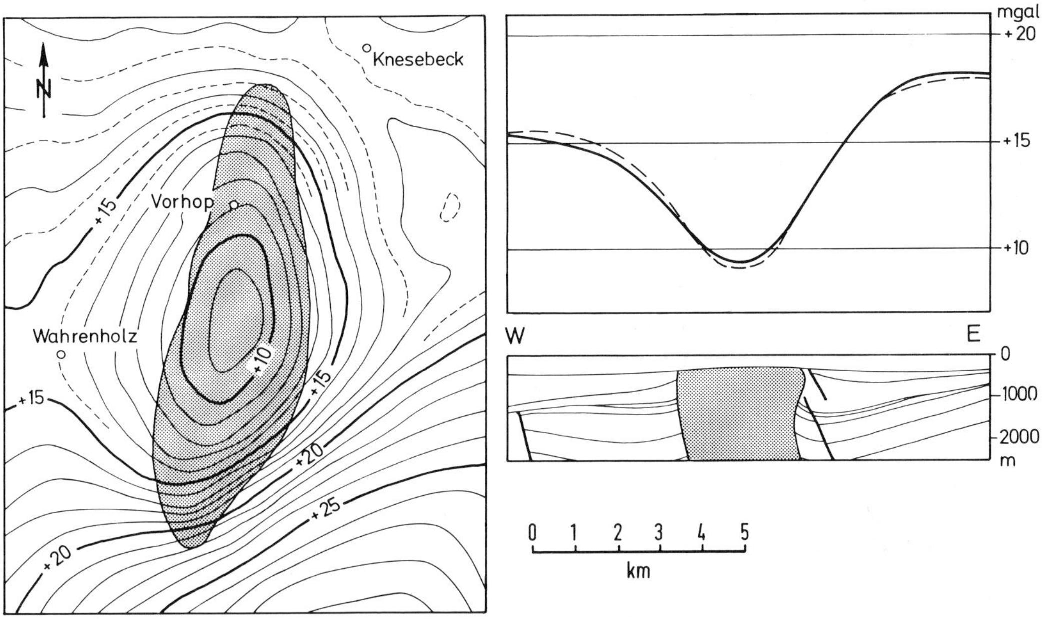

Abb. 218 Schwere-Anomalien im Gebiete des Salzstocks Vorhop, Osthannover
Links: Isanomalenkarte und Grundriß des Salzstocks (grau).
Rechts: Geologisches Profil und Schwereprofil (gemessen —, berechnet - - -) (Messungen Prakla Seismos, Auswertung Preußag und Gew. Elwerath)

Ergänzende Schriften

Angenheister, G. & Soffel, H. (1972): Gesteinsmagnetismus und Paläomagnetismus. – 110 S., Berlin–Stuttgart.

Bott, M. H. P. (1982): The Interior of the Earth. – 2. Aufl., 463 S., London.

Bremaecker, J. C. de (1985): Geophysics: the Earth's Interior. – 342 S., New York.

Collinson, D. W. (1983): Methods in Rock Magnetism and Palaeomagnetism. Techniques and instrumentation. – 503 S., London.

Haenel, R., Rybach, L. & Stegena, L. (Hrsg.) (1988): Handbook of Terrestrial Heat-Flow Density Determination. – 486 S., Dordrecht.

Jacobs, J. A. (1987): The Earth's Core. – 2. Aufl., 416 S., London.

Jeffreys, H. (1976): The Earth. Its Origin, History and Physical Constitution. – 6. Aufl., 574 S., Cambridge.

Kappelmeyer, O. & Haenel, R. (1974): Geothermics. – 238 S., Berlin–Stuttgart.

Meissner, R. (1986): The Continental Crust. – 448 S., London.

Merrill, R. T. & McElhinny, M. W. (1984): The Earth's Magnetic Field. – 401 S., London.

Mueller, S. (1974): The Structure of the Earth's crust. – 391 S., Amsterdam–London–New York.

Piper, J. D. A. (1987): Palaeomagnetism and the Continental Crust. – 434 S., Milton Keynes.

Ranalli, G. (1987): Rheology of the Earth. – 388 S., London.

Schick, R. & Schneider, G. (1973): Physik des Erdkörpers. – 267 S., Stuttgart.

Stacey, F. D. (1977): Physics of the Earth. – 2. Aufl., 414 S., New York.

Wyllie, P. J. (1971): The Dynamic Earth: Textbook in Geosciences. – 416 S., New York.

Physics and Chemistry of the Earth. Seit 1956. London.

28. Kapitel: Chemie der Erde

Die Geochemie ist die Wissenschaft vom stofflichen Aufbau der Erde. Sie beschreibt den „Stoffwechsel" der endogenen und exogenen Dynamik. Theoretische und experimentelle Erkenntnisse der Chemie, Physik und speziell der Thermodynamik sind Grundlagen der Modelle für endogene und exogene Vorgänge.

Die **Materie.** Physikochemische Gesetze beschreiben den auf der Erde und im Kosmos existenten Zustand der Materie und die in Zeit und Raum ablaufenden Prozesse der Materiewechselwirkungen. Elementarteilchen bauen die Atome auf (Atomkern: Protonen und Neutronen; Atomhülle: Elektronen). Quantitativ unterschiedliche Konfigurationen von Elementarteilchen ergeben qualitativ verschiedene Atome: die Elemente, gekennzeichnet durch verschiedene Phasenzustände oder „Materialeigenschaften" in Abhängigkeit von den jeweiligen Phasenzustandsbedingungen (Druck und Temperatur!). Das Periodensystem der Elemente legt die elementaren Ordnungsprinzipien des Atombaus fest, die Thermodynamik stellt endogene und exogene Phasentransformationen und ihre Bedingungen dar (z. B. Silikatgesteinssysteme bei metamorphen und anatektischen Prozessen in Kruste und Mantel), und die Chemie der wäßrigen Lösungen ist von vorrangiger Bedeutung bei exogenen Vorgängen (z. B. Kohlensäureverwitterung).

Grundlage geochemischer Untersuchungen ist die chemische Analyse mit der Bestimmung von Elementgehalten. Im Ergebnis werden Haupt- und Nebenelemente nach der Konzentration ihres Auftretens unterschieden (Tabelle 31). Spurenelemente sind ebenfalls wichtig bei der Erforschung der Genese und Klassifikation der Gesteine. Dabei wird das Verhältnis von Haupt-, Neben- und Spurenelementen ausgewertet. Von Bedeutung ist hier auch die Analyse der Seltenen Erden (REE), da diese Elementgruppe in der Natur immer zusammen auftritt (Abb. 222).

Elemente und Verbindungen haben gasförmige, feste und flüssige Phasenzustände; wir betrachten sie generell unter Phasenbedingungen der Erdoberfläche (20 °C, 1 bar). Andere Bedingungen (wie etwa an der Kruste-Mantel-Grenze, 650 °C, 9000 bar: Schild-Geotherm) lassen sich in gewissen Grenzen im Experiment darstellen oder mit thermodynamischen Rechenmodellen kalkulieren. Feste Verbindungen sind kristallin oder amorph. Die in der Natur vorkommenden festen Verbindungen heißen Minerale. Der Aufbau der Minerale folgt physikochemischen Prinzipien, nach denen sich Elemente zu Kristallen formieren. Die Kristallstrukturlehre ordnet dann sieben verschiedene Kristallsysteme nach der Komplexität des Aufbaus. Zu „Fehlern" im Stoffeinbau kommt es, wenn anstelle der im Kristall

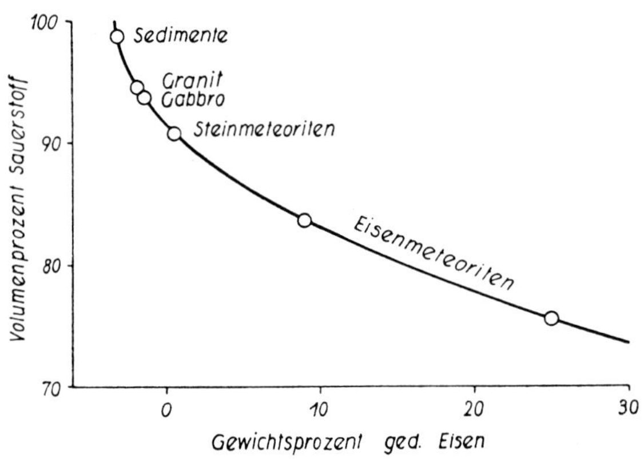

Abb. 219 Der Raumanteil der Sauerstoffatome in Meteoriten, Magmatiten und Sedimenten

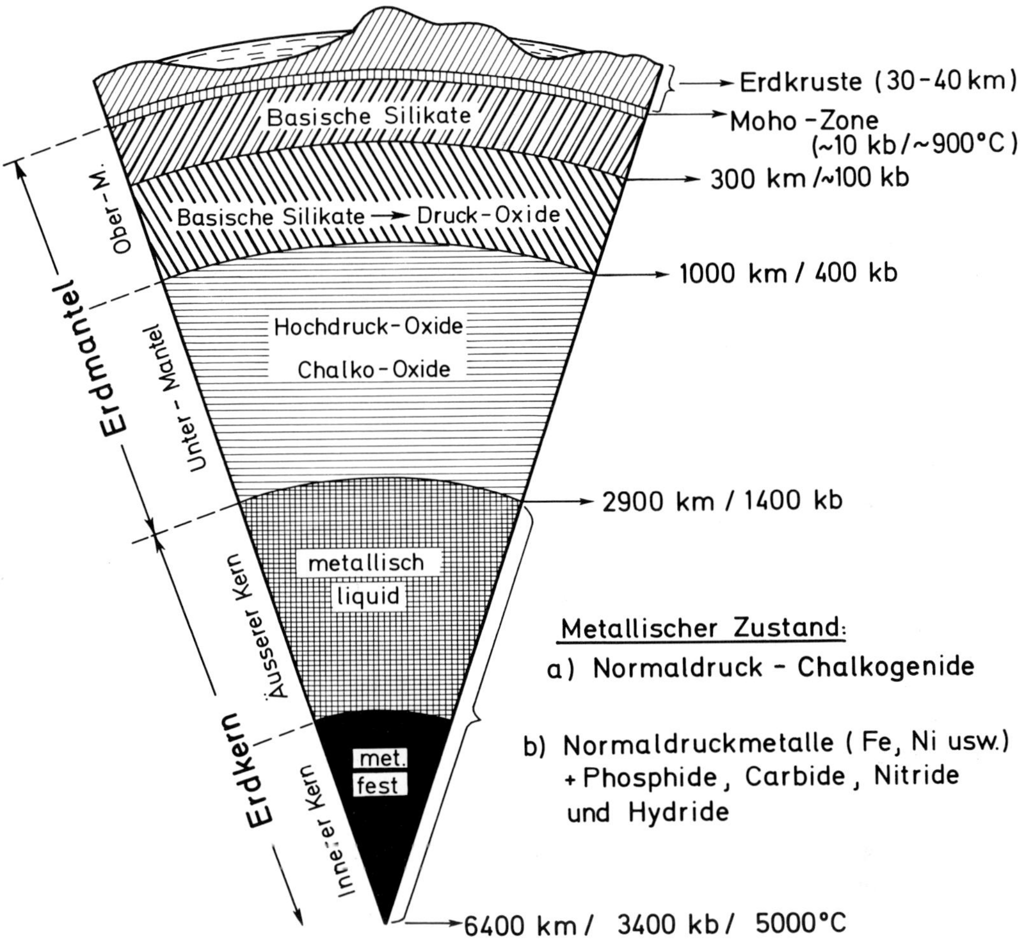

Abb. 220 Querschnitt durch die Erde mit Zoneneinteilung und dem Zustand der Materie (nach *A. Neuhaus*)

vorgesehenen andere, vergleichbar „große" Elemente (Ionen mit verschiedenen Ladungszuständen) in das Kristallgitter eingebaut werden. Bei den Hauptelementen kann das zu einer gegenseitigen Vertretung führen, es entstehen isomorphe Mischungsreihen (z. B. einfache Substitution von Fe^{22+} – Mg^{2+}; Ionenradien 0,82 bzw. 0,78 Å, in diversen mafischen Mineralen. Komplexer sind die Austauschprinzipien von Ca^{2+}, Na^{+} und K^{+} in Feldspäten). Für den Einbau von Spurenelementen gelten folgende Vorgänge:

1. Tarnen: ähnlicher Ionenradius – gleicher Ladungszustand (Rb/K)
2. Abfangen: ähnlicher Ionenradius – Spurenelemente mit höherem Ladungszustand (Ba/K)
3. Zulassen: ähnlicher Ionenradius – Spurenelemente mit niedrigerem Ladungszustand (Li/Mg)

Die Wechselwirkungen zwischen festen, flüssigen und gasförmigen Elementen und Elementverbindungen lassen sich als thermodynamische und chemische Gleichgewichtsreaktion darstellen. Diese führen zu Ordnungszuständen von Mehrstoffsystemen in Abhängigkeit von

Stoffangebot und Milieu (Temperatur T, Druck p, Sauerstoff-Fugazität f_0, Wasserstoffionenkonzentration pH, Redoxpotential Eh). Bei Änderung einer dieser Bedingungen stellt sich ein neues Gleichgewicht ein, d. h. das Gleichgewicht verschiebt sich auf die eine oder die andere Seite der Reaktionsgleichung (S. 67: chemisches System – $CaCO_3 + CO_2 + H_2O \gtrless Ca^{2+} + 2HCO_3$ bei der Verwitterung; S. 227: thermodynamisches System – polymorphe Mineral-Umwandlungen und -Reaktionen bei der Metamorphose; S. 207: thermodynamisches System – Solidus-Liquidus – Phasenübergangskurven von granitischen Schmelzen bei variablen Wassergehalten. Bei diesen Reaktionen werden die einzelnen Elemente entweder nur „umsortiert" (Mineralphasentransformationen) oder es sind nur die Atomhüllen der Elemente (Elektronenwechselwirkungen) betroffen. Solche Reaktionen überwiegen in dem zugänglichen Bereich Erdoberfläche/Erdkruste gegenüber dem zweiten Reaktionstyp, der *Kernreaktion.* Diese ist im irdischen Wärmehaushalt wegen des größeren Energieumsatzes von Bedeutung. Entscheidend ist sie in kosmischen Systemen wie dem der Sonne, da deren durch *Kernspaltung* und *Kernfusion* erzeugte Energie sich unmittelbar auf alle biologischen Vorgänge auf der Erde auswirkt.

Für die Geowissenschaften ergeben sich durch die irdischen Kernzerfallsreaktionen die *radiometrischen Datierungen* – ein Maß für die absolute Zeitbestimmung. Der Kernzerfall bestimmter instabiler Isotope vollzieht sich mathematisch exakt: jeweils die Hälfte der vorhandenen Atome in definierten Zeiträumen (Halbwertszeit), unabhängig von äußeren Einflüssen. In Gesteinen, aber auch in organogenen Bildungen wie Knochen und Molluskenschalen, kann man aus dem Verhältnis von radioaktivem Element und dessen Zerfallsprodukt (Isotopenverhältnis) das jeweilige Alter rekonstruieren. Beschränkt ist diese Möglichkeit aber bei partiellen Stoffmobilisationen, wie sie etwa bei der Metamorphose vorkommen. Hier kann es zu einer vollständigen Trennung von radioaktivem Element und Zerfallsprodukt kommen.

Die wichtigsten für die Datierung genutzten Zerfallsreihen:

Mutterisotop		*Tochterisotop*	*Halbwertszeit* in Jahren	*Bezeichnung*
^{238}U	zerfällt	zu ^{206}Pb	$4{,}5 \times 10^9$	Uran-Spaltspurenmethode
^{235}U	zerfällt	zu ^{207}Pb	$7{,}0 \times 10^9$	Uran-Blei-Methode
^{87}Rb	zerfällt	zu ^{87}Sr	$4{,}9 \times 10^8$	Rubidium-Strontium-Methode
^{40}K	zerfällt	zu ^{40}Ar	$1{,}3 \times 10^9$	Kalium-Argon-Methode
^{14}C	zerfällt	zu ^{14}N	$5{,}7 \times 10^3$	Radiokohlenstoff-Methode (= C-14-Methode)

Irdische und kosmische Materieverteilung. Die Analyse der durchschnittlichen Zusammensetzung der äußeren Erdkruste ergibt, daß die chemischen Elemente in ungleicher Menge vorkommen (Tab. 31).

Acht Grundstoffe stellen also 98% der Gesamtmasse. Noch einseitiger wird das Bild, wenn man das Volumen berücksichtigt. Dann füllt der Sauerstoff allein 94% des von der Materie eingenommenen Raumes (Abb. 219). Die Erdkruste besteht somit im wesentlichen aus Verbindungen des Sauerstoffs mit acht anderen Atomarten (unedle Metalle). Alle übrigen Elemente, darunter viele technisch wertvolle, treten mit sehr geringen Anteilen auf. Diese Materieverteilung gilt weitgehend für die Erde und vergleichbar auch für das gesamte Universum. Die Elementverteilung in der Erdkruste ist zwar nicht repräsentativ für den Kosmos, aber allgemeine systematische Verteilungsgesetze lassen sich kosmisch anwenden: So nimmt die Häufigkeit der Elemente mit steigender Ordnungszahl ab, und überall sind die Elemente mit ungerader Atomzahl zehn- bis zu fünfzigmal seltener als die mit gerader (Abb.

Tabelle 31 Durchschnittliche chemische Zusammensetzung der Erdkruste

Hauptelemente			Spurenelemente Nebenelemente
	Atom-%	Gewichts-%	ppm (1000 ppm = 0,1 Gew.-%
O	62,1	46,5	*1000 - 100 ppm*
Si	22,0	28,9	P, F, Ba, Rb, Sr, Mn, Zr, V, Cl, C, S;
Al	6,5	8,3	*100 - 10 ppm*
Fe	1,8	4,8	Cr, Ni, Co, Cu, Pb, Zn, N, Th, REE*;
Ca	2,2	4,1	*10 - 1 ppm*
Na	2,1	2,3	Mo, W, Sn, Br, As, Be, U, Cs;
K	1,3	2,4	*1 ppm*
Mg	1,6	1,9	Ag, Au, Pt, Hg, Te, REE**;
Ti		0,5	
			* Durchschnitt schwere REE ** Durchschnitt leichte REE

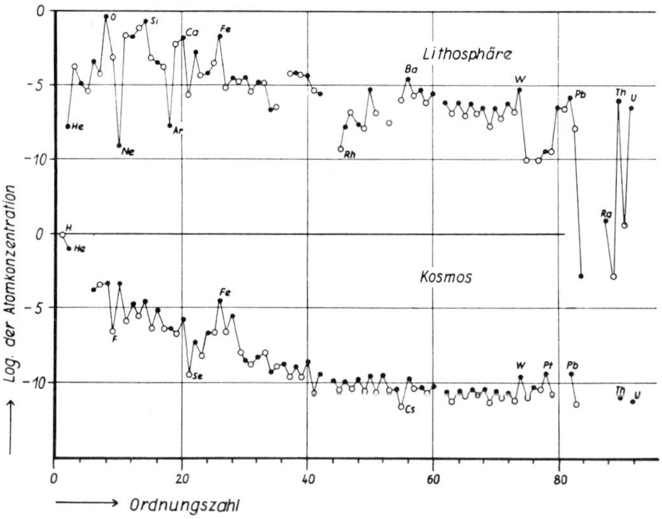

Abb. 221 Die geochemische und kosmochemische Häufigkeit der Elemente (nach *V. M. Goldschmidt, K. Rankama* und *H. Brown*)

221). Die stoffliche Einheit des Kosmos kann als gesichert angesehen werden; dies geht auch aus der heute für die Entstehung und Gestaltung des Universums allgemein annerkannten „Urknalltheorie“ hervor.

Das **Sonnensystem** hat eine komplexe Entwicklung hinter sich. Seine Entstehung steht seit dem Altertum im Zentrum der Spekulationen und Theorien von Philosophen und Naturwissenschaftlern. Die heute gültigen Modelle gehen von der Annahme aus, daß Sonne und Planeten aus einem kosmischen Gasnebel von solarer Zusammensetzung kondensierten. Während frühere Hypothesen eine homogene Akkretion der Protoplaneten aus einem homogenen Nebel favorisieren, beschreiben neuere Modelle eine inhomogene Akkretion. Dabei kondensiert aus einem mehr oder weniger homogenen Nebel zuerst eine große Menge primitiver fester kosmischer Körper mit geringen Abmessungen (**Planetesimals,** mit Meteorit- bis Monddimensionen) und erst in einem zweiten Zyklus formieren sich die Protoplaneten des heutigen Sonnensystems auf Grund von gravitativ gesteuerten Kollisionen und Zusammenballungen. Die Anfänge der „Nebel-Hypothese“ gehen zurück auf Kant und Laplace. Moderne Theorien haben von Weizsäcker (1944), Urey (1952) und Alfven & Arrhenius (1976) aufgestellt. Neueste Erkenntnisse zur inhomogenen Akkretion sind von Wetherill (1980) dargestellt worden. Jeder – ob nun nach homogener oder inhomogener Akkretion konsoli-

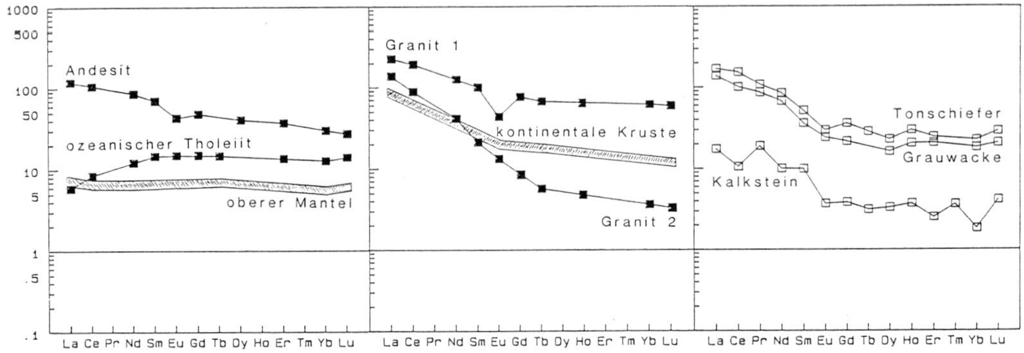

Abb. 222 Verteilung der Seltenen Erden in verschiedenen Gesteinen

dierte – Protoplanet hat dann seine eigene spezifische Entwicklung mit weiterer Kontraktion, Differentiation und der Ausbildung von Phasengrenzen (Erde: feste Oberfläche und Atmosphäre, Kruste, Mantel, Kern), aber auch mit dem irreversiblen Verlust von Gasphasen in den interstellaren Raum.

Der Erdkörper. Die geologisch faßbare Entwicklung der Erde beginnt mit der Ausbildung einer festen Oberfläche. Nach den Ergebnissen radiometrischer Datierungen muß dieser Zeitraum etwa $4{,}5 \times 10^9$ Jahre zurückliegen. Bis dahin hatte sich aber bereits eine innere gravitative Differentiation vollzogen. Diese kann man sich vereinfacht wie den Hochofenprozeß vorstellen, bei dem die schweren Metalle nach unten sinken, die leichtere Silikatschale obenauf schwimmt und die flüchtigen Phasen entweichen. Solche vulkanischen Gasphasen trugen zur Uratmosphäre bei. Vermutlich wurde aber schon lange vor der ersten Krustenbildung der äußere Erdumfang von einer Gashülle eingenommen. Da aber nur bestimmte Mengen flüchtiger Stoffe vom Gravitationsfeld der Erde festgehalten werden konnten, ist mit einer hohen Verlustrate gasförmiger leichter Materie während der frühen Erdentwicklung zu rechnen. Von der Uratmosphäre kann man annehmen, daß sie mit den Komponenten N, CO, CO_2, NH_4, CH_4, H_2S und H_2O ein potenziell reduzierendes Milieu darstellte. Die Sauerstoffkomponente und mit ihr der Wechsel zu oxidierenden Bedingungen entwickelte sich erst später. Einen modellhaften Schnitt durch die heutige Erde zeigt Abb. 220.

Die Kondensation der Protoerde und die spätere Differentiation und Saigerung verlief nach statistischen Verteilungsgesetzen. Daher finden sich in der Erdkruste auch noch solche Elemente, die vorwiegend das Erdinnere aufbauen. Sie unterliegen in der Kruste den dort herrschenden geochemischen Gesetzen; sie werden umgelagert, verteilt, aber auch angereichert. Wenn sich dabei Konzentrationen von wirtschaftlichem Wert ergeben, werden sie als *Lagerstätte* ausgebeutet.

Die **Meteorite** waren bis zu den Apollo-Mondmissionen die einzigen uns unmittelbar zugänglichen außerirdischen Körper. Sie sind in das Gravitationsfeld der Erde gelangte Gebilde unterschiedlicher Form und Größe. Mikrometeorite („kosmische Kügelchen") und Meteorite verglühen entweder in der Atmosphäre oder rieseln und fallen zu Boden – abhängig von der Eigengeschwindigkeit und dem Anflugwinkel zur Erdoberfläche. Die bis zu x^{10} t schweren Meteore können Krater von maarähnlicher Form in die Erdoberfläche schlagen, zerplatzen, zerstieben oder schmelzen. Oft erreicht nur noch die Druckwelle die Erdoberfläche. Berühmt sind so entstandene Formen wie das Ries bei Nördlingen oder der Arizona-Meteor-Krater.

Die Meteorite lassen sich nach Stoff- und Texturmerkmalen einteilen. Man unterscheidet:

1. Eisen-Meteorite (selten, nur 6%): kristalline Legierungen von Eisen und Nickel mit 5–20% Ni.
2. Stein-Eisen-Meteorite (selten, nur 2%): kontinuierliche Übergänge zwischen 1. und 3.
3. Stein-Meteorite (92% aller gefundenen Meteorite): *Chondrite und Achondrite* bestehen vorwiegend aus Olivin, Pyroxen, Fe-Ni-Legierung, Troilit (FeS) und Ca-reichen Plagioklasen. Die durchschnittliche chondritische Zusammensetzung entspricht etwa Peridotiten bis Gabbros. Das Auftreten von Kohlenstoff, gebunden in Karbonaten, ist charakteristisch für die *kohligen Chondrite.*

Strukturell/texturell unterscheidet man bei Steinmeteoriten *chondritische* und *achondritische* Gefüge. Wichtig ist dabei das Auftreten von sphärischen Monomineral-Aggregaten („Chondrules") mit porphyrischem, geschichtetem, granularem oder radialem Interngefüge. Diese Bildungen kennt man nur bei Meteoriten, und sie sind eine Folge der Kristallisation ohne wesentlichen Gravitationseinfluß.

Man kann die Zusammensetzung der Meteorite im Prinzip als Folge einer Differentiation erklären, wie sie auch magmatische Gesteine der Erde betraf. Meteorite stellen allerdings die frühesten bekannten und unverändert gebliebenen kosmischen Festkörper unseres Sonnensystems dar. Die Chondrite sind eine einfache, ursprüngliche Fazies, die Eisenmeteorite dagegen hochdifferenziert. So kann der Erdmantel in seiner Zusammensetzung am ehesten mit den Stein-Meteoriten, der Erdkern mit den Eisen-Meteoriten verglichen werden.

Die radiometrischen Altersbestimmungen brachten auch für die Meteoritenforschung wichtige Impulse. Die Datierungen ergaben immer recht gleichmäßige Alter von etwa 4,5 x 10^9 Jahren, so daß man die Entstehung der Meteorite als ein einheitliches kosmisches Ereignis interpretieren kann. Alle heute anerkannten Theorien kommen zu dem Ergebnis, das die Meteorite unserem Sonnensystem entstammen. Eine Möglichkeit wäre eine direkte Kondensation aus dem Urnebel, die aber keine der uns heute bekannten Meteoritenzusammensetzungen erbrächte. Es wären also noch verschiedene Differentationsstadien nötig, für die aber jeglicher Hinweis fehlt. Weiter käme ein einmaliges vulkanisches Ereignis in Betracht, bei dem ausgeschleudertes Material eines Planeten im Frühstadium seiner Konsolidierung das Gravitationsfeld überwindet. Nach einer anderen Hypothese könnten auch Planeten- oder Planetoidenzusammenstöße mit völliger Zerstörung Meteoriten erzeugen.

Die Zusammensetzung der Meteorite im Vergleich zu den Gesteinen der Erde ist für die Geochemie wichtig. Die durchschnittlichen Chondrite sind primitiv – wenig differenziert – wenn man sie von der Zusammensetzung des Sonnensystems ableitet (Tabelle 32). Den Chondriten am ehesten ähnlich sind ultrabasische Einschlüsse in Laven (Mantelxenolithe), ultrabasische Intrusivkörper und primitive basaltische Laven wie ozeanische Tholeiit-Basalte, die in den ozeanischen Rücken aufdringen. Granodiorite oder Granite der kontinentalen Kruste dagegen sind hochdifferenzierte Gesteine.

Die Minerale der Meteorite sind dagegen im Vergleich zu denen der irdischen Gesteine fremdartig. So treten neben den erwähnten Hauptkomponenten häufig Verbindungen wie Diamant und Graphit (C), Cohenit ($(FeNi)_3C$), Farringtonit ($Mg_3(PO_4)_2$), Daubreelit ($FeCr_2S_4$), Whitlockit ($Ca_3(PO_4)_2$) oder Carlsbergit (CrN) auf. In den kohligen Chrondriten kommen aber auch wasserhaltige Minerale - Gips ($CaSO_4$-$2H_2O$) und Epsomit ($MgSO_4$-$7H_2O$) sowie Kalzium ($CaCO_3$) und Magnesium ($CaMgC_2O_6$) vor.

Kaum noch umstritten ist der Ursprung der *Tektite,* die in ausgedehnten, meist ellipsoiden Streufeldern in Australien, einigen Gebieten des südöstlichen Asiens, Nordamerikas und in der Tschechoslowakei (Moldavite) vorkommen. Sie sind wohl bei Meteoriteneinschlägen eingeschmolzene, aufgeworfene und durch die Luft geschleuderte „Spritzer" von Material der Erdoberfläche. In der Regel handelt es sich bei den Tektiten um kleine gerundete Körner mit

Tabelle 32 Irdische und außerirdische Materie (Durchschnitt) (nach MUELLER & SAXENA, 1977, und SCHROLL, 1975)

Gew. %	Solare Materie*	Chondrit	Mond/Mare-Basalt (Apollo 17/75055,6)	Mond/KREEP-Basalt (Apollo 12/12033 BGI)
SiO_2	35,95	39,58	41,27	48,4
TiO_2	0,09	0,13	10,17	1,8
Al_2O_3	2,12	3,23	9,75	15,5
FeO	38,64	28,70	18,24	11,0
MnO	0,11	0,32	0,29	-
MgO	18,95	24,16	6,84	7,6
CaO	1,50	1,81	12,30	10,0
Na_2O	1,19	1,70	0,44	0,8
K_2O	0,04	0,99	0,09	1,0
P_2O_5	0,30	0,23	0,07	0,8

	Tholeiit-Basalt	Andesit	Granit	Grauwacke	Tonschiefer
SiO_2	49,8	54,2	72,08	69,6	62,70
TiO_2	1,8	0,8	0,37	0,7	0,86
Al_2O_3	15,6	17,7	13,86	14,2	17,87
FeO	9,5	9,0	2,53	5,2	6,74
MnO	0,2	0,1	0,05	0,1	0,12
MgO	7,2	4,4	0,52	2,2	3,08
CaO	11,7	7,9	1,33	2,6	2,35
Na_2O	2,7	3,7	3,08	3,0	2,25
K_2O	0,4	1,1	5,46	2,1	3,84
P_2O_5	0,2	0,3	0,18	1,2	0,17

* Durchschnittliche Sonnenzusammensetzung, repräsentativ für Urnebelzusammensetzung.

Tabelle 33 Daten zum Vergleich von Erde und Mond (nach *J. E. Guest & R. Greeley,* 1979).

Äquator-durchmesser (km)	Oberfläche (Erde = 1)	Volumen (Erde = 1)	Dichte (kg/m^3)	Schwere an der Oberfläche (Erde = 1)	Fluchtgeschwindigkeit (km/s)
Erde 12 756	1,000	1,000	$5{,}52 \cdot 10^3$	1,000	11,2
Mond 3 476	0,075	0,020	$3{,}34 \cdot 10^3$	0,165	2.4

amorphen oder rekristallisierten Gefügen, hohen SiO_2-Gehalten (70–80%) und sonst durchschnittlich irdischen Gesteinszusammensetzungen. Radiometrische Datierungen ergaben Alter zwischen 35 und 0,7 Ma. Die Alter sind in den einzelnen Streufeldern gleich, was für die Einschlag-Theorie spricht.

Mond. Während der verschiedenen Apollo-Missionen wurden 380 kg Gesteine von der Oberfläche des Mondes geborgen und zur Erde gebracht. Der Mond mit 0,27 des Durchmessers der Erde, einer Masse von nur 0,0123 der irdischen und einer mittleren Dichte von 3,34 g/cm^3 besitzt keine Atmosphäre. Daher fehlen alle Merkmale der Verwitterung und eine Bildung von Sedimentgesteinen im irdischen Sinne. Der Mond ist rascher erkaltet als die Erde, besitzt eine geringere Seismizität und ein schwächeres Magnetfeld (Tab. 33).

Abgesehen von den Formen eines frühen, sehr aktiven Vulkanismus und den Spuren gewaltiger, ständiger Meteoriteneinschläge ist der Mond seit dem Präkambrium in seiner „geologischen“ Entwicklung stehengeblieben.

Radiometrische Datierungen der Mondproben ergaben Kristallisationsalter von $4{,}0 \times 10^9$ bis $3{,}3 \times 10^9$ Jahren. Somit dürfte sich die erste feste Mondkruste vor etwa 4,7 bis $4{,}6 \times 10^9$ Jahren gebildet haben. Ein erster Differentiationszyklus umfaßt den Zeitraum von 4,6 bis 3,7 x 10^9 Jahren (*Lowman* 1972). In diesen fallen frühe schwere Meteoriteneinschläge, die über den ganzen Zeitraum andauern, aber an Häufigkeit und Intensität abnehmen und dabei die Entstehung der Mare-Systeme und Archimedes-Krater bewirken. Diesem Abschnitt in der Mondgeschichte folgt die Ausbildung der Hochländer mit ausgeprägter vulkanischer Aktivität. Ein finaler Zyklus im Zeitraum von 3,7 bis 3,2 x 10^9 Jahren führt zu Verfüllung der Mare mit mächtigen basaltischen Ergüssen.

Verglichen mit irdischen Verhältnissen ist die chemische Variationsbreite der Mondgesteine recht begrenzt, da der weitaus größte Teil zur basischen und ultrabasischen Kategorie zählt. Rhyolithe kommen zwar vor, bleiben aber auf in Basalten mitgeführte Glasfragmente beschränkt. Die wichtigsten Gesteinstypen sind Basalte, kaum seltener sind deren kristalline Äquivalente wie Gabbros, Norite und Amphibolite. Eine erste Erstarrungskruste mit Al-reichen Differentiaten basaltoider Magmen, untergeordneten Anorthositen und Felsiten ist nur noch reliktartig erhalten. Zu den sehr früh geförderten Differentiationsprodukten sind die KREEP-Basalte zu zählen (KREEP: K – hohe K_2O-Gehalte, REE – hohe Seltene-Erd-Konzentrationen, P – hohe Phosphoranreicherungen), die eine beträchtliche Ausdehnung erreichen. Mare-Basalte mit sehr hohen TiO_2-Anreicherungen, aber auch bedeutende FeO- und CaO-Konzentrationen werden im „Mondmittelalter" gefördert und stehen im dynamischen Zusammenhang mit der Entstehung der Mare (Tab. 32). Dann folgt die Formierung der Hochlandgesteine – weitverbreitete Basalte vom high-Al-Typ, zusammengefaßt als Cayley-Formation – deren vulkanischer Ursprung aber fraglich ist. Die vulkanische Entwicklung des Mondes schließt ab mit der Verfüllung der Mare, bei der sich nochmals basische bis ultrabasische Laven in die Mare ergießen. Sie werden als Partialschmelzen des tieferen Mondinneren angesehen.

Die sogenannten Mondböden bestehen aus einer cm-dicken Grus- und Staubschicht, entstanden durch Meteoriteneinschläge. Sie haben deshalb eine entsprechend hohe meteoritische Stoffkomponente. Bei den Einschlägen sind darüber hinaus auffällig viele Gesteinsgläser entstanden, die Gefüge aufweisen, wie sie auch bei irdischen Meteoritenkratern gefunden wurden. Ebenso häufig und verbreitet treten Mikrobrekzien und Brekzien auf, die ihre Entstehung ebenfalls dem Meteoritenbombardement verdanken.

Das irdische Stoffwechselsystem. Der irdische Stoffhaushalt auf und innerhalb der Erdkruste sowie im oberen Mantel äußert sich in geologischen Abläufen wie Krustenbewegungen, Magmenmobilisation, Verwitterung, Wasserhaushalt und Klima. Gelenkt werden diese Vorgänge durch die Gesetze der Geochemie. Viele Phänomene erscheinen wie Stoffkreisläufe, was in irdischen Zeitintervallen zutreffen mag. Bei kosmischer Zeitbetrachtung dagegen streben alle Stoffwechselsysteme anscheinend einem Zustand homogener Energie- und Materieverteilung zu.

Der Geochemie sind in ihren analytischen Möglichkeiten natürliche Grenzen gesetzt, da sich der irdische Stoffhaushalt nicht lückenlos verfolgen läßt. Nur ein verschwindend geringer Teil ist uns zugänglich. Tiefe Bohrungen erreichen etwa 10 km, Vulkanite bringen Informationen aus Tiefen bis zu 200 km. Der Aufbau der Erdkruste läßt sich in den alten Schilden und den Wurzelzonen der Faltengebirge erkennen. Vulkanite in den mittelozeanischen Schwellen, den kontinentalen Riftsystemen und den magmatischen Bögen kommen aus dem oberen Mantel und stehen teilweise in Wechselwirkung mit tiefer kontinentaler Kruste. Die Zusammensetzung und Materieverteilung im unteren Mantel und im Erdkern jedoch kann nur über Dichteberechnungen und mit Hilfe der Seismik gedeutet werden.

Im *magmatischen Bereich* vollzieht sich ein tiefreichender Stoffaustausch zwischen Oberfläche und Erdinnerem. Dabei spielen *silikatische Schmelzen* eine entscheidende Rolle. Diese entstehen in der unteren Kruste oder im oberen Mantel und haben eine unterschiedliche primäre Zusammensetzung. Während in den ozeanischen Rücken Basalte als Differentiate aufdringen, sind Granite typisch für kontinentale Räume. Sie stellen überwiegend wiederaufgeschmolzenes Krustenmaterial dar.

Alle Silikatschmelzen unterliegen beim Aufstieg mannigfaltigen Reaktionen. Eine Reihe von Faktoren kann dabei eine stoffliche Differentiation bewirken. *Gravitation* führt beim Aufstieg zur Trennung durch das Absinken schwerer, früh kristallisierter Mineralphasen, besonders bei gebremstem Aufstieg mit längerem Verweilen in Magmenkammern. *Partielles Schmelzen* kann zur teilweisen Mobilisation von leichter schmelzbaren leukokraten Komponenten unter Verbleib der schwerer schmelzbaren melanokraten führen. Stoffzufuhr durch *Assimilation* von durchflossenem Gestein spielt oft eine wichtige Rolle während des Aufdringens.

Bestimmte Magmen erreichen überhitzt mit hohem Gasgehalt und sehr mobil (ignimbritische Dazite und Rhyolithe) die Erdoberfläche. Bei anderen geht der Aufstieg langsamer und der Weg ist länger, so daß ausreichend Zeit für das Kristallisieren primärer Minerale zur Verfügung steht (Andesite, Basalte). Wieder andere Magmen erreichen die Erdoberfläche nicht und bleiben als Plutone (vor allem granitische Schmelzen) in der Kruste stecken. Während des Weges durch die Erdkruste reagieren ständig Teilschmelze und die bereits kristallisierten Minerale, welche nur in einem definierten p/T-Bereich stabil sind. Eine Einstellung des magmatischen Systems auf die sich verändernden Gleichgewichtsbedingungen läuft ab. Bei raschem Aufstieg gelingt dieser Ausgleich oft nicht, und so finden sich in Vulkaniten Mineralphasen, die im Ungleichgewicht zur kristallisierten Restschmelze stehen können.

Neben O, Si, Al besetzen die Elemente Ca, Na, K (Feldspäte) und Mg, Fe (mafische Silikate) die wichtigsten Positionen in den Magmatiten. Typisch sind Mischkristallbildungen (Olivin, Plagioklas). Spurenelemente können neben dem Fehlstelleneinbau auch in selbständigen akzessorischen Mineralen wie Zirkon (Zr), Monazit (Ce, hohe REE-Konzentration) oder Beryll (Be) vorkommen.

Petrogenese und *Differentiation* lassen sich am Verhalten einzelner Elemente ablesen. So sind primitive Gesteine reicher an Mg, Fe und Ca und ärmer an K, AL und Si, bei stärkerer Differentiation von Magmen kehren sich die Verhältnisse jedoch um. Der Grad der Differentiation läßt sich auch am Verhältnis von Elementen wie Mg/Fe, Fe/Ti oder K/Rb erkennen. Mit niedrigen $^{87}Sr/^{86}Sr$-Isotopenverhältnissen wird eine Mantelabkunft postuliert (Mantel $< 0{,}7050$; Kruste $> 0{,}7050$). Aus Krustenmaterial entstandene Gesteine zeichnen sich durch erhöhte Rb-, Ba-, Th- und U-Konzentrationen aus. Die Verteilung der Seltenen Erden in primitiven Basalten ähnelt der von Chondriten – leichte und schwere REE treten in gleichen Mengen auf. Bei Graniten sind dagegen die leichten REE gegenüber den schweren angereichert (Abb. 222). In den Endstadien der Differentiation von Graniten findet eine Konzentration der Elemente Li, Be, Sn, Pb und B in pegmatitischen und hydrothermalen Phasen statt (S. 218). LIL–Element = *„large ion lithophile“ = inkompatible Elemente,* wie K, Li, Rb, Ba, Th, U, leichte REE, entziehen sich auf Grund ihrer physikochemischen Eigenschaften (z. B. sehr große Ionenradien) dem Einbau in Dristallgitter silikatischer Minerale bis zu den allerletzen Phasen der Kristallisation. HFS – *„high field strength“ Elemente* (z. B. Ti, P, Ca, Eu, Zr) stehen in ihren Eigenschaften vermittelnd zwischen den *inkompatiblen* und den *kompatiblen*, an früh kristallisierende Phasen gebunden Elemente (z. B. Mg, Ni, Cr, Co, schwere REE).

Den sedimentären Bereich bestimmen die Gleichgewichtsbedingungen der Erdoberfläche. Dieses oxidierende Milieu unterscheidet sich deutlich von dem mehr reduzierenden im magmatischen Kreislauf. Die Reaktionen spielen sich vor allem in wasserhaltigen Phasen ab, da

Tab. 34 Beispiel von Elementverhältnissen (repräsentative Größenordnung)

	K : Na	Li : Na	Rb : K
Basische Magmatite	1 : 3	1 : 1100	1 : 420
Saure Magmatite	1 : 1	1 : 900	1 : 200
Ton-Sedimente	1 : 0,7	1 : 200	1 : 225
Meerwasser	1 : 300	1 : 500 000	1 : 3300

Wasser fast immer zur Verfügung steht. Reaktionen wässriger Phasen sind allgemein von den p/T-Bedingungen an der Erdoberfläche (p: 1013 mbar; T: 20° C), der Konzentration (mol/l, val/l), dem Redoxpotential (Eh) und der Wasserstoffionenkonzentration (pH) abhängig. Änderungen dieser Parameter haben einen starken Einfluß auf den Reaktionsablauf; dies läßt sich gut am System $CaCO_3$ - CO_2 - H_2O zeigen (S. 67).

Al- und Fe-Hydrate sind bei gleichem pH verschieden löslich, was eine weitgehende Trennung beider Elemente im sedimentären Zyklus bewirkt und einerseits zur Bildung von Bauxit-, andererseits von sedimentären Eisenlagerstätten führen kann. Das Redoxpotential entscheidet über die Verbindungsform des ausfallenden Eisens. In oxidierender Umgebung entsteht Goethit (FeOOH); zunehmender Sauerstoffmangel führt zur Bildung von Siderit ($FeCO_3$) und schließlich von Eisensulfiden (FeS, FeS_2) (S. 69).

Viele silikatische Minerale der Magmatite sind bei den Bedingungen an der Erdoberfläche instabil und stellen sich auf die neuen Gleichgewichtsbedingungen ein. Sie werden zu Tonmineralen, Alumohydrosilikaten und -hydraten (Feldspatverwitterung S. 13) sowie anderen Metalloxiden und -oxidhydraten. Quarz und einige Schwerminerale wie Zirkon, Monazit und Rutil bleiben als Reste stabil. Dabei vollzieht sich auch die Trennung der in den Magmatiten eng verbundenen Elemente K und Na, weil K von Tonmineralen absorptiv fester gehalten wird als Na (S. 70). K spielt weiterhin bei der Diagenese und Metamorphose der Pelite eine wichtige Rolle (S. 227), Na dagegen wird zum größten Teil im Meerwasser angereichert.

Geochemische Methoden können zahlreiche Fragestellungen in der Sedimentologie klären. Bei der Erforschung der *Chemofazies* (Salinität, Redoxpotential) hat sich der Nachweis von Bor als Indikatorelement für marines Milieu bewährt. *Die Redoxbedingungen* werden am besten durch die Verhältnisse von Fe^{2+}/Fe^{3+}, Fe/Mn und Cr/V erfaßt. *Vulkanische Komponenten in roten Tiefseetonen* zeichnen sich durch ungewöhnlich hohe Ni-, Cr-, Co-, Mn-, V- und Mo-Anreicherungen aus. *Ausgangssteine der Lateritbauxite* lassen sich mit Hilfe von Cr, Ni, Co, Mo, Zr, REE erkennen, da die Konzentration der wenig mobilen Spurenelemente fast ungestört erhalten bleibt.

In der *Biosphäre* spielen die *biophilen Elemente* C, H, O, N, P, S die Hauptrolle. Die umgesetzten Massen sind groß. Jährlich wird rund 1/300 der in der Lufthülle und im Weltmeer vorhandenen CO_2-Menge in pflanzliche Gewebe eingebaut und annähernd ebensoviel durch die abbauende Tätigkeit der Bakterien, Pilze und Tiere wieder freigesetzt. Genauere Einblicke in den Kohlenstoffkreislauf ermöglicht das Isotopenverhältnis $^{12}C/^{13}C$. Da die Bindung ^{12}C-H etwas fester ist als ^{13}C-H, reichern organische Gewebe, kalkige Sedimente und Hartteile ^{13}C an. $^{13}CO_2$ ist im Wasser leichter löslich als $^{12}CO_2$. Daher assimilieren Meeresalgen oder Muscheln mehr ^{13}C als Landpflanzen. Während der Diagenese bleibt das Isotopenverhältnis erhalten und bietet damit Anhaltspunkte für die Entstehung der Gesteine (Abb. 224).

Die Stoffmenge, die der exogene Kreislauf seit seinem Beginn in Bewegung gesetzt hat, läßt sich annähernd abschätzen. Nimmt man an – was sicher etwas zu hoch gegriffen ist – daß alles Na des Meerwassers der festländischen Verwitterung entstammt, dann läßt sich die Menge der Magmatite berechnen, die sich während der Erdgeschichte zu Sedimenten umgelagert haben (Abb. 223). Der Betrag stimmt mit den wirklichen Mengenverhältnissen der Gesteine befriedigend überein.

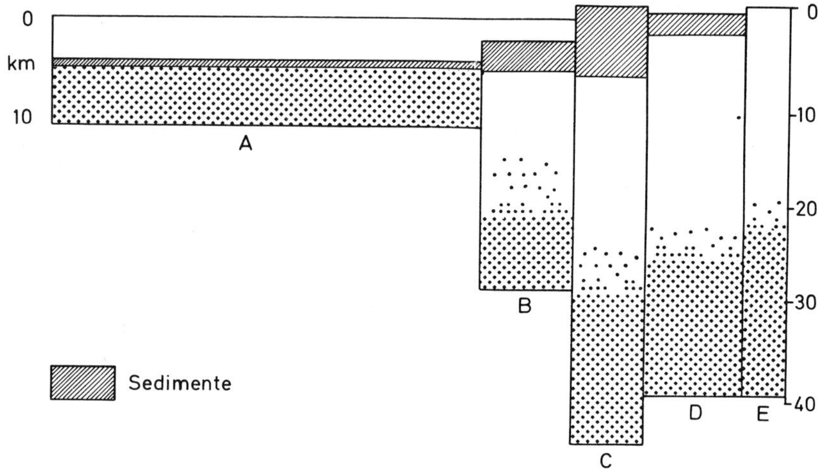

Abb. 223 Verteilung der Sedimente und Flächenanteile im Bereich der Erdkruste (nach *Ronov* u. *Yaroshevskiy*, 1968). A = Tiefsee; B = Schelf, Kontinentalabhang; C = junge Faltengebirge (Geosynklinen); D = Kratone; E = Schilde; punktiert = ozeanische Kruste und kontinentale Unterkruste; weiß = Ozeane und kontinentale Oberkruste; Untergrenze = Moho-Diskontinuität

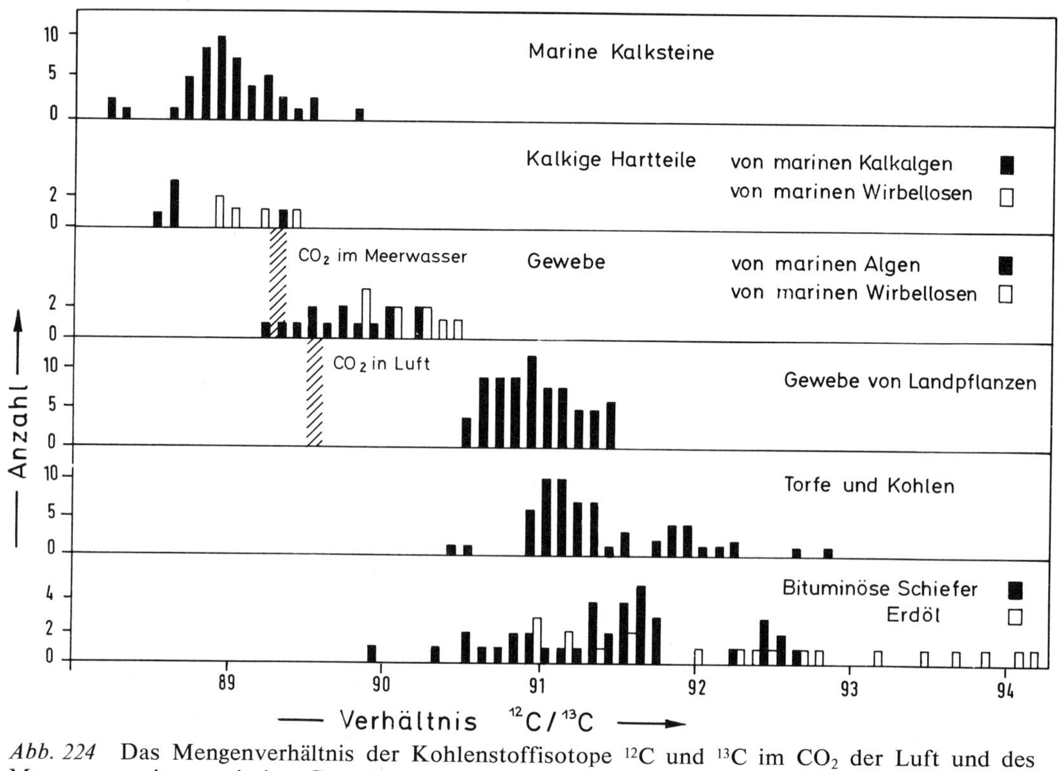

Abb. 224 Das Mengenverhältnis der Kohlenstoffisotope ^{12}C und ^{13}C im CO_2 der Luft und des Meerwassers, in organischen Geweben sowie in anorganogenen und organogenen Kalken. Die Höhe der Säulen entspricht der Zahl der Analysen

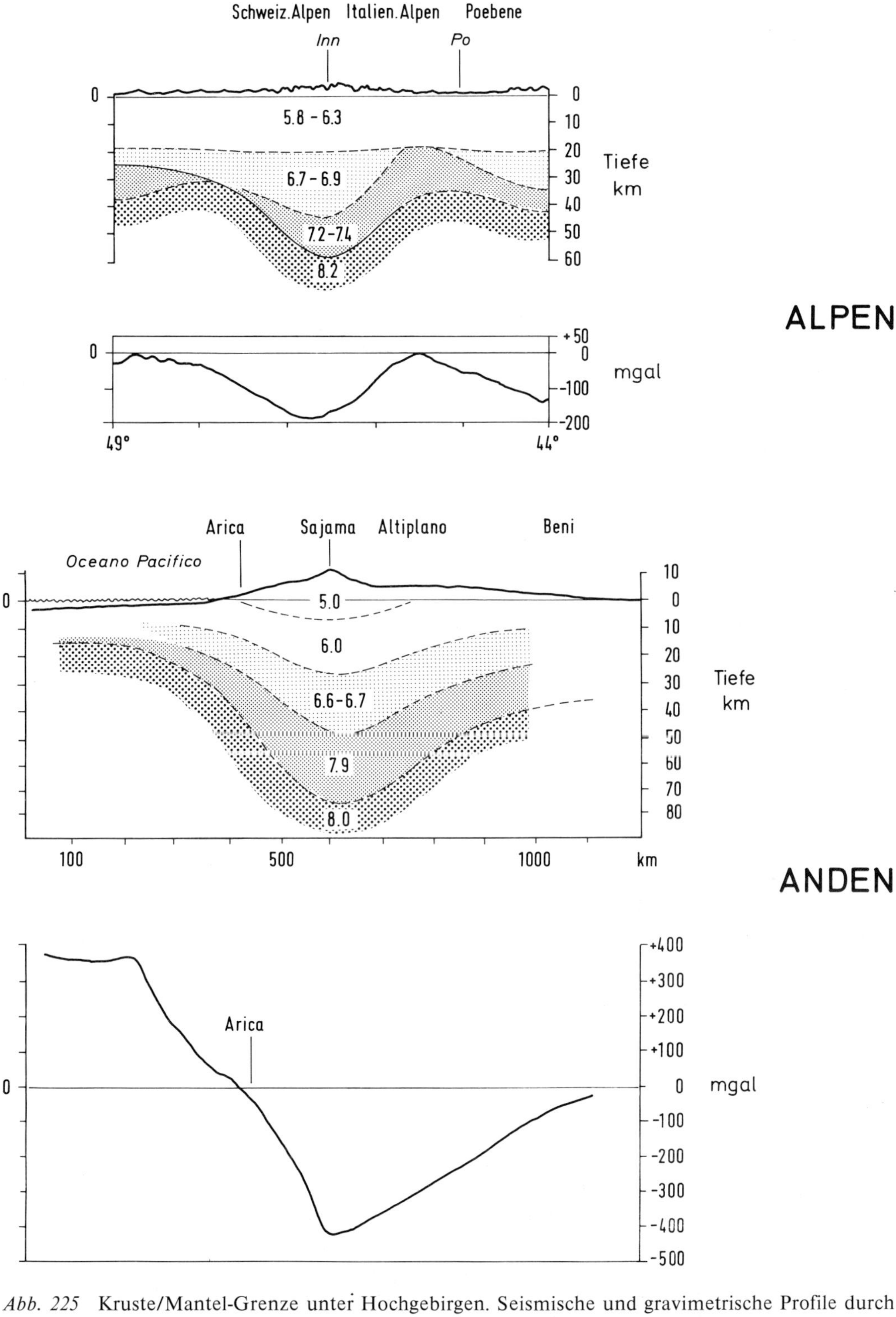

Abb. 225 Kruste/Mantel-Grenze unter Hochgebirgen. Seismische und gravimetrische Profile durch Alpen und Anden (6.6, 7.9 = Geschwindigkeit der Longitudinalwellen in km/s). Schema

Die stofflichen Vorgänge bei der *Metamorphose* bringen im Prinzip eine Umkehr der Reaktionsabläufe der magmatischen Entwicklung. Stoffsysteme der Erdoberfläche müssen sich den Phasen- und Milieubedingungen der Versenkung anpassen – etwa den gleichen Bedingungen, die die magmatischen Stoffsysteme beim Aufstieg in umgekehrter Richtung durchlaufen haben. Ein Unterschied besteht jedoch in den langsameren Versenkungsgeschwindigkeiten gegenüber dem relativ schnellen Aufstieg von Magmen. Bei der Versenkung stellen sich schließlich die Gleichgewichtsbedingungen der maximal erreichten Erdtiefe ein. Damit können die metamorphen Gesteine sowohl nach ihrer Zusammensetzung wie auch nach dem Metamorphosegrad eingeteilt werden (S. 226).

Wichtige Indizien liefern die geochemischen Eigenschaften der Metamorphite bei Fragen nach der Migration der Elemente oder der Identifizierung von Ursprungsmaterial (Ortho- oder Paragestein).

Migrationsvorgänge – Stoffbewegungen – sind abhängig vom Metamorphosegrad. Am raschesten werden diejenigen Elemente, die im magmatischen Bereich bis zuletzt in Bewegung waren, mobilisiert, also H, F, Cl, S, B, P sowie die Spurenelemente Li, Ba, Rb, Be, Sn, Pb, Th, U, gefolgt von Na, K und Si. Bis zur Anatexis immobil bleiben nur die kompatiblen Elemente wie Mg, Ni, Cr, Co und die schweren Seltenen Erden; alle anderen Elemente können schon vorher partiell an Migrationsvorgängen teilnehmen. *Orthogesteine* unterscheiden sich von Paragesteinen gleicher Pauschalzusammensetzung in typischen Spurenelement-Gehalten. So lassen sich z. B. bei Grünschiefern und Amphiboliten – Metamorphoseprodukten entweder von Basalten oder dolomitischen-kalkigen Mergeln (S. 225) – ehemalige Basalte an hohen Ni-, Cr-, V- und Co-Werten erkennen. Orthogneise haben ein geringeres K/Rb-Verhältnis und durchschnittlich geringere Al-, Ti-, Cr-, Ni- und Co-Werte als Paragneise.

Stoffreaktionen setzen schon bei der Diagenese ein. Bei niedriggradiger Metamorphose dominieren zuerst Sammelkristallisation und die Austreibung von fluiden und leichtflüchtigen Phasen (O_2, CO_2, H_2O). Während des Durchlaufens von „very low"- bis „high grade".-Metamorphosen stellen sich die Gesteinskomponenten auf immer neue, in einem bestimmten Intervall stabile Mineralphasen ein (S. 226), so daß die ursprüngliche modale Zusammensetzung bald verlorengeht und auch das alte Gefüge verwischt wird. Erste Feststoffmobilisierung – die *Alkalimetasomatose* – Alkalifeldspat-Quarzadern/Ausbildung von Leukosomen – sind Vorläufer der Anatexis, bei der durch partielle oder vollständige Aufschmelzung neue Magmen entstehen. Wenn bestimmte Mengen von OH-gruppenhaltigen Mineralen wie Biotit und Muskovit (Porenwässer von versenkten Sedimenten spielen keine Rolle!) bei der Anatexis vorhanden sind, können sich aus unterschiedlichem Primärmaterial zunächst granitische Schmelzen (Minimalschmelzen) bilden, die dann möglicherweise in höhere Krustenstockwerke aufsteigen. Damit sind wir wieder am Ausgangspunkt der Betrachtungen des irdischen Stoffhaushalts.

Aufbau des Erdballs. Die Geophysik, insbesondere die Seismik, führt uns im Verein mit der Geochemie zu dem Schlusse, daß die Erde durch zwei große, erdweite Diskontinuitäten, in Kruste, Mantel und Kern geschieden ist (S. 126). Die einzelnen Schalen werden nach den Leitelementen Si, Al, Mg, Fe, Ni als Sial (**S**ilizium-**A**luminium), Sima (**S**ilizium-**M**agnesium) usw. bezeichnet und sind durch Unstetigkeiten geringeren Grades unterteilt (vgl. Tab. 35).

Die *Mohorovičić-Diskontinuität* (kurz „Moho" genannt) verhält sich im ganzen gegenläufig zur Erdoberfläche. Unter den Kontinenten liegt sie tief, am tiefsten unter den jungen alpidischen Orogenen, wo die Kruste zu einer 50–70 km dicken *Gebirgswurzel* anschwillt (Abb. 225, 226). Gegen die Küsten steigt die Moho an; unterhalb der Tiefsee dünnt die Kruste auf etwa 6 km aus. Der Untergrund von Festland und Weltmeer ist also grundsätzlich verschieden aufgebaut. Leichte sialisch-simatische Kontinentalschollen

Tabelle 35 Aufbau des Erdballs

Tiefe	Schichtgliederung	Stoffbestand	Dichte	Zustand	Temperatur	Geschwindigkeit d. P-Wellen km/sec
	Kruste	*Sial* (Granodiorit)	2,75	fest	800–1000° C	5,9
20 km	*Kruste* — Conrad-Unst.	*Sima* (Gabbro)	3,0	fest	800–1000° C	6,5
35 km	Mohorovičić-Unstetigkeit					
	Mantel: Oberer Mantel	*Sifema* (Peridotit)	3,3	fest		8,0
400 km	*Mantel*: Übergangszone	*Sifema* (Peridotit)	⋮	fest		⋮
900 km	*Mantel*: Unterer Mantel	*Sifema* (Peridotit)	5,7	fest	2000–3000° C	13,6
2900 km	Wiechert-Oldham-Gutenberg-Unstetigkeit					
	Kern: Äußerer Kern	*Nife* (Gediegen Nickeleisen)	9,4 … 11,5	flüssig	2000–3000° C	8,0 … 11,0
5100 km	*Kern*: Innerer Kern	*Nife* (Gediegen Nickeleisen)	15,0	fest	ca. 5000° C	11,5
6370 km						

schwimmen in isostatischem Gleichgewicht auf einer schwereren Unterlage. Diese Vorstellung erklärt sowohl die beiden vorherrschenden Höhenstufen der hypsographischen Kurve (Abb.52) wie die zweigipfelige Häufigkeitsverteilung der Magmatite (Abb. 188).

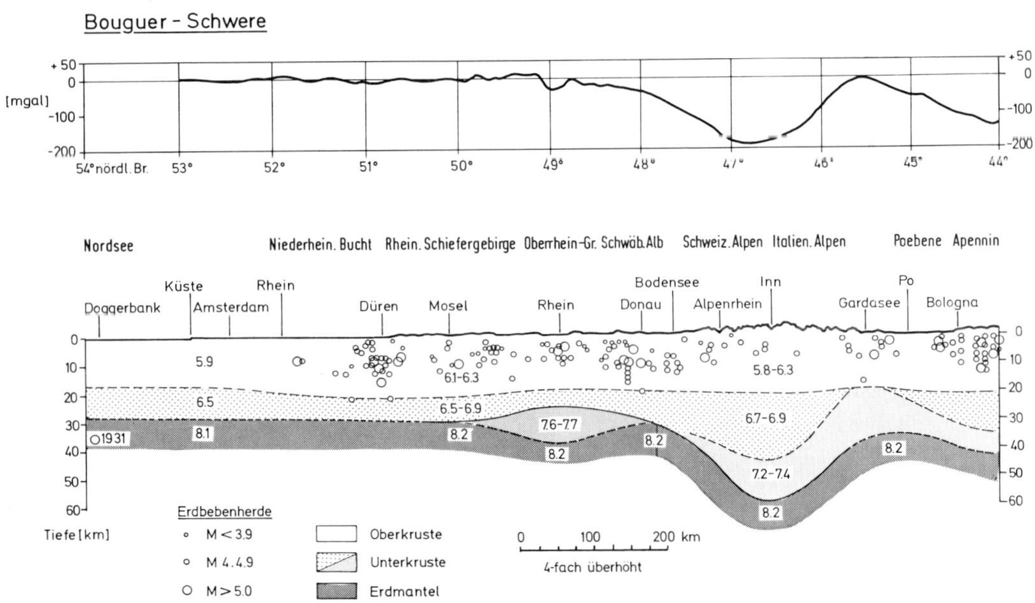

Abb. 226 Seismisches und gravimetrisches Profil durch die Erdkruste und die Kruste/Mantelgrenze zwischen Nordsee und Apennin. Die Zahlen (5.9) geben die Geschwindigkeit der Longitudinalwellen in km/sec an (nach *Ahorner, Murawski & Schneider*) M = Magnitude.

Kruste und Mantel der Erde werden heute in Lithosphäre, Asthenosphäre und Mesosphäre gegliedert (Abb. 227). Die *Lithosphäre* ist fest und umfaßt die gesamte Erdkruste und den obersten Mantel. Sie besitzt eine unterschiedliche Dicke: unter Ozeanbecken 70–80 km

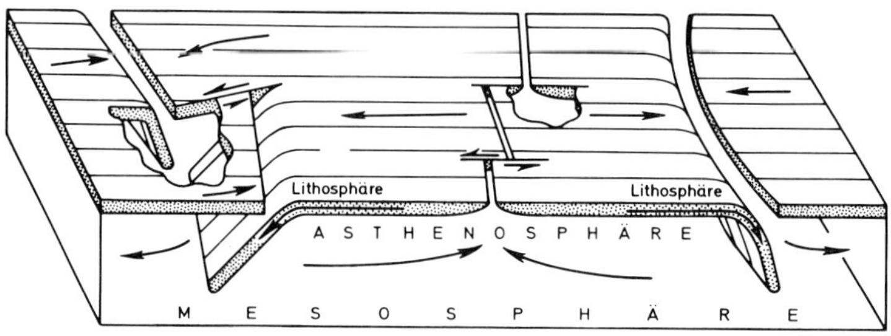

Abb. 227 Die Beziehung Lithosphäre – Asthenosphäre – Mesosphäre. Pfeile auf der Lithosphäre bedeuten relative Bewegungen benachbarter Blöcke. Pfeile in der Asthenosphäre stellen mögliche kompensierende Bewegungen von Segmenten der Lithosphäre dar. „Transform"-Verwerfungen (S. 263) entlang ozeanischer Rücken (nach *Isacks, Oliver* u. *Sykes* 1968).

und unter präkambrischen Schildgebieten 100-120 km. Auf horizontale Belastung reagiert die Lithosphäre wie eine starre Platte, sie ist in sich fest, kann sich aber unter Belastung (Inland-Eis) elastisch verhalten. An Rändern einzelner Lithosphärenplatten und in Räumen aktiver Tektonik gilt das Modell starrer Platten nicht.

Als *Asthenosphäre* wird die niedrig viskose, fließfähige Schale des oberen Mantels zwischen der starren Lithosphäre und der festeren Mesosphäre bezeichnet. Die Dicke der Asthenosphäre ist regional verschieden und läßt sich etwa auf 100–300 km schätzen. Die Dichte der Asthenosphäre in Ozeangebieten ist geringer als die der Lithosphäre. In dieser Zone beobachtet und vermutet man abgeschwächte seismische Geschwindigkeiten, niedrigere Viskosität und erhöhte elektrische Leitfähigkeit. Auf Horizontalbewegungen oder Biegung der Lithosphäre reagiert die Asthenosphäre mit säkularem Fließen. Die Grenzen der Asthenosphäre sind unscharf. Die Obergrenze mit Auftreten partieller Schmelzen unter Ozeanen liegt bei etwa 70–80 km, unter alten Schilden bei 100–120 km, die Untergrenze bei ungefähr 350 km. Die Asthenosphäre steht mit der Lithosphäre im Massenaustausch, besonders an ozeanischen Rücken, wo Material der Asthenosphäre aufsteigt, abkühlt und zu Lithosphäre erstarrt. Der umgekehrte Vorgang spielt sich an Subduktionszonen ab (S. 263, Abb. 233, 237).

Als *Mesosphäre* wird der unterste Teil des Oberen Mantels bezeichnet. Sie liegt etwa 350-700 km tief. Dichte, Viskosität und die Geschwindigkeit seismischer Wellen nehmen zu. In dieser Zone sind noch Inhomogenitäten nachweisbar (*Benioff-Zone*, abtauchende Lithosphärenplatten).

Der Erdkern (Tab. 35) läßt sich seismisch in einem festen, inneren, und einen flüssigen, äußeren Teil gliedern. Letzteren sieht man als den wesentlichen Sitz des Erdmagnetismus an.

Ergänzende Schriften

Alfvèn, H. (1963): On the Early History of the Sun and the Formation of the Solar System. – Astrophys. J. 137, 981–990.

Bowen, R. (1988): Isotopes in the Earth Sciences. – 647 S., London.

Degens, E. T. (1965): Geochemistry of Sediments. – 342 S., New Jersey.

Dodd, R. T. (1981): Meteorites. – 368 S., Cambridge.

Drever, J. I. (1982): The Geochemistry of Natural Waters. – 388 S., Englewood Cliffs, N. J.

Durance, E. M. (1986): Radioactivity in Geology. Principles and applications. – 441 S., Chichester.

Faure, G. (1986): Principles of Isotope Geology. – 2. Aufl., 589 S., London–New York.

Fyfe, W. S., Price, N. J. & Thompson, A. B. (1978): Fluids in the Earth's Crust. – 383 S., Amsterdam–Oxford–New York.

Glass, B. P. (1982): Introduction to Planetary Geology. – Cambridge Planetary Science Series, 469 S., Cambridge.

Guest, J. E. & Greely, R. (1979): Geologie auf dem Mond. – 253 S., Stuttgart.
Henderson, P. (1982): Inorganic Geochemistry. – 353 S., Oxford.
Henderson, P. (1984): Rare Earth Element Geochemistry. – 510 S., Amsterdam.
Jacobs., J. A. (1987): The Earth's Core. – 2. Aufl., 416 S., London.
Mason, B. & Moore, C. B. (1982): Principles of Geochemistry. – 4. Aufl., 344 S., New York–Chichester.
Möller, P. (1986): Anorganische Geochemie – Eine Einführung. – 326 S., Berlin–Heidelberg.
Mueller, R. F. & Saxena, S. K. (1977): Chemical Petrology. – 394 S., New York.
Murray, B., Marlin, M. C. & Greely, R. (1981): Earth-like Planets. Surfaces of Mercury, Venus, Earth, Moon, Mars. – 387 S., San Francisco.
Ringwood, A. E. (1975): Composition and Petrology of the Earth's Mantle. – 618 S., New York.
Roesler, H. J. & Lange, H. (1976): Geochemische Tabellen. – 2. Aufl., 674 S., Stuttgart.
Schroll, E. (1975–1976): Analytische Geochemie. – I: Methodik, 292 S., II: Grundlagen und Anwendung, 373 S., Stuttgart.
Turekian, K. K. (1972): Chemistry of the Earth. – 131 S., New York.
Urey, H. C. (1952): The Planets: Their Origin and Development. – 245 S., New Haven.
Wedepohl, K. (Hrsg.) (1969–78): Handbook of Geochemistry. – Vol. I, Vol. II/1-5, Berlin.
Weizsäcker, C. F. von (1944): Über die Entstehung des Planetensystems. – Zeitschr. Astrophys., 22, S. 319–355, Berlin–Heidelberg.
Wetherill, G. W. (1980): Formation of the Terrestrial Planets. – Annual Rev. of Astron. and Astrophys., 18, 77–113, Palo Alto, Calif.

Chemical Geology. Seit 1966. Amsterdam.
Earth and Planetary Science Letters. Seit 1966. Amsterdam.
Geochimica et Cosmochimica Acta. Seit 1950. Oxford–London–New York–Paris.
Physics and Chemistry of the Earth. Seit 1956. Amsterdam.
Physics of the Earth and Planetary Interiors. Seit 1967. Amsterdam.

29. Kapitel Geodynamik

Die Entwicklung der kontinentalen Kruste im Präkambrium

Die Schilde oder Kratone des Präkambriums sind in den ersten 3,5 Milliarden Jahren der Erdgeschichte entstanden. Sie bilden stabile Blöcke im Kern der heutigen Kontinente, die später von keiner internen tektonischen Veränderung mehr betroffen wurden (Abb. 228). Während der langen Epoche des Präkambriums wurden sie vielfach verformt und metamorphisiert (Abb. 229). Komplexe tektonische Bewegungen brachten sie in unterschiedliche Krustenlagen. Heute sind es herausgehobene Krustenteile, denen oft eine jüngere Sedimentbedeckung fehlt (Abb. 229). Durch regionale Hebungen, mehrfache tektonische Überprägung und Aufteilung sowie durch intensive Abtragung sind in den Kratonen weiträumige Krustenniveaus zwischen 15 und 30 km Tiefe aufgeschlossen. Die Kenntnis des Alters, der strukturellen Entwicklung und des Bildungsniveaus der viele Kilometer mächtigen präkambrischen Serien auf der Erde hat erst in den letzten beiden Jahrzehnten durch verbesserte geochronologische und geochemische Methoden große Fortschritte gemacht. Trotz intensiver internationaler Zusammenarbeit sind jedoch viele Fragen der frühen Krustenbildung wie die chemische Differentiation, Bewegungsvorgänge oder der Vergleich mit der jüngeren Erdkruste noch offen. Gesteine und Lagerstätten des Präkambriums unterscheiden sich von denen der jüngeren Formationen. Es ist noch ungeklärt, ob in der frühen Kruste Vorgänge der Plattentektonik eine Rolle spielten.

Mit Hilfe zahlreicher radiometrischer Datierungen erfaßte man die wirkliche Zeitdauer des Präkambriums (Abb. 229). Dabei ist auch heute noch der direkte geochronologische Nachweis vieler präkambrischer Gesteinsalter schwierig. Da wiederholt metamorphe Überprägung stattfand, kann man nur durch eine Kombination verschiedener geochronologischer Verfahren die Geschichte polymetamorpher Serien in den Griff bekommen.

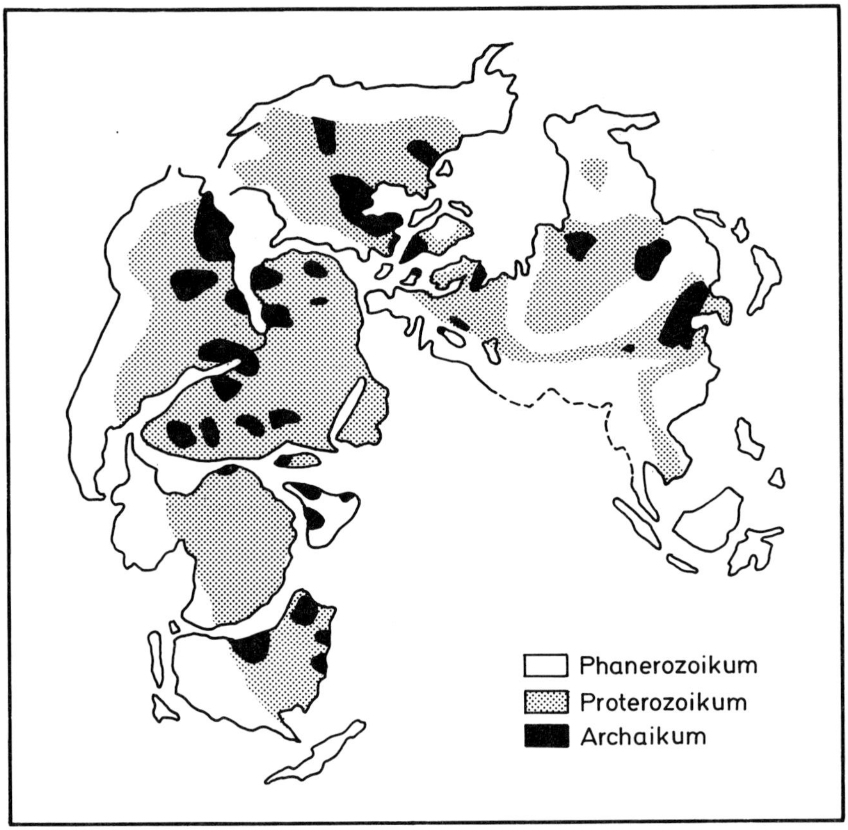

Abb. 228 Rekonstruktion der Kontinente mit den Vorkommen archaischer und proterozoischer Gesteine für die Zeit vor dem Perm. Nach *Windley* 1984

Geochemische Forschungen ergaben große Unterschiede zwischen den Bildungsbedingungen präkambrischer und jüngerer Gesteinsserien. Präkambrische Tonschiefer und Phyllite enthalten höhere Anteile an Chrom und Nickel. Karbonate haben geringere Strontiumisotopenverhältnisse. Die frühe Kruste war weniger differenziert und von weitverbreitetem Vulkanismus geprägt.

An der Grenze Archaikum/Proterozoikum – zwischen 2,9 und 2,4 Milliarden Jahren vor heute – wurde in der oberen Kruste mehr K, U und Th angereichert. In diesem Stadium entstanden hochgradig metamorphe Gesteine – *Granulite* –, die chemisch ein Spektrum von ultrabasischen und sauren Magmatiten bis zu Sedimenten umfassen. Sie führen viele CO_2-Einschlüsse. Der Sauerstoffgehalt in der Atmosphäre war im frühen Präkambrium etwa hundertmal niedriger als heute. Zwischen 2800 Ma und 1600 Ma vor heute wurden in allen präkambrischen Schilden auf der Erde gebänderte Eisen-Quarz-Formationen gebildet. Sie sind aus der jüngeren Erdgeschichte nicht bekannt. Die heutige Eisen- und Stahlerzeugung beruht fast ausschließlich auf diesen Vorkommen. Ihre Entstehung wird als chemische Fällung bei lang andauernder gleichmäßiger Sedimentation in flachen Meeresteilen erklärt, die vom offenen Ozean getrennt waren. Die Produktion von Sauerstoff erfolgte durch den Stoffwechsel photosynthetisch wirksamer Bakterien.

Die ursprüngliche Ausdehnung der frühen Kruste ist unbekannt. Teile der ältesten Kruste sind vermutlich durch Aufprägung neuer Isotopenalter in jüngeren Serien verborgen.

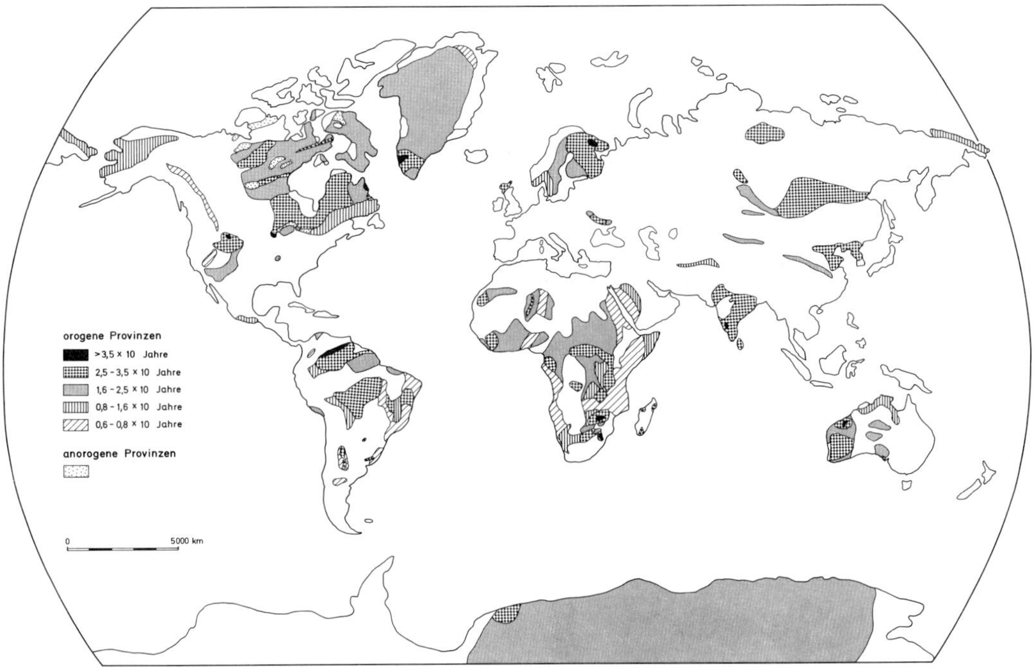

Abb. 229 Verbreitung des Präkambriums auf den Kontinenten mit radiometrischen Einheiten. Etwas verändert nach *Condie* 1982

Zwischen 3,8 und 2,5 Milliarden Jahren vor heute fand man in den Kratonen eine charakteristische Folge:

älter: tonalitische graue Gneise mit Metasedimenten in ursprünglicher Flachmeer-Fazies
vulkanische Serien der *Grünsteingürtel*
metamorphe Serien der Grünsteingürtel
jünger: Tonalite, Granite, Granodiorite, die später metamorph wurden.

Typische Gesteine der Grünsteingürtel sind Basalte mit 30–40% MgO, die nach einem Fluß in Südafrika *Komatiite* genannt werden. Sie bestehen aus Olivin und Klinopyroxen, die als Leisten oder Nadeln in einer feinkörnigen Grundmasse liegen. Diese ultrabasischen Schmelzen wurden aus dem Mantel gefördert und sprechen für eine heißere und dünnere Lithosphäre. In die Grünsteingürtel und ihren Rahmen intrudierten später Tonalite und Granite. Die 5–15 km breiten und oft mehrere hundert Kilometer langen bogen- oder girlandenförmigen Gürtel sind später zerrissen und von riesigen Gneisarealen umgeben worden. Die Grenze zwischen den Einheiten ist stark deformiert und die Altersfolge oft schwer zu bestimmen. Einige Forscher nehmen an, daß während dieses Stadiums bereits 60 bis 85% der heutigen kontinentalen Kruste gebildet wurden.

Mit Beginn des Proterozoikums existierten vermutlich bereits kontinentale Krustenplatten von großem Ausmaß. Paläomagnetische Daten weisen auf großräumige Bewegungen hin. Zwischen den alten Kernen wurden zahlreiche *mobile Zonen* („mobile belts“) angelegt (Abb. 229). Es ist umstritten, ob plattentektonische Prozesse in dieser frühen Zeit wirksam waren.

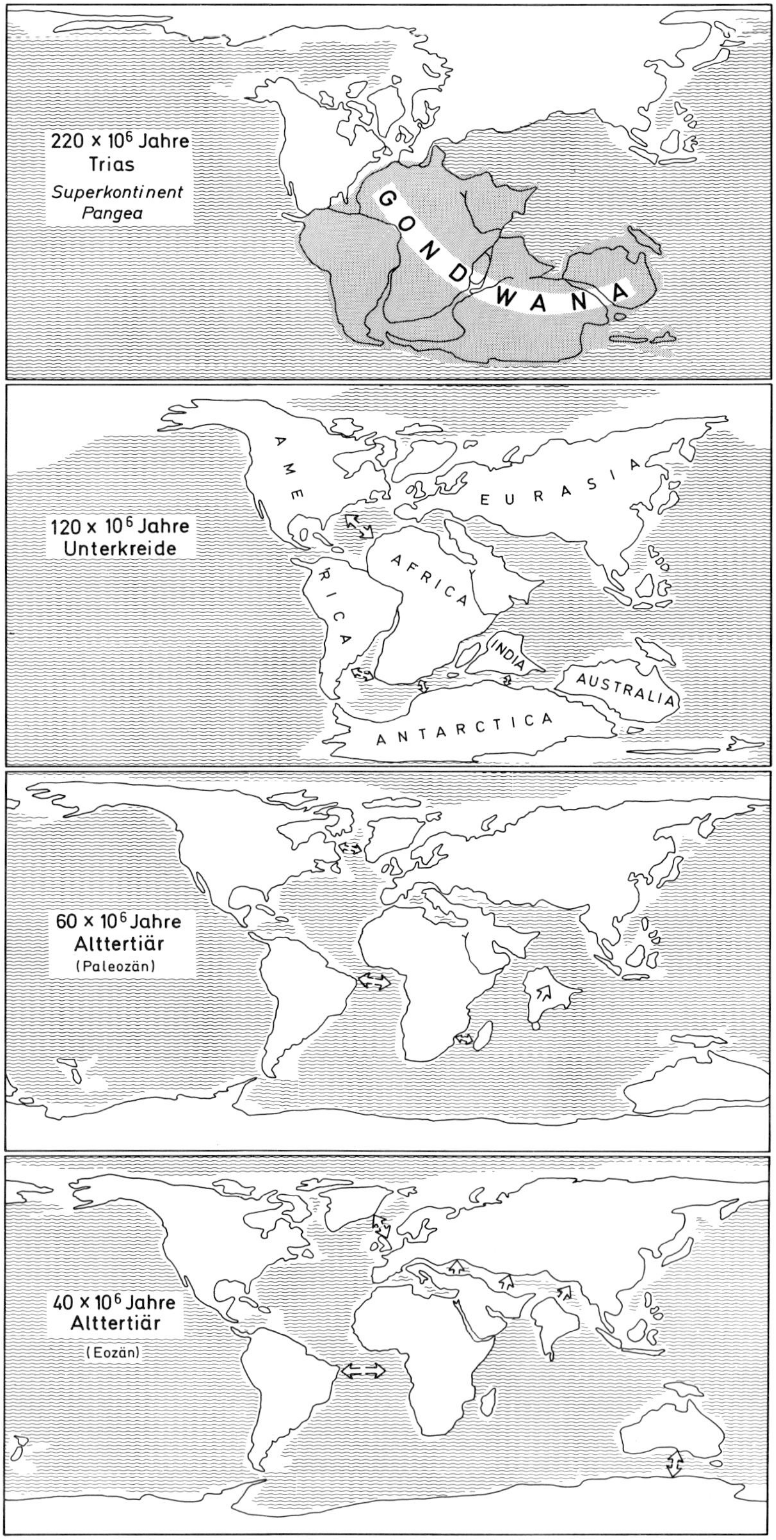

Abb. 230 Lage und Drift der Kontinente während der jüngeren Erdgeschichte. Nach *Smith* et al. 1982

Das neue Bild der Erde

Die Vorstellungen über die tektonische Entwicklung der Erde seit dem Präkambrium haben sich im Laufe des 20. Jahrhunderts grundlegend geändert. Angeregt durch den genialen Forscher *Alfred Wegener* und ermöglicht durch große Fortschritte in den Methoden der Geowissenschaften entstand ein neues geodynamisches Modell, das den gesamten Planeten umfaßt. Während die älteren Theorien fast ausschließlich von Strukturen der Festländer ausgingen und daher wenig befriedigend waren, wird jetzt durch intensive meeresgeologische Forschungen die ganze Erde in die Betrachtung einbezogen. Die heutige Verteilung von Kontinenten und Weltmeeren ist erdgeschichtlich nur eine Momentaufnahme. Die älteren Entwürfe gingen meist von einer Permanenz von Kontinenten und Meeren aus. Sie sind heute nur mehr von historischem Interesse.

Besonders deutlich wird die Diskrepanz zwischen dem fixistischen Modell der *Kontraktionshypothese* und der mobilistischen *Kontinentalverschiebung* am Beispiel des Gondwana-Kontinentes. *Suess* führte im Jahre 1885 den Namen *Gondwana* – nach einem Volk in Zentralindien – in die geologische Literatur ein. In der zweiten Hälfte des 19. Jahrhunderts hatte man im Jungpaläozoikum der Südkontinente Indien, Australien, Südafrika und Südamerika die zungenförmig zerlappten Blätter der *Glossopteris-Flora* entdeckt. Dazu kamen Hinweise auf ausgedehnte Vereisungen. Beide Befunde sind auf das Jungpaläozoikum der Südkontinente beschränkt. Auf der Nordhalbkugel herrschten zur gleichen Zeit völlig andere klimatische Verhältnisse. Die einheitliche und gemeinsame Flora auf der heute durch Ozeane getrennten Südhalbkugel führte *Suess* zu der Vorstellung des zusammenhängenden Großkontinentes Gondwana. Seiner Meinung nach lagen die Restkontinente von Gondwana in der gleichen Position wie heute. Nach der Kontraktionshypothese, die die meisten Geologen bis weit in das 20. Jahrhundert vertraten, waren Kontinentalschollen und Tiefseebecken permanente Gebilde, die ihre Lage während der Erdgeschichte nicht verändert hatten. Die Morphologie der Erde war nach dieser Theorie das Ergebnis einer Schrumpfung durch Abkühlung.

Suess nahm an, daß im Jungpaläozoikum ein Austausch der Glossopteris-Flora über den gesamten Raum der Südkontinente möglich war. Die trennenden Ozeane – Südatlantik und Indik – betrachtete er als eingebrochene und abgesunkene Teile von Gondwana, zwischen denen als Horste Indien, Australien, Südamerika und Südafrika stehengeblieben waren. Paläontologische sowie tier- und pflanzengeographische Befunde verlangten jedoch Landverbindungen, wo heute Ozeane liegen. Einige Forscher postulierten daher eingebrochene Brückenkontinente oder schmale Landbrücken. Diese Hilfskonstruktion war nicht direkt widerlegbar, aber wenig befriedigend.

A. Wegener (1912) war ein vehementer Gegner dieser Landbrücken und lehnte die entscheidende Grundlage der Kontraktionshypothese, nämlich die Permanenz von Kontinenten und Ozeanen ab. Er setzte der Hypothese versunkener Landbrücken und der Permanenz seine Kontinentalverschiebungstheorie entgegen.

Diese besagt, daß Südamerika und Afrika bis zur Kreidezeit ein einheitlicher Kontinentalblock waren, was aus der Kongruenz der atlantischen Küsten beider Kontinente hervorgehe. Die Kontinente müssen sich getrennt und verschoben haben. Wie die Stücke einer geborsteten Eisscholle sind sie im Laufe der Jahrmillionen auseinandergedriftet. Die Radioaktivität beweist, daß in der Erde ständig Wärme frei wird und keine Abkühlung herrscht, wie dies die Anhänger der Kontraktionshypothese forderten. *Wegener* ging bei seinem Konzept von geophysikalischen Argumenten aus. Nach Schwerewerten sind Kontinente und Ozeanböden aus unterschiedlichem Material aufgebaut. Die leichten Sialschollen der Kontinente verschieben sich auf dem schweren und dichten Simaboden der Ozeane. Er nahm einen einheitlichen

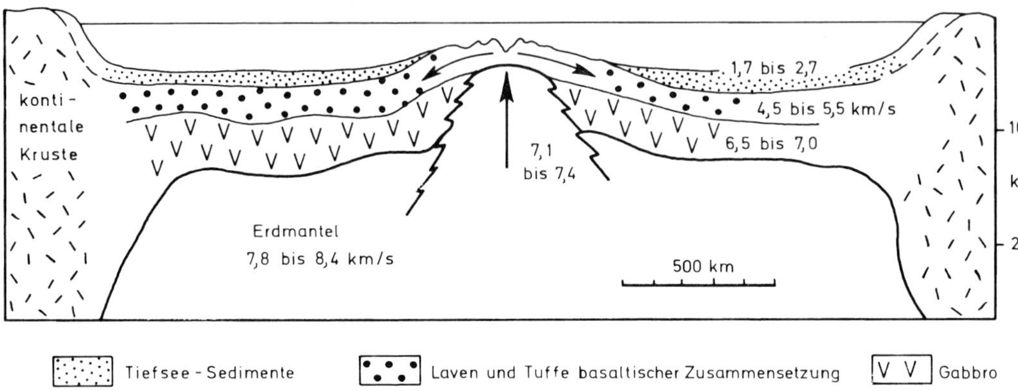

Abb. 231 Aufbau der ozeanischen Kruste im Bereich des Süd-Atlantik. Zahlen = Geschwindigkeit der Longitudinalwellen in km/s (nach *P. J. Wyllie*)

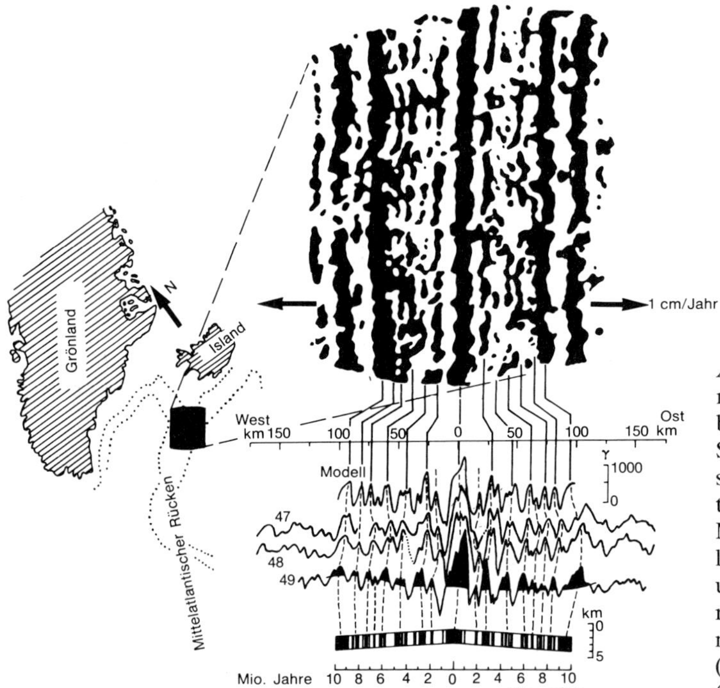

Abb. 232 Oben: Karte der erdmagnetischen Anomalien im Gebiet des Reykjanes-Rückens. Symmetrisches Streifenmuster: schwarz = positive, weiß = negative Anomalien. Position des Meßgebietes in der Skizze oben links. Unten: drei Meßprofile und ein theoretisches Profil, berechnet aus dem Krustenmodell mit positiv (schwarz) und negativ (weiß) magnetisierten Blöcken (nach *Strobach,* Umschau 1974)

Urkontinent an, den er *Pangäa* nannte und aus dem sich im Jungpaläozoikum der Südkontinent Gondwana entwickelte. Dieser spaltete sich in der Kreide (Abb. 230).

Wegener setzte so der bis dahin geltenden fixistischen Theorie der Kontraktion und Permanenz seine mobilisitische Kontinentalverschiebung entgegen. Der großartige Entwurf wurde zwischen 1912 und 1960 von den Geowissenschaftlern kontrovers diskutiert. Die Mehrheit lehnte ihn ab, und nur wenige Geologen – vor allem solche, die auf den Südkontinenten arbeiteten – vertraten seine Ansichten.

Die Situation änderte sich schlagartig, als um das Jahr 1960 ein neues, umfassendes geodynamisches Konzept entwickelt wurde. Der gezielte Einsatz von Forschungsschiffen,

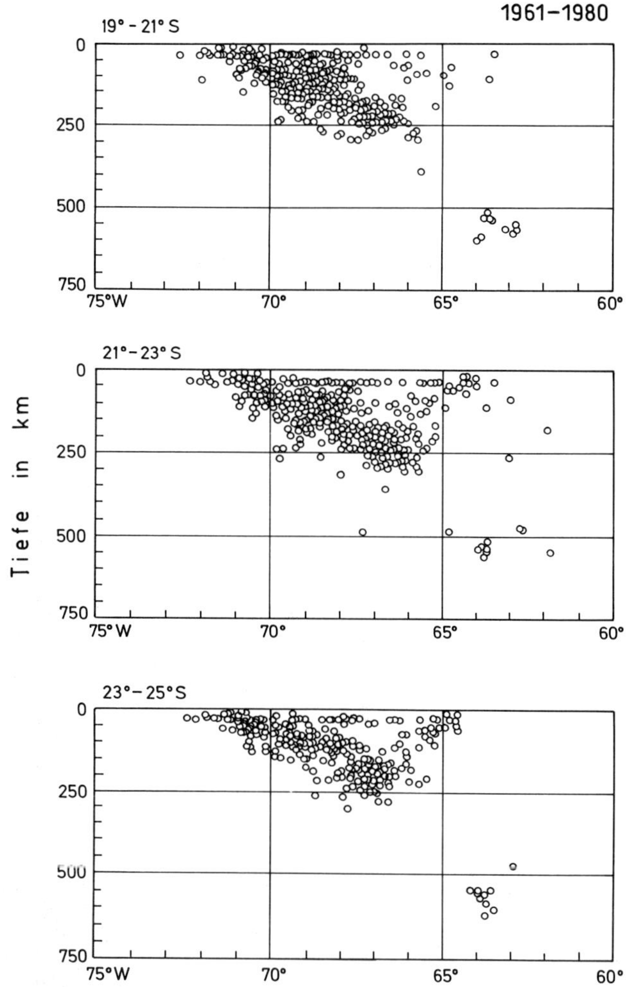

Abb. 233 Benioff-Zone – Herdtiefenschnitte in den zentralen Anden. Ausgewertet wurden Erdbeben in der Zeit zwischen 1961 und 1980 (vereinfacht nach *Buness* et al.)

internationale Tiefseebohrungen sowie verfeinerte Methoden der Geophysik und der Geochemie führten zu dem Modell der *Plattentektonik*. *Wegeners* Idee von der Verschiebung der Kontinente und dem jungen Alter der Ozeanbecken erfuhr eine neue Begründung und setzte sich in kurzer Zeit weltweit durch.

Die Grundlagen der Plattentektonik

Meeresgeologie. Die Oberfläche des Planeten Erde ist zu 70% von Wasser und zu 30% von Festland bedeckt. Während der kleinere Anteil der Kontinente seit 200 Jahren geowissenschaftlich untersucht wurde, war über den Boden der Ozeane bis vor kurzem wenig bekannt. Die internationale Zusammenarbeit in der Meeresgeologie der letzten Jahrzehnte erlaubt nun einen ersten Einblick in die Struktur der Ozeanböden. Schwerkraftmessungen von Satelliten lieferten ein Bild der Morphologie des Meeresbodens, das dann mit Echolotmethoden verfeinert wurde. Messungen der elektrischen Leitfähigkeit, neue seismische Verfahren und Tiefseebohrungen (Abb. 53) ergaben Aufschlüsse über die Verteilung von Sedimenten und Vulkaniten.

Ein wichtiges Ergebnis war, daß auf dem Boden der Weltmeere nur Sedimente existieren, die jünger als rund 180 Ma sind. Das Alter der Sedimente nimmt von den mittelozeanischen

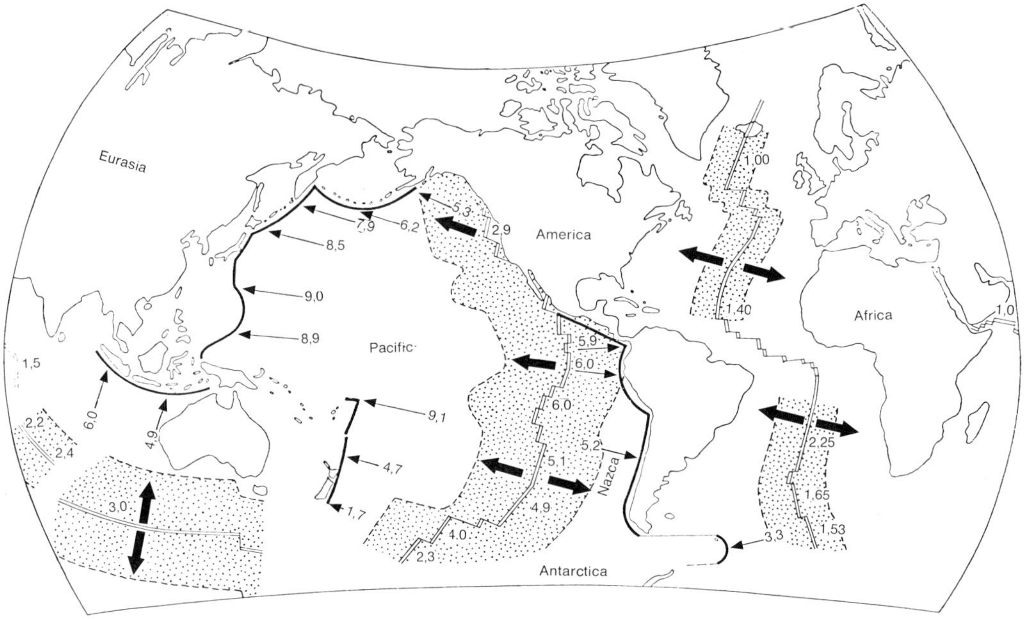

Abb. 234 Lage der Großplatten, ozeanischen Rücken (Doppellinien) und Tiefseerinnen (fette Linien). Zahlen neben den Rücken: „Spreading"-Raten in cm/Jahr nach jeder Seite. Dünne Pfeile: Richtung der Plattendrift; Zahlen daneben: Relativgeschwindigkeit der Platte in cm/Jahr. Graue Flächen: in den letzten 50 Millionen Jahren neu gebildeter Ozeanboden (nach *Strobach*, Umschau 1974)

Rücken nach beiden Seiten zu. Die Sedimentmächtigkeit ist allgemein gering. An den mittelozeanischen Rücken selbst fehlen Sedimente oft ganz. Die Rücken mit ihren Kamm- und Flankenregionen erstrecken sich in den Weltmeeren über 70 000 km Länge und nehmen ein Drittel des Meeresbodens ein (Abb. 231). Die Kammregionen zeigen einen erhöhten Wärmefluß und offene Spalten. Die Strukturen sind durch Dehnung entstanden. An diesen Raum sind überall flache Erdbeben gebunden (Abb. 101). Untersuchungen mit bemannten Tauchbooten ergaben, daß der Meeresboden in der Umgebung der Kammregionen extrem zerklüftet ist und aus Basalt besteht. Altersbestimmungen an den Basalten der Zentralspalten ergaben rezente Alter, nach außen werden die Gesteine immer älter. Das Alter des Meeresbodens nimmt also von den Rücken gegen die Kontinente zu. Der Meeresboden driftet auseinander („sea floor spreading"). Hier sitzt der Motor für die Verschiebung der Platten. Im Gegensatz zur Meinung *Wegeners* bewegen sich die Kontinente nicht aktiv auf ihrem Substrat, sondern werden vom Zentrum der Ozeanrücken aus gesteuert.

Paläomagnetismus. Mit Magnetometern auf Forschungsschiffen untersuchte man an den unter den mittelozeanischen Rücken aufgedrungenen Basalten die Richtung des magnetischen Feldes. Bei der Abkühlung von Basalt unter die *Curie-Temperatur* wird entsprechend der herrschenden Polarität des erdmagnetischen Feldes eine negative oder positive Magnetisierung aufgeprägt. Dabei fand man eine streng parallele Anordnung der Anomalien zu den mittelozeanischen Rücken und eine Symmetrie auf beiden Seiten (Abb. 232). Die Vorstellung des Auseinanderweichens des Meeresbodens wurde so untermauert. Das „magnetische" Alter der jeweiligen Basaltsteifen kann bestimmt werden und damit auch die Geschwindigkeit, mit der der Meeresboden auseinanderdriftet. Messungen ergaben unterschiedliche *Spreizungsraten* zwischen 3 und 7 cm/Jahr (Abb. 234).

Seismik. Eine systematische Untersuchung der Erdbeben rings um den Pazifik nach dem amerikanischen Geophysiker *Benioff* zeigte, daß die Herdtiefenschnitte im Grenzbereich Ozean/Kontinent auf einer geneigten Linie angeordnet sind. In dieser *Benioff*- oder *Subduktions-Zone* (Abb. 233, 238) liegen die flachen Erdbebenherde im Raum der Küste, die tiefen weit unter dem Kontinent. Die Kontinente und Inselbögen werden von Tiefseegesenken (Abb. 77, 238) begleitet. Sie sind schmal, 6 bis 11 km tief und enthalten nur wenige Sedimente. Nach dem Modell der Plattentektonik stellen sie den Ort dar, wo die schwere ozeanische Platte, die sich von den Rückenachsen gegen die Kontinente zu bewegt, unter die leichtere kontinentale Platte abtaucht. Das durch die Subduktion mitgeführte Material wird in komplizierten Prozessen eingeschmolzen und als Magmatite wieder an die Oberfläche transportiert. Durch thermische Angleichung werden diese Lithosphärenteile in die Asthenosphäre (S. 254), den fließfähigen Teil des oberen Mantels, in 100 bis 300 km Tiefe aufgenommen. Die Auflösung soll in etwa 700 km Tiefe vollzogen sein, wo die tiefsten Hypozentren von Erdbeben gemessen werden. Die Abgrenzung der Asthenosphäre ist nicht klar definiert. Sie besitzt eine geringere Viskosität als die Lithosphäre, ihre Obergrenze wird unter Ozeanen bei 70 – 80 km und unter alten Kontinentalschilden bei 100 – 120 km Tiefe angenommen.

Terrane. Man versteht darunter Krustenblöcke, deren tektonische und stratigraphische Herkunft sich klar von benachbarten Krustenteilen unterscheidet. Sie wurden zum erstenmal im Jahre 1977 im Nordwesten Nordamerikas beschrieben. Dort stehen dem alten Kontinentalrand schmale Gebirgsstreifen mit andersartiger geologischer Entwicklung, Fossilgehalt und Magnetisierung völlig fremd gegenüber. Sie wurden dem Felsengebirge in den letzten 200 Ma angeschweißt. Die Terrane werden als Mikroplatten erklärt, die aus dem Raume des pazifischen Ozeans gegen den amerikanischen Kontinent gewandert sind. Als küstenparallele Splitter wurden sie an nordwestlich verlaufenden Störungen an den Kontinent gepreßt. Die genaue Wanderungsgeschichte der Terrane ist noch unbekannt.

Konvektionszellen. Die Antriebskräfte für die Bewegung der Lithosphärenplatten sind noch umstritten. Die starren Platten werden nach Meinung der meisten Geowissenschaftler durch thermische Konvektion in der fließfähigen Schicht der Asthenosphäre bewegt. Im Erdmantel werden auf Grund von Temperaturunterschieden Konvektionsströme vermutet (Abb.236). Die Größe der Zellen und ihre Anordnung sind aber unbekannt. Einige Forscher rechnen mit Konvektionsströmen, die den gesamten Erdmantel umfassen, andere vermuten, daß sie nur in der Asthenosphäre vorhanden sind. Auch können Konvektionsströme vertikal übereinander gelagert sein. Eine Analyse von Dichte- und Temperaturunterschieden bis 600 km Tiefe ergab ein kompliziertes Bild der Ströme, das stark von dem einfachen Modell abweicht. Es führt zu der Vorstellung zirkulärer Strömungswalzen, die durch unterschiedliche Wärmeproduktion angetrieben werden.

Das Mosaik der Platten. Die Geburt neuer ozeanischer Kruste läßt Lithosphärenschichten entstehen, die sich langsam von den Rückenachsen fortbewegen. Der staffelförmige Versatz der Transform-Verwerfungen (Abb. 227) bewirkt ein gegenseitiges Wandern der Platten. So verschoben sich während der jüngeren Erdgeschichte zwischen dem System der subozeanischen Rücken neben vielen kleineren die kontinentalen Großplatten Eurasien, Pazifik, Amerika, Afrika, Australien und Antarktis (Abb. 234).

Die heutigen Kontinentalränder befinden sich in einem aktiven oder passiven Zustand. Bei den aktiven Rändern rings um den Pazifik wird die ozeanische Platte unter die kontinentale Kruste subduziert. Dies ist heute der unruhigste und beweglichste Raum der Erde mit starker

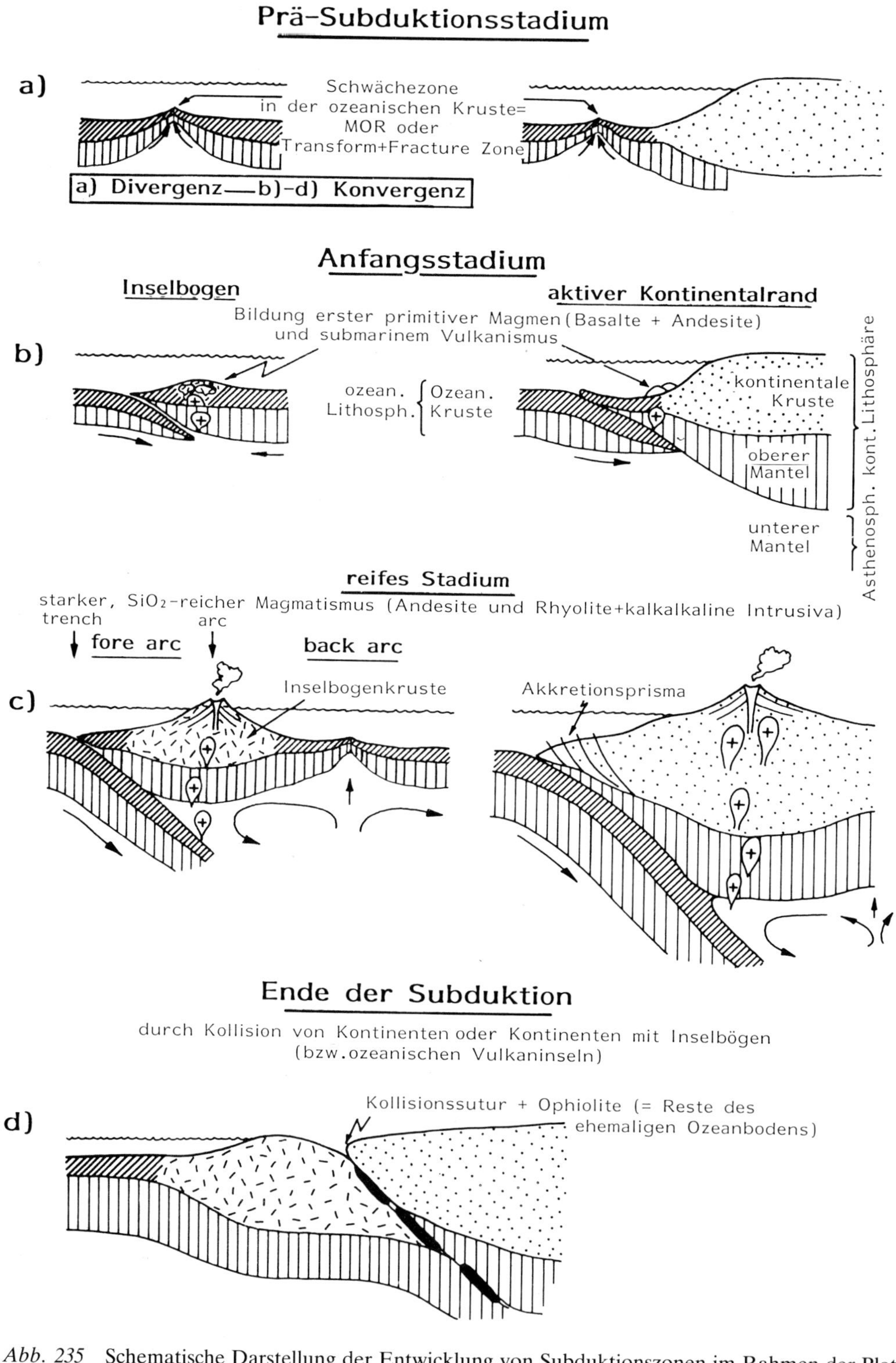

Abb. 235 Schematische Darstellung der Entwicklung von Subduktionszonen im Rahmen der Plattentektonik. Entwurf *Ch. Breitkreuz*. MOR = mittelozeanischer Rücken

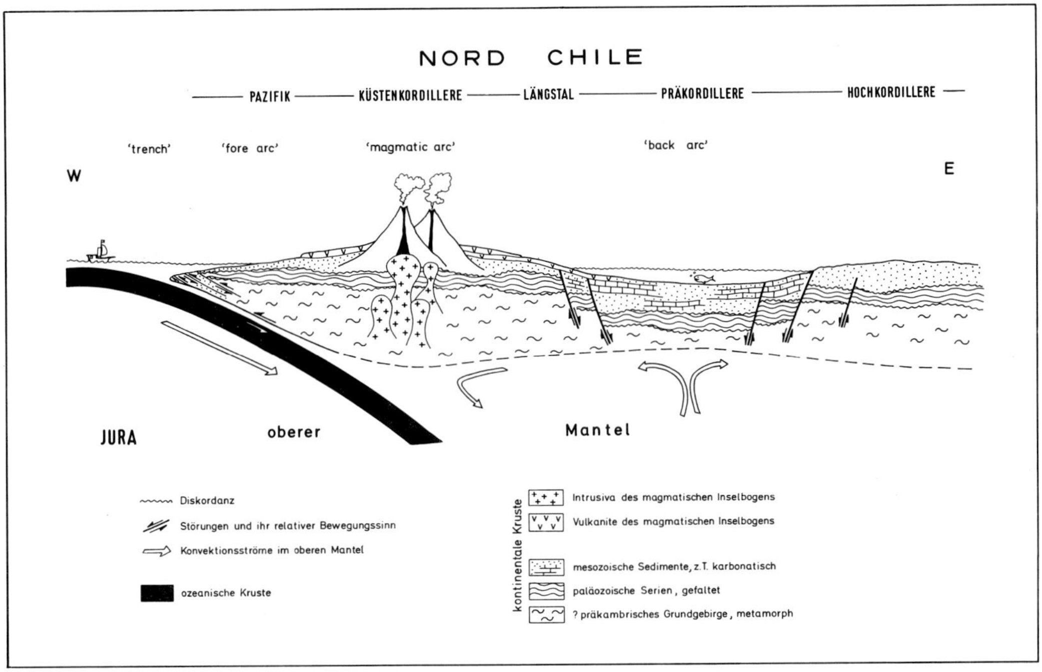

Abb. 236 Rekonstruktion des aktiven Kontinentalrandes im Jura der zentralen Anden. Nach Arbeiten einer Berliner Forschergruppe gezeichnet von *H. Bahlburg*

seismischer und vulkanischer Tätigkeit (S. 187). Die Ränder von Atlantik und Indik dagegen verhalten sich passiv. Der Übergang kontinentaler Kruste zu ozeanischen wird hier am Kontinentalabhang durch mehr oder weniger steile Bruchstörungen geprägt. Im Schelfbereich liegen örtlich dicke Sedimentstapel, Salzablagerungen und Erdölvorkommen.

Die großen Gebirgszüge der Erde und ihre Entstehung waren immer eine der ungelösten Grundfragen in der Geologie. Das Konzept der Plattentektonik liefert eine neue Erklärung. Die zirkumpazifischen Gebirge entstanden im Bereich von aktiven Kontinentalrändern und Subduktionszonen (Anden, Felsengebirge). An diesen konvergierenden Plattengrenzen werden große Reliefunterschiede der Erdoberfläche bis fast 15 km (Atacama-Gesenke 8055 m Tiefe – Vulkan Ojos de Salado 6880 m Höhe) in geringer horizontaler Entfernung erreicht. Der interne Bau ist durch Blocktektonik, einen großen Anteil an Magmatiten und den Reichtum an Erzlagerstätten geprägt. Die Grenzzone Ozean/Kontinent wird in folgende Bereiche gegliedert: Tiefseegesenke *(„trench“)*, äußere Schwelle und Becken *(„fore arc“)*, magmatischer Bogen *(„magmatic arc“)* und Randbecken *(„back arc“)* (Abb. 236).

Bei einer Kollision Kontinent/Kontinent wird die kontinentale Kruste stark eingeengt (Alpen, Himalaya). Typisch sind hier weitreichende Überschiebungen (Deckenbau), intensive Deformation (Falten bis in Kleinbereiche) und Metamorphose. Vor der Stirn der überschiebenden Platte entstehen tiefe Rinnen, die mit Turbiditen gefüllt werden (Flysch) (S. 64). Ophiolithe weisen darauf hin, daß an ehemaligen Nahtzonen Mantelmaterial aufdrang. Erzlagerstätten und Vulkanismus sind von geringerer Bedeutung als in den zirkumpazifischen Gebirgen.

Ausblick

Das Modell der Plattentektonik hat entscheidende Impulse für die Klärung der dynamischen Entwicklung der Erde gebracht. Eine früher kaum vorstellbare internationale Zusammenar-

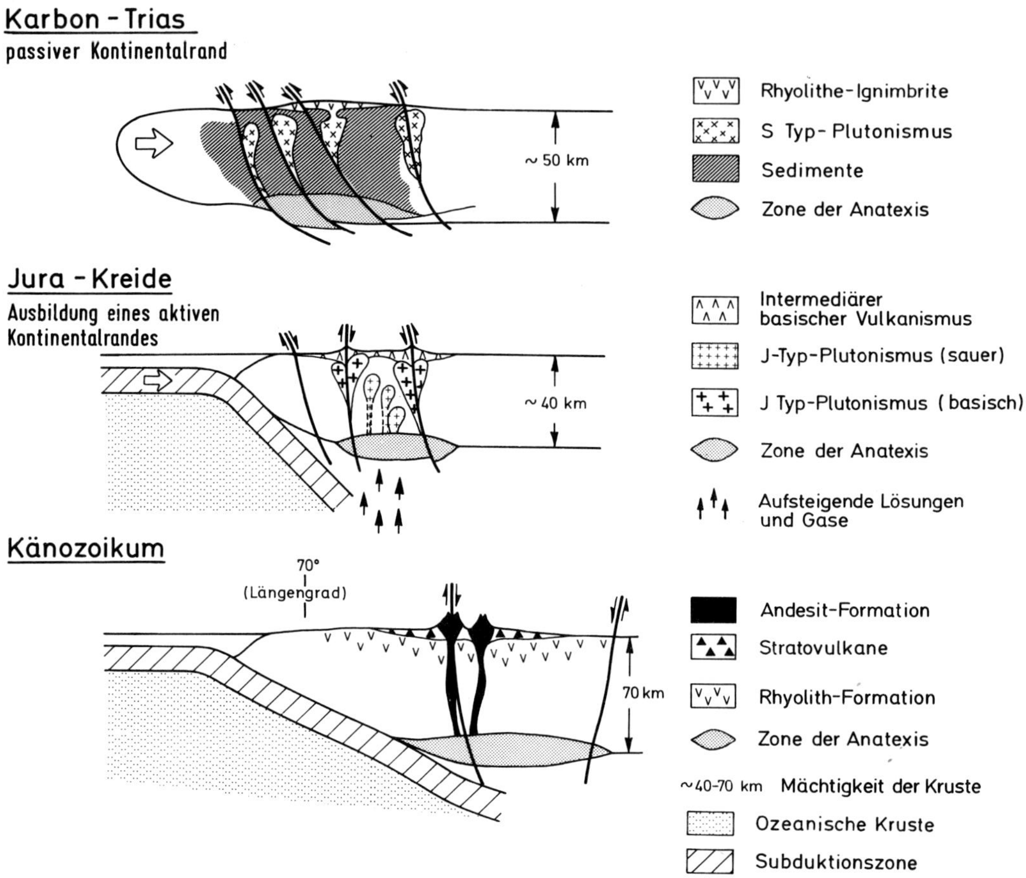

Abb. 237 Skizze der Entwicklung einer Subduktionszone in den zentralen Anden. Vermutlich begann die Subduktion etwa zeitgleich mit dem Zerfall des Gondwana-Kontinents

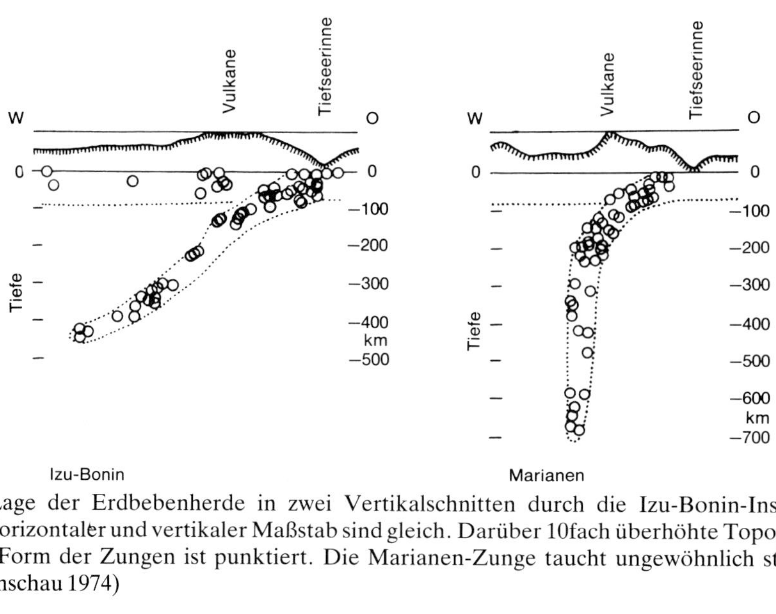

Abb. 238 Lage der Erdbebenherde in zwei Vertikalschnitten durch die Izu-Bonin-Inseln und die Marianen. Horizontaler und vertikaler Maßstab sind gleich. Darüber 10fach überhöhte Topographie. Die vermutliche Form der Zungen ist punktiert. Die Marianen-Zunge taucht ungewöhnlich steil ab (nach *Strobach,* Umschau 1974)

beit hat in kurzer Zeit Ergebnisse der gesamten Geowissenschaften (Geologie, Geophysik, Geochemie, Weltraumforschung) zu einer globalen Theorie gefügt. Vor allem auf drei Feldern haben die Geowissenschaften seit der Mitte dieses Jahrhunderts eine große qualitative und quantitative Vermehrung der empirischen Basis erfahren:

- Erkundung der Ozeanböden
- Erforschung des Gesteinsmagnetismus und der Geschichte des Erdmagnetismus
- Sondierung tiefer Bereiche des Erdkörpers durch Erdbebenwellen

Im Modell der Plattentektonik erhielten die Kontinentalverschiebung und das Auseinanderdriften der Ozeanböden einen Überbau, der eine physikalische Erklärung der Erdentwicklung ermöglichte. Die neue Theorie spricht alle Felder der Geowissenschaft an und kann nur in Zusammenarbeit aller Disziplinen weiterentwickelt werden. Zur Zeit ist eine Verfeinerung des heute noch verhältnismäßig groben Modells im Gange. Die Fragen betreffen scheinbar so entfernte Probleme wie die Entstehung der magmatischen Gesteine, die Zustände in tieferen Zonen der Erdkruste, die Bildung der Faltengebirge, die Geschichte der Sedimente an den Rändern der Kontinente, vulkanische und seismische Ereignisse, die Entwicklung des Lebens. Der Sieg der Plattentektonik über die älteren Vorstellungen beruht vor allem auf der größeren Fruchtbarkeit des Konzepts in der Forschung.

Geowissenschaftliche Modelle und Theorien gründen jedoch nicht wie in der Physik einfach auf empirischen Tatsachen und Gesetzen. Fast immer müssen einige hypothetische Hilfsmittel eingeschaltet werden. Einwände beziehen sich in erster Linie auf die Rekonstruktion der Ereignisse in der geologischen Vergangenheit. Es handelt sich um Zweifel an der Zulässigkeit bestimmter Schlüsse von gegenwärtigen Phänomenen auf vergangene Geschehnisse oder Bedingungen. So werden etwa die Strömungen im subkrustalen Raum als Motor für die Bewegungen der Platten betrachtet, andererseits ist ihre Natur und ihre Veränderung in der geologischen Zeit weitgehend unbekannt.

Schlüsselstellen in den Ozeanen und ihren Rändern entziehen sich vorerst der direkten Beobachtung. Die Strukturen an den passiven Kontinentalrändern sind weitgehend unbekannt. Richtung, Geschwindigkeit und Zusammenhang von horizontalen Verschiebungen können für vergangene Ereignisse nicht rekonstruiert werden. Ungenauigkeit der Zeitmessung verhindert Aussagen über kontinuierliche oder aussetzende Plattenbewegung. Wir nehmen starre Platten an, ohne zu wissen, wie und warum sie sich verformen. Der geologische Bau der Kontinente selbst findet in der Theorie zu wenig Beachtung. Hier haben großräumige vertikale Bewegungen die Entwicklung mitbestimmt. Die Erforschung der Unterkruste in den Kontinenten steht erst am Beginn. Kontinentale Tiefbohrungen bis etwa 15 km erfordern die Überwindung großer technischer Schwierigkeiten.

Die lange erdgeschichtliche Entwicklung verläuft nicht in der Form zeit- und raumunabhängiger Modelle, sondern spielt sich in konkreten Einzelabläufen mit eigener, individueller Note ab. Bei der Aufgabe, das Modell mit der erdgeschichtlichen und regionalgeologischen Wirklichkeit auszufüllen, treten viele Probleme auf. Im Detail muß das globale Konzept an vielen Stellen geprüft und verbessert werden. Dies ist eine Herausforderung für alle Geowissenschaftler.

Ergänzende Schriften

Condie, K. C. (1989): Plate tectonics and crustal evolution. – 3. Aufl., 488 S., New York.

Coward, M. P. & Ries, A. C. (Hrsg.) (1986): Collision Tectonics. – Geol. Soc. Spec. Publ., 19, 415 S., Oxford.

Cox, A. & Hart, R. B. (1986): Plate Tectonics. – 392 S., Palo Alto–Oxford.

Die Dynamik der Erde (1987). Spektrum der Wissenschaft, 216 S., Heidelberg.

Engebretson, D. C., Cox, A. & Gordon, R. G. (1985): Relative Motions between Oceanic and Continental Plates in the Pacific Basin. – Geol. Soc. Amer. Spec. Paper, 206, 59 S., Boulder, Colo.

Frisch, W. & Loeschke, J. (1986): Plattentektonik. – 190 S., Darmstadt.

Howell, D. G. (1989): Tectonics of Suspect Terranes. – London (im Druck).

Howell, D. G. (Hrsg.) (1985): Tectonostratigraphic Terranes of the Circum-Pacific Region. – 581 S., Houston, Texas.

Kröner, A. & Greiling, R. (Hrsg.) (1984): Precambrian Tectonics illustrated. – 419 S., Stuttgart.

Lyttleton, R. (1982): The Earth and its Mountains. – 206 S., Chichester (Wiley).

Le Pichon, X., Francheteau, J. & Bonnin, J. (1973): Plate Tectonics. – 300 S., Amsterdam–London–New York.

Menard, H. W. (1986): The Ocean of Truth. A personal history of global tectonics. – 353 S., Princeton, N. J.

Ozeane und Kontinente (1984). Spektrum der Wissenschaft, 2. Aufl., 248 S., Heidelberg.

Park, R. G. (1988): Geological Structures and Moving Plates. – 337 S., Glasgow.

Schwarzbach, M. (1980): Alfred Wegener und die Drift der Kontinente. – 160 S., Stuttgart.

Vine, F. J. (1966): Spreading of the Ocean Floor: new evidence. – Science, 154, 1405–1415, Washington.

Wegener, A. (1929): Die Entstehung der Kontinente und Ozeane. – 4. Aufl., 231 S., Braunschweig.

Windley, B. F. (1984): The Evolving Continents. – 2. Aufl., 399 S., Chichester.

Sachregister